Harald Schumny

Digitale Datenverarbeitung

Grundlagen
für das technische Studium

2., neubearbeitete Auflage

Mit 279 Bildern

Friedr. Vieweg & Sohn   Braunschweig / Wiesbaden

1. Auflage 1975
   Nachdruck 1980
   Nachdruck 1981
2., neubearbeitete Auflage 1989

Der Verlag Vieweg ist ein Unternehmen der Verlagsgruppe Bertelsmann.

Satz: Vieweg, Braunschweig
Druck und buchbinderische Verarbeitung: Lengericher Handelsdruckerei, Lengerich
Printed in Germany

ISBN   3-528-14031-3

Vorwort

Vor mehr als 13 Jahren, im Mai 1975, wurde das Vorwort zur ersten Auflage dieses Buchs geschrieben; an vielen Techniker- und Ingenieurschulen sowie im Selbststudium wurde es seither benutzt. Zahlreiche Zuschriften, Kritiken, Anregungen belegen dies.

In mehr als zehn Jahren haben sich die Grundtechnologien zur Computerherstellung so sehr weiterentwickelt, daß manche technische Realisierung gar nicht mehr in Benutzung ist, teilweise nur noch in technischen Museen besichtigt werden kann. So sind beispielsweise Lochkarten, Nixieröhren oder Kernspeicher nun „mittelalterlich".

Andererseits sind in diesem Zeitraum die PCs (*Personal Computer*) derart in den Vordergrund gedrängt, daß manche Hardware- und Software-Betrachtung dadurch beeinflußt wird. Auch sind neue Prozessor-Architekturen zur Serienreife gelangt, weshalb z. B. *Reduced Instruction Set Computers* (RISCs) in einem modernen Lehrbuch der Digitalen Datenverarbeitung unbedingt behandelt werden müssen.

Keine Frage, die Prinzipien und Basisverfahren der digitalen Datenverarbeitung haben sich nicht geändert. Das betrifft die Darstellung von Daten, die Computer-Codes und die Grundlagen der Digitalelektronik. Vor allem die digitale Datenspeicherung und die Ein-/Ausgabeeinheiten wurden in den vergangenen zehn bis 15 Jahren enorm weiterentwickelt. Diese Entwicklung drückt sich deutlich in der Neufassung des Buchs aus.

Erweitert wurde in dieser Ausgabe der Software-Teil. Aufgenommen sind die Bereiche Software-Engineering, Höhere Programmiersprachen und moderne Betriebssysteme. Um den Umfang nicht zu überziehen und den Systemgedanken zu verstärken, wurden die in der ersten Auflage des Buchs über 30 Seiten behandelten Herstellungstechnologien von pn-Übergängen und Kontakten gestrichen.

Das Buch stellt sich somit wie folgt dar:

Teil 1 Grundlagen	Teil 2 Hardware	Teil 3 Software
Abgrenzungen	Übersicht	Problemanalyse
Darstellung von Daten	Steuereinheit	Programmbeschreibung
Computer-Codes	ALU	Programmierung
Digitalelektronik	Speicher	Betriebssysteme
Verknüpfungsschaltungen	Ein-/Ausgabeeinheit	
	Funktionszusammenhang	
	Schnittstellen	

Die Behandlung der *Hardware* hat in diesem Buch Vorrang. Die vorangestellten *Grundlagen* führen in den Hardware-Teil ein und schaffen notwendige Voraussetzungen für das Verständnis der Hauptteile. Aber auch die *Software* ist berücksichtigt, um einen vollständigen Überblick zu gewährleisten.

Als Zielgruppen sehen wir Schüler und Studenten in Leistungskursen, an Techniker- und Ingenieurschulen. Aber auch zur Einführung an wissenschaftlichen Hochschulen kann das Buch empfohlen werden. Es ist, zusammenfassend bewertet, bestens geeignet, wenn praxisbezogen und auf etwa „mittlerem Niveau" solides Grundwissen und ein guter Überblick vermittelt werden sollen. Das Buch ist auch geeignet für Benutzer von Mikrocomputern, Video- und Personalcomputern, die mehr über ihren Computer wissen möchten oder müssen, als aus der üblichen Literatur zu gewinnen ist.

Braunschweig, im Oktober 1988   *Harald Schumny*

Inhaltsverzeichnis

Teil 2   Hardware

Teil 3 Software

Teil 1
Grundlagen

Jedes Datenverarbeitungssystem besteht aus Hardware und Software. Vor der Besprechung dieser beiden „Bestandteile" in Teil 2 und Teil 3 werden hier einführende Definitionen, Abgrenzungen und Grundprinzipien herausgearbeitet. Kapitel 1 stellt Hauptbereiche der maschinellen Datenverarbeitung vor. Das Prinzip der DV wird, ausgehend von einer manuellen Verarbeitung, entwickelt; zusätzlich sind die Funktionseinheiten einer EDV-Anlage angegeben, und es wird besprochen, was zu einem DV-System gehört. Inhalt des Kapitels 2 ist die computergerechte Darstellung von Daten, Dualzahlen-Arithmetik und Umwandlungen zwischen verschiedenen Zahlensystemen. Getrennt hiervon werden in Kapitel 3 Computer-Codes diskutiert, wobei der 7-Bit-Code (ASCII) von besonderer Bedeutung ist.

Es folgt ein zweiter Block in diesem Grundlagenteil, beginnend in Kapitel 4 mit einer Einführung in die Schaltalgebra und der Besprechung von Logik-Grundschaltungen. In Kapitel 5 schließlich werden Verknüpfungsschaltungen vorgestellt, die als Grundelemente der Computer-Hardware anzusehen sind. Aus didaktischen Gründen beginnt dieses Kapitel mit Logik-Systemen in diskretem Aufbau. Es schließen sich reale Ausführungen in TTL-, MOS- und CMOS-Technik an.

1 Begriffsbestimmung, Abgrenzungen

1.1 Maschinelle oder Automatische Datenverarbeitung

Schlägt man ein Lexikon auf, kann unter dem Stichwort „*Daten*" beispielsweise gelesen werden:

„1. Angaben, Gegebenheiten. — 2. Sachverhalte, welche den wirtschaftlichen Ablauf beeinflussen, sich selbst aber der direkten Beeinflussung durch ökonomische Vollzugsakte weitgehend entziehen: z. B. Klima, Zahl der Arbeitskräfte, Naturvorkommen (Bodenschätze u. a.), Stand des technischen Wissens, Bedarfsstruktur der Bevölkerung, Art der politischen und soziologischen Institutionen. Für die Wirtschaftstheorie sind die Daten somit vorgegebene Größen." [1]

- *Datenerfassung* Unter *Daten* werden eine Vielfalt von Angaben, Gegebenheiten und Sachverhalten verstanden, die aus den Problemen unserer menschlichen Gesellschaft entstehen, also aus persönlichen Quellen und sozialen, wirtschaftlichen und verwaltenden Bereichen. Weiterhin gilt, daß diese Vielfalt von Sachverhalten zwar gemäß den verschiedenen Situationen veränderlich, aber ausgehend von einer Momentansituation als feste und rückwirkungsfreie Größen anzusehen sind. Das sei am Beispiel einer Verkehrszählung verdeutlicht: Das Verkehrsaufkommen auf einer Ausfallstraße ist über einen ganzen Tag hin keine konstante Größe. Die maximale Dichte aber während des Berufsverkehrs oder die verkehrsarmen Abendstunden ergeben für die jeweilige Situation typische, feste Aussagen. Und es ist einleuchtend, daß die mit Strichlisten oder Zähluhren erfaßten Fahrzeugmengen (Datenerfassung) keinerlei Auswirkung auf das Verkehrsaufkommen (erfaßter Prozeß) haben.

● *Datenverarbeitung* An die *Datenerfassung* schließt sich die Phase der *Datenverarbeitung* an. Das bedeutet, die gewonnenen Informationen − in unserem Falle die ermittelten Fahrzeugdichten − sind so zu verarbeiten und aufzugliedern, daß an graphischen Darstellungen z. B. der Dichteverlauf über einen ganzen Tag abgelesen werden kann.

● *Automatisierung* Das naheliegende Ziel ist, irgendwie gewonnene wissenschaftliche oder kommerzielle Daten mit *maschineller Objektivität* (d. h. frei von menschlichen, subjektiven Fehlerquellen) und mit *maschineller Schnelligkeit automatisch* zu verarbeiten. Unter dem Stichwort „*Automatisierung*" findet man in [2] etwa:

„Unter Automatisierung soll das zweckmäßige, selbsttätige und erfolgreiche Arbeiten von Maschinen verstanden werden. *Selbsttätig* arbeitet eine Maschine nur dann, wenn sie durch eine Einrichtung einen Auftrag entgegennimmt, die Bearbeitung einleitet, die Außenbereichssituationen berücksichtigt und sich in Grenzfällen richtig verhält. Dadurch wird eine Beaufsichtigung durch Menschen unnötig. *Erfolgreich* ist die Zusammenarbeit nur dann, wenn das von der automatisierten Maschine hergestellte Ergebnis einem Optimum möglichst nahe kommt, zumindest aber frei von Mängeln ist. Mängel können durch veränderte Voraussetzungen oder Störgrößen entstehen, die auf das System einwirken. Automatisierung hat also nichts mit Mechanisierung oder Rationalisierung zu tun."

Damit läßt sich zusammenfassen:

> Unter maschineller Datenverarbeitung versteht man die Verarbeitung von Informationen (Daten) durch eine festgelegte Folge maschineller (automatischer) Operationen mit dem Ziel, neue Resultate zu gewinnen.

1.2 Hauptbereiche der maschinellen Datenverarbeitung

Wesentliche Merkmale für einen Datenverarbeitungsprozeß sind einmal die anfallende Datenmenge, zum andern Umfang und Schwierigkeitsgrad der durchzuführenden Rechenoperationen (Verrechnung der Daten). Aus dem Verhältnis dieser beiden Angaben zueinander lassen sich Hauptbereiche der EDV angeben.

1.2.1 Kommerzielle Datenverarbeitung

Typisch für diesen Hauptbereich ist einerseits eine Vielzahl von Daten, was einen großen Speicher nötig macht. Andererseits ist aber in der Regel nur ein geringer Aufwand an Verrechnung nötig (relativ einfache und kurzzeitige Rechenoperationen).

Als Beispiel stelle man sich die Kontenführung eines großen Bankinstituts vor mit vielleicht 100 000 Kunden. Bei reger Benutzung des Banken-Service (Überweisungen, Abhebungen, Daueraufträge, Schecks etc.) ergibt sich eine enorme Anzahl von Daten (neuer Kontostand, Gebühren, Soll, Haben, Zinsen, Mahnungen etc.). Die Verrechnung dieser Daten und die Ermittlung des aktuellen Stands jedoch besteht aus einfachsten Operationen wie Addition und Multiplikation.

1.2.2 Technisch-wissenschaftliche Datenverarbeitung

Die hier behandelten Probleme sind fast immer charakterisiert durch komplexe, umfangreiche und somit langwierige Verrechnung weniger Ein- und Ausgabedaten.

Natürlich handelt es sich bei der genannten Unterscheidung um zwei Grenzfälle. In der Praxis wird sich oft eine mehr oder weniger starke Vermischung beider Hauptbereiche der Datenverarbeitung einstellen. Trotzdem ist es bei jedem konkreten Fall nützlich, daß man das vorliegende Problem analysiert und nach dieser Klassifizierung erkennt. Denn

1. Struktur und Größe einer EDV-Anlage sind gemäß dem Hauptanteil der Probleme aus den genannten Bereichen auszuwählen.
2. Die Wahl der zu verwendenden Programmiersprachen unterliegt ganz stark dieser Klassifizierung (siehe dazu Teil 3: Software).

1.2.3 Prozeßdatenverarbeitung (PDV)

Ein dritter Hauptbereich elektronischer Datenverarbeitung kann dort abgegrenzt werden, wo technische oder wissenschaftliche Prozesse zu überwachen, steuern oder regeln sind. Dafür lassen sich folgende Kriterien angeben:

— Meldungen und Bedienungsanforderungen vom Prozeß zum Computer (*Interrupt-verarbeitung*);
— Reaktionen sind im allgemeinen sofort gewünscht (Echtzeitbetrieb, engl. *real-time processing*);
— Signalübertragung und -verarbeitung ist oft mit höchsten Raten nötig.

Mehr noch als in den ersten beiden Hauptbereichen findet man hier Mikroprozessoren bzw. Mikrocomputer, die einzelnen Aufgaben zugeordnet sind (*dedicated processors*). Man spricht in diesem Zusammenhang auch von verteilter Intelligenz (*distributed intelligence*).

Wir werden in diesem Lehrbuch noch ausführlicher auf die hier etwas grob abgegrenzten Bereiche bzw. Anwendungsfelder eingehen und dabei die Position der Mikrocomputer verdeutlichen.

1.3 Prinzip der Datenverarbeitung

Automatische Datenverarbeitung bedeutet, daß Operationen, die häufig nur mühsam und fehleranfällig von einem Menschen manuell verrichtet werden können, mit maschineller Objektivität und Schnelligkeit von elektronischen Geräten selbsttätig ausgeführt werden. Die Konstruktionen solcher Maschinen und das „Programmieren" der gewünschten Operationen sind natürlich durch die menschliche Denkweise bestimmt. So ist es nicht verwunderlich, daß die maschinelle Datenverarbeitung in der Regel analog einer vergleichbaren manuellen Datenverarbeitung abläuft. Deshalb soll mit der Beobachtung der DV-Problemlösung durch einen Menschen begonnen werden, um danach die gewonnenen Erkenntnisse auf die Arbeitsweise einer elektronischen DV-Anlage übertragen zu können.

● *Manuelle DV*   Als konkretes Beispiel der Datenverarbeitung durch einen Menschen (manuelle DV) sei die Erstellung von Kontoauszügen in einer Bankfiliale gewählt. Die anfallende Datenmenge besteht dann etwa aus

AK: Alter Kontostand	DA: Daueraufträge	⎫
EZ: Einzahlungen	UE: Überweisungen	⎬ Quelldaten
AB: Abhebungen	GB: Gebühren	⎭

Als *Primärinformation* (Hauptergebnis) wird der neue Kontostand NK erwartet. Er soll mit schwarzer Farbe geschrieben werden, falls NK positiv ist und mit roter Farbe, falls NK negativ, d. h. wenn das Konto überzogen ist. Der zuständige Konten-Sachbearbeiter kann lesen, schreiben und die Grundrechenarten anwenden, wozu er zur Arbeitsentlastung einen Tischrechner zur Verfügung hat.

● *Arbeitsanleitung*   Weiterhin hat er als Gedächtnisstütze eine *schriftliche Arbeitsanleitung AL* vorliegen, aus der genau hervorgeht, was er im einzelnen zu tun hat. Es ergibt sich so der Stand, wie er symbolisch in **Bild 1.1** dargestellt ist.

Der Sachbearbeiter hat neben sich den Tischrechner, vor sich die Arbeitsanleitung und die Listen mit den zu verarbeitenden Daten. In Bild 1.1 sind Symbole verwendet, wie sie in Teil 3 (Software) für Programmablaufpläne benutzt werden. Als Ergebnis des DV-Prozesses soll der Kontoauszug angefertigt werden. Die mathematische Form der Arbeitsanleitung lautet:

$$NK = AK + EZ - AB - DA - UE - GB \rightarrow \begin{cases} \text{schwarz} & \text{falls } NK \geqq 0. \\ \text{rot} & \text{falls } NK < 0. \end{cases}$$

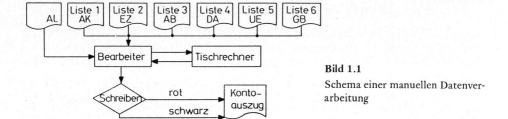

Bild 1.1
Schema einer manuellen Datenverarbeitung

● *Arbeitsablaufplan*   Für einen reibungslosen Ablauf ist diese Form der Arbeitsanleitung (vor allem bei komplizierten Zusammenhängen) nicht immer geeignet. Man wird sich bemühen, so einfach wie möglich und ausführlich wie nötig einen Arbeitsablaufplan zu schreiben. In unserem Beispiel kann das so aussehen:

1. Lies AK aus Liste 1 und taste ihn in den Tischrechner ein.
2. Lies EZ aus Liste 2, taste die Beträge in Tischrechner ein und addiere zu AK.

3. Merke den Wert von AK + EZ, lies AB aus Liste 3, taste den Betrag in Tischrechner ein und subtrahiere ihn von AK + EZ.

4. bis 6. sind analog 3.

7. Lies NK vom Tischrechner ab und trage den Betrag in den Kontoauszug ein, und zwar mit schwarzer Tinte falls Betrag positiv, mit roter Tinte falls Betrag negativ.

8. Prüfe ob die Kontoauszüge aller Bankkunden geschrieben sind. Wenn nein, beginne wieder bei Schritt 1, sonst beende die Arbeit.

Sieht man sich die Struktur der Sätze 1 bis 8 an, stellt man fest, daß es sich ausschließlich um *Befehle, (Instruktionen)* handelt.

- **Befehl, Programm**

> Eine Arbeitsanleitung besteht aus einer Summe von *Befehlen*. Eine solche *Befehlsfolge* wird *Programm* genannt.

Der aufmerksame Beobachter stellt aber fest, daß es sich bei dem angegebenen Beispiel um verschiedene Arten von Befehlen handelt!

Befehl 1 fordert das Ablesen des Wertes und das Eintasten in den Tischrechner.

Befehl 2 verlangt zusätzlich die Durchführung der Rechenoperation „Addition".

Befehl 3 beinhaltet die Erstellung eines Zwischenergebnisses.

Befehl 4 bis 6 sind ähnlich wie 3 aufgebaut.

Befehl 7 enthält ganz andere Forderungen, nämlich einmal das Ablesen und Übertragen des neuen Kontostandes (Datentransfer). Zum andern wird hier eine *logische Entscheidung* des Sachbearbeiters verlangt, nämlich die Wahl zwischen roter oder schwarzer Schrift, je nachdem ob der Betrag von NK negativ oder positiv ist. Anders: Er verlangt vom Bearbeiter die *Prüfung einer Bedingung!*

Befehl 8 ist ein reiner *bedingter Befehl*.

Bei einer weiteren Untersuchung der eben formulierten Befehle wird deutlich, daß der *Befehlsablauf* aus zwei Teilen besteht:

- **Befehlsablauf**

> 1. *Befehlsbereitstellung;* das bedeutet das *Lesen* und *Interpretieren* (Erkennen) eines Befehls.
> 2. *Befehlsausführung.*

Die Befehlsbereitstellung ist bei allen Typen von Instruktionen gleich. Unterschiede treten bei der Befehlsausführung auf. Im angegebenen Beispiel kamen folgende Befehlsarten vor:

> *Transferbefehle* (Übertragungsbefehle): Hierbei werden Daten übertragen.
> *Arithmetische Befehle:* Bei diesen Befehlen werden zusätzlich zum Datentransfer Rechenoperationen durchgeführt.
> *Sprungbefehle:* Der weitere Programmablauf ist von einer Bedingung abhängig.

Der eben besprochene Arbeitsablaufplan und die darin enthaltenen Befehle sind unserer menschlichen Sprache entnommen und somit jedem verständlich. Das wird anders, wenn die geforderten Operationen von einer Maschine, also einer DV-Anlage, automatisch und selbsttätig durchgeführt werden sollen. Dann muß in zweierlei Hinsicht eine Änderung vorgenommen werden.

- **Automatische DV**   Einmal müssen Darstellungsweisen und Symbole gefunden werden, mit denen eine Übersetzung der für Menschen verständlichen Ausdrücke in eine für die Maschine verständliche Form gebracht werden können. Das sind die Programmiersprachen, die in Teil 3 besprochen werden. Die in solch eine Sprache übersetzten Arbeitsablaufpläne, also die *Programme*, sind Teil der *Software*.

Zum andern muß die Maschine über Einrichtungen verfügen, mit denen geschriebene Programme gelesen und in elektrische Signale umgeformt werden können. Über diese Hardware wird im einzelnen noch zu sprechen sein. Hier soll hervorgehoben werden, daß eine Einrichtung vorhanden sein muß, die dem menschlichen Gehirn ähnlich ist, wobei natürlich nicht daran gedacht ist, die menschliche Intelligenz nachbilden zu wollen. Es muß aber möglich sein, Daten und Zwischenergebnisse festzuhalten und bei Bedarf weiterzureichen. Man braucht sozusagen Ablagemöglichkeiten, die dem menschlichen Gedächtnis entsprechen, damit die Maschine sich beispielsweise eine Zahl, die sie zu einer anderen addieren soll, merken kann. In diesem Sinne allein ist der manchmal gebrauchte Begriff „Elektronengehirn" zu verstehen, wobei dem Elektronengehirn jede Intelligenz fehlt.

Das Gedächtnis einer EDV-Anlage wird aus den *Datenspeichern* gebildet. In Kapitel 9 wird darüber ausführlich gesprochen werden.

1.4 Funktionseinheiten einer EDV-Anlage

In 1.3 hatten wir gesehen, wie der Sachbearbeiter gemäß der Arbeitsanleitung aus den verschiedenen Listen zunächst Zahlen abgelesen hat. Dieser Vorgang und die weiteren Schritte der Datenverarbeitung sollen anhand **Bild 1.2a** etwas ausführlicher angesehen und zur Darstellung des Bildes 1.2b verallgemeinert werden.

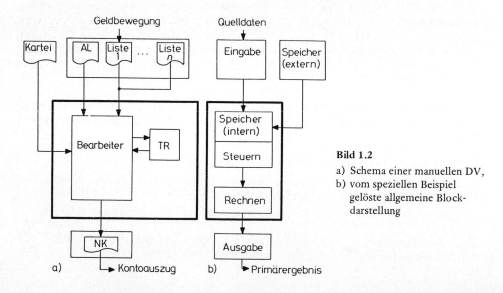

Bild 1.2
a) Schema einer manuellen DV,
b) vom speziellen Beispiel gelöste allgemeine Blockdarstellung

Die gesamte Datenmenge, also z. B. die Geldbewegung eines Tages, wurde in Listen festgehalten und wird nun vom Bearbeiter nacheinander entsprechend seiner Anweisung, nämlich der ihm gegebenen Instruktionen, aufgenommen und im Gedächtnis behalten. Dies ist die *Eingabe* des Datenmaterials.

Eingabe: Versorgung des DV-Systems mit *Programm* und *Daten* (engl. *input*).

Das Datenmaterial und die Arbeitsanleitung (Programm) liegen in der Regel in geschriebener Form vor. Diese Informationen sind sozusagen auf dem Papier *gespeichert* (festgehalten). Ebenso müssen Programm und Daten nach ihrer Eingabe im Gehirn des Bearbeiters gespeichert werden.

Speichern: Festhalten (Merken) von *Programm* und *Daten* — allgemein: *Informationsspeicherung*.

Hier wird deutlich, daß es zwei Arten von Informationsspeicherung gibt. Einmal werden nämlich Programm und Daten außerhalb des Gehirns auf Listen und in Karteien festgehalten; zum zweiten muß Information im Gehirn gespeichert werden können. Um das Gehirn nicht zu überlasten und genügend Platz zum Denken zu lassen, soll dieser wichtige *Hauptspeicher* nicht mit unnötigen Informationen belastet werden. Man wird also nicht verlangen, daß der Bearbeiter Kontonummern, Kundennamen oder Kontostände im Kopf behält. Diese Informationen werden *extern* auf *Hilfsspeichern* (Karteien) festgehalten und bei Bedarf abgerufen. Somit haben wir folgende Klassifizierung:

Hauptspeicher: Auch *interner Speicher* oder *Arbeitsspeicher* genannt, in dem das *Programm* und die momentan zu *verrechnenden Daten* festgehalten werden.
Hilfsspeicher: Alle *externen Speicher*, in denen die Eingabedaten, auch *Quelldaten* genannt, und sämtliche Hilfsinformationen gespeichert sind.

Nach erfolgter *Eingabe* beginnt die *Verarbeitung*, auch *Verrechnung* der Daten (*data processing*). Die Verarbeitung läuft nach den durch die Arbeitsanleitung festgelegten Instruktionen ab. Der Bearbeiter in unserem Beispiel „verrechnet" also mit Hilfe des Tischrechners TR nach Plan die eingegebenen Daten. Anschließend werden die *Ergebnisse* der Verarbeitung in die Liste NK eingetragen, also ebenfalls *gespeichert*. Wir haben somit:

Verarbeitung: Verrechnen der Daten nach vorgegebenem Plan bzw. Ausführung des gespeicherten Programms mit abschließender Speicherung der Hauptergebnisse.

Den endgültigen Abschluß des DV-Prozesses bildet die

Ausgabe: Die Ablieferung des gewünschten Hauptergebnisses (engl. *output*).

Damit ergibt sich das allgemeine Schema des Bildes 1.2b, das, völlig gelöst von speziellen Beispielen, in **Bild 1.3** weiter verfeinert ist. Dieses Blockschema beschreibt ganz allgemeingültig das Prinzip der Datenverarbeitung. Es handelt sich um eine schematische Darstellung einer Datenverarbeitungsanlage. Es sind die Funktionseinheiten einer EDV-Anlage angegeben.

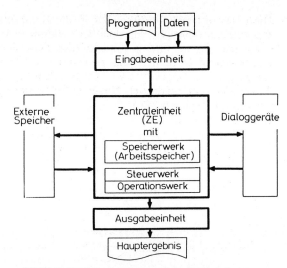

Bild 1.3 Funktionseinheiten einer EDV-Anlage

- **EDV-Anlage** Ausgehend von Programm und Daten sorgt die *Eingabeeinheit* dafür, daß sämtliche Informationen in die *Zentraleinheit* (ZE) gelangen. Die Eingabeeinheit besteht in der Regel aus einer Vielzahl von verschiedenen Eingabegeräten, die in Kapitel 10 näher besprochen werden. Die Zentraleinheit ist das Zentrum, der Hauptbestandteil einer EDV-Anlage. Sie ersetzt das Gehirn des Menschen und den in dem Beispiel genannten Tischrechner. Die *externen Speicher* dienen zur Entlastung des teuren Hauptspeichers (Speicherwerk in der ZE). Die *Dialoggeräte (Terminals)* ermöglichen einen Eingriff in die Zentraleinheit unabhängig vom vorgegebenen Programmablauf. Über die *Ausgabeeinheit* gelangen schließlich die Hauptergebnisse zum Benutzer der EDV-Anlage.

- **Prozessor, Computer** *Computer* ist die gängige Bezeichnung für die in Bild 1.3 schematisch dargestellte EDV-Anlage. Manchmal wird mit gleicher Bedeutung auch der Begriff *Rechner* verwendet (z. B. in der Spezialversion Prozeßrechner). Der *Prozessor* ist die zentrale Verarbeitungseinheit des Computers. Allerdings gibt es mindestens zwei Vorstellungen davon, was man dazurechnen sollte. Wir schließen uns hier folgender Vereinbarung an:

> – **Prozessor:** Zentrale Verarbeitungseinheit (*Central Processing Unit*, CPU), bestehend aus Steuerwerk (*Control Unit*, CU) und Operationswerk, das heute meist arithmetisch-logische Einheit heißt (*Arithmetic Logic Unit*, ALU).
> – **Zentraleinheit:** Darunter verstehen wir die in der Regel in einem Gehäuse zuammengefaßten Einheiten Prozessor und Arbeitsspeicher (auch: Hauptspeicher; engl. *main memory*).
> – **Computer:** Kombination einer Zentraleinheit geeigneter Leistungsfähigkeit mit angemessenen Peripheriegeräten. Das sind vor allem: Bedienungsgerät mit Tastatur und Bildschirm (Terminal); Drucker; Massenspeicher (externer bzw. Hilfsspeicher).

Je nach Größe und Verwendungszweck der Anlage sind Ausrüstung und Umfang der einzelnen Funktionseinheiten verschieden. Die Grundfunktionseinheiten, Ausbaustufen und Variationen werden ausführlich in Teil 2 besprochen.

● **Mini- und Mikrocomputer** Die Kompaktcomputer der „Mini- und Mikroklasse" zeigen recht deutlich den Aufbau entsprechend der hier vorgestellten Funktionseinheiten. Die in **Bild 1.4** angegebene Zentraleinheit ist entweder in einem extra Gehäuse untergebracht; dann müssen ein Bedienungsterminal, Drucker und Massenspeicher daran angeschlossen werden. Häufig sind aber Tastatur und Bildschirm, manchmal auch zusätzlich Massenspeicher oder gar ein Drucker mit integriert (vor allem bei Tischcomputern).

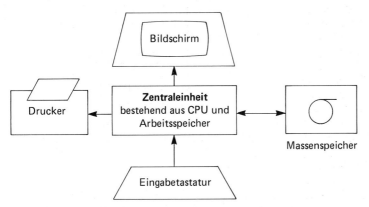

Bild 1.4 Typische Anordnung für einen Mini- oder Mikrocomputer.
CPU: *Central Processing Unit*

1.5 DV-System und Rechnerklassen

Weder ein Tischrechner noch die in Bild 1.3 eingeführte Zentraleinheit sind in der Lage, irgendeine vernünftige logische oder arithmetische Operation ohne konkrete und für die Maschine verständliche Anweisung durchzuführen. Solche Anweisungen (*Instruktionen*) waren unter dem Begriff *Programm* zusammengefaßt worden. Damit erhält man die folgende Aussage:

> Ein funktionsfähiges *Datenverarbeitungssystem* muß notwendigerweise aus einer Verbindung von Geräten und Programm bestehen.

● *Hardware, Software*

> Ein **DV-System** setzt sich zusammen aus *Hardware* und *Software*.
> **Hardware** ist der Sammelbegriff für alle technischen Einrichtungen eines DV-Systems, also die gesamte DV-Anlage, wie sie vom Hersteller ausgeliefert wird.
> **Software** ist die Gesamtheit aller Programme und Programmierhilfen, durch die die technischen Einrichtungen einer DV-Anlage — die Hardware also — erst befähigt werden, sinnvoll und selbsttätig Probleme zu lösen.

Ohne „passende" Software bleibt jeder Computer eine ziemlich nutzlose Maschine. Man kann noch weitergehen und behaupten: Unzureichende oder gar fehlerhafte Software läßt auch den teuersten Computer eher zum Ärgernis werden als zum Helfer.

● **Rechnerklassen**   Ausführung, Größe, Verarbeitungsgeschwindigkeit oder zulässige Programmiersprachen unterscheiden sich bei den verschiedenen DV-Systemen stark. Der Systempreis wird durch die Hardware- und Softwareausstattung bestimmt, wobei die Softwarekosten recht hoch sein können. Der jeweilige Anwendungsfall kann die Anlagengröße sowie die Geräte- und Programmeigenschaften erheblich bestimmen. In grober Einteilung ist mit nachfolgender Aufstellung eine Abgrenzung von Rechnerklassen und Anwendungsbereichen angegeben. Die Stufung von unten nach oben entspricht in etwa zunehmenden Preisklassen.

Großcomputer	Spezialrechensysteme für Technik, Wissenschaft und Rechenzentren (z. B. Kerntechnik, Raumfahrt, Zentralregister)
Mittlere Anlagen	im kommerziellen Bereich als *Business Computers* bezeichnet; allgemein *Main Frame Computers* (kurz: *Main Frames*) genannt; z. B. auch als Zentral- und Vermittlungsrechner für Kommunikationssysteme verwendet
Prozeßrechner	speziell ausgestattete Computer zur Meßdatenverarbeitung in Industrie und Wissenschaft sowie zur Überwachung, Steuerung und Regelung technischer Produktionsprozesse
Minicomputer	Anlagen für die dezentrale Datenverarbeitung in Technik und Wissenschaft sowie zum Einsatz als Prozeßrechner
Mikrocomputer	Arbeitsplatzcomputer für die extrem dezentralisierte Datenverarbeitung, für Datenvorverarbeitung in „intelligenten" Terminals sowie als anpassungsfähiges Werkzeug für die Meßtechnik und Steuerungs- bzw. Überwachungsaufgaben
Taschencomputer	im Tastencode oder BASIC programmierbare Taschen- oder Handcomputer (auch: *Handheld Computer*, HHC) als bequeme und preiswerte Hilfsmittel in vielen Anwendungsfällen

2 Darstellung von Daten

2.1 Bedeutung von Symbolen, Aufgabe der Codierung

Ein wesentlicher Bestandteil unseres menschlichen Lebens ist der Austausch von Informationen (*Kommunikation*). Eigentlich jeder benutzt täglich Kommunikationsmedien wie Zeitung, Rundfunk, Fernsehen. Aber auch beispielsweise die Leuchtreklame in unseren Städten oder Hinweise und Verkehrsschilder gehören dazu. Während die erstgenannten Medien Informationen über Schrift und Sprache vermitteln, handelt es sich bei Hinweisen und Verkehrsschildern in der Regel um Symbole, deren Bedeutung einem geläufig ist und die somit den gleichen Informationsgehalt übermitteln wie ganze Sätze — oft sogar schneller und sicherer als diese.

Allgemein kann damit festgestellt werden, daß Symbole Informationen vermitteln; denn auch unsere Zahlen, Buchstaben und Wörter sind Symbole. Dabei ist klar, daß z. B. das Wort „Haus" nicht das Haus selbst ist, sondern nur ein allgemein verständliches Symbol dafür. Also:

> *Symbole* sind nicht die Information, sondern nur deren Träger.

- *Symbole* Symbole werden von verschiedenen Menschen unter Umständen verschieden oder auch gar nicht verstanden werden — dann beispielsweise, wenn man ein neues Zeichen nicht kennt oder eine fremde Sprache nicht beherrscht.
  Das Fazit lautet somit, daß Symbole für die Kommunikation — für den Informationsaustausch also — notwendig, aber nicht hinreichend sind. Es muß noch die zweite Bedingung erfüllt sein, daß die verwendeten Symbole vernünftig und verständlich sind. Das gilt nicht nur für zwischenmenschliche Beziehungen, sondern ebenso für die Korrespondenz mit einer EDV-Anlage. Die Befehle und Daten, die dem Computer eingegeben werden sollen, müssen zu einem dieser Maschine verständlichen System von Symbolen gehören. Und genau wie bei unserer Sprache müssen diese Symbole nach festgelegten Regeln zu Wörtern und Sätzen, den eigentlichen Instruktionen, zusammengestellt werden.

- *Zeichenvorrat* In der Informationstheorie unterscheidet man zwischen *Zeichen* als elementaren Informationselementen und *Symbolen*, die aus einem Zeichen oder einem ganzen Wort bestehen können. Informationen werden durch verabredete Kombinationen von Zeichen zu *Worten* mit einer endlichen Zahl b von Zeichen gebildet. Die Zeichen sind einem ebenfalls endlich großen Vorrat der *Menge M*, entnommen. Dieser *Zeichenvorrat* wird *Alphabet* genannt. In **Bild 2.1** sind diese Definitionen schematisch angegeben. Die Situation ist somit folgende:

- *Elementarvorrat* Wir haben einen *Zeichenvorrat M*, bestehend aus k Zeichen. Aus dieser Menge lassen sich n Worte der Länge b, also bestehend aus jeweils b Zeichen, bilden. Diese n Worte (Zeichenfolgen) bilden den *Elementarvorrat n* der Information. Für den Elementarvorrat gilt ein einfaches Potenzgesetz:

$$n = k^b \text{ Worte} \tag{2.1}$$

Wenn demnach der Zeichenvorrat M (d. h. die Anzahl k der Zeichen) und die Wortlänge b vorgegeben sind, läßt sich mit Gl. (2.1) berechnen, wieviele Zeichenfolgen n gebildet werden können. Nehmen wir als Beispiel an, der Zeichenvorrat M bestehe aus $k = 10$ Dezimalzahlen, nämlich den Ziffern 0, 1, 2, 3, ..., 9. Die Frage soll nun lauten: Wieviele zweistellige Zahlen lassen sich aus diesem Vorrat bilden? Das bedeutet, die Wortlänge soll $b = 2$ betragen.
Mit Gl. (2.1) folgt dann:

$$n = k^b = 10^2 = 100,$$

was selbstverständlich zu erwarten war. Selbstverständlich ist das aber nur, weil wir das Dezimalsystem von Kindheit an gewohnt sind!

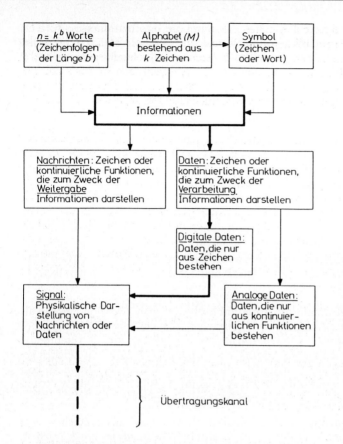

Bild 2.1

Definitionen aus der
Informationstheorie
(Begriffe und Formel-
zeichen entsprechend
DIN 44 301)

- *Entscheidungsgehalt* Logarithmiert man Gl. (2.1) zur Bais k, erhält man den *Entscheidungsgehalt* H_0 der Information (der zahlenmäßig gleich der Wortlänge ist):

$$H_0 = b = \log_k n \text{ Zeichen/Wort}$$
(2.2)

Das bedeutet, H_0 gibt die Informationsmenge an, die pro Wort übermittelt wird, oder anders ausgedrückt, H_0 besagt, wieviele Zeichen ausgewählt werden müssen, um ein Wort zu bilden. Im Falle des Wortes „Haus" ist die Auswahl von vier Zeichen (Buchstaben H, A, U, S) aus dem 26 Zeichen umfassenden deutschen Alphabet nötig, um die Information „Haus" zu vermitteln. Für das Beispiel mit den Dezimalzahlen wird aus Gl. (2.2)

$$H_0 = b = \lg 100 = 2 \text{ Zeichen pro Wort.}$$

Um also mit 10 Zahlen (0 bis 9) 100 verschiedene Zahlenkombinationen zu bilden, ist die ständige Auswahl von jeweils zwei Zeichen aus dem Zeichenvorrat der zehn Zahlen nötig.

- *Beispiele*　Aus den angegebenen Beispielen erkennt man, daß die Anzahl k der Zeichen, die einen Zeichenvorrat bilden, recht unterschiedlich sein kann. Das dekadische Zahlensystem (Dezimalsystem) umfaßt 10 Zeichen; unser lateinisches Alphabet besteht aus 26 Zeichen, das griechische aus 24, das kyrillische aus 30, das arabische aus 54 Zeichen. Die Bildung von Zahlen bzw. Wörtern und Begriffen besteht dann immer aus einer Kombination verschiedener Zahlen aus den angegebenen Zeichenvorräten.

- *$n = k$*　Ein interessanter Extremfall ist die chinesische Bilder- und Symbolsprache. Dabei ist die Wortlänge b oft gleich eins, d. h. jedes Zeichen bedeutet ein Wort. Aus $n = k^b = k$ folgt dann, daß der Elementarvorrat gleich der Zeichenmenge ist, also im Grenzfall aus unendlich vielen Zeichen besteht. Während wir in unserer Sprache nur 26 Zeichen lernen müssen und daraus beliebig viele Worte und Begriffe kombinieren können, muß ein Chinese für jedes Wort ein eigenes Zeichen kennen. In der Praxis heißt das, für die Umgangssprache ist die Beherrschung von 3000 bis 4000 verschiedenen Zeichen nötig, zum Lesen einer technisch-wissenschaftlichen Arbeit muß man schon bis 9000 Zeichen kennen. Der Vorteil, keine Zeichen zu Worten kombinieren zu müssen, wird erkauft durch eine ungeheuer große und schwer zu speichernde Zeichenmenge.

- *Binäreinheit*　Während die chinesische Schrift aus einer riesigen Anzahl von Zeichen besteht ($k \approx 10\,000$) und jedes Zeichen einen ganzen Begriff verkörpert, ist ein entgegengesetzter Extremfall von großer praktischer Bedeutung. Und zwar ist das der Fall $k = 2$, also die einfachste Auswahl bei der Kombination von Worten und Begriffen aus nur 2 Zeichen. Jedes Wort wird dann beispielsweise als eine Folge von „Ja-Nein-Entscheidungen" dargestellt. Oder es werden zwei Zustände wie $+/-$, $0/1$, Hoch/Niedrig etc. verwendet. Eine solche *Ja-Nein-Entscheidung* wird *binäre Informationseinheit* oder *Binäreinheit* genannt. Englisch heißt das

  Binary digit, abgekürzt **Bit.**

Unter Verwendung von Gl. (2.1) folgt dann, daß mit b binären Informationseinheiten (Bits)

$$n = k^n = 2^b$$

Worte dargestellt werden können. Der Entscheidungsgehalt (Gl. 2.2) wird in diesem Falle

$$H_0 = b = \log_2 n$$

Wegen der besonderen Bedeutung des Logarithmus zur Basis 2 hat man eine eigene Bezeichnung eingeführt:

$$\log_2 n = \mathrm{lb}\, n$$

Der **Entscheidungsgehalt** in diesem **Binärsystem** (also die für jedes zu bildende Wort nötige Informationsmenge) wird

$$\boxed{H_0 = b = \mathrm{lb}\, n \text{ bit/Wort}} \tag{2.3}$$

Wollen wir beispielsweise 8192 chinesische Schriftzeichen im Binärsystem darstellen, benötigen wir dazu

$$H_0 = \mathrm{lb}\,(8192) = 13 \text{ bit pro Wort!}$$

Die Wörter werden also ziemlich lang.

Ein weiteres Beispiel:

Das deutsche Alphabet soll um ein Zwischenraumsymbol für Worttrennungen und 5 Satzzeichen ergänzt werden, also aus 26 + 6 = 32 Zeichen bestehen. Nach Gl. (2.3) wird dann

$$H_0 = \text{lb}(32) = 5 \text{ bit pro Wort.}$$

● **Codierung**   Damit ist ein einfaches Beispiel einer *Codierung* gegeben, nämlich die Zuordnung des deutschen Alphabets plus einiger Sonderzeichen zum Binärsystem, wobei jedes Symbol durch fünf Bits dargestellt wird.

Allgemein läßt sich formulieren:

> Unter einem Code versteht man eine Zuordnung zwischen zwei Listen von Zeichen oder Elementarzeichengruppen.

Damit hat man das Rezept, nach dem *uns* verständliche Begriffe oder Zahlen in ein System übersetzt werden, das von EDV-Anlagen verarbeitet werden kann.

> Entsprechend DIN 44300 unterscheiden wir
>
> — Bit: Kurzform für Binärzeichen (*binary digit*), d. h. es wird Großschreibung verwendet mit einem Plural-s für die Mehrzahl, also z. B. „256 Bits";
> — bit: Sondereinheit für die Anzahl von Binärentscheidungen, d. h. es wird Kleinschreibung verwendet, ohne Plural-s, z. B. 9600 bit/s.
>
> Für das Byte, das aus acht Bits besteht, gilt die gleiche Regelung (1 byte = 8 bit).

2.2 Zahlendarstellung

Die Kennzeichnung einer Zahlenmenge besteht darin, daß die *Elemente* oder die *Einheiten* der Menge abgezählt werden und die Nummer des letzten Elements angegeben wird. Würde man zum Abzählen eine Strichliste verwenden oder jedem Element der abzuzählenden Menge eine eigene Bezeichnung verleihen, käme man bei großen Mengen sehr schnell in Schwierigkeiten. Die Einführung von *Zahlensystemen* ist daher konsequent und notwendig. Es gilt dann, die meist wenigen Elemente des Systems und das Bildungsgesetz zu lernen.

● **Bildungsgesetz**   Allgemein lautet das *Bildungsgesetz* für Zahlensysteme:

$$Z = \sum_{i=-\infty}^{i=+\infty} z_i B^i. \tag{2.4}$$

D. h. eine Zahl Z wird dargestellt durch Summation über alle vorkommenden Produkte $z_i B^i$, wobei z_i der Zahlenwert an der i-ten Stelle und B^i der Stellenwert ist:

$$Z = z_{-\infty} B^{-\infty} + \ldots + z_{-2} B^{-2} + z_{-1} B^{-1} + z_0 B^0 + z_1 B^1 + z_2 B^2 + z_3 B^3 + \ldots + z_\infty B^\infty. \tag{2.5}$$

● **Basis B**   Das von uns im täglichen Leben selbstverständlich verwendete Zahlensystem hat als *Basis B* = 10. Wir rechnen mit Einern, Zehnern, Hundertern, Tausendern usw., also mit einem System, das aus Potenzen zur Basis 10 gebildet wird.

Nehmen wir als Beispiel die Zahl 68 927 und schreiben sie nach dem Bildungsgesetz (2.4) auf, folgt das in Gl. (2.6) gezeigte Ergebnis.

$$Z = 0 \cdot 10^{-\infty} + \ldots + 0 \cdot 10^{-2} + 0 \cdot 10^{-1} + 7 \cdot 10^0 + 2 \cdot 10^1 + 9 \cdot 10^2$$
$$+ 8 \cdot 10^3 + 6 \cdot 10^4 + 0 \cdot 10^5 + \ldots + 0 \cdot 10^{\infty} \qquad (2.6)$$
$$= 6 \cdot 10^4 + 8 \cdot 10^3 + 9 \cdot 10^2 + 2 \cdot 10^1 + 7 \cdot 10^0 = 68\,927.$$

So lassen sich mit dem Bildungsgesetz beliebige Zahlen einschließlich negativer und gebrochener darstellen. Nun ist aber nicht einzusehen, daß dieses irgendwann eingeführte und von uns angenommene *dezimale Zahlensystem* zur Basis $B = 10$ das einzig vernünftige oder allerbeste sein soll. Tatsächlich sind Zahlensysteme mit anderen Basiszahlen bekannt und gebräuchlich. Entsprechend dem gewählten Zahlenwert spricht man von:

Dualsystem	$B = 2$
Hexalsystem	$B = 6$
Oktalsystem	$B = 8$
Dezimalsystem	$B = 10$
Duodezimalsystem	$B = 12$
Hexadezimalsystem	$B = 16$

• *Maschinelle DV* Von besonderer Bedeutung für die maschinelle Datenverarbeitung sind das *Dualsystem*, das *Oktalsystem* und das *Hexadezimalsystem*.

> Daten werden in einer EDV-Anlage in *dual* (oder *binär*) verschlüsselter (codierter) Form gespeichert und im Operationswerk der Zentraleinheit verrechnet.
> Häufig werden *oktale* oder *hexadezimale Codierung* als „Kurzschrift" bei der schriftlichen Ein- und Ausgabe von Programmen verwendet.

Diese drei Systeme sollen darum ausführlicher behandelt werden.

2.3 Duales Zahlensystem

2.3.1 Systematik und Zahlenumwandlung

Um ohne Ballast auf einfache Weise die wesentlichen Dinge erkennen zu können, soll das Zahlensystem-Bildungsgesetz Gl. (2.4) für ganze Zahlen in umgekehrter Reihenfolge aufgeschrieben werden, und zwar zunächst für das geläufige Dezimalsystem:

$Z_{dez} = \ldots + z_4 10^4$	$+ z_3 10^3$	$+ z_2 10^2$	$+ z_1 10^1$	$+ z_0 10^0$
Stellenzahl 5	4	3	2	1
Stellenwert $\quad 10^4$ $\quad$ 10 000	10^3 1000	10^2 100	10^1 10	10^0 1

(2.7)

Es sind also die ersten fünf Summanden der positiven Reihe angegeben. Darunter sind die zugehörigen *Stellenzahlen* (5 … 1), die *Stellenwerte* B^i und die ihnen entsprechenden Dezimalzahlen hingeschrieben.

Im **Dualsystem** gilt entsprechend:

$Z_{dual} = \ldots + z_4 2^4 + z_3 2^3 + z_2 2^2 + z_1 2^1 + z_0 2^0$					(2.8)
Stellenzahl 5	4	3	2	1	
Stellenwert $\begin{array}{c} 2^4 \\ 16 \end{array}$	$\begin{array}{c} 2^3 \\ 8 \end{array}$	$\begin{array}{c} 2^2 \\ 4 \end{array}$	$\begin{array}{c} 2^1 \\ 2 \end{array}$	$\begin{array}{c} 2^0 \\ 1 \end{array}$	

Die Potenzen sind identisch mit den Summandennummern ($i = 0, 1, 2, 3, \ldots$) und somit unabhängig von der Wahl der Basis B immer gleich. Anders als im Dezimalsystem mit $B = 10$ sind natürlich im Dualsystem mit $B = 2$ die zugehörigen Stellenwerte.

Am Beispiel der Zahl 243 sei das weiter verdeutlicht:

Dezimal

$2 \times 10^2 = 200$
$4 \times 10^1 = 40$
$\underline{3 \times 10^0 = 3}$
Summe $= 243$

Dual

$1 \times 2^7 = 128$
$1 \times 2^6 = 64$
$1 \times 2^5 = 32$
$1 \times 2^4 = 16$
$0 \times 2^3 = 0$
$0 \times 2^2 = 0$
$1 \times 2^1 = 2$
$\underline{1 \times 2^0 = 1}$
Summe $= 243$

Im Dezimalsystem entsteht eine Zahl also, indem man die Zahlenwerte z_i vom höchsten Wert anfangend nebeneinanderschreibt. Aus $z_2 = 2$, $z_1 = 4$, $z_0 = 3$ folgt somit die Zahl 243 im Dezimalsystem. Ganz analog wird diese Zahl im Dualsystem dargestellt, indem die Zahlenwerte z_i nebeneinander zu schreiben sind:

> 11110011 bedeutet also im Dualsystem das gleiche wie
> 243 im Dezimalsystem.

Man erkennt aber, daß die Zahlen im Dualsystem viel länger werden als im Dezimalsystem (8 Zeichen gegenüber 3 Zeichen).

- *Zahlendarstellung* Genau wie in dem eben besprochenen Beispiel läßt sich jede Dezimalzahl in jedem Zahlensystem zur beliebigen Basis B darstellen durch Angabe von

1. Basis B;
2. Zahlenwerte z_i vom größten Wert anfangend.

Hier wird nun auch deutlich, daß die Basis B identisch ist mit der Zeichenanzahl k des in 2.1 eingeführten Zeichenvorrats M; d. h. das Potenzgesetz Gl. (2.1), das die Anzahl Wörter der Wortlänge b angibt, lautet nun

$$\boxed{n = B^b \text{ Worte}} \tag{2.9}$$

Die Wahl der Basis B legt deshalb die Menge des Zeichenvorrats fest:

Dezimalsystem: $B = 10$ mit den Elementen 0, 1, 2, 3, 4, 5, 6, 7, 8, 9;
Dualsystem: $B = 2$ mit den Elementen 0 und 1.

Die Elemente „0" und „1" des Dualsystems sind in 2.1 den Ja-Nein-Entscheidungen zugeordnet worden.

- **Signalwerte L und H**

> Der Zeichenvorrat im Dualsystem besteht aus den Elementen „0" und „1".
> Diesen Dualziffern werden in technischen Darstellungen die Signalwerte „L"
> und „H" zugeordnet, abgeleitet von den englischen Bezeichnungen *low* (L) und
> *high* (H).

- **Dual/binär** Es sei hier noch auf den Unterschied zwischen „dual" und „binär" hingewiesen:

> *dual* bezieht sich auf die Darstellung von Zahlen – im Dualsystem nämlich;
> *binär* bedeutet: „genau zweier Werte fähig", also z. B. auch der Werte 0 und 1
> oder der „Zustände" L und H.

- **4-Bit-Darstellung** Mit dem folgenden Schema (**Bild 2.2**) soll festgestellt werden,
wieviele Dezimalzahlen sich mit vier Bits darstellen lassen. Unter der jeweiligen Bit-
Nummer, die identisch ist mit den oben eingeführten Stellenzahlen, sind die Bit-
Wertigkeiten (die Stellenwerte also) angegeben, darunter die ersten 16 Dezimalstellen und ihre duale Darstellung.

Man erkennt aus Bild 2.2, daß zur Darstellung bis zur Zahl 15 vier Bits genügen.

Dezimalzahl	Dualzahl				
	4	3	2	1	Bit-Nummer
	8	4	2	1	Wertigkeit
0	0	0	0	0	
1	0	0	0	1	
2	0	0	1	0	
3	0	0	1	1	
4	0	1	0	0	
5	0	1	0	1	
6	0	1	1	0	
7	0	1	1	1	
8	1	0	0	0	
9	1	0	0	1	
10	1	0	1	0	
11	1	0	1	1	
12	1	1	0	0	
13	1	1	0	1	
14	1	1	1	0	
15	1	1	1	1	

Bild 2.2

Tabelle der ersten 16 Dualzahlen

Bei solch relativ kleinen Zahlen fällt nach etwas Eingewöhnung das Umwandeln in
Dualzahlen leicht. Längere Dezimalzahlen lassen sich am einfachsten nach der im
nächsten Abschnitt angegebenen Systematik umwandeln (konvertieren), indem
fortlaufend durch die Basiszahl 2 dividiert wird.

● **Umwandlung dezimal/dual**   Umwandlung der Dezimalzahl 243 in die entsprechende Dualzahl:

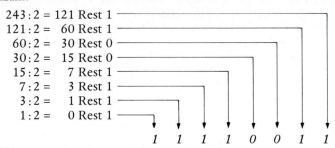

$$243:2 = 121 \text{ Rest } 1$$
$$121:2 = 60 \text{ Rest } 1$$
$$60:2 = 30 \text{ Rest } 0$$
$$30:2 = 15 \text{ Rest } 0$$
$$15:2 = 7 \text{ Rest } 1$$
$$7:2 = 3 \text{ Rest } 1$$
$$3:2 = 1 \text{ Rest } 1$$
$$1:2 = 0 \text{ Rest } 1$$

1   1   1   1   0   0   1   1

Aus den Resten, von unten nach oben gelesen, ergibt sich die Dualzahl. Dabei ist zu beachten, daß $1:2$ nicht etwa als $1/2$ gewertet wird, sondern es sind in diesem Schema nur ganze Zahlen erlaubt, so daß in der letzten Reihe steht $1:2 = 0$ Rest 1, also $1 = 1$.

Die umgekehrte Konvertierung einer Dualzahl in eine Dezimalzahl geschieht am besten mit Hilfe einer Tabelle der 2er-Potenzen, also der Bit-Wertigkeiten (Stellenwerte)

$2^0 = 1$	$2^4 = 16$	$2^8 = 256$
$2^1 = 2$	$2^5 = 32$	$2^9 = 512$
$2^2 = 4$	$2^6 = 64$	$2^{10} = 1024$
$2^3 = 8$	$2^7 = 128$	$2^{11} = 2048$

Unter Verwendung des Bildungsgesetzes Gl. (2.4), das im Dualsystem für ganze Zahlen lautet:

$$Z = \sum_{i=0}^{i=\infty} z_i \cdot 2^i, \tag{2.10}$$

wird nun von rechts beginnend die Dualzahl aufsummiert, wobei die Bits *0* und *1* den Zahlenwert $z_i = 0$ bzw. 1 haben:

$$\begin{aligned} Z &= 1 \cdot 2^0 + 1 \cdot 2^1 + 0 \cdot 2^2 + 0 \cdot 2^3 + 1 \cdot 2^4 + 1 \cdot 2^5 + 1 \cdot 2^6 + 1 \cdot 2^7 \\ &= 1 + 2 + 0 + 0 + 16 + 32 + 64 + 128 = 243. \end{aligned} \tag{2.11}$$

Schematisch kann das auch so geschrieben werden:

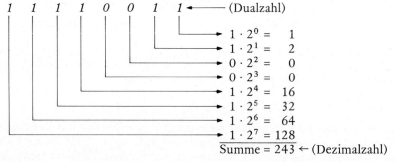

1   1   1   1   0   0   1   1 ◄——— (Dualzahl)

$$1 \cdot 2^0 = 1$$
$$1 \cdot 2^1 = 2$$
$$0 \cdot 2^2 = 0$$
$$0 \cdot 2^3 = 0$$
$$1 \cdot 2^4 = 16$$
$$1 \cdot 2^5 = 32$$
$$1 \cdot 2^6 = 64$$
$$1 \cdot 2^7 = 128$$

$$\text{Summe} = 243 \leftarrow \text{(Dezimalzahl)}$$

Mit der hier vorgestellten Systematik ist die Konvertierung zwischen den beiden Zahlensystemen leicht möglich.

2.3.2 Dualzahlen-Arithmetik

Das Binärsystem bietet sich für die maschinelle Verwendung besonders deshalb an, weil es nur aus zwei Elementen (*Bits*) zusammengesetzt ist. Aber auch das Rechnen mit Dualzahlen ist enorm einfach und maschinengerecht. Berücksichtigt werden muß jedoch, daß eine EDV-Anlage alle arithmetischen Operationen auf die Addition zurückführt. Sie soll darum zuerst besprochen werden.

| 1. Addition | Arithmetische Regeln |

$$0 + 0 = 0$$
$$0 + 1 = 1$$
$$1 + 0 = 1$$
$$1 + 1 = 10.$$

$1 + 1 = 10$ bedeutet, daß die Addition zweier 1-Bits null ergibt, daß aber zusätzlich eine 1 auf die nächsthöhere Bit-Wertigkeit zu übertragen ist. Das wird deutlich am einfachsten *Beispiel:*

$1 + 1 = 2$:

2^3	2^2	2^1	2^0	Bit-Wertigkeit	
8	4	2	1		
0	0	0	1		1
0	0	0	1	Addition	+ 1
		1		Übertrag	
0	0	1	0	Summe	= 2

1 + 1 (dual) ergibt also ebenfalls die Zahl Zwei im Dualsystem. Es muß bei Additionen nur von rechts nach links gerechnet werden, genau wie wir es vom Dezimalsystem her gewohnt sind, wenn mehrstellige Zahlenkolonnen addiert werden. Ebenso ist der Übertrag nichts Neues. Auch im Dezimalsystem muß bei der Addition übertragen werden, wenn die Summe einer Spalte mehr als 9 ergibt.

Ein weiteres *Beispiel* sei:

$45 + 55 = 100$:

Dezimal		Dual	
		64 32 16 8 4 2 1	(*W*)
$64 \cdot 0 + 32 \cdot 1 + 16 \cdot 0 + 8 \cdot 1 + 4 \cdot 1 + 2 \cdot 0 + 1 \cdot 1 =$ 45 =		0 1 0 1 1 0 1	
$64 \cdot 0 + 32 \cdot 1 + 16 \cdot 1 + 8 \cdot 0 + 4 \cdot 1 + 2 \cdot 1 + 1 \cdot 1 =$ 55 =		0 1 1 0 1 1 1	
1 1 1 1 1 1		1 1 1 1 1	(*Ü*)
$64 \cdot 1 + 32 \cdot 1 + 16 \cdot 0 + 8 \cdot 0 + 4 \cdot 1 + 2 \cdot 0 + 1 \cdot 0 =$ 100 =		1 1 0 0 1 0 0	(*S*)

W bedeutet Bit-Wertigkeit, *Ü* Übertrag und *S* Summe. Es ist völlig egal, ob man rein dual rechnet (rechts) oder das Bildungsgesetz Gl. (2.4) anwendet (links). Es kommt nur darauf an, daß die Übertragsregel richtig beachtet wird.

| 2. Multiplikation | Arithmetische Regeln |

$$0 \times 0 = 0$$
$$1 \times 0 = 0$$
$$0 \times 1 = 0$$
$$1 \times 1 = 1.$$

Die *Multiplikation* wird als *fortgesetzte Addition* durchgeführt. Als *Beispiel* sei
41 × 28 = 1148 gewählt:

			Kontrolle:
(32 16 8 4 2 1)	(16 8 4 2 1)		1 × 1024
1 0 1 0 0 1	× *1 1 1 0 0*		0 × 512
1 0 1 0 0 1			0 × 256
1 0 1 0 0 1			0 × 128
1 0 1 0 0 1			1 × 64
0 0 0 0 0 0			1 × 32
0 0 0 0 0 0			1 × 16
1 0 0 0 1 1 1 1 1 0 0	=	*1148*	1 × 8
			1 × 4
			0 × 2
			0 × 1
			1148

Ein *Beispiel* mit Mehrfachüberträgen ist

15 × 7 = 105:

```
        (8   4  2  1)            (4  2  1)
         1   1  1  1       ×      1  1  1
    _____
         1   1  1  1
         1   1  1  1
         1   1  1  1
    _____
         1   1  1
     1   1   1  1  1
    _____
     1   1   0  1  0  0  1    =      105
    (64  32  16  8  4  2  1)
```

- *Zweierkomplement* Subtraktion und Division sind so umzuformen, daß entsprechende Aufgaben über die Addition gelöst werden können; denn EDV-Anlagen können nur addieren! Das geeignete Mittel für eine Umformung ist das

> **Zweierkomplement:**
> Das *Zweierkomplement* einer Zahl ist die Ergänzung zur nächsthöheren Bit-Wertigkeit. Als Bildungsrezept läßt sich angeben:
> Einen Zweierkomplementwert bildet man durch Umkehren (*Invertieren*) der Darstellung (also 1 für 0 und 0 für 1, d. h. Erzeugen des Einerkomplements) und anschließender Addition einer 1 zu diesem *Einerkomplement*.

3. Subtraktion

Bei Anwendung des obigen Bildungsrezepts für das Zweierkomplement ist darauf zu achten, daß eine Zahl, die abgezogen werden soll, auf die gleiche Stellenzahl gebracht werden muß, wie die Zahl, von der sie zu subtrahieren ist.

1. Beispiel: 7 − 3 = 4.   7 = *111*,   3 = *11*.

7 hat drei Binärstellen (3 Bits), 3 muß also vor dem Invertieren auf drei Stellen erweitert werden, d. h.

$$3 = 011$$

Invertieren	$: 100$ ← Einerkomplement
Addieren einer 1	$: 001$
Zweier-komplement	$= 101 = 5.$

Aus $111-11$ (7 − 3) wird somit die duale Addition $111 + 101$:

$$\begin{array}{r} 111 \\ + 101 \\ \hline 100 = 4. \end{array}$$

Die Subtraktion ist also auf die Addition des Komplements zurückgeführt!

> Der Übertrag über die höchste vorgegebene Stellenzahl hinaus wird nicht berücksichtigt!

2. Beispiel: $7 - 4 = 3.$ $7 = 111,$ $4 = 100.$

Die 4 hat also schon die gleiche Stellenzahl wie die 7. Das Zweierkomplement zu 4 wird:

$$4 = 100$$

Invertieren	$: 011$
Addieren einer 1	$: 001$
Zweier-komplement	$= 100 = 4.$

Das Zweierkomplement zu 4 bei Verwendung dreier Bits ist ebenfalls 4. Damit folgt:

$$\begin{array}{r} 111 \\ + 100 \\ \hline 011 = 3. \end{array}$$

3. Beispiel: $44 - 21 = 23.$

(32	16	8	4	2	1)	
44 = 1	0	1	1	0	0	
21 = 0	1	0	1	0	1	(Auffüllen)
1	0	1	0	1	0	(Invertieren)
0	0	0	0	0	1	(Plus 1)
1	0	1	0	1	1	= 43; (Zweierkomplement)

Also:

(32	16	8	4	2	1)
	1	0	1 1	0	0
+1	0	1	0 1	1	
				1	
0	1	0 1	1 1		= 23.

> Das **Zweierkomplement** ist somit immer die Ergänzung zur nächsthöheren Bit-Wertigkeit der Zahl, von der abgezogen werden soll.

> Die *Subtraktion* wird durch *Addition des Zweierkomplements* durchgeführt. Analog wird die *Division* durch *fortlaufende Addition* des Zweierkomplements vollzogen.

4. Division

1. Beispiel: 3 : 3 = 1.

	3 = *11*
Invertieren	*00*
Addieren einer 1	*01*
Zweierkomplement	= *01* = 1.

Fortlaufende Addition des
Zweierkomplements:

$$11 : 01 = 1$$
$$+\ \underline{01}$$
$$1 \longleftarrow \overline{00}$$
$$+\ \underline{01}$$
$$01$$

> Die fortlaufende Addition des Zweierkomplements — und damit die Division —
> ist dann beendet, wenn kein Übertrag über das werthöchste Bit hinaus erfolgt.
> Das Ergebnis der letzten Addition, bei der es noch zu einem Übertrag kam, ist
> der Divisionsrest. Alle Übertragsbits werden addiert und bilden das Ergebnis
> der Division.

2. Beispiel: 14 : 7 = 2.

14 = *1110*
7 = *0111*
Auffüllen!

	7 = *0111*
Invertieren	*1000*
Addieren einer 1	*0001*
Zweierkomplement	= *1001* = 9.

Also

$$1110 : 1001 = 10 = 2.$$
$$+\ \underline{1001}$$
$$1 \longleftarrow 0111$$
$$+\ \underline{1001}$$
$$+\ 1 \longleftarrow 0000 \quad \text{Divisionsrest 0}$$
$$\underline{\quad\quad} \quad +\ \underline{1001}$$
$$10 \quad\quad 1001$$

3. Beispiel: 13 : 2 = 6 Rest 1.

13 = *1101*
2 = *0010*
Auffüllen!

	2 = *0010*
Invertieren	*1101*
Addieren einer 1	*0001*
Zweierkomplement	= *1110* = 14.

Also

$$1101 : 1110 = 110, \text{ Rest } 1.$$
$$+\ \underline{1110}$$
$$1 \longleftarrow 1011$$
$$+\ \underline{1110}$$
$$1 \longleftarrow 1001$$
$$+\ \underline{1110}$$
$$1 \longleftarrow 0111$$
$$+\ \underline{1110}$$
$$1 \longleftarrow 0101$$
$$+\ \underline{1110}$$
$$1 \longleftarrow 0011$$
$$+\ \underline{1110}$$
$$1 \longleftarrow 0001 \quad \text{Divisionsrest 1}$$
$$\underline{\quad\quad} \quad +\ \underline{1110}$$
$$110 \quad\quad 1111$$

● *Wortlänge* Wir haben in den Beispielen die verschiedenstelligen Dualzahlen vor dem Invertieren zur Bildung des Zweierkomplements immer auf die Stellenzahl des Minuenden (bei der Subtraktion) bzw. Dividenden (bei der Division) aufgefüllt. Tatsächlich arbeiten Digitalrechner mit fester Wortlänge, d. h. das Computerwort ist z. B. immer 8 Bits, 16 Bits oder 32 Bits lang. Das Zweierkomplement ist dann die Ergänzung zu 2^8, 2^{16} bzw. 2^{32}.

2.3.3 Brüche und negative Zahlen

Wie Dualbrüche dargestellt werden, ist bereits mit dem Zahlensystem-Bildungs-gesetz Gl. (2.4) angegeben. So wie nämlich ein Dezimalbruch durch Aufaddition der Zehntel-, Hundertstel-, Tausendstel-Stellen usw. entsteht, erhalten wir den Dual-bruch durch Aufaddieren der Einhalb-, Einviertel-, Einachtel-Stellen usw., der Reihenglieder also mit negativen Exponenten (2^{-1}, 2^{-2}, 2^{-3}, ...). Ein Beispiel für die Darstellung ist im folgenden angegeben.

				┌─[Dezimalkomma			
Dezimal:			5	5			
...	10^3	10^2	10^1	10^0	10^{-1}	10^{-2}	10^{-3}	...
...	1000	100	10	1	$\frac{1}{10}$	$\frac{1}{100}$	$\frac{1}{1000}$	...
Dual:		1	0	1	1			
...	2^3	2^2	2^1	2^0	2^{-1}	2^{-2}	2^{-3}	...
...	8	4	2	1	$\frac{1}{2}$	$\frac{1}{4}$	$\frac{1}{8}$	...

└─ [Dualkomma

In beiden Fällen ist die Zahl 5,5 eingetragen,
dezimal als $5 \cdot 10^0 + 5 \cdot 10^{-1} = 5 + 5/10$
dual   als $1 \cdot 2^2 + 1 \cdot 2^0 + 1 \cdot 2^{-1} = 4 + 1 + 1/2$

● *Division* Nach der Dualbruchdarstellung wird nun am Beispiel der Division 214:5 ein Verfahren vorgestellt, das dem der „schriftlichen" Dezimaldivision entspricht.

Dezimal: 214:5 = 42,8
     20
     ──
     14
     10
     ──
      4 0
      4 0
      ──
       0

Dual: 214 = 11010110
      5 = 101

Es wird nun, anders als bei der Division in 2.3.2, das Zweierkomplement der drei-
stelligen Dualzahl 101 gebildet, was 011 ergibt! Damit verläuft die Division wie im
dezimalen Fall, d. h. es wird, von links beginnend, versucht, durch 101 = 5 zu divi-
dieren. Gelingt dies, wird neben dem Gleichheitszeichen eine 1 notiert, andernfalls
0. Die jeweiligen Divisionsreste erhält man durch Addition des Zweierkomplements
011:

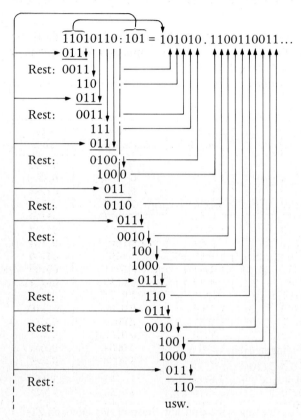

usw.

Wir haben also folgende Ergebnisse ermittelt:

$$214:5 = 42,8 \qquad\qquad\qquad (dezimal)$$
$$11010110:101 = 101010.\overline{1100} \qquad (dual)$$
$$= 42,7500 \qquad \text{mit nur einer Periode}$$
$$= 42,7970 \qquad \text{mit zwei Perioden}$$
$$= 42,7998 \qquad \text{mit drei Perioden}$$

● **Negative Zahlen** In 2.3.2 (Dualzahlen-Arithmetik) haben wir praktisch schon mit negativen Zahlen gearbeitet, als nämlich z. B. eine Subtraktion auf die Addition des Zweierkomplements zurückgeführt wurde. Damit haben wir folgenden simplen Zusammenhang benutzt:

$$4 - 3 = 4 + (-3) = 1$$

d. h. es wird nicht eine positive Zahl subtrahiert, sondern die entsprechende negative Zahl addiert.

● **Vorzeichenbit** Das Zweierkomplement einer Dualzahl ist also die Darstellung der entsprechenden negativen Zahl. Das obige Beispiel mit 4 minus 3 lautet damit in Dualform (wenn beispielsweise 4 Bits verwendet werden):

$$0100 - 0011 = 0100 + 1101 = 0001$$

Dezimal	Dual	Betrag mit Vorzeichenbit	Offset-Binärcode	Zweier-komplement	Gray-Code
15	1111	0 1111	1 1111	0 1111	01000
14	1110	0 1110	1 1110	0 1110	01001
13	1101	0 1101	1 1101	0 1101	01011
12	1100	0 1100	1 1100	0 1100	01010
11	1011	0 1011	1 1011	0 1011	01110
10	1010	0 1010	1 1010	0 1010	01111
9	1001	0 1001	1 1001	0 1001	01101
8	1000	0 1000	1 1000	0 1000	01100
7	0111	0 0111	1 0111	0 0111	00100
6	0110	0 0110	1 0110	0 0110	00101
5	0101	0 0101	1 0101	0 0101	00111
4	0100	0 0100	1 0100	0 0100	00110
3	0011	0 0011	1 0011	0 0011	00010
2	0010	0 0010	1 0010	0 0010	00011
1	0001	0 0001	1 0001	0 0001	00001
0	0000	0 0000	1 0000	0 0000	00000
−1		1 0001	0 1111	1 1111	10000
−2		1 0010	0 1110	1 1110	10001
−3		1 0011	0 1101	1 1101	10011
−4		1 0100	0 1100	1 1100	10010
−5		1 0101	0 1011	1 1011	10110
−6		1 0110	0 1010	1 1010	10111
−7		1 0111	0 1001	1 1001	10101
−8		1 1000	0 1000	1 1000	10100
−9		1 1001	0 0111	1 0111	11100
−10		1 1010	0 0110	1 0110	11101
−11		1 1011	0 0101	1 0101	11111
−12		1 1100	0 0100	1 0100	11110
−13		1 1101	0 0011	1 0011	11010
−14		1 1110	0 0010	1 0010	11011
−15		1 1111	0 0001	1 0001	11001
−16			0 0000	1 0000	11000

Bild 2.3 Beispiele für Darstellungsmöglichkeiten für negative Zahlen

Dabei tritt nun aber ganz offenbar eine Schwierigkeit auf: 1101 steht nach unserer Definition für −3; 1101 kann aber auch als +13 gelesen werden! Es fehlt mithin ein *Kennzeichen für negative Zahlen*. In der Rechentechnik ist das *Vorzeichenbit* das übliche Mittel zur Kennzeichnung. Es wird der Dualzahl als zusätzliches Bit vorangestellt, so daß wir z. B. schreiben könnten

01101 = +13
11101 = −13
⌐[Vorzeichenbit

Computer arbeiten mit festen Wortlängen von z. B. 32 bit, 16 bit oder 8 bit. Es wird dann das höchstwertige Bit (*Most Significant Bit*, MSB) bei Bedarf als Vorzeichenbit verwendet. Bei einem 8-Bit-Prozessor gilt demnach

Bit-Nr.: | 7 | 6 | 5 | 4 | 3 | 2 | 1 | 0 |
⌐[Vorzeichenbit

Darstellbar sind damit Zahlen zwischen +127 = 0111 1111 und −128 = 1000 0000. **Bild 2.3** zeigt ein paar Zahlenbeispiele für diese Form und andere Möglichkeiten der Darstellung negativer Zahlen.

2.4 Oktalsystem

Es soll nochmals betont werden, daß die internen Schaltkreise eines Computers, also Speicherwerk und Operationswerk der Zentraleinheit, nur binär verschlüsselte Daten verstehen können. Wir hatten aber gesehen, daß die Darstellung von Zahlen im Dualsystem zu recht großen und schwer lesbaren Ausdrücken führt. Für den Dialog mit dem Computer werden darum häufig „Kurzschriften" verwendet, nämlich das oktale und das hexadezimale Zahlensystem.

Die Basis des Oktalsystems ist 8. Aus dem Bildungsgesetz (Gl. 2.4) folgt somit für positive und ganze **Oktalzahlen**:

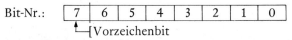

$Z_{oktal} = \ldots + z_4 8^4$	$+ z_3 8^3$	$+ z_2 8^2$	$+ z_1 8^1$	$+ z_0 8^0$	(2.12)
Stellenzahl 5	4	3	2	1	
8^4	8^3	8^2	8^1	8^0	
Stellenwert 4096	512	64	8	1	

- *$2^3 = 8$* Aus Gl. (2.12) erkennt man die enge Verwandtschaft von Oktalsystem und Dualsystem; denn drei Binärstellen ergeben eine Oktalstelle, weil $2^3 = 8$ ist. Das Oktalsystem geht also aus dem Dualsystem hervor, indem nur jede dritte der Potenzen zur Basis 2 genommen wird, d. h. 2^0, 2^3, 2^6, ... Damit ergibt sich eine Regel zur sogenannten *Dual-Oktal-Konvertierung* (Umwandlung einer Dualzahl in eine Oktalzahl):

- *Dual-Oktal-Konvertierung*

> Die Dualzahl wird von rechts beginnend in Gruppen zu je drei Stellen unterteilt. Jeweils drei zusammengehörende Stellen werden in eine Oktalziffer umgesetzt, wie aus **Bild 2.4** zu ersehen ist.

Die „oktale Kurzschrift" bedeutet
also, daß jeweils drei Dualstellen
durch ein Oktalzahlkürzel dargestellt werden. Damit das immer
aufgeht, ist es notwendig, daß in
den dualen Dreiergruppen auch die
Nullen mitgeschrieben werden, also
beispielsweise 010 für 2.

Mit diesem Schema ist nun die
Konvertierung Dual-Oktal (und umgekehrt) denkbar einfach.

1. Dual → Oktal:

010 011 111 → 159 dezimal
↓ ↓ ↓
2 3 7 → 237 oktal

2. Oktal → Dual:

7 3 5 → 735 oktal
↓ ↓ ↓
111 011 101 → 477 dezimal

Das Kürzel „735" steht also für
111 011 101 = 477 dezimal.

Dual	Oktal	Dezimal
000	0	0
001	1	1
010	2	2
011	3	3
100	4	4
101	5	5
110	6	6
111	7	7
001 000	10	8
001 001	11	9
001 010	12	10
001 011	13	11
001 100	14	12
⋮	⋮	⋮
010 000	20	16
010 001	21	17
010 010	22	18
010 011	23	19
010 100	24	20
⋮	⋮	⋮

Bild 2.4 Codierungstabelle für Oktalzahlen

● *Umwandlung dezimal/oktal* Neben der Hauptanwendung des Oktalsystems als
Kürzel für Dualzahlen kann auch mal die Umwandlung einer Dezimalzahl in eine
Oktalzahl nötig werden. Genau wie bei der Konvertierung einer Dezimalzahl in eine
Dualzahl die Dezimalzahl fortlaufend durch die Basis 2 dividiert wurde, muß hier
fortlaufend durch die Basis 8 dividiert werden. Aus der Dezimalzahl 149 wird so

149 : 8 = 18 Rest 5
18 : 8 = 2 Rest 2
2 : 8 = 0 Rest 2

2 2 5

Für die Rückumwandlung wird wieder das Zahlensystem-Bildungsgesetz Gl. (2.4)
verwendet, das im Oktalsystem für ganze Zahlen lautet:

$$Z = \sum_{i=0}^{i=\infty} Z_i \cdot 8^i \tag{2.13}$$

also

$$Z = 5 \cdot 8^0 + 2 \cdot 8^1 + 2 \cdot 8^2 = 5 + 16 + 128 = 149. \tag{2.14}$$

2.5 Hexadezimalsystem

Die Abkürzung von Dualzahlen kann noch einen Schritt weitergeführt werden, wenn
für die *Kommunikation zwischen Mensch und Maschine* das Hexadezimalsystem verwendet wird.

● $2^4 = 16$ Aus der Besprechung des Oktalsystems ist ersichtlich, daß zur Darstellung der Dezimalzahl 7 drei duale oder eine oktale Stelle nötig sind. Anders ausgedrückt, zur Kennzeichnung der größten der acht Oktalziffern (0 ... 7) werden genau 3 Dualstellen benötigt – wegen $2^3 = 8$. Der nächste Schritt ist die Erweiterung auf 4 Dualstellen. Damit läßt sich gerade die Dezimalzahl 15 darstellen, nämlich die größte der Zahlen 0 ... 15. Und genau wie das Oktalsystem wegen $2^3 = 8$ aus dem Dualsystem entsteht, indem jede dritte Potenz zur Basis 2 verwendet wird, entsteht das Hexadezimalsystem in gleicher Weise durch Verwendung nur jeder vierten Potenz – wegen $2^4 = 16$, also 2^0, 2^4, 2^8, ... Die dualen Vierergruppen, die nach dem eben genannten Prinzip durch jeweils eine Hexadezimalzahl abgekürzt werden, heißen *Tetraden* (vgl. aber 3.2).

> **Tetrade:** Vier-Bit-Gruppe; in der amerikanischen Literatur oft auch *Nibble* genannt.

Für die positiven und ganzen **Hexadezimalzahlen** folgt:

$Z_{hex} = ... + z_4 16^4$	$+ z_3 16^3$	$+ z_2 16^2$	$+ z_1 16^1$	$+ z_0 16^0$	(2.15)
Stellenzahl auch: 5 *Tetradenzahl*	4	3	2	1	
Stellenwert auch: 16^4 *Tetraden-* 65 536 *wertigkeit*	16^3 4096	16^2 256	16^1 16	16^0 1	

Die Zuordnung der ersten Tetraden zu den entsprechenden hexadezimalen bzw. dezimalen Zahlen ist mit **Bild 2.5** angegeben.

So wie im Oktalsystem von 0 bis 7 gezählt, dann ein *Übertrag* auf die nächsthöhere Dreiergruppe durchgeführt und wieder von 0 bis 7 (d. h. einschließlich Übertrag von 10 bis 17) weitergezählt wird, muß im Hexadezimalsystem von 0 bis 15 gezählt, ein Übertrag auf die nächste Tetrade durchgeführt und wieder von 1 0 bis 1 15 weitergezählt werden. Von 0 bis 9 werden dabei normale Ziffern verwendet, von 10 bis 15 jedoch werden – um Verwechselungen zu vermeiden – die ersten Buchstaben des Alphabetes von A bis F genommen.

Dual	Hexadezimal	Dezimal
0000	0	0
0001	1	1
0010	2	2
0011	3	3
0100	4	4
0101	5	5
0110	6	6
0111	7	7
1000	8	8
1001	9	9
1010	A	10
1011	B	11
1100	C	12
1101	D	13
1110	E	14
1111	F	15
0001 0000	1 0	16
0001 0001	1 1	17
0001 0010	1 2	18
⋮	⋮	⋮
0001 1001	1 9	25
0001 1010	1 A	26
0001 1011	1 B	27
⋮	⋮	⋮

Bild 2.5 Codierungstabelle für Hexadezimalzahlen

- **Dual-Hexadezimal-Konvertierung**   Die Konvertierung Dual-Hexadezimal ist genauso einfach wie Dual-Oktal.

1. *Dual → Hexadezimal:*

$$0001 \ 1101 \ 0101 \quad → \ 469 \ \text{dezimal}$$
$$\downarrow \quad \ \downarrow \quad \ \downarrow$$
$$1 \quad \ D \quad \ 5 \qquad → \ 1D5 \ \text{hexadezimal}$$

2. *Hexadezimal → Dual:*

$$3 \quad \ E \quad \ F \qquad → \ 3EF \ \text{hexadezimal}$$
$$\downarrow \quad \ \downarrow \quad \ \downarrow$$
$$0011 \ 1110 \ 1111 \quad → \ 1007 \ \text{dezimal.}$$

Daraus erkennt man die wesentliche Verkürzung und die viel leichtere Lesbarkeit hexadezimaler Kürzel gegenüber den ausgeschriebenen Dualzahlen.

- **Umwandlung dezimal/hexadezimal**   Die Umwandlung einer Dezimalzahl in eine Hexadezimalzahl erfolgt wieder, indem fortlaufend durch die Basis 16 dividiert wird. Beispiel: 16 428.

$$
\begin{array}{rll}
16\,428 : 16 = & 1026 & \text{Rest } 12 \\
1\,026 : 16 = & 64 & \text{Rest } 2 \\
64 : 16 = & 4 & \text{Rest } 0 \\
4 : 16 = & 0 & \text{Rest } 4 \\
\end{array}
$$

$$4 \quad 0 \quad 2 \quad C$$

Die Rückwandlung wird ebenfalls mit dem Zahlensystem-Bildungsgesetz Gl. (2.4) durchgeführt:

$$Z = \sum_{i=0}^{i=\infty} z_i \cdot 16^i \tag{2.16}$$

also

$$Z = C \cdot 16^0 + 2 \cdot 16^1 + 0 \cdot 16^2 + 4 \cdot 16^3 = 12 + 2 \cdot 16 + 4 \cdot 4096 = \underline{16\,428.} \tag{2.17}$$

3 Computer-Codes

In 2.1 war über Sinn und Notwendigkeit der Codierung gesprochen worden. Wir hatten dort festgestellt:

> Unter einem *Code* versteht man eine Zuordnung zwischen zwei Listen von Zeichen oder Elementarzeichengruppen.

Dieser Satz enthält allgemein auch das, was z. B. in 2.4 behandelt wurde, nämlich die Darstellung von Dezimalzahlen in anderen Zahlensystemen. Wir haben dort bei-spielsweise eine Zuordnung zwischen den beiden „Listen" Dezimalzahlen/Oktalzahlen vorgenommen, also unter anderem eine Oktal-Codierung der Dezimalzahlen durchgeführt. Für EDV-Anlagen (Computer) ist von entscheidender Bedeutung das *Dualsystem* mit den beiden *Binärelementen* 0 und 1, weil solche *Ja-Nein-Aussagen* technisch sehr einfach zu realisieren sind (z. B. Schalter Ein/Schalter Aus oder Stromfluß/kein Stromfluß usw.). In diesem Abschnitt sollen darum die wichtigsten Computer-Codes besprochen werden, die als Elemente immer die Bits *0* und *1* enthalten.

3.1 Reiner Binärcode (Pure Binary Code)

Das ist der einfachste Binärcode, der im Aufbau völlig dem dualen Zahlensystem entspricht, wie es in 2.3 vorgestellt wurde. Durch eine *Dezimal-Dual-Konvertierung* wird eine Dualzahl erzeugt, dann werden den Ziffern 0 und 1 die *Signalwerte 0* und *1* bzw. L und H zugeordnet. Das Codewort für die Dezimalzahl 1 ist also *1*, das für die Zahl 9 ist *1001*, und das für 243 wird *11110011*.

Dieser Code wurde in den ersten Digitalrechnern verwendet, weil arithmetische Operationen damit am einfachsten durchgeführt werden können (siehe 2.3.2). Außerdem sind mit dem reinen Binärcode höchste Rechengeschwindigkeiten möglich. Leider kann man mit diesem Code kaum die Datenein- und -ausgabe durchführen. Das wird z. B. mit einem *BCD-Code* (3.2) bewältigt, so daß bei Verwendung des reinen Binärcodes in der Zentraleinheit zeitraubende Umcodierungen bei Eingabe und Ausgabe nötig werden. Das ist der Grund dafür, daß der reine Binärcode heute selten vorkommt.

3.2 4-Bit-Codes (BCD)

Während der reine Binärcode nur sinnvoll eingesetzt werden kann, wenn wenige Ein- und Ausgabedaten in Zusammenhang mit einer langwierigen und komplexen internen Verarbeitung vorkommen (also allenfalls bei rein technisch-wissenschaftlichen Anlagen vernünftig wäre), wird der *dezimale Binärcode* (**BCD**, d. l. Binary Coded Decimals) manchmal dann verwendet, wenn die Anlage für ein-/ausgabenintensive Aufgaben benutzt wird. Mit dem BCD-Code ist die interne Verarbeitung zwar nicht so schnell wie mit dem reinen Binärcode, es entfällt aber die zeitaufwendige Umcodierung.

- *Tetradencodes* Ein BCD-Code läßt sich mit 4 Bits aufbauen; man spricht deshalb von *4-Bit-Codes* oder *Tetradencodes*, weil soch eine Vier-Bit-Gruppe als Tetrade (engl. oft *Nibble*) bezeichnet wird (2.5). Wie wir gesehen haben, lassen sich mit 4 Bits (eine Tetrade) die 10 Ziffern des Dezimalsystems verschlüsseln (codieren), wenn die Bits die Nummern 1, 2, 3, 4 und die Wertigkeiten 1, 2, 4, 8 besitzen. Der Deutlichkeit halber sei das in **Bild 3.1** noch einmal tabelliert.

- *Pseudotetraden* Für die Darstellung der 10 Dezimalzahlen 0 bis 9 benötigt man natürlich auch nur 10 Tetraden. Mit 4 Bits lassen sich aber 16 Dezimalzahlen darstellen. Die Dualzahlen 10 bis 15 werden deshalb *Pseudotetraden* genannt. Sie können zur Codierung von Buchstaben oder Sonderzeichen verwendet werden.

Dezimal	Dual				
	4	3	2	1	Bit-Nummer
	8	4	2	1	Bit-Wertigkeit
0	0	0	0	0	
1	0	0	0	1	
2	0	0	1	0	
3	0	0	1	1	
4	0	1	0	0	Tetraden
5	0	1	0	1	
6	0	1	1	0	
7	0	1	1	1	
8	1	0	0	0	
9	1	0	0	1	
10	1	0	1	0	
11	1	0	1	1	
12	1	1	0	0	Pseudotetraden
13	1	1	0	1	
14	1	1	1	0	
15	1	1	1	1	

Bild 3.1

Tabelle der Tetraden und
Pseudotetraden

● *BCD-Codierung*

> Nun kommt die eigentliche Codierung mit dem dezimalen Binärsystem. Bei der
> Umwandlung von Dezimalzahlen in den BCD-Code bleibt der Dezimalcharakter
> erhalten. Jede Ziffer einer Stelle im Dezimalsystem wird in eine Tetrade codiert.
> Beispiele sind im folgenden angegeben.

Beispiele für BCD-Codierungen:

$$
\begin{array}{cccc}
1 & 0 & 0 & = 100 \\
|0\ 0\ 0\ 1|0\ 0\ 0\ 0|0\ 0\ 0\ 0| & & & \\
7 & 7 & 7 & = 777 \\
|0\ 1\ 1\ 1|0\ 1\ 1\ 1|0\ 1\ 1\ 1| & & & \\
5 & 9 & 3 & = 593 \\
|0\ 1\ 0\ 1|1\ 0\ 0\ 1|0\ 0\ 1\ 1| & & &
\end{array}
$$

● *BCD-Arithmetik* Die Dualzahlen-Arithmetik (2.3.2) ist für den BCD-Code entsprechend anwendbar. Bei der Addition ergibt sich jedoch ein Problem, dann nämlich, wenn beim Zusammenzählen zweier Tetraden ein Übertrag entsteht oder wenn
die Summe größer als 9 wird. Das ist möglich, weil ja mit einer Tetrade 16 Zahlen
dargestellt werden können, das dezimale Binärsystem aber nur die Ziffern 0 bis 9
enthalten soll. Tritt solch ein Fall auf, muß für die betreffende Tetrade eine Korrektur durchgeführt werden — die **Korrektur 6**. Das sei an Beispielen erläutert.

1. Beispiel: 2. Tetrade 1. Tetrade
(8 4 2 1) (8 4 2 1) Wertigkeit

$$
\begin{array}{rcccc}
12 = & 0\ 0\ 0\ 1 & & 0\ 0\ 1\ 0 \\
+\ 25 = & 0\ 0\ 1\ 0 & & 0\ 1\ 0\ 1 \\
\hline
37 = & 0\ 0\ 1\ 1 & & 0\ 1\ 1\ 1
\end{array}
$$

2. Beispiel:

$$
\begin{array}{rllllllll}
17 = & 0 & 0 & 0 & 1 & & 0 & 1 & 1 & 1 \\
+ 79 = & 0 & 1 & 1 & 1 & & 1 & 0 & 0 & 1 \\
\hline
& 1 & 0 & 0 & 0 & & 0 & 0 & 0 & 0 \\
& & & & 1 & & & & & \\
\hline
& 0 & 0 & 0 & 0 & & 0 & 1 & 1 & 0 \\
\hline
96 = & 1 & 0 & 0 & 1 & & 0 & 1 & 1 & 0 \\
\end{array}
$$

Überlauf
Korrektur 6

3. Beispiel:

$$
\begin{array}{rllllllll}
36 = & 0 & 0 & 1 & 1 & & 0 & 1 & 1 & 0 \\
+ 98 = & 1 & 0 & 0 & 1 & & 1 & 0 & 0 & 0 \\
\hline
& 1 & 1 & 0 & 0 & & 1 & 1 & 1 & 0 \\
& 0 & 1 & 1 & 0 & & 0 & 1 & 1 & 0 \\
& 1 & & 1 & & & 1 & 1 & & \\
\hline
0 \;\; 0 \;\; 0 \;\; 1 & 0 & 0 & 1 & 1 & & 0 & 1 & 0 & 0 \\
\end{array}
$$

Korrektur 6

$= 134$

- **Korrektur 6**   Im ersten Beispiel zur BCD-Arithmetik wird keine Tetrade bei der Addition größer als 9 und damit zur Pseudotetrade — es ist keine Korrektur nötig. Im zweiten Beipsiel ergibt die Summation der ersten Tetrade 16, also einen Überlauf auf die zweite Tetrade. Es muß aus diesem Grund die „Korrektur 6" durchgeführt werden. Im dritten Beispiel muß die Korrektur bei beiden Tetraden angewendet werden, weil die Addition bei beiden mehr als 9 ergibt!

- **Redundanz**   Wir hatten gesehen, daß mit einer Tetrade 16 Codeworte gebildet werden können, für den BCD-Code aber nur 10 Codeworte ausgewählt werden müssen. Es gibt damit einen Überschuß von 6 Codeworten. Diese Tatsache drückt eine in der Informationstheorie wichtige Erscheinung aus: die *Redundanz* (Weitschweifigkeit, Überfülle).

> Als **Redundanz** bezeichnet man überschüssige Zeichen oder Worte, die *sinnlose, gar keine* oder *keine neuen* Informationen liefern.

Wie wir später sehen werden, unterscheidet man verschiedene Formen der Redundanz:

> Schädliche Redundanz und nützliche sowie notwendige Redundanz.

Die Redundanz läßt sich mathematisch fassen, wenn man auf Gleichungen des Abschnittes 2.1 zurückgreift. Dort hatten wir festgestellt, daß gemäß

$$n = 2^b$$

mit b Bits n Worte gebildet werden können, also mit $b = 4$ (Tetrade)

$$n = 2^4 = 16,$$

was uns inzwischen längst geläufig ist. Zur Ermittlung der Redundanz ist die Kenntnis von

$$H_0 = \text{lb } n \text{ bit/Wort} \tag{3.1}$$

nötig. Es muß also die Informationsmenge berechnet werden können, die für jedes zu bildende Wort benötigt wird. Das lateinische Alphabet enthält ohne Sonderzei-

chen 26 verschiedene Informationselemente (Buchstaben). Die binäre Informationsmenge pro Wort ist dann

$$H_0 = \text{lb}\,(26) \approx 4{,}7 \ \text{bit/Wort}$$

Es würden also 4,7 bit genügen, um einen Buchstaben binär zu verschlüsseln. Nehmen
wir das Dezimalsystem als „Alphabet" mit $n = 10$ Elementen, wird

$$H_0 = \text{lb}\,(10) \approx 3{,}3 \ \text{bit/Wort}$$

Es sind demnach 3,3 bit nötig zur binären Codierung des Dezimalsystems.

> Am Ende von 3.5 (Bilder 3.12 und 3.13) sind lb *(n)-Tabellen* angegeben.

Technisch lassen sich nur ganzzahlige Werte H_0 realisieren; die elementare Informationsmenge 1 bit ist nicht teilbar. Wir müssen zur Darstellung von $n = 10$ Dezimalzahlen also 4 bit nehmen, womit ein unvermeidbarer Zeichenüberschuß entsteht. Diese *Redundanz* lautet mathematisch:

$$R = z - H_0 = z - \text{lb}\,n \ \ \text{bit/Wort} \qquad\qquad (3.2)$$

Sie wird also berechnet aus der Differenz der tatsächlich verwendeten Bits z und der
nach Gl. (3.1) eigentlich nur nötigen Bits. Für die binäre Codierung des Dezimalsystems (BCD-Code) erhalten wir

$$R = 4 - \text{lb}\,(10) = 4 - 3{,}3 = 0{,}7 \ \ \text{bit/Wort}$$

Damit läßt sich zusammenfassen:

> Der Minimalaufwand zum Aufbau eines BCD-Codes beträgt 4 bit. Dadurch
> wird eine Redundanz von 0,7 bit unvermeidlich.

- *4-Bit-Codes* Der bislang vorgestellte 4-Bit-BCD-Code, der auf den Wertigkeiten
  8—4—2—1 aufbaut und darum auch 8—4—2—1-Code genannt wird, stellt nur eine
  von etwa $2{,}9 \cdot 10^{10}$ (!) Möglichkeiten zur Konstruktion von 4-Bit-Codes dar [7].
  Von dieser ungeheuren Zahl werden aber nur sehr wenige wirklich genutzt. **Bild 3.2**,
  das nach *Dokter* und *Steinhauer* [7] gezeichnet ist, gibt die wichtigsten 4-Bit-Codes
  wieder. Es sei aber betont, daß der 8—4—2—1-Code der für EDV-Anwendungen be-
  deutendste ist.
  In Bild 3.2 bedeuten die mit x gekennzeichneten Felder ein 1-Bit, die anderen ein
  0-Bit. *W* ist die Abkürzung für Wertigkeit. Der Exzeß-3-Code hat keine Wertigkeit;
  die einzelnen Stellen sind alle gleichwertig, die Anordnung, also die Reihenfolge der
  Zeichen, ist maßgeblich für die Codierung (*Anordnungscode*).

- *Gray-Code* Der Gray-Code ist der wichtigste der sogenannten einschrittigen Codes.
  Diese Bezeichnung kommt daher, daß sich beim Übergang von einer Ziffer auf die
  benachbarte nur in einem Codefeld der Wert ändert. Vorzügliche Verwendung findet
  dieser Code bei mechanischen Analog-Digital-Wandlern, mit deren Hilfe z. B. Weg-
  strecken oder Drehwinkel codiert werden (Meßlineale oder Drehcodierer; engl. *Shaft
  encoder*).

W	Dezimalziffer										Codebezeichnung
	0	1	2	3	4	5	6	7	8	9	
8									x	x	
4					x	x	x	x			8–4–2–1-Code
2			x	x			x	x			
1		x		x		x		x		x	
2						x	x	x	x	x	
4					x		x	x	x	x	Aiken-Code
2			x	x		x			x	x	
1		x		x		x		x		x	
						x	x	x	x	x	
		x	x	x	x					x	Exzeß-3-Code
	x			x	x			x	x		
	x		x		x		x		x		
2			x	x	x	x	x	x	x	x	
4						x	x	x	x	x	Jump-at-2-Code
2				x	x				x	x	
1		x		x		x		x		x	
2									x	x	
4					x	x	x	x	x		Jump-at-8-Code
2			x	x			x	x	x	x	
1		x		x		x		x		x	
4							x	x	x	x	
2					x	x	x	x	x	x	4–2–2–1-Code
2			x	x	x	x			x	x	
1		x		x		x		x		x	
5						x	x	x	x	x	
4					x					x	5–4–2–1-Code
2			x	x				x	x		
1		x		x			x		x		
5						x	x	x	x	x	
2					x					x	5–2–2–1-Code
2			x	x	x			x	x	x	
1		x		x			x		x		
5						x	x	x	x	x	
2			x	x					x	x	White-Code
1		x		x			x			x	
1	x	x	x	x			x	x	x	x	
4									x	x	
3					x	x	x	x	x	x	Gray-Code
2			x	x	x	x					
1		x	x			x	x			x	

Bild 3.2 Wichtige 4-Bit-Codes und ihre Wertigkeiten W (nach [7])

3.3 Erweiterte Codes

Mit den BCD-Code-Tetraden lassen sich das Dezimalsystem und zusätzlich 6 Zeichen verschlüsseln. Das genügt natürlich nicht für den Aufbau von Befehlen und Programmen. Außerdem wünscht man sich eine möglichst kompakte Speicherung von Daten im Arbeitsspeicher, indem man nicht nur eine Tetrade zu einer Einheit zusammenfaßt, sondern eine Grundeinheit aus 8 Bits bildet und dieser *Dateneinheit* den Namen *Byte* gibt.

● *Wortlängen*   Durch Verwendung längerer Dateneinheiten kann an einer Stelle (Adresse) im Arbeitsspeicher mehr Information gespeichert und andererseits können mit einem Befehl mehr Daten abgerufen werden, als wenn nur 4 Bits pro Einheit verwendet würden. In modernen Computern wird das zum Teil noch weitergetrieben. So gibt es Mini- und Mikrocomputer, die 12, 16 und 32 Bits pro Einheit verwenden. Dadurch werden Adreßbereich, Genauigkeit und Arbeitsgeschwindigkeit vergrößert.

● *Paritätsprüfung*   Eine wichtige Rolle für Computer-Codes spielt die *Code-Prüfung* (vgl. 3.5). Die einfachste Methode ist das Anhängen einer Kontrollstelle (*Prüfbit*) an das Codewort. So wird gewöhnlich die binäre Quersumme des Codewortes errechnet und − nach Verabredung − auf eine gerade oder ungerade Zahl ergänzt. Es wird also auf gerade oder ungerade *Parität* geprüft und ein *Paritätsbit* angehängt. Die Redundanz (hier: überschüssiges Zeichen, das keine neue Information liefert) wird dadurch nur wenig erhöht. Die Paritätsprüfung sei an dem Beispiel *0110* = 6 im BCD-Code verdeutlicht.

Vereinbart sei:

1. *Gerade Parität*, d. h. das Prüfbit muß 0 sein, falls die Anzahl der Einsbits gerade ist, andernfalls ist durch Hinzufügen eines Einsbit gerade Parität zu erzeugen; also lautet das Codewort für die Zahl 6 einschließlich Prüfbit

    00110   Quersumme gerade (= 2).

2. *Ungerade Parität*, d.. hier muß die Quersumme des gesamten Codewortes einschließlich Prüfbit ungerade sein; also wird die Zahl 6 bei dieser Vereinbarung dargestellt als

    10110   Quersumme ungerade (= 3).

Beim Schreiben der Codeworte ist somit die Quersumme zu errechnen und das richtige Paritätsbit (*Parity bit*) anzuhängen. Beim Lesen ist die Prüfung der gesamten Quersumme erforderlich (*Parity check*). Dadurch läßt sich das Auftreten *eines* Übertragungsfehlers pro Codewort erkennen, nicht aber das Auftreten *zweier* Fehler, die sich ja gegenseitig kompensieren und eine richtige Parität vortäuschen. Einen Ausweg bietet dann die Verwendung zweier Paritätsbits oder eine Satzprüfung. In 3.5 werden diese Verfahren dargestellt.

3.3.1 Alphanumerischer 6-Bit-Code

Dieser Code besteht aus 6 Stellen plus einer Stelle für das Paritätsbit. Die insgesamt 7 Stellen werden in 3 Gruppen aufgeteilt, wie es das **Bild 3.3** zeigt.

Die erste Gruppe besteht aus den 4 *numerischen Bits* mit den Wertigkeiten 1, 2, 4 und 8. Die zweite Gruppe bildet mit den beiden Zonen-Bits A und B den *alphabetischen Teil*.

Das Prüfbit C stellt die dritte Gruppe dar. **Bild 3.4** zeigt die 6-Bit-BCD-Codierung der Zahlen 0 bis 9 und des Alphabets.

Prüf-Bit	Zonen-Bits		Numerische Bits			
C	B	A	8	4	2	1

Bild 3.3 Aufbau des alphanumerischen 6-Bit-Codes

Symbol	C	B	A	8	4	2	1
0	x			x		x	
1							x
2						x	
3	x					x	x
4					x		
5	x				x		x
6	x				x	x	
7					x	x	x
8				x			
9	x			x			x
A		x	x				x
B		x	x			x	
C	x	x	x			x	x
D		x	x		x		
E	x	x	x		x		x
F	x	x	x		x	x	
G		x	x		x	x	x
H		x	x	x			

Symbol	C	B	A	8	4	2	1
I	x	x	x	x			x
J	x	x					x
K	x	x				x	
L		x				x	x
M	x	x			x		
N		x			x		x
O		x			x	x	
P	x	x			x	x	x
Q	x	x		x			
R		x		x			x
S	x		x			x	
T			x			x	x
U	x		x		x		
V			x		x		x
W			x		x	x	
X	x		x		x	x	x
Y	x		x	x			
Z			x	x			x

Bild 3.4 Standard-BCD-Universalcode einschließlich Prüfbit C

- *Code-Tabelle*   Genau wie beim reinen Binärcode stellen die numerischen Bits mit den Wertigkeiten 8, 4, 2, 1 die Ziffern von 0 bis 9 dar. Es muß aber darauf hingewiesen werden, daß die Null als *1010* geschrieben wird, was in der binären Schreibweise dem dezimalen Wert 10 entspricht. Die Zonen-Bits sind bei den Ziffern 0 bis 9 nicht belegt. Die Buchstaben des Alphabetes werden durch Kombination von numerischen Bits mit Zonen-Bits dargestellt.

Mit 6 Bits können 2^6 = 64 Zeichen verschlüsselt werden. In Bild 3.4 sind insgesamt 36 Zeichen dargestellt; es bleiben 28 Möglichkeiten zur Codierung von Sonderzeichen.

- **Parität** Wie man aus Bild 3.4 entnehmen kann, wird in diesem Beispiel auf *ungerade Parität* geprüft. D. h., wenn die Quersumme der 6 Code-Bits eine gerade Zahl ist, muß das Prüfbit C zugefügt werden. Wird beim Lesen gerade Parität festgestellt, erkennt der Computer auf Ungültigkeit. Ob auf gerade oder ungerade Parität zu prüfen ist, hängt lediglich von der Konstruktion der Maschine ab.

3.3.2 Alphanumerischer 8-Bit-Code (EBCDIC)

Dieser Code wird EBCDIC (*Extended BCD Interchange Code*) genannt, was übersetzt wird mit „Erweiterter BCD-Universal-Code". Er verwendet 8 Bits — also ein *Byte* — für jedes Zeichen und ein zusätzliches Prüfbit. Somit lassen sich 256 verschiedene Zeichen codieren. Es können also beispielsweise zusätzlich Kleinbuchstaben sowie diverse Sonderzeichen und Steuerzeichen verschlüsselt werden. Tatsächlich werden in der Praxis nicht alle 256 Möglichkeiten ausgenutzt. Im **Bild 3.5** ist eine Auswahl von Sonderzeichen sowie Großbuchstaben und Zahlen angegeben, und zwar in dezimaler und hexadezimaler Darstellung, sowie in EBCDIC, wie er in großen Computern verwendet wird.

Dezimal	Hexadezimal	EBCDIC	Abdruckbare Zeichen	Dezimal	Hexadezimal	EBCDIC	Abdruckbare Zeichen
64	40	0100 0000	Zwischenraum	193	C 1	1100 0001	A
74	4 A	0100 1010	¢ (Centzeichen)	194	C 2	1100 0010	B
75	4 B	0100 1011	. (Punkt)	195	C 3	1100 0011	C
76	4 C	0100 1100	< (kleiner als)	196	C 4	1100 0100	D
77	4 D	0100 1101	((Klammer auf)	197	C 5	1100 0101	E
78	4 E	0100 1110	+ (plus)	198	C 6	1100 0110	F
79	4 F	0100 1111	| (senkrechter Strich)	199	C 7	1100 0111	G
				200	C 8	1100 1000	H
80	50	0101 0000	& (und)	201	C 9	1100 1001	I
90	5 A	0101 1010	! (Ausrufungszeichen)	209	D 1	1101 0001	J
				210	D 2	1101 0010	K
91	5 B	0101 1011	$ (Dollarzeichen)	211	D 3	1101 0011	L
92	5 C	0101 1100	* (Stern)	212	D 4	1101 0100	M
93	5 D	0101 1101	) (Klammer zu)	213	D 5	1101 0101	N
94	5 E	0101 1110	; (Semikolon)	214	D 6	1101 0110	O
95	5 F	0101 1111	¬ (nicht)	215	D 7	1101 0111	P
96	60	0110 0000	− (Minus)	216	D 8	1101 1000	Q
97	61	0110 1010	/ (Schrägstrich)	217	D 9	1101 1001	R
106	6 A	0110 1011	∧ (logisches UND)	226	E 2	1110 0010	S
107	6 B	0110 1011	, (Komma)	227	E 3	1110 0011	T
108	6 C	0110 1100	% (Prozent)	228	E 4	1110 0100	U
109	6 D	0110 1101	_ (Unterstreichung)	229	E 5	1110 0101	V
				230	E 6	1110 0110	W
110	6 E	0110 1110	> (größer als)	231	E 7	1110 0111	X
111	6 F	0110 1111	? (Fragezeichen)	232	E 8	1110 1000	Y
122	7 A	0111 1010	: (Doppelpunkt)	233	E 9	1110 1001	Z
123	7 B	0111 1011	# (Nr.)	240	F 0	1111 0000	0
124	7 C	0111 1100	@ (à)	241	F 1	1111 0001	1
125	7 D	0111 1101	' (Apostroph)	242	F 2	1111 0010	2
126	7 E	0111 1110	= (Gleichheitszeichen)	243	F 3	1111 0011	3
				244	F 4	1111 0100	4
127	7 F	0111 1111	" (Anführungszeichen)	245	F 5	1111 0101	5
				246	F 6	1111 0110	6
255	FF	1111 1111	□ (Raute)	247	F 7	1111 0111	7
224	E0	1110 0000	Blank	248	F 8	1111 1000	8
				249	F 9	1111 1001	9

Bild 3.5 Beispiele von Verschlüsselungen in Dezimal-, Hexadezimal- und EBCDI-Codierung

Bitpositionen

					Bits	b_7	0	0	0	0	1	1	1	1
						b_6	0	0	1	1	0	0	1	1
						b_5	0	1	0	1	0	1	0	1
b_4	b_3	b_2	b_1		Spalte / Zeile		0	1	2	3	4	5	6	7
0	0	0	0		0		NUL	(TC7) DLE	SP	0	@ (§)*	P	`	p
0	0	0	1		1		(TC1) SOH	DC1	!	1	A	Q	a	q
0	0	1	0		2		(TC2) STX	DC2	"	2	B	R	b	r
0	0	1	1		3		(TC3) ETX	DC3	# (£)*	3	C	S	c	s
0	1	0	0		4		(TC4) EOT	DC4	$	4	D	T	d	t
0	1	0	1		5		(TC5) ENQ	(TC8) NAK	%	5	E	U	e	u
0	1	1	0		6		(TC6) ACK	(TC9) SYN	&	6	F	V	f	v
0	1	1	1		7		BEL	(TC10) ETB	'	7	G	W	g	w
1	0	0	0		8		FE0 (BS)	CAN	(	8	H	X	h	x
1	0	0	1		9		FE1 (HT)	EM	)	9	I	Y	i	y
1	0	1	0		10		FE2 (LF)	SUB	*	:	J	Z	j	z
1	0	1	1		11		FE3 (VT)	ESC	+	;	K	[(Ä)*	k	{ (ä)*
1	1	0	0		12		FE4 (FF)	IS4 (FS)	,	<	L	\ (Ö)*	l	| (ö)*
1	1	0	1		13		FE5 (CR)	IS3 (GS)	-	=	M	] (Ü)*	m	} (ü)*
1	1	1	0		14		SO	IS2 (RS)	.	>	N	^	n	‾ (ß)*
1	1	1	1		15		SI	IS1 (US)	/	?	O	_	o	DEL

*) landesübliche Zeichen

Bild 3.6 Code-Tabelle des international genormten 7-Bit-Codes

3.4 Standardcode für den Datenaustausch (ASCII)

In Zusammenarbeit mit Anwendern und Herstellern der Datenverarbeitungs- und Nachrichtentechnikindustrie wurde für den Datenaustausch ein *7-Bit-Code* genormt, der *USA Standard Code for Information Interchange* (USASCII, oder kurz ASCII), also der „USA Standardcode für den Datenaustausch". In der deutschen Norm DIN 66003 ist betont, daß er zur Übergabe von digitalen Daten zwischen verschiedenen DV-Anlagen dienen soll und auch zur Datenein- und -ausgabe bei solchen Anlagen verwendet werden kann. Die Festlegung auf 7 Bits stammt ursprünglich daher, daß 7 Datenbits plus einem Prüfbit (vgl. 3.5) gerade auf einen 8-Kanal-Lochstreifen passen (vgl. 10.1.3). Geprüft wird nach Norm auf gerade Parität. **Bild 3.6** zeigt eine Code-Tabelle, **Bild 3.7** die Erklärung der für den Datenaustausch vorgesehenen Codezeichen.

Platz (Spalte/Zeile)	Kurzzeichen	Benennung
0/0	NUL	Nil (*Null*)
0/1 und weitere	TC	Übertragungssteuerzeichen (*Transmission Control Characters*)
0/1	SOH	Anfang des Kopfes (*Start of Heading*)
0/2	STX	Anfang des Textes (*Start of Text*)
0/3	ETX	Ende des Textes (*End of Text*)
0/4	EOT	Ende der Übertragung (*End of Transmission*)
0/5	ENQ	Stationsaufforderung (*Enquiry*)
0/6	ACK	Positive Rückmeldung (*Acknowledge*)
0/7	BEL	Klingel (*Bell*)
0/8 bis 0/13	FE	Formatsteuerzeichen (*Format Effectors*)
0/8	BS	Rückwärtsschritt (*Backspace*)
0/9	HT	Horizontal-Tabulator (*Horizontal Tabulation*)
0/10	LF	Zeilenvorschub (*Line Feed*)
0/11	VT	Vertikal-Tabulator (*Vertical Tabulation*)

Bild 3.7 Erklärung der in den ASCII-Code-Tabellen benutzten Kurzzeichen

Platz (Spalte/Zeile)	Kurzzeichen	Benennung
0/12	FF	Formularvorschub (*Form Feed*)
0/13	CR	Wagenrücklauf (*Carriage Return*)
0/14	SO	Dauerumschaltung (*Shift-out*)
0/15	SI	Rückschaltung (*Shift-in*)
1/0	DLE	Datenübertragungsumschaltung (*Data Link Escape*)
1/1 bis 1/4	DC	Gerätesteuerzeichen (*Device Control Characters*)
1/5	NAK	Negative Rückmeldung (*Negative Acknowledge*)
1/6	SYN	Synchronisierung (*Synchronous Idle*)
1/7	ETB	Ende des Datenübertragungsblocks (*End of Transmission Block*)
1/8	CAN	Ungültig (*Cancel*)
1/9	EM	Ende der Aufzeichnung (*End of Medium*)
1/10	SUB	Substitutionszeichen (*Substitute Character*)
1/11	ESC	Code-Umschaltung (*Escape*)
1/12 bis 1/15	IS	Informationstrennzeichen (*Information Separators*)
1/12	FS	Hauptgruppen-Trennzeichen (*File Separator*)
1/13	GS	Gruppen-Trennzeichen (*Group Separator*)
1/14	RS	Untergruppen-Trennzeichen (*Record Separator*)
1/15	US	Teilgruppen-Trennzeichen (*Unit Separator*)
2/0	SP	Zwischenraum (*Space*)
7/15	DEL	Löschen (*Delete*)

Bild 3.7 Fortsetzung

Platz (Spalte/Zeile)	Kurzzeichen	Benennung
2/0		Zwischenraum, Leerzeichen
2/1	!	Ausrufungszeichen
2/2	"	Anführungszeichen, Trema
2/3	#	Nummernzeichen
2/4	¤	Währungszeichen
2/4	$	Dollar
2/5	%	Prozent
2/6	&	kommerzielles Und
2/7	'	Apostroph, Akut
2/8	(	runde Klammer auf
2/9	)	runde Klammer zu
2/10	*	Stern
2/11	+	plus
2/12	,	Komma, Cedille
2/13	—	Bindestrich, minus
2/14	.	Punkt
2/15	/	Schrägstrich
3/10	:	Doppelpunkt
3/11	;	Semikolon
3/12	<	kleiner als
3/13	=	gleich
3/14	>	größer als
3/15	?	Fragezeichen
4/0	@	kommerzielles à
4/0	§	Paragraph
5/11	[	eckige Klammer auf
5/12	\	inverser Schrägstrich
5/13	]	eckige Klammer zu
5/14	∧	Aufwärtspfeilspitze, Zirkumflex
5/15	_	Unterstreichung
6/0	ˆ	Gravis
7/11	{	geschweifte Klammer auf
7/12	I	senkrechter Strich
7/13	}	geschweifte Klammer zu
7/14		Überstreichung, Tilde

Bild 3.7 Fortsetzung

● *ASCII-Zeichen* Die Bedeutung dieses ASCII-Codes hat sich vollständig geändert. Heute ist er bei Mikro- und Minicomputern *der* Code schlechthin. Daten werden nicht nur in Form von „ASCII-Zeichen" übertragen, sondern oft auch in dieser Form gespeichert und verarbeitet. Der „Zeichenrahmen" 7 Datenbits + 1 Prüfbit paßt nämlich gerade auch auf ein Byte, mithin können ASCII-Zeichen direkt in heute allgemein „bytebreit" organisierte Halbleiterspeicher abgelegt werden (vgl. 9.2).

● *Verschiedene Zeichensätze*   Bei Verwendung verschiedener Peripheriegeräte (Tastaturen, Drucker) und beim Datenaustausch ist darauf zu achten, daß amerikanische und viele andere Computerhersteller die amerikanische Codetabelle (USASCII-Version) verwenden, bei der z. B. Umlaute und ß nicht existieren und die etwas von der ISO-Referenzversion in Bild 3.6 abweicht. Es werden jedoch auch sogenannte DIN-Tastaturen (vgl. 10.1.1) angeboten, und Drucker sind in der Regel auf „nationale" Zeichensätze umschaltbar. **Bild 3.8** zeigt, daß dann beispielsweise anstelle der eckigen Klammern Umlaute definiert sind.

Hexcode	USA	Frankreich	Deutschland	England
[23] H	#	#	#	£
[40] H	@	à	§	@
[5B] H	[	°	Ä	[
[5C] H	\	ç	Ö	\
[5D] H	]	§	Ü	]
[7B] H	{	é	ä	{
[7C] H	¦	ù	ö	¦
[7D] H	}	è	ü	}
[7E] H	~	¨	ß	~

Bild 3.8 Nationale Zeichensätze nach dem 7-Bit-Code, wie sie z. B. an Druckern einstellbar sind.

● *Sonderzeichen*   Eine häufige Praxis ist, rechnerintern das 8. Bit nicht als Prüfbit zu verwenden, sondern zur Darstellung von z. B. Graphikzeichen zu nutzen. Ein typisches Codierungsbeispiel dafür ist mit **Bild 3.9** gezeigt. Es handelt sich um die von der Firma IBM eingeführte Version für Personalcomputer (PCs).

0		1		2		3		4		5		6	
7		8		9		10		11		12		13	
14		15		16		17		18		19		20	
21		22		23		24		25		26		27	
28		29		30		31		32		33	!	34	"
35	#	36	$	37	%	38	&	39	'	40	(	41	)
42	*	43	+	44	,	45	−	46	.	47	/	48	0
49	1	50	2	51	3	52	4	53	5	54	6	55	7
56	8	57	9	58	:	59	;	60	<	61	=	62	>
63	?	64	§	65	A	66	B	67	C	68	D	69	E
70	F	71	G	72	H	73	I	74	J	75	K	76	L
77	M	78	N	79	O	80	P	81	Q	82	R	83	S
84	T	85	U	86	V	87	W	88	X	89	Y	90	Z
91	Ä	92	Ö	93	Ü	94	^	95	_	96	'	97	a
98	b	99	c	100	d	101	e	102	f	103	g	104	h
105	i	106	j	107	k	108	l	109	m	110	n	111	o
112	p	113	q	114	r	115	s	116	t	117	u	118	v
119	w	120	x	121	y	122	z	123	ä	124	ö	125	ü
126	ß	127		128	Ç	129	ü	130	é	131	â	132	ä
133	à	134	å	135	ç	136	ê	137	ë	138	è	139	ï
140	î	141	ì	142	Ä	143	Å	144	É	145	æ	146	Æ
147	ô	148	ö	149	ò	150	û	151	ù	152	ÿ	153	Ö
154	Ü	155	¢	156	£	157	¥	158	Pt	159	ƒ	160	á
161	í	162	ó	163	ú	164	ñ	165	Ñ	166	ª	167	º
168	¿	169	⌐	170	¬	171	½	172	¼	173	¡	174	«
175	»	176	░	177	▒	178	▓	179	│	180	┤	181	╡
182	╢	183	╖	184	╕	185	╣	186	║	187	╗	188	╝
189	╜	190	╛	191	┐	192	└	193	┴	194	┬	195	├
196	─	197	┼	198	╞	199	╟	200	╚	201	╔	202	╩
203	╦	204	╠	205	═	206	╬	207	╧	208	╨	209	╤
210	╥	211	╙	212	╘	213	╒	214	╓	215	╫	216	╪
217	┘	218	┌	219	█	220	▄	221	▌	222	▐	223	▀
224	α	225	ß	226	Γ	227	π	228	Σ	229	σ	230	µ
231	τ	232	Φ	233	Θ	234	Ω	235	δ	236	∞	237	ø
238	ε	239	∩	240	≡	241	±	242	≥	243	≤	244	⌠
245	⌡	246	÷	247	≈	248	°	249	·	250	·	251	√
252	ⁿ	253	²	254	■	255							

Bild 3.9 Beispiel für die Nutzung des Bit 8 beim 7-Bit-Code

3.5 Codeprüfungen

Die einfachste Methode der Codeprüfung besteht darin, die Redundanz um ein Bit pro Codewort zu erhöhen und diese „überschüssige" Binärstelle zur Speicherung eines Paritätsbits zu verwenden. Das haben wir bereits in 3.3 unter dem Stichwort „Paritätsprüfung" untersucht, weil dieses Verfahren das wichtigste ist. Hier nun eine systematische Einordnung und weitere Verfahren.

Vorab eine Wiederholung:

> Paritätsprüfung bedeutet, daß die Sendestation die Codezeichen bzw. ganze Zeichenblöcke so um ein Bit ergänzt, daß – je nach Vereinbarung – immer eine gerade oder ungerade Anzahl von Einsbits entsteht. Die Empfangsstation zählt dann nach (Bildung der Quersumme) und meldet bei erkannter Abweichung von der vereinbarten Parität einen Fehler.

- *Querprüfung* Zur Verdeutlichung der Zusammenhänge benutzen wir die in **Bild 3.10** gezeigte Darstellung, bei der die 7-Bit-Codezeichen (ASCII-Zeichen) senkrecht angeordnet sind (quer zum gezeichneten Streifenabschnitt), wie dies z. B. bei der Speicherung auf Computerband oder Lochstreifen oder bei der Übertragung auf einem parallelen Datenbus der Fall ist. Bei der rein seriellen Übertragung werden die acht Bits eines Codezeichens nacheinander gesendet (vgl. 11.4.2).

Die Verwendung eines Paritätsbits pro Zeichen (*Querparitätsbit*) erlaubt beim Empfänger der Codeworte Rückschlüsse darauf, ob sich einzelne Bits im ASCII-Zeichen verändert haben. Diese Querprüfung (*Vertical Redundancy Check*, VRC) ermöglicht also das Erkennen von *Einbitfehlern*.

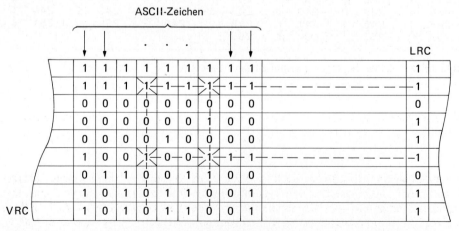

Bild 3.10 Prinzip der Querprüfung (VRC, Vertical Redundancy Check) und Längsprüfung (LRC, Longitudinal Redundancy Check) mit Darstellung des nicht erkennbaren Rechteckfehlers

- **Blockprüfung** Mit der einfachen Querprüfung kann man nicht erkennen, ob sich zwei Bits geändert haben; dies würde ja wieder die „richtige" Parität vortäuschen. Sollen auch *Zweibitfehler* pro Zeichen erkennbar werden, muß zusätzlich eine Längsprüfung (*Longitudinal Redundancy Check*, LRC) vorgesehen werden. Bei dieser in Bild 3.10 ebenfalls dargestellten Blockprüfung werden korrespondierende Bits der einzelnen Zeichen in einem Datenblock definierter Länge auf eine festgelegte Parität ergänzt (in Bild 3.10 in waagerechter Richtung). Das LRC-Prüfzeichen (auch: *Block Check Character*, BCC) wird dann seinerseits mit einem Querprüfbit abgesichert.

- **Zyklische Redundanzprüfung** Bild 3.10 läßt erkennen, daß eine Fehlerkonfiguration verbleibt, die weder durch Quer- noch zusätzliche Längsparitätskontrolle erfaßbar ist. Solche *Rechteckfehler* sind zwar sehr unwahrscheinlich, aber nicht auszuschließen. Eine elegante und technisch einfach realisierbare Methode der Erkennung auch solcher Fehler ist die Erzeugung und − im Empfänger − Regenerierung eines zyklischen Redundanz-Prüfzeichens (*Cyclic Redundancy Check Character*, CRCC). Stark vereinfacht ausgedrückt handelt es sich um eine Diagonalergänzung, z. B. in **Bild 3.11** auf gerade Parität. Das CRC-Prüfzeichen kann zusätzlich zu Quer- und Blockprüfzeichen oder selbständig verwendet werden. Erzeugt werden CRC-Zeichen beim Schreiben oder Übertragen in speziellen Schieberegistern. Beim Lesen oder in der Empfangsstation wird das CRC-Zeichen erneut berechnet und mit dem empfangenen CRC-Zeichen verglichen. Liegt keine Übereinstimmung vor, wird auf Fehler erkannt und eine Lese- bzw. Übertragungswiederholung veranlaßt oder die automatische Fehlerkorrektur eingeleitet.

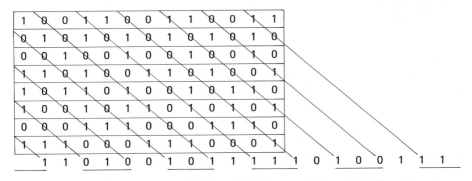

Bild 3.11 Entstehungsschema des zyklischen Blocksicherungszeichens durch diagonale Paritätsergänzung

- **Fehlerkorrektur** Zyklische Redundanzverfahren erlauben automatische Fehlerkorrekturen, wenn die Codes mit ausreichender Redundanz ausgestattet sind. Die Informationstheorie gibt für solche *Error Correcting Codes* (ECC) die Grundlage (z. B. [20]). Anschaulich kann z. B. eine Methode beschrieben werden, die *Ähnlichkeitsdecodierung (Maximum Likelihood Detection)* genannt wird. Dabei wird davon ausgegangen, daß ein empfangenes Zeichen, das nicht im verwendeten Code existiert, infolge einer Störung wahrscheinlich aus solch einem Zeichen entstanden ist, von dem es sich am wenigsten unterscheidet. Mit solchen Verfahren wird auch bei hohen Speicherdichten bzw. Datenübertragungsraten ein weitgehend fehlerfreier Betrieb möglich.

n	lb (n)	n	lb (n)	n	lb (n)
1	0	33	5,045	65	6,022
2	1	34	5,09	66	6,045
3	1,6	35	5,13	67	6,067
4	2	36	5,17	68	6,09
5	2,322	37	5,21	69	6,11
6	2,6	38	5,25	70	6,13
7	2,81	39	5,285	71	6,15
8	3	40	5,325	72	6,17
9	3,17	41	5,36	73	6,19
10	3,325	42	5,395	74	6,21
11	3,46	43	5,43	75	6,23
12	3,585	44	5,46	76	6,25
13	3,7	45	5,495	77	6,267
14	3,81	46	5,525	78	6,285
15	3,91	47	5,555	79	6,305
16	4	48	5,585	80	6,325
17	4,09	49	5,615	81	6,34
18	4,17	50	5,645	82	6,36
19	4,25	51	5,675	83	6,375
20	4,325	52	5,7	84	6,395
21	4,395	53	5,73	85	6,41
22	4,46	54	5,755	86	6,43
23	4,525	55	5,78	87	6,445
24	4,585	56	5,81	88	6,46
25	4,645	57	5,835	89	6,475
26	4,7	58	5,86	90	6,495
27	4,755	59	5,885	91	6,51
28	4,81	60	5,91	92	6,525
29	4,86	61	5,93	93	6,54
30	4,91	62	5,955	94	6,555
31	4,955	63	5,978	95	6,57
32	5	64	6	96	6,585
				97	6,6
				98	6,615
				99	6,63
				100	6,645

Bild 3.12 lb (n)-Tabelle für $n = 1 \ldots 100$

n	lb (n)
128	7
256	8
512	9
1 024	10
2 048	11
4 096	12
8 192	13
16 384	14
32 768	15
65 536	16
131 072	17
262 144	18
524 288	19
1 048 576	20

Bild 3.13 lb (n)-Tabelle für lb $(n) = 7 \ldots 20$

4 Grundlagen der Digitalelektronik

4.1 Schaltalgebra

4.1.1 Zweiwertige Variable

Die selbsttätige Verarbeitung von Daten in einer EDV-Anlage erfordert spezielle elektronische Schaltungen, die die gewünschten arithmetischen Operationen und logischen Entscheidungen nach vorgegebenem Programm ausführen. Grundlagen für die Entwicklung, Berechnung und Optimierung solcher logischen Schaltungen werden durch die Schaltalgebra zur Verfügung gestellt. Das primäre Merkmal der Digitalelektronik ist die Tatsache, daß nur zwei logische Zustände vorhanden sind — die *Binärzustände*.

- **Boolesche Algebra**   Die bereits in der Antike und später im Mittelalter diskutierte „Zweierlogik" („wahr" oder „falsch", „ja" oder „nein") wurde konsequent um 1700 von *Leibniz* mit der Entwicklung des *Dualsystems* in eine allgemeine Zahlensystematik einbezogen (vgl. 2.2). 1847 wurde dann von *Boole* eine umfassende algebraische Beschreibung logischer Probleme entwickelt. Als mathematische Schreibweise für *Logiksysteme* ist schnell daraus die sogenannte *Boolesche Algebra* entstanden. Von *Cantor* (1845—1918) wurde die allgemeine Boolesche Algebra zur *Mengenalgebra (Mengenlehre)* spezialisiert. Im Jahre 1938 schließlich erkannte *Shannon*, daß das Leibnizsche Dualsystem und die Boolesche Algebra für die sich anbahnende automatische Datenverarbeitung ideale Voraussetzungen boten. Aus dieser Erkenntnis entstand als weiteres Spezialgebiet der Booleschen Algebra die *Schaltalgebra*, die *zweiwertige* logische Verknüpfungen beschreibt — die Binärzustände.

- **Schaltalgebra**   Während im Leibnizschen Dualsystem die beiden Zahlenwerte 0 und 1 vorkommen, werden in der Schaltalgebra nach *Shannon* zwei binäre Werte, also zwei voneinander unterscheidbare Zustände verwendet. Im mathematischen Sprachgebrauch bedeutet dies die Einführung einer *zweiwertigen Variablen*, einer Variablen also, die nur zwei Werte annehmen kann und die definiert ist durch

$$A = 0, \quad \text{wenn } A \neq 1$$
$$A = 1, \quad \text{wenn } A \neq 0. \tag{4.1}$$

- **Positive und negative Logik**   Man unterscheidet positive und negative Logik. Für die **positive Logik** gilt:

> Niedrige Spannung (*Low Voltage*) = logisch 0 oder L (*für Low*);
> Hohe Spannung (*High Voltage*) = logisch 1 oder H (*für High*).

Umgekehrt ist für **negative Logik** eingeführt

> Niedrige Spannung (*Low Voltage*) = logisch 1 oder L (für *Low*);
> Hohe Spannung (*High Voltage*) = logisch 0 oder H (für *High*).

Eine Zusammenfassung dieser Vereinbarungen zeigt **Bild 4.1**.

| Logik | Spannung | | logische Symbole | | Beschreibung | |
	deutsch	englisch	binär	technisch[1]	deutsch	englisch
positiv	niedrig	low	0	L	falsch	false (F)
	hoch	high	1	H	wahr	true (T)
negativ	niedrig	low	1	L	wahr	true (T)
	hoch	high	0	H	falsch	false (F)

Bild 4.1 Zusammenfassung der schaltalgebraischen Bezeichnungen für die logischen Zustände der zweiwertigen Variablen
[1] nach DIN 41 785

- *Schaltfunktionen* Die einfachste technische Realisierung einer zweiwertigen Variablen ist durch die Zustände „Ein" und „Aus" eines Schalters gegeben, denen die logischen Symbole 1 (Ein) und 0 (Aus) zugeordnet werden sollen. Deshalb seien die drei grundlegenden *Schaltfunktionen* zweiwertiger Variabler mit Schaltern erläutert.

- *Reihenschaltung, UND* Die Schaltfunktion der *Reihenschaltung* von zweiwertigen Variablen stellt die *UND-Verknüpfung* dar, die auch *Konjunktion* heißt. **Bild 4.2a** zeigt die Reihenschaltung zweier Schalter A und B. Am „Ausgang" F dieser Reihe wird nur dann ein Signal registriert werden, wenn beide Schalter gleichzeitig geschlossen sind. Damit ergibt sich die *Wahrheitstabelle* gemäß **Bild 4.2b**. Die äquivalente mathematische Form zur Beschreibung dieser Zusammenhänge ist die schaltungsalgebraische Verknüpfung

$$F = A \wedge B. \tag{4.2}$$

Das Zeichen „$\wedge$" ist in DIN 66000 vereinbart; die übliche Sprechweise lautet: „F gleich A und B". Gebräuchlich sind bei gleicher Sprechweise noch die Schreibweisen

$$\left. \begin{aligned} F &= A \cdot B \\ F &= AB \\ F &= A \& B. \end{aligned} \right\} \tag{4.3}$$

Die UND-Verknüpfung entspricht der gewöhnlichen Multiplikation. Wenn nur einer der Faktoren Null ist (wenn nur ein Schalter offen bleibt), wird auch die *Schaltfunktion F* gleich Null. Mit dem *Schaltsymbol* **Bild 4.2c** wird die UND-Verknüpfung schaltungstechnisch beschrieben. Die Schaltsymbole sind entsprechend DIN 40 700 Teil 14 gezeichnet.

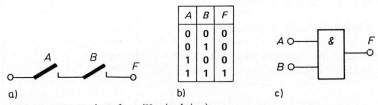

A	B	F
0	0	0
0	1	0
1	0	0
1	1	1

a)   b)   c)

Bild 4.2 UND-Verknüpfung (Konjunktion)
a) Reihenschaltung zweier Schalter; b) Wahrheitstabelle; c) Schaltsymbol

Eine Verallgemeinerung ergibt sich, wenn man statt der *zwei Eingangsvariablen A und B* beliebig viele zweiwertige Variablen $E_1 \ldots E_n$ zuläßt. Die Verknüpfung dieser n Eingangsvariablen mit einer Ausgangsvariablen A wird mit dem Schaltsymbol nach **Bild 4.3** beschrieben. Die Schaltfunktion dafür lautet:

$$A = E_1 \wedge E_2 \wedge E_3 \wedge \ldots \wedge E_n. \tag{4.4}$$

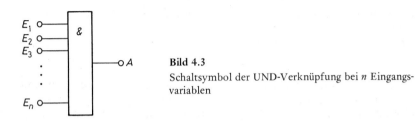

Bild 4.3
Schaltsymbol der UND-Verknüpfung bei n Eingangs-variablen

- **Parallelschaltung, ODER** Die Schaltfunktion der *Parallelschaltung* zweiwertiger Variabler stellt die *ODER-Verknüpfung* dar, die auch *Disjunktion* genannt wird. **Bild 4.4a** zeigt die Parallelschaltung zweier Schalter A und B, **Bild 4.4b** die zuge-hörige Wahrheitstabelle. Hierbei wird am „Ausgang" F schon dann ein Signal regi-striert, wenn nur einer der Schalter geschlossen ist. Die Schaltfunktion dafür lautet nach DIN 66000:

$$F = A \vee B \tag{4.5}$$

und wird gesprochen: „F gleich A oder B".

Es sei betont, daß der Begriff „oder" hier keine ausschließende Bedeutung hat, son-dern daß ebenfalls $F \neq 0$ ist, wenn beide Schalter geschlossen werden (vgl. Wahrheits-tabelle). Die Bedeutung ist also „oder/und". Eine andere gebräuchliche Schreib-weise für die ODER-Verknüpfung bei gleicher Sprechweise ist:

$$F = A + B. \tag{4.6}$$

Das für die ODER-Verknüpfung vereinbarte Schaltsymbol ist in **Bild 4.4c** angege-ben. In **Bild 4.5** ist wieder die Verallgemeinerung auf n zweiwertige Eingangsvariab-len vorgenommen.

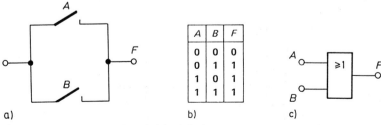

a) b) c)

Bild 4.4 ODER-Verknüpfung (Disjunktion)
a) Parallelschaltung zweier Schalter; b) Wahrheitstabelle; c) Schaltsymbol

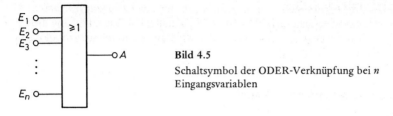

Bild 4.5

Schaltsymbol der ODER-Verknüpfung bei n
Eingangsvariablen

● *NICHT-Funktion* Bei den beiden eben besprochenen Grundfunktionen entsprach ein geschlossener Schalter dem *Signalwert* **1**. Es handelte sich also jeweils um *Arbeitskontakte*, die auch *Schließer* genannt werden. Komplementär dazu verhält sich ein *Ruhekontakt (Öffner)*, der sich also öffnet, wenn ein zweiter sich schließt (und umgekehrt). Damit wird sozusagen eine *Negation* bzw. *Inversion* verkörpert. Wahrheitstabelle und Schaltsymbol solch einer *NICHT-Funktion* sind in **Bild 4.6** gezeigt. Die zugehörige Schaltfunktion lautet:

$$A = \overline{E}, \tag{4.7}$$

bzw.

$$A = \overline{A}, \tag{4.8}$$

weil ja sowohl E als auch A nur den Wertevorrat 0 und 1 besitzen und $\overline{1} = 0$ bzw. $\overline{0} = 1$ sind. Die Sprechweise ist allgemein: „A gleich A nicht" oder „A gleich A quer". Wird eine Funktion zweimal invertiert, reproduziert sich der ursprüngliche Wert:

$$\overline{\overline{A}} = A. \tag{4.9}$$

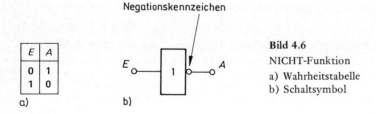

Negationskennzeichen

E	A
0	1
1	0

a)   b)

Bild 4.6

NICHT-Funktion

a) Wahrheitstabelle
b) Schaltsymbol

4.1.2 Rechenregeln der Schaltalgebra

1. Rechenregeln mit Konstanten

UND-Verknüpfung (Konjunktion)	ODER-Verknüpfung (Disjunktion)	NICHT-Funktion (Negation)
$0 \wedge 0 = 0$	$0 \vee 0 = 0$	$\overline{0} = 1$
$0 \wedge 1 = 0$	$0 \vee 1 = 1$	$\overline{1} = 0$
$1 \wedge 0 = 0$	$1 \vee 0 = 1$	$\overline{\overline{1}} = 1$
$1 \wedge 1 = 1$	$1 \vee 1 = 1$	

$$\tag{4.10}$$

2. Rechenregeln mit einer Variablen

$$0 \wedge A = 0 \qquad\qquad 0 \vee A = A \qquad\qquad A = 1$$
$$1 \wedge A = A \qquad\qquad 1 \vee A = 1 \qquad\qquad \overline{A} = 0 \qquad\qquad (4.11)$$
$$A \wedge A = A \qquad\qquad A \vee A = A \qquad\qquad \overline{\overline{A}} = A$$
$$A \wedge \overline{A} = 0 \qquad\qquad A \vee \overline{A} = 1$$

3. Das kommutative Gesetz (mehrere Variablen)

$$A \wedge B = B \wedge A \qquad\qquad\qquad\qquad (4.12)$$
$$A \vee B = B \vee A \qquad\qquad\qquad\qquad (4.13)$$

Die Rechenregeln mit Konstanten Gl. (4.10) muß man als *Postulate* hinnehmen. Die *Theoreme* für Berechnungen mit einer Variablen (4.11) gehen leicht aus (4.10) hervor, wenn man für die Variable A die möglichen Werte 0 oder 1 einsetzt. Das kommutative Gesetz für mehrere Variablen ist ebenfalls leicht einzusehen. Denn sowohl bei der Reihenschaltung als auch bei der Parallelschaltung spielt es keine Rolle, in welcher Reihenfolge die Schalter geschlossen werden.

4. Das assoziative Gesetz

$$(A \wedge B) \wedge C = A \wedge (B \wedge C) = A \wedge B \wedge C \qquad\qquad (4.14)$$
$$(A \vee B) \vee C = A \vee (B \vee C) = A \vee B \vee C \qquad\qquad (4.15)$$

In ganz anschaulicher Weise ist anhand **Bild 4.7** die Gültigkeit der assoziativen Gesetze (4.14) und (4.15) mit Hilfe von *Kontaktnetzwerken* gezeigt.

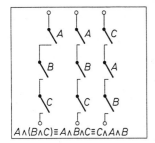
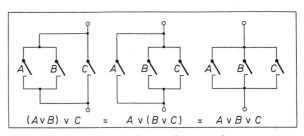

Bild 4.7 Beweis des assoziativen und kommutativen Gesetzes mit Kontaktnetzwerken

5. Das distributive Gesetz

$$(A \wedge B) \vee (A \wedge C) = A \wedge (B \vee C) \qquad\qquad (4.16)$$
$$(A \vee B) \wedge (A \vee C) = A \vee (B \wedge C) \qquad\qquad (4.17)$$

Auch dieses Gesetz läßt sich leicht mit Hilfe von Kontaktnetzwerken beweisen. In **Bild 4.8a** ist die Parallelschaltung der beiden Reihenschaltungen $A \wedge B$ sowie $A \wedge C$ (linke Seite von Gl. (4.16)) dargestellt. Verbindet man gemäß **Bild 4.8b** die beiden

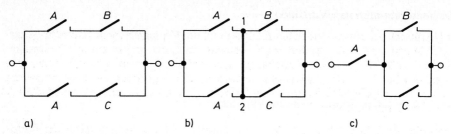

a)   b)   c)

Bild 4.8 Beweis des distributiven Gesetzes Gl. (4.16)
a) linke Seite von Gl. (4.16)
b) Kurzschluß, der die Funktion nicht verändert
c) rechte Seite von Gl. (4.16)

Punkte 1 und 2 leitend miteinander, wird die Funktion des Netzwerkes nicht geändert. Daraus folgt, daß die beiden Kontakte A durch einen einzigen ersetzt werden können. Die so veränderte Schaltung entspricht aber genau der rechten Seite von Gl. (4.16).

6. Reduktionsformeln

Die folgenden Gleichungen sind besonders geeignet, schaltungsalgebraische Ausdrücke zu vereinfachen:

$$A \wedge (A \vee B) = A \tag{4.18}$$
$$A \vee (A \wedge B) = A \tag{4.19}$$
$$A \wedge (\overline{A} \vee B) = A \wedge B \tag{4.20}$$
$$A \vee (\overline{A} \wedge B) = A \vee B \tag{4.21}$$

Der Beweis für diese Reduktionsformeln fällt leicht, wenn man nur nacheinander die beiden möglichen Werte 0 und 1 für die zweiwertigen Variablen A und B einsetzt.

7. Theorem von De Morgan

Zwei wichtige Rechenregeln mit n Variablen zur Vereinfachung komplizierter Gleichungen folgen aus dem Theorem von *De Morgan*, wonach die Negation einer vollständigen Reihenschaltung gleich der Negation jeder einzelnen Variablen in Parallelschaltung ist (und umgekehrt):

$$\overline{A \wedge B \wedge C \wedge D \wedge \ldots \wedge N} = \overline{A} \vee \overline{B} \vee \overline{C} \vee \overline{D} \vee \ldots \vee \overline{N} \tag{4.22}$$
$$\overline{A \vee B \vee C \vee D \vee \ldots \vee N} = \overline{A} \wedge \overline{B} \wedge \overline{C} \wedge \overline{D} \wedge \ldots \wedge \overline{N} \tag{4.23}$$

8. Satz von Shannon

$$\overline{(\overline{A} \wedge \overline{B} \wedge \overline{C}) \vee (A \wedge B \wedge C)} = (A \vee B \vee C) \wedge (\overline{A} \vee \overline{B} \vee \overline{C}). \tag{4.24}$$

Damit sind die wichtigsten Rechenregeln der Schaltalgebra aufgeführt, mit deren Hilfe auch komplizierte Gleichungen vereinfacht werden können. Jedoch wird es nicht immer leicht sein, bei umfangreichen, schwer übersehbaren Gleichungen alle Zusammenhänge so zu erkennen, daß die Vereinfachungsregeln angewendet werden können. Im nächsten Abschnitt wird deshalb ein graphisches Verfahren vorgestellt, mit dessen Hilfe schnell und sicher Vereinfachungen gelingen.

4.1.3 Minimierung von Schaltfunktionen

Das Hauptziel bei Nutzung der Schaltalgebra ist die *Verringerung des Schaltungsaufwands*. Dazu wird man in der Regel bemüht sein, ein gegebenes schaltungsalgebraisches Problem mit einer möglichst geringen Zahl von Variablen und Verknüpfungen zu beschreiben. Man wird also versuchen, die gegebenen oder entwickelten Gleichungen auf eine *Minimalform* zu bringen. Dazu kann man sich grundsätzlich zweier Verfahren bedienen.

- *Empirische Verfahren*   Bereits angedeutet wurden in 4.1.2 Möglichkeiten der Reduzierung mittels der schaltalgebraischen Rechenregeln. Dabei ist aber gleichzeitig darauf hingewiesen worden, daß bei komplizierten Ausdrücken dieses *empirische Verfahren* häufig versagt. Auch die kurz angedeutete Methode der Vereinfachung von Schaltfunktionen unter Verwendung von *Kontaktnetzwerken* kann sehr schnell unübersichtlich werden. Daraus folgt die Notwendigkeit, nach *systematischen Verfahren* zu suchen. Das wichtigste Vereinfachungsverfahren soll im folgenden beschrieben werden.

- *Graphische Methoden*   Von *Veitch* und *Karnaugh* sind *graphische Methoden* zur Vereinfachung von Schaltfunktionen entwickelt worden, die aus den in der Mengenlehre verwendeten *Euler-Diagrammen* hervorgehen.

- *Euler-Diagramme*   Mit „Eulerschen Kreisen" werden gemäß **Bild 4.9a** Teilmengen A und B aus sogenannten Grundmengen M dargestellt. Bringt man die beiden Teilmengen A und B teilweise zur Deckung, veranschaulicht man also ODER-, UND- und NICHT-Verknüpfungen auf diese Weise, kann man den *Durchschnitt* (**Konjunktion**), die *Vereinigung* (**Disjunktion**) und verschiedene *Negationen* dieser Teilmengen aus den Euler-Diagrammen ablesen. Beispielsweise läßt sich nach den Bildern 4.9b, c und d sofort hinschreiben:

$$(A \wedge \bar{B}) \vee (\bar{A} \wedge B) \vee (A \wedge B) = A \vee B \qquad (4.25)$$

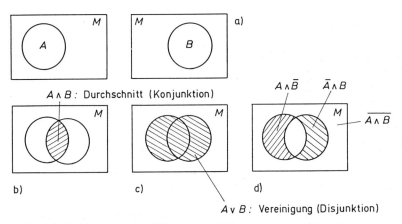

Bild 4.9 Euler-Diagramme; a) Teilmengen, b) Durchschnitt, c) Vereinigung, d) Negation des Durchschnitts

Der Übersichtlichkeit halber sei an dieser Stelle Gl. (4.25) auch in einer der schon genannten vereinfachten Schreibweisen angegeben:

$$A\overline{B} + \overline{A}B + AB = A + B. \tag{4.26}$$

Aus dieser viel besser lesbaren Schreibweise, die häufig gemieden wird, um Verwechslungen mit der gewöhnlichen Algebra zu vermeiden, kann man leicht die Gültigkeit von Gl. (4.25) erkennen, wenn man für A und B die Werte 0 und 1 einsetzt, also den Teilmengen A und B entsprechende binäre Variablen zuordnet.

- **KV-Diagramme** Die Erfahrung hat gezeigt, daß Euler-Diagramme bei mehreren Variablen (Teilmengen) schnell unübersichtlich werden. Deshalb ist eine spezielle Art der Darstellung eingeführt, die als *Karnaugh-Veitch-Diagramm* — oder kurz: *KV-Diagramm* — bekannt ist.

Zur Erläuterung der KV-Diagramme und ihrer Möglichkeiten müssen vorweg ein paar wichtige Begriffe mit ihren Bedeutungen geklärt werden.

Minterm. Darunter versteht man UND-Verknüpfungen von n binären Variablen, in denen jede Variable genau einmal vorkommt, entweder negiert oder nicht negiert. **Bild 4.10** zeigt Minterme einer Funktion mit drei Variablen.

Maxterm. Darunter versteht man ODER-Verknüpfungen von n binären Variablen, in denen jede Variable genau einmal enthalten ist, entweder negiert oder nicht negiert. **Bild 4.11** zeigt Maxterme einer Funktion mit drei Variablen.

A	B	C	$A \wedge B \wedge C$	$A \wedge B \wedge \overline{C}$	$A \wedge \overline{B} \wedge C$	$A \wedge \overline{B} \wedge \overline{C}$	$\overline{A} \wedge B \wedge C$	$\overline{A} \wedge B \wedge \overline{C}$
1	1	1	1	0	0	0	0	0
1	1	0	0	1	0	0	0	0
1	0	1	0	0	1	0	0	0
1	0	0	0	0	0	1	0	0
0	1	1	0	0	0	0	1	0
0	1	0	0	0	0	0	0	1
0	0	1	0	0	0	0	0	0
0	0	0	0	0	0	0	0	0

Bild 4.10 6 der 8 möglichen Minterme einer Funktion mit drei Variablen

A	B	C	$\overline{A} \vee \overline{B} \vee \overline{C}$	$\overline{A} \vee \overline{B} \vee C$	$\overline{A} \vee B \vee \overline{C}$	$\overline{A} \vee B \vee C$	$A \vee \overline{B} \vee \overline{C}$	$A \vee \overline{B} \vee C$
1	1	1	0	1	1	1	1	1
1	1	0	1	0	1	1	1	1
1	0	1	1	1	0	1	1	1
1	0	0	1	1	1	0	1	1
0	1	1	1	1	1	1	0	1
0	1	0	1	1	1	1	1	0
0	0	1	1	1	1	1	1	1
0	0	0	1	1	1	1	1	1

Bild 4.11 6 der 8 möglichen Maxterme einer Funktion mit drei Variablen

Zu bemerken ist, daß für jeweils eine Wertekombination (z. B. 010) nur ein *Minterm* von Null verschieden ist (im angegebenen Beispiel der Minterm $\overline{A} \wedge B \wedge \overline{C}$). Andersherum gilt, daß für jeweils eine Wertekombination nur *ein Maxterm* Null wird (im obigen Beispiel der Maxterm $A \vee \overline{B} \vee C$). Es wird also immer eine minimale Anzahl von Mintermen (nämlich genau einer), aber eine maximale Anzahl von Maxtermen (nämlich $2^n - 1$) den Wert 1 annehmen.

Vollständige Wahrheitstabelle. Für eine Funktion mit n Variablen gibt es 2^n Wertekombinationen (vgl. 2.1, Elementarvorrat) und ebensoviele Minterme und Maxterme. Eine Funktion F mit drei Variablen ($n = 3$) setzt sich also aus $2^3 = 8$ Wertekombinationen zusammen, die durch ODER-, UND- oder NICHT-Funktionen miteinander verknüpft sind. Diese acht Wertekombinationen der — in diesem Beispiel — drei Eingangsvariablen A, B, C sind zusammen mit den durch irgendein spezielles Beispiel zugeordneten Funktionswerten der Ausgangsvariablen F in der *vollständigen Wahrheitstabelle* (**Bild 4.12**) aufgeführt. Zusätzlich sind alle Minterme und Maxterme angegeben. Es sei wiederholt, daß die Funktionswerte F einem fiktiven Beispiel entstammen.

Disjunktive Normalform. Darunter versteht man die ODER-Verknüpfung aller Minterme, für die die Funktion F den Wert 1 annimmt. Aus dem Beispiel in Bild 4.12 folgt somit als disjunktive Normalform der dort angegebenen Funktion F:

$$F = (\overline{A}\,\overline{B}C) + (\overline{A}B\overline{C}) + (ABC). \tag{4.27}$$

> Der Übersichtlichkeit halber ist hier wieder eine vereinfachte Schreibweise verwendet worden, was im folgenden oft geschehen wird. Das mag wenig konsequent erscheinen, entspricht aber der Praxis.

A	B	C	F	Minterme	Maxterme
0	0	0	0	$\overline{A} \wedge \overline{B} \wedge \overline{C}$	$A \vee B \vee C$
0	0	1	1	$\overline{A} \wedge \overline{B} \wedge C$	$A \vee B \vee \overline{C}$
0	1	0	1	$\overline{A} \wedge B \wedge \overline{C}$	$A \vee \overline{B} \vee C$
0	1	1	0	$\overline{A} \wedge B \wedge C$	$A \vee \overline{B} \vee \overline{C}$
1	0	0	0	$A \wedge \overline{B} \wedge \overline{C}$	$\overline{A} \vee B \vee C$
1	0	1	1	$A \wedge \overline{B} \wedge C$	$\overline{A} \vee B \vee \overline{C}$
1	1	0	0	$A \wedge B \wedge \overline{C}$	$\overline{A} \vee \overline{B} \vee C$
1	1	1	0	$A \wedge B \wedge C$	$\overline{A} \vee \overline{B} \vee \overline{C}$

Bild 4.12
Vollständige Wahrheitstabelle für ein Beispiel einer Schaltfunktion mit drei Variablen und speziell zugeordneten Funktionswerten der Ausgangsvariablen F

Konjunktive Normalform. Darunter versteht man die UND-Verknüpfung aller Maxterme, für die die Funktion F den Wert 0 annimmt. Für unser Beispiel folgt also:

$$F = (A + B + C) \cdot (A + \overline{B} + \overline{C}) \cdot (\overline{A} + B + C) \cdot (\overline{A} + \overline{B} + C) \cdot (\overline{A} + \overline{B} + \overline{C}). \tag{4.28}$$

Es sei darauf hingewiesen, daß es sich bei der disjunktiven Normalform schaltungstechnisch um eine Parallelschaltung von jeweils n Reihenkontakten handelt (in unserem Beispiel $n = 3$), bei der konjunktiven Normalform umgekehrt um eine Reihenschaltung von jeweils n Parallelkontakten.

Aus dem angegebenen Beispiel (Bild 4.12 sowie Gln. (4.27) und (4.28)) wird deutlich, daß disjunktive und konjunktive Normalform unterschiedlich lang sein können. Damit kann schon eine Vorentscheidung über den Schaltungsaufwand getroffen werden, weil die Anzahl der Schalter des jeweiligen Netzwerks festgelegt ist durch das Produkt aus der Zahl n der Variablen mit der Zahl der Minterme bzw. Maxterme. Entscheidet man sich für die disjunktive Normalform, wird die Anzahl der für die Realisierung benötigten Schalter $n \cdot \min = 3 \cdot 3 = 9$. Bei Verwendung der konjunktiven Normalform sind aber $n \cdot \max = 3 \cdot 5 = 15$ Schalter nötig.

Hamming-Distanz. Vergleicht man zwei binäre Codeworte Bit für Bit miteinander, wird die Anzahl der in beiden Worten unterschiedlichen Binärstellen als *Hamming-Distanz D* bezeichnet (vgl. hierzu [6]). Beispielsweise unterscheiden sich die Worte 000 und 001 in nur einer Stelle — die Hamming-Distanz ist für diesen Fall $D = 1$.

In einem weiteren Beispiel unterscheiden sich 001 und 110 in allen drei Stellen — die Hamming-Distanz wird $D = 3$. Binäre Codeworte, die eine Hamming-Distanz von $D = 1$ zueinander aufweisen, werden als benachbarte Codeworte benannt.

● *KV-Diagramme* Nun aber zurück zur Besprechung der *KV-Diagramme*. Ausgangspunkt für diese graphische Methode zur Vereinfachung von Schaltfunktionen ist die disjunktive Normalform, wobei darauf hingewiesen werden soll, daß eine gegebene Schaltfunktion sowohl durch die disjunktive als auch die konjunktive Normalform vollständig und eindeutig beschrieben wird. Es muß also bei jeder Problemlösung mit Hilfe von KV-Diagrammen zuerst die disjunktive Normalform der Schaltfunktion aufgestellt werden, was am einfachsten anhand einer vollständigen Wahrheitstabelle geschieht. Das KV-Diagramm muß soviele Felder enthalten, wie sich aus 2^n ergibt, also ebensoviele, wie die vollständige Wahrheitstabelle Zeilen besitzt. In **Bild 4.13** sind die für den Fall $n = 3$ acht nötigen Felder aufgetragen. Das weitere

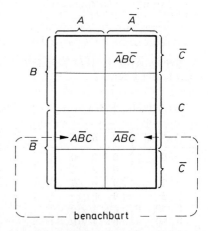

Bild 4.13 KV-Diagramm für $n = 3$ Variablen

Vorgehen ist nun so, daß die Variablen in nicht negierter und negierter Form an den Rand der Felder geschrieben werden. Die Anordnung und Reihenfolge dieser sogenannten *Indizierung* spielen dabei keine Rolle. Nun werden — entsprechend der vorgenommenen Indizierung — die Minterme den Feldern zugeordnet, so daß sich für das Beispiel der Gl. (4.27) das KV-Diagramm nach Bild 4.13 ergibt.

● *Benachbarte Terme* Als nächstes gilt es, *benachbarte Terme* herauszusuchen; denn nur solche lassen sich zusammenfassen. Außerdem muß die Zahl der Felder (*Terme*), die in einem größeren Block zusammengefaßt werden sollen, ein Vielfaches von 2 sein. Im angegebenen Beispiel erfüllen die beiden Minterme $A\overline{B}C$ und $\overline{A}BC$ diese Bedingungen. D. h. sie sind benachbart (Hamming-Distanz $D = 1$), und es sind gerade zwei Terme $(2 \cdot 1)$. Als gemeinsamen größeren Block besitzen sie die Felder mit den Indizes $\bar{B}$ und C. Daraus folgt sofort:

$$A\bar{B}C + \overline{AB}C = \bar{B}C. \tag{4.29}$$

Somit ist sicher und schnell aus Gl. (4.27) die zusammengefaßte Form

$$F = \overline{AB}\bar{C} + \bar{B}C \tag{4.30}$$

geworden. Die Gültigkeit der Gl. (4.29) läßt sich — wie immer — leicht prüfen durch Einsetzen von 0 und 1. Man erkennt, daß sie erfüllt wird für $B = 0$ und $C = 1$, A kann 0 oder 1 werden.

● **Beispiel BCD-Decodierung**   Als *Beispiel* für eine wirksame Reduzierung des Schaltungsaufwands soll mit Hilfe eines KV-Diagramms die Minimalform für eine *Decodierschaltung* zur Decodierung des BCD-Codes in Dezimalzahlen betrachtet werden. Zuerst wird die vollständige Wahrheitstabelle aufgestellt (**Bild 4.14**), wobei nur Tetraden berücksichtigt werden. Pseudotetraden sollen nicht auftreten.

Die disjunktive Normalform beinhaltet in diesem Fall sämtliche Minterme:

$$F = \overline{ABCD} + \overline{ABC}D + \overline{AB}C\overline{D} + \overline{AB}CD + \overline{A}B\overline{CD} + \overline{A}B\overline{C}D + \overline{A}BC\overline{D} \\ + \overline{A}BCD + A\overline{BCD} + A\overline{BC}D. \tag{4.31}$$

Die technische Realisierung dieser Funktion müßte aus $n \cdot \min = 4 \cdot 10 = 40$ Kontakten bestehen.

Dezimal	A	B	C	D	F	Minterme			
0	0	0	0	0	1	$\bar{A}$	$\bar{B}$	$\bar{C}$	$\bar{D}$
1	0	0	0	1	1	$\bar{A}$	$\bar{B}$	$\bar{C}$	D
2	0	0	1	0	1	$\bar{A}$	$\bar{B}$	C	$\bar{D}$
3	0	0	1	1	1	$\bar{A}$	$\bar{B}$	C	D
4	0	1	0	0	1	$\bar{A}$	B	$\bar{C}$	$\bar{D}$
5	0	1	0	1	1	$\bar{A}$	B	$\bar{C}$	D
6	0	1	1	0	1	$\bar{A}$	B	C	$\bar{D}$
7	0	1	1	1	1	$\bar{A}$	B	C	D
8	1	0	0	0	1	A	$\bar{B}$	$\bar{C}$	$\bar{D}$
9	1	0	0	1	1	A	$\bar{B}$	$\bar{C}$	D

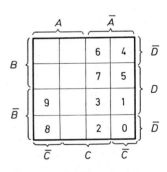

Bild 4.14 Vollständige Wahrheitstabelle der Tetraden (4 Variablen)

Bild 4.15 KV-Diagramm des BCD-Codes (4 Variablen)

In das KV-Diagramm **Bild 4.15** sind die 10 Minterme symbolisch mit ihrer dezimalen Bedeutung eingetragen. Die verbleibenden Felder gehören zu den Pseudotetraden. Diese Felder kann man nun so mit 0 oder 1 belegen, daß eine Hamming-Distanz von $D = 1$ zu möglichst vielen Tetraden erzeugt wird, um die Zusammenfassung zu größeren Blöcken zu ermöglichen. So erhält man die reduzierte Funktion

$$F = \overline{ABCD} + \overline{ABC}D + \bar{B}C\bar{D} + \bar{B}CD + B\overline{CD} + B\bar{C}D + BC\bar{D} + BCD + A\bar{D} + AD, \tag{4.32}$$

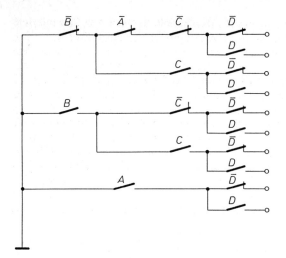

Bild 4.16
Schaltnetzwerk für eine Decodierschaltung (BCD-Code in Dezimalzahlen) nach der mit Hilfe eines
KV-Diagramms und durch Aus-
klammern gewonnenen Gleichung
(4.34)

die mit nur 30 Kontakten realisiert werden könnte. Es ist aber noch eine erheblich
größere Reduzierung möglich, indem ausgeklammert wird:

$$F = \overline{ABC}\,(\overline{D} + D) + \overline{B}C\,(\overline{D} + D) + B\overline{C}\,(\overline{D} + D) + BC\,(\overline{D} + D) + A\,(\overline{D} + D), \quad (4.33)$$

bzw.

$$F = \overline{B}\,[\overline{AC}\,(\overline{D} + D) + C\,(\overline{D} + D)] + B\,[\overline{C}\,(\overline{D} + D) + C\,(\overline{D} + D)] + A\,(\overline{D} + D). \qquad (4.34)$$

Damit verbleiben nur noch 18 Kontakte, mit denen das Schaltnetzwerk von **Bild
4.16** konstruiert ist.

4.2 Logik-Grundschaltungen

Zum Aufbau auch kompliziertester Digitalschaltungen werden nur 5 Grundschaltungen benötigt: UND-, ODER-, NICHT-, NAND-, NOR-Glieder. Je nach Beschaltung
(negative bzw. positive Logik, Abschnitt 4.1.1) und Verknüpfung dieser Glieder miteinander (Kap. 5) entstehen die unterschiedlichen Funktionsweisen.

4.2.1 UND/ODER- bzw. ODER/UND-Glieder

Die reinen UND- bzw. ODER-Glieder sind bereits in 4.1.1 besprochen. Die
dort dargestellten Verknüpfungen gelten bei Verwendung positiver Logik. Ist
aber negative Logik vereinbart, wird ein UND- zum ODER-Glied bzw. ein
ODER- zum UND-Glied. Das soll am Beispiel eines UND-Glieds etwas näher
untersucht werden.

● **Positive, negative Logik** Schaltsymbol und Wahrheitstabelle der *UND-Verknüpfung* sind in Bild 4.2 angegeben. Eine erweiterte Wahrheitstabelle zeigt **Bild 4.17**. Die Schaltfunktion F nimmt danach nur dann den Wert 1 an, wenn beide Variablen (Eingänge) A und B mit 1 belegt sind. Bei Verwendung der *positiven Logik* drückt sich das darin aus, daß am Ausgang (F) nur dann das Potential „hoch" liegt (*High voltage; H*), wenn beide Eingänge mit „hoher Spannung" belegt sind. Liegt nur einer der Eingänge „niedrig" (*Low voltage; L*), wird die Schaltfunktion F am Ausgang ebenfalls den Wert „niedrig" anzeigen, was dem binären Wert 0 entspricht. Diese UND-Charakteristik wird aber bei Verwendung *negativer Logik* zur ODER-Charakteristik invertiert, wonach der logische Zustand 0 durch eine hohe Spannung (H) und der logische Zustand 1 durch eine niedrige Spannung (L) realisiert wird. So ergibt sich aus der letzten Spalte des Bildes 4.17, daß nur dann der Ausgang hoch liegt (H), daß also nur dann am Ausgang logisch 0 registriert wird, wenn beide Eingänge hoch liegen. In allen anderen Fällen steht am Ausgang eine niedrige Spannung (L), was dem logischen Zustand 1 entspricht.

Logik	dual			positiv technisch		bin.	negativ technisch		bin.
Variable	A	B	F	A B F		F	A B F		F
Zustände	0 0 0			L L L		0	H H H		0
	0 1 0			L H L		0	H L L		1
	1 0 0			H L L		0	L H L		1
	1 1 1			H H H		1	L L L		1
Verknüpfung	UND			UND			ODER		

Bild 4.17 Wahrheitstabelle einer UND-Verknüpfung mit zwei Eingangsvariablen für positive und negative Logik

● **UND-Verknüpfung von n Eingangsvariablen** Eine einfache *Realisierung eines UND/ODER-Glieds* für den allgemeinen Fall von n Eingangsvariablen ist in **Bild 4.18** gezeigt. Das zugehörige Schaltsymbol ist Bild 4.3 bzw. Bild 4.5 zu entnehmen. Bei Verwendung *positiver Logik* wird der logische Zustand 1 dargestellt durch die Spannung $+ U_B$ (Batteriespannung), der logische Zustand 0 durch die Spannung 0 Volt. Das entspricht den Zuständen „high" ($H = + U_B$ V) und „low" ($L = 0$ V). Liegt an irgendeinem der n Eingänge 0 Volt, also logisch **0**, ist die entsprechende Diode in Durchlaßrichtung gepolt. Damit liegt aber auch am Ausgang A 0 Volt, und

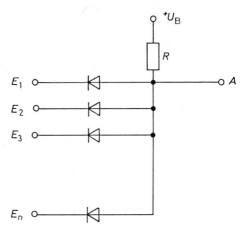

Bild 4.18 Technische Ausführung eines UND/ODER-Glieds für n Eingangsvariablen

zwar völlig unabhängig davon, ob die anderen Dioden sperren oder stromführend sind. Nur dann, wenn sämtliche Dioden sperren, wenn also alle Eingänge auf $+ U_B$ Volt, entsprechend logisch **1**, liegen, fällt die Batteriespannung über den Dioden ab, und am Ausgang A werden $+ U_B$ Volt registriert, was dem logischen Zustand **1** entspricht. Damit ist vollständig die Wertetabelle der UND-Verknüpfung von n Eingangsvariablen erfüllt.

● *ODER-Verknüpfung von n Eingangsvariablen* Wird nun umgekehrt auf die Schaltung nach Bild 4.18 die *negative Logik* angewendet, ist $+ U_B$ dem logischen Zustand **0** zugeordnet und 0 V dem Zustand **1**. Immer dann, wenn nur eine der n Dioden in Durchlaßrichtung gepolt ist, wenn also nur eine Eingangsvariable logisch **1** aufweist, was ja 0 V entspricht, liegt auch der Ausgang auf 0 Volt und damit auf logisch **1**. Und nur wenn alle Eingänge logisch **0** annehmen ($+ U_B$ Volt, Dioden sperren), liegt am Ausgang ebenfalls $+ U_B$, also logisch **0**. Damit ist vollständig die Wertetabelle der ODER-Verknüpfung von n Eingangsvariablen erfüllt.

Diese Betrachtungsweise kann direkt übertragen werden, wenn anstelle eines UND-Glieds ein ODER-Glied verwendet wird.

4.2.2 NICHT-, NAND-, NOR-Glieder

In Abschnitt 4.1.1 sind Wahrheitstabelle und Schaltsymbol der *NICHT-Funktion* eingeführt. Eine Möglichkeit der technischen Realisierung ist mit der *Inverterschaltung* nach Bild 8.3 angegeben. Dabei handelt es sich einfach um einen Transistor-Verstärker in Emitterschaltung. Aus der Praxis geht hervor, daß UND- sowie ODER-Schaltungen fast immer einen Transistor-Verstärker nachgeschaltet haben, mit dem saubere Rechtecke erzeugt und mögliche Verluste ausgeglichen werden sollen. Diesen Vorgang nennt man *Regenerieren*. Die Regenerierung hat aber zur Folge, daß das Ausgangssignal des betreffenden UND- bzw. ODER-Glieds invertiert wird. Es entsteht also jeweils eine Reihenschaltung aus UND- sowie NICHT-Glied bzw. aus ODER- sowie NICHT-Glied.

● *NAND-Glied* Die Reihenschaltung aus UND- sowie NICHT-Glied wird nach den englischen Wörtern „*not*" für „nicht" und „*and*" für „und" abgekürzt als *NAND-Glied* bezeichnet. **Bild 4.19** gibt Wahrheitstabelle und Schaltsymbol dafür an. Eine technische Ausführung ist in **Bild 4.20** gezeigt. Bei Verwendung *positiver Logik* ist nämlich die Diodenschaltung im Eingang − wie in 4.2.1 gezeigt − ein UND-Glied, die ganze Schaltung also ein NAND-Glied.

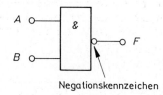

A	B	F
0	0	1
0	1	1
1	0	1
1	1	0

Bild 4.19
Wahrheitstabelle und Schaltsymbole eines NAND-Glieds

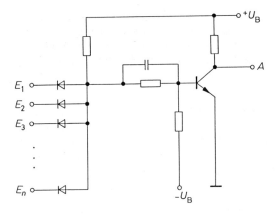

Bild 4.20

Technische Ausführung eines NAND-Glieds als Reihenschaltung eines UND-Glieds für n Eingangsvariablen und eines Inverters (DTL; Dioden-Transistor-Logik)

- *NOR-Glied* Daraus folgt nun sofort, daß bei Verwendung *negativer Logik* die Schaltung nach Bild 4.20 zu einer Reihenschaltung aus ODER- sowie NICHT-Glied wird. Nach den englischen Vokabeln „*or*" und „*not*" ist dafür die Bezeichnung *NOR-Glied* entstanden. Ebenso wie ein UND-Glied durch die beiden Möglichkeiten positiver und negativer Logik als UND/ODER-Glied funktioniert, folgt nach dem eben Gesagten, daß Bild 4.20 ein NAND/NOR-Glied darstellt. Durch einfaches Umpolen der Batteriespannung U_B und der Dioden entsteht umgekehrt ein NOR/NAND-Glied. Wahrheitstabelle und Schaltsymbol eines NOR-Glieds sind in **Bild 4.21** angegeben.

A	B	F
0	0	1
0	1	0
1	0	0
1	1	0

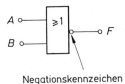

Negationskennzeichen

Bild 4.21

Wahrheitstabelle und Schaltsymbol eines NOR-Glieds

- *UND-Gatter aus NAND- und NOR-Gliedern* Als integrierte Bausteine werden vor allem NAND- und NOR-Glieder hergestellt, wobei eine sehr große Zahl verschiedenartiger Typen zu finden ist. Sollen aber sehr viele Eingangsvariablen miteinander verknüpft werden, kommt man leicht mit wenigen standardisierten NAND- oder NOR-Gliedern zum Ziel.

Beispielsweise sei die UND-Verknüpfung von 8 Eingangsvariablen gefordert. Nach **Bild 4.22** ist diese Aufgabe gelöst durch Verwendung zweier handelsüblicher NAND-Glieder und eines NOR-Glieds. Die Schaltfunktion für das durch die gezeigte Zusammenschaltung entstandene *UND-Gatter* lautet:

$$F = A = \overline{\overline{E_1 E_2 E_3 E_4} + \overline{E_5 E_6 E_7 E_8}}. \tag{4.35}$$

Unter Anwendung des Theorems von *De Morgan* (Gl. (4.22)) wird daraus

$$F = \overline{\overline{E_1} + \overline{E_2} + \overline{E_3} + \overline{E_4}} + \overline{\overline{E_5} + \overline{E_6} + \overline{E_7} + \overline{E_8}}. \tag{4.36}$$

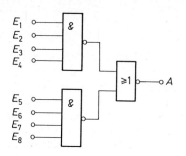

Bild 4.22

UND-Gatter mit 8 Eingängen, zusammengesetzt
aus handelsüblichen NAND- und NOR-Gliedern

Mit Gl. (4.23) folgt schließlich

$$F = E_1 E_2 E_3 E_4 E_5 E_6 E_7 E_8 ,$$ (4.37)

also die geforderte UND-Verknüpfung der 8 Eingangsvariablen.

4.2.3 Exklusiv-ODER

Ebenso wichtig wie die aus den Grundfunktionen UND, ODER und NICHT hergeleiteten NAND- und NOR-Verknüpfungen ist die *Exklusiv-ODER-Funktion*, englisch *EXCLUSIVE-OR*. Wie aus der Wahrheitstabelle nach **Bild 4.23a** zu entnehmen ist, wird die Schaltfunktion F am Ausgang nur dann logisch **1**, wenn die beiden Eingänge ungleich sind.

● *Antivalenz* Die mathematische Form für diese sog. *Antivalenz* lautet:

$$F = (A \wedge \overline{B}) \vee (\overline{A} \wedge B) = A\overline{B} + \overline{A}B.$$ (4.38)

Der leicht ersichtliche Unterschied zur ODER-Verknüpfung besteht darin, daß auch für den Fall $A = 1$ *und* $B = 1$ die Schaltfunktion definiert **0** wird. In 7.2.4 wird solch ein Exklusiv-ODER-Gatter als *Komparator* (Vergleicher) eingesetzt.

A	B	F
0	0	0
0	1	1
1	0	1
1	1	0	a)

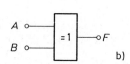

Bild 4.23

Exklusive-ODER-Funktion (Antivalenz)

a) Wahrheitstabelle
b) Schaltsymbol

● *Äquivalenz* Als Gegenstück zur eben besprochenen *Antivalenz* ist die *Äquivalenz* anzusehen. Während bei der Antivalenz die „Gegensätzlichkeit" zweier Zustände entscheidet, ist hier die „Gleichwertigkeit" der Zustände bestimmend. Aus der Wahrheitstabelle **Bild 4.24a** erkennt man, daß die Schaltfunktion immer dann gleich **1** wird, wenn beide Eingangsvariablen den gleichen Wert haben. Die mathematische Beschreibung der Äquivalenz ist:

$$F = (A \wedge B) \vee (\overline{A} \wedge \overline{B}) = AB + \overline{A}\overline{B}.$$ (4.39)

A	B	F
0	0	1
0	1	0
1	0	0
1	1	1	a)

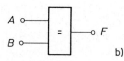

Bild 4.24

Äquivalenz

a) Wahrheitstabelle
b) Schaltsymbol

5 Verknüpfungsschaltungen

In Kap. 4 wurden Logik-Grundschaltungen besprochen. Vollständige Verknüpfungsschaltungen, mit denen die Operationen innerhalb einer EDV-Anlage durchgeführt werden, setzen sich aus diesen Grundschaltungen zusammen, wobei eigentlich jede aus der Vielzahl verschiedenartiger Verknüpfungsschaltungen auf die drei Grundfunktionen UND, ODER, NICHT zurückgeführt werden kann. Im folgenden sollen die wichtigsten Möglichkeiten der Verknüpfung dieser Grundschaltungen zu Logiksystemen besprochen werden. Dabei wird unterteilt nach diskretem Aufbau und monolithisch integrierten Schaltungen.

Obwohl diskret aufgebaute Verknüpfungsschaltungen keine praktische Bedeutung haben, eignen sie sich doch vorzüglich zur Beschreibung der auch in monolithisch integrierten Schaltungen verwendeten Methoden. Wir beginnen deshalb damit. Bei den nachfolgend diskutierten integrierten Schaltungen werden zuerst solche mit bipolaren Transistoren besprochen (z. B. ECL, TTL). Es folgen dann Gatter mit Feldeffekt-Transistoren (z. B. MOS, CMOS).

5.1 Logik-Systeme mit diskretem Aufbau

Als Bauteile dienen Widerstände (R), Kapazitäten (C), Dioden (D) und Transistoren (T). Je nachdem, mit welchen Bauteilen die Grundfunktionen realisiert sind, unterscheidet man die Logik-Systeme.

- **Kontaktlogik** In 4.1 sind die Grundlagen der Schaltalgebra mit Kontakten (Schaltern) besprochen worden. Diese *Kontaktlogik* hat in der Datentechnik keine Bedeutung. Man findet sie allerdings dort, wo große Leistungen zu schalten sind, beispielsweise in Kraftwerken und Umspannstationen.

  Ebenso sind manchmal noch Fernsprechverbindungen in Kontaktlogik ausgeführt. Aber in all diesen Bereichen geht der Trend eindeutig zu kontaktlosen Schaltungen, die sicherer und wartungsfrei arbeiten.

- **DRL** Die einfachste Möglichkeit der rein elektronischen Verknüpfung ist bereits bei der Erläuterung der Logik-Grundschaltungen (4.2) vorgestellt worden: Die *Diodenlogik*, auch **Dioden-Widerstands-Logik** (DRL) genannt. Mit Bild 4.18 ist ein positives Diodengatter als Beispiel für ein UND/ODER-Glied angegeben worden. Ebenso wurde darauf aufmerksam gemacht, daß bei solchen „passiven" Schaltungen Verluste und Signalverformungen entstehen, vor allem dadurch, daß beim Zusammenkoppeln von Grundschaltungen jeder Ausgang durch die nachfolgenden, in der Regel niederohmigen Stufen belastet wird.

- **DTL** Zur Beseitigung der genannten Nachteile werden Diodengatter mit einer Transistorstufe verbunden. Man spricht dann von **Dioden-Transistor-Logik** (DTL). Wird jedes Diodengatter zum Ausgleich der Verluste mit einem Spannungsverstärker in Emitterschaltung verkoppelt, ergibt sich Bild 4.20. Weil soch ein Emitterverstärker eine *Phasendrehung* des Signals um 180° verursacht, wirkt er gleichzeitig als Inverter, womit die Ausführung eines NAND-Glieds entstanden ist. Eine zweite Möglichkeit ergibt sich aus der Verwendung eines *Impedanzwandlers* anstelle der Verstärkerstufe. Ein Beispiel mit einem *Emitterfolger* ist mit **Bild 5.1** angegeben.

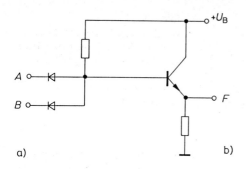

A	B	F
0	0	0
0	1	0
1	0	0
1	1	1

Bild 5.1

a) Diodengatter mit
   Emitterfolger
b) Wahrheitstabelle (UND-
   Verknüpfung)

a)   b)

Emitterfolger haben die Eigenschaft, daß ihr Eigangswiderstand sehr hoch, der Ausgangswiderstand aber niedrig ist. Daher die Bezeichnung „Impedanzwandler".

Nachteilig ist, daß einerseits die Spannungsverstärkung stets kleiner als 1 ist, also keine Regenerierung möglich wird, daß andererseits solch eine Schaltung eine große Schwingneigung aufweist, also leicht unkontrolliertes Verhalten annimmt. Wesentlich ist noch, daß Emitterfolger keine Phasendrehung bewirken, d. h. sie erfüllen keine logische Funktion. Somit ist das Diodengatter mit Emitterfolger ein reines UND-Glied und genügt der Wahrheitstabelle Bild 5.1b.

- *RTL*   Ein Logik-Baustein ohne Dioden entsteht dadurch, daß Transistorstufen als Schalter verwendbar sind, weshalb Dioden entfallen können. Mit **Bild 5.2** ist eine Grundschaltung der **Widerstands-Transistor-Logik** (RTL) gezeigt. Dabei handelt es sich im Grunde um einen gewöhnlichen Transistorverstärker (Inverter) mit mehreren Eingängen. Liegen sämtliche Eingänge auf 0 Volt (niedrig; *L*), sperrt der Transistor bei geeigneter Dimensionierung der Widerstände. Am Ausgang *A* wird dann die Batteriespannung + U_B registriert (hoch; *H*). Wird nur an einen der Eingänge + U_B gelegt, wird der Transistor leitend und der Ausgang geerdet. Damit ergibt sich die Wahrheitstabelle nach **Bild 5.3a**. Bei Zugrundelegung positiver Logik entsteht die Tabelle **Bild 5.3b**, die für eine NOR-Funktion gilt. Mit negativer Logik dagegen nimmt die Schaltung eine NAND-Charakteristik an (**Bild 5.3c**). Es handelt sich also bei der Grundschaltung nach Bild 5.2 um eine NOR/NAND-Stufe. Die mathematische Beschreibung dafür lautet:

in positiver Logik: $\overline{F} = E_1 \vee E_2 \vee E_3 \vee \ldots \vee E_n,$ (5.1)

in negativer Logik: $\overline{F} = E_1 \wedge E_2 \wedge E_3 \wedge \ldots \wedge E_n.$ (5.2)

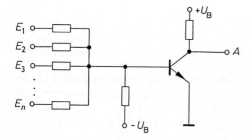

Bild 5.2

Grundschaltung der Widerstands-Transistor-
Logik RTL (NOR/NAND-Stufe)

A	B	F
L	L	H
L	H	L
H	L	L
H	H	L

a)

A	B	F
0	0	1
0	1	0
1	0	0
1	1	0

b)

NOR

A	B	F
1	1	0
1	0	1
0	1	1
0	0	1

c)

NAND

Bild 5.3
Wahrheitstabelle der RTL-Grund-
schaltung für zwei Eingangsvariablen
a) Potentiale — niedrig (L) und
   hoch (H)
b) positive Logik
c) negative Logik

- **RCTL** Dem Vorteil des einfachen Aufbaus von RTL-Schaltungen steht entgegen, daß sie relativ langsam sind. Die Schaltgeschwindigkeit läßt sich jedoch mehr als verdoppeln, wenn die Eingangswiderstände durch Kondensatoren überbrückt werden (engl. *Sped-up Capacitors*). Aber auch solch eine **Widerstands-Kondensator-Transistor-Logik** (RCTL) gehört zu den langsamen Verknüpfungsschaltungen. Neue Verknüpfungsschaltungen und damit wesentlich höhere Geschwindigkeiten wurden mit der Entwicklung von integrierten Schaltungen möglich.

5.2 Monolithisch integrierte Logik-Systeme

Dominierende Bauteile monolithisch integrierter Schaltungen sind Transistoren. Dabei ist zu unterscheiden zwischen *bipolaren Transistoren* und *unipolaren Transistoren*. In diesem Abschnitt werden Verknüpfungsschaltungen mit gewöhnlichen (bipolaren) Transistoren besprochen. Wegen der besonderen Bedeutung der Transistor-Transistor-Logik (TTL) wird diese Art abgetrennt behandelt (5.3). Danach werden Schaltungen mit unipolaren Feldeffekt-Transistoren betrachtet (5.4). Schließlich wird die CMOS-Technik vorgestellt (5.5).

- **DCTL = CCTL = CCL** Zuerst sei die **direkt gekoppelte Transistor-Logik** (DCTL ; *Direct Coupled Transistor Logic*) betrachtet, die auch Kollektor-gekoppelte Transistor-Logik (CCTL) oder kurz CCL (*Collector Coupled Logic*) genannt wird. **Bild 5.4a** zeigt eine Schaltung mit drei Eingängen.

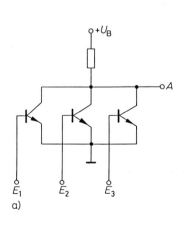

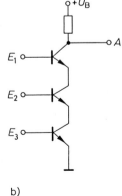

Bild 5.4

Technische Ausführung einer
DCTL-Stufe mit drei Eingängen
a) DCTL-NOR/NAND-Gatter
b) DCTL-NAND/NOR-Gatter

Liegt an allen drei Eingängen 0 V (Low; *L*), sperren alle Transistoren, am Ausgang liegt dann + U_B (High; *H*). Wird aber nur an einen der Eingänge + U_B gelegt (*H*), wird der zugehörige Transistor leitend und der Ausgang auf Null gezogen (*L*). Das entspricht aber gerade dem Verhalten eines NOR-Glieds, wenn positive Logik angewendet wird. Mit negativer Logik ergibt sich wieder die NAND-Charakteristik, so daß es sich bei dieser Schaltung um ein NOR/NAND-Gatter handelt.

In **Bild 5.4b** ist eine DCTL-Stufe gezeigt, die mit positiver Logik ein NAND-Gatter darstellt. Denn wenn nur ein Transistor sperrt (0 V am entsprechenden Eingang), liegt am Ausgang + U_B. Und nur wenn alle drei Transistoren leitend sind, wird am Ausgang 0 V registriert. Mit dem Ausgang einer DCTL-Stufe lassen sich bis zu 5 weitere Stufen ansteuern. Die Anzahl der Eingänge kann erweitert werden, indem man mehrere solcher Stufen ausgangsseitig parallel schaltet. Damit sind gute Möglichkeiten für logische Verzweigungen gegeben.

- *ECTL = ECL*   Eine weitere Möglichkeit zum Aufbau von Logik-Systemen ergibt sich aus der **Emitter-gekoppelten Transistor-Logik** (ECTL), auch kur ECL (*Emitter Coupled Logic*) genannt. Mit der ECL-Technik lassen sich die schnellsten Logik-Verknüpfungen aufbauen. Mit einer Schaltung nach **Bild 5.5a** werden Schaltzeiten (Umschaltverzögerungen) von 1−2 ns erzielt. Die angegebene Schaltung ist eine unter vielen möglichen Varianten. Jedoch ist im Prinzip immer ein *Differenzver-särker* enthalten, dessen eine Hälfte durch die Logik-Transistoren T_1, T_2, T_3 gebildet wird.

Der Transistor T_R bildet die zweite Hälfte; er dient als Referenz. An seiner Basis liegen ca. − 1,2 V. Liegt die Spannung an den drei Eingängen auf − 1,55 V (*Low* bei positiver Logik), sperren die Transistoren T_1, T_2, T_3; Transistor T_R ist dann leitend, weil am gemeinsamen Emitter − 1,9 V liegen (Basis-Emitterspannungsdifferenz etwa 0,7 V). Am Ausgang von T_{A1} stellen sich dann ebenfalls − 1,55 V ein, was ja logisch Null (*Low*) entspricht. Weil aber T_1, T_2 und T_3 gesperrt sind, wird T_{A2} leitend, und damit liegt am Ausgang A_2 ca. − 0,75 V, was logisch Eins (*High*) entspricht. Die beiden Ausgänge sind also komplementär zueinander.

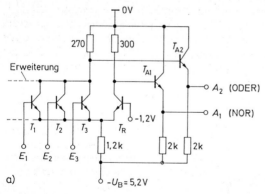

E_1	E_2	E_3	A_1	A_2
L	*L*	*L*	*L*	*H*
L	*L*	*H*	*H*	*L*
L	*H*	*L*	*H*	*L*
L	*H*	*H*	*H*	*L*
H	*L*	*L*	*H*	*L*
H	*L*	*H*	*H*	*L*
H	*H*	*L*	*H*	*L*
H	*H*	*H*	*H*	*L*

Bild 5.5

a) ECL-ODER/NOR-Gatter mit drei Eingängen und zwei komplementären Ausgängen (positive Logik)

b) Wahrheitstabelle

Wird nur einer der Logik-Transistoren durch Anlegen von $-0,75$ V an seiner Basis leitend, sperrt T_R und T_{A1} wird leitend, T_{A2} dagegen sperrt. Damit ergibt sich die Wahrheitstabelle nach **Bild 5.5b.** Man erkennt, daß mit positiver Logik am Ausgang A_1 ODER-Verknüpfungen entstehen, an A_2 die komplementären NOR-Verknüpfungen. Es handelt sich somit um eine ODER/NOR-Stufe.

- *Verdrahtetes ODER*   Zum Umschalten zwischen den logischen Zuständen **0** und **1** (bzw. *L* und *H*) wird in ECL-Gliedern weniger als 1 V benötigt. Dieser niedrige *Spannungshub* ist mit dafür verantwortlich, daß ECL-Glieder so schnell schalten. Als weiterer Vorteil kann gelten, daß die logischen Verknüpfungen über einen Emitterfolger ausgekoppelt werden. In diesem Zusammenhang wird deshalb manchmal die Bezeichnung **Emitterfolger-Transistor-Logik** (ETL) verwendet. Wegen des sehr niederohmigen Emitterfolger-Ausgangs sind mit ECL-Gattern große Ausgangsfächerungen (engl. *Fan-out*) möglich. Außerdem lassen sich leicht weitere Verknüpfungen erzeugen, indem die ODER-Ausgänge (A_1) mehrerer ECL-Glieder miteinander verbunden werden. Diese Schaltungsart wird *verdrahtetes ODER* genannt, engl. *Wired OR*.

Fan-out (deutsch: Ausgangsfächerung, Ausgangslastfaktor oder Ausgangsverzweigung).

Darunter versteht man die Anzahl der Gatter, die an den Ausgang einer Logikschaltung angeschlossen werden können. Statt dessen wird aber auch oft der höchstzulässige Strom direkt angegeben, was dann mit *Ausgangsbelastbarkeit* bezeichnet wird.

Fan-in (deutsch: Eingangsfächerung oder Eingangslastfaktor).

Darunter versteht man die Anzahl der erlaubten Eingänge einer Digitalschaltung.

5.3 TTL-Verknüpfungen

Die *Transistor-Transistor-Logik* (TTL) ist bei der Herstellung monolithisch integrierter Logik-Systeme mit bipolaren Elementen dominierend. Man kann sich vorstellen, daß TTL-Glieder aus DTL-Stufen (Bild 4.20) hervorgehen, wenn man die Logik-Dioden (Gatterdioden) durch Transistoren ersetzt. Die daraufhin entstehende Schaltung (**Bild 5.6**) kommt mit nur zwei Widerständen pro Gatter aus. Es ist leicht einzusehen, daß es sich bei positiver Logik um ein NAND-Gatter handelt.

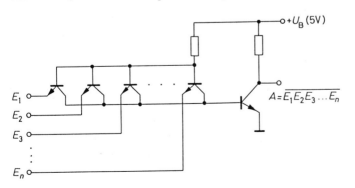

Bild 5.6

Technische Ausführung eines TTL-Gatters (NAND-Gatter bei positiver Logik)

● **Vielfachemitter-Transistor**   Die eigentliche Bedeutung der TTL-Technik tritt aber
erst hervor, wenn die Einzeltransistoren des Bildes 5.6 zu einem sogenannten *Vielfachemitter-Transistor* vereinigt werden (**Bild 5.7**). Ein Gatter besteht dann nur noch
aus einem Vielfachemitter-Transistor, zwei Widerständen und einem Einzeltransistor
als Verstärkerstufe zur Regenerierung und Invertierung. Dies ist deshalb so wichtig,
weil in integrierten Planartechniken *pn*-Übergänge leicht, aber passive Elemente
(Widerstände, Kondensatoren) nur relativ großflächig möglich und schwierig mit
geringen Toleranzen herstellbar sind. Dazu kommt, daß bei integrierten Techniken
nicht so sehr die Zahl der Einzelelemente pro Fläche den erforderlichen Aufwand
bestimmen, sondern die Anzahl der verschiedenen Elemente dafür verantwortlich
ist. Und gerade bei der Vielfachemitter-Struktur handelt es sich um eine ganz einfache planare Anordnung mit sich vielfach wiederholenden Emitterstreifen (**Bild
5.8**).

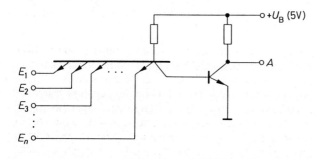

Bild 5.7

Vielfachemitter-Transistor
im TTL-Gatter

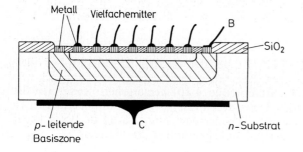

Bild 5.8

Planarstruktur eines Vielfachemitter-Transistors

● **TTL-Pegel**   Während ECL-Gatter den Vorzug eines sehr kleinen Spannungshubs
von weniger als 1 V zur Realisierung der binären Zustände besitzen, sind mit Standard-
TTL-Gattern ca. 3 V nötig. Das erkennt man aus **Bild 5.9**, in dem die Ausgangsspannung U_A eines NAND-Gatters über der zugehörigen Eingangsspannung U_E aufgetragen ist. Bei etwa 0 V am Eingang (*L*) liegen am Ausgang fast 4 V (*H*). Umgekehrt liegt der Ausgang auf nahezu 0 V (*L*), wenn am Eingang wenigstens 2 V liegen.
Allgemein üblich ist, mit U_B = 5 V zu arbeiten. Dieser sogenannte *TTL-Pegel* (die auf
0 V bezogene „High-Spannung" 5 V) gewährleistet, daß die logischen Glieder immer
eindeutig durchgeschaltet werden. Dazu kommt, daß die einheitliche Festlegung auf

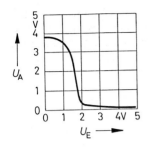

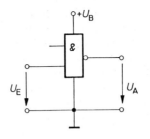

Bild 5.9
Übertragungskennlinie eines
Standard-TTL-Gatters

diese Spannung eine Austauschbarkeit von logischen Bausteinen ermöglicht. In diesem Zusammenhang taucht häufig der Hinweis auf, daß irgendein Bauteil *TTL-kompatibel* sei. Das ist dann ein Hinweis auf 5 V Batteriespannung, den gleichen *Logikpegel* und die mögliche Ein- oder Ausgangsbelastbarkeit (Fan-in bzw. Fan-out, vgl. 5.2).

- *Schottky-TTL* Gatter entsprechend Bild 5.7 mit einer Charakteristik wie in Bild 5.9 werden kurz mit *Standard-TTL* bezeichnet. Will man grob klassifizieren, können für Standard-TTL als typisch ca. 10 ns Gatterschaltzeit und 10 mW Verlustleistung je Gatter genannt werden. Durch Verwendung von Schottky-Dioden (vgl. nachfolgenden Absatz Schottky-Transistor) lassen sich für beide Kennwerte Verbesserungen erzielen. Eine Gegenüberstellung der verschiedenen Familien ist in **Bild 5.10** vorgenommen. Die angegebenen Werte sind als grobe Serienmerkmale zu verstehen. Durch technologische Weiterentwicklungen ist immer mit Verbesserungen zu rechnen. Interessant ist, daß mit STTL (*Schottky, high-speed*) Schaltverzögerungen erzielt werden, die nicht weit von der ECL-Geschwindigkeit entfernt liegen. Die Verlustleistung bei STTL ist jedoch nur etwa halb so groß wie bei ECL-Gattern.

TTL-Familie		Gatter-Verzögerungszeit in ns	Verlustleistung je Gatter in mW	Zeit-Leistungs-Produkt in pJ
STTL	(*Schottky, high-speed*)	2–3	15	30–45
HTTL	(*high-power, high-speed*)	6	20	120
LSTTL	(*low-power Schottky*)	8	2	16
TTL	(*Standard*)	10	10	100
LTTL	(*low-power, low-speed*)	30	1	30

Bild 5.10 Gegenüberstellung von TTL-Logikfamilien (Stand: 1987)

- *Schottky-Transistor* Die Zelle eines Schottky-TTL-Gatters ist der sogenannte *Schottky-Transistor*. Wie aus **Bild 5.11** zu ersehen, wird dieser Transistor realisiert, indem ein normaler bipolarer Transistor mit einer zwischen Basis und Kollektor geschalteten Schottky-Diode versehen wird. Hierbei handelt es sich um einen Kontakt zwischen Metall und Silizium (sperrender Metall-Halbleiter-Übergang). In Bild 5.11b

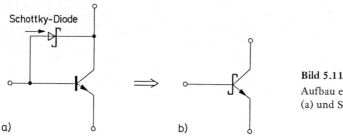

Bild 5.11

Aufbau eines Schottky-Transistors
(a) und Schaltbild (b)

ist das vereinbarte Schaltbild angegeben. Der besondere Vorteil dieses Bauteils ist, daß mit nur etwa 0,3 V Spannungshub hohe Schaltgeschwindigkeiten erzielt werden, weil Schottky-Dioden praktisch keine Speicherzeit (Schaltverzögerung) haben.

- *NAND-Gatter* Das Schaltbild eines Schottky-TTL-NAND-Gatters zeigt **Bild 5.12a**. Zwei solcher Gatter sind in einem DIL-Gehäuse mit den Abmessungen $6,5 \times 20\ m^2$ vereinigt (Bild 5.12b). Höhere Packungsdichten sind leicht möglich, wobei der große Vorteil aller TTL-Glieder hervorgehoben sei, daß nur eine Versorgungsspannung $+ U_B = 5$ V möglich ist (TTL-Versorgungsspannung).

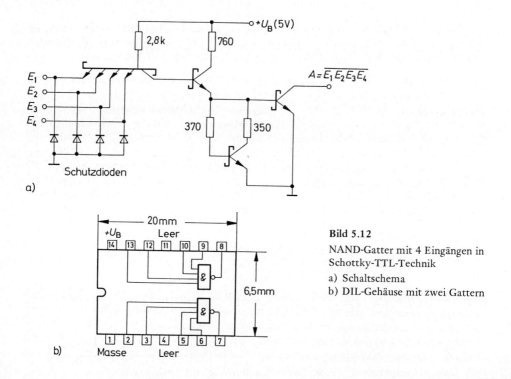

Bild 5.12

NAND-Gatter mit 4 Eingängen in
Schottky-TTL-Technik

a) Schaltschema

b) DIL-Gehäuse mit zwei Gattern

● **Ausgangsschaltungen** Die Ausgangsstufen von Logik-Gattern beeinflussen entscheidend das Funktionieren von komplexen Digitalschaltungen. Die zwei folgenden Versionen gelten als Standard (**Bild 5.13**). Der offene Kollektorausgang (*Open Collector*, kurz: OC) stellt schaltungstechnisch einen Eintakt-Endverstärker dar. Es lassen sich damit sogenannte verdrahtete UND bzw. ODER realisieren, indem mehrere offene Kollektoren über einen gemeinsamen Kollektorwiderstand ver-

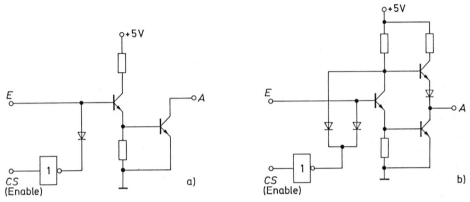

Bild 5.13 Ausgangsschaltungen
a) Open collector (OC); b) Tri-State-Schaltung (TS)

bunden werden (vgl. 5.2). Die OC-Schaltung nach Bild 5.13a ist dann aktiv (*selected*), wenn am „Enable"-Eingang CS (*Chip Select*) Low-Pegel anliegt. Durch Vorschalten eines weiteren Inverters könnte die Auswahl mit High-Pegel erfolgen.

● **Tri-State-Ausgang** Die Schaltung nach Bild 5.13b hat im Ausgang eine Gegentakt-Endstufe. Liegt am „Enable"-Eingang 0 Volt (Low-Signal bei positiver Logik), kann der Ausgang auf L oder H liegen. Wird jedoch der „Enable"-Eingang hoch gelegt, sperren die beiden Ausgangstransistoren − der Ausgang wird hochohmig, er kann weder L noch H einnehmen. Dieser dritte Zustand (*Tri-State* oder *Three-State*) wird beim ausgangsseitigen Zusammenschalten sehr vieler Gatter benutzt. Und zwar werden bei großen Ausgangsfächerungen oder Datenbusschaltungen über die „Enable"-Eingänge jeweils immer nur diejenigen Gatter in einen definierten Binärzustand versetzt, die gerade benötigt werden (die „adressiert" sind). Alle anderen bleiben hochohmig, so daß die Gesamtbelastung niedrig liegt.

5.4 MOS-Verknüpfungen

Bei der Entwicklung monolithisch hochintegrierter Schaltkreise gibt es im wesentlichen fünf kritische Forderungen:

1. Die Integrationsdichte (Zahl der Elemente pro Fläche) soll möglichst hoch sein.
2. Die Zahl verschiedener Elemente soll möglichst niedrig sein.
3. Die Anzahl passiver Elemente (Widerstände, Kondensatoren) soll klein sein.
4. Die Zahl der für die Planartechnik nötigen Diffusionsschritte soll gering sein.
5. Die Leistungsaufnahme der fertigen Schaltung soll niedrig sein.

Dazu kommen natürlich die Forderungen nach hoher Störsicherheit, nach kurzen Schaltzeiten und ökonomischen Herstellungskosten.

● *MOS-FET*   Die großen Fortschritte bei der Entwicklung von *Metall-Oxid-Silizium-Feldeffekt-Transistoren* (MOS-FET) haben dazu geführt, daß nahezu sämtliche der genannten Forderungen mit der MOS-Technik erfüllbar sind. Lediglich in bezug auf kürzeste Schaltzeiten sind bipolare ECL-Gatter den unipolaren MOS-Gattern noch etwas überlegen. Dabei ist aber zu bedenken, daß nicht immer um jeden Preis höchste Geschwindigkeiten vertretbar sind, sondern auch Preis-Leistungs-Kriterien und Störsicherheit der Großserienprodukte im Vordergrund stehen.

● *FET-Schaltsymbole*   Die Schaltsymbole für Feldeffekt-Transistoren sind in **Bild 5.14** gesammelt. Als Merkregel kann angegeben werden, daß der Pfeil jeweils die Richtung angibt, in welcher der Strom bei Durchlaßbelastung fließt.

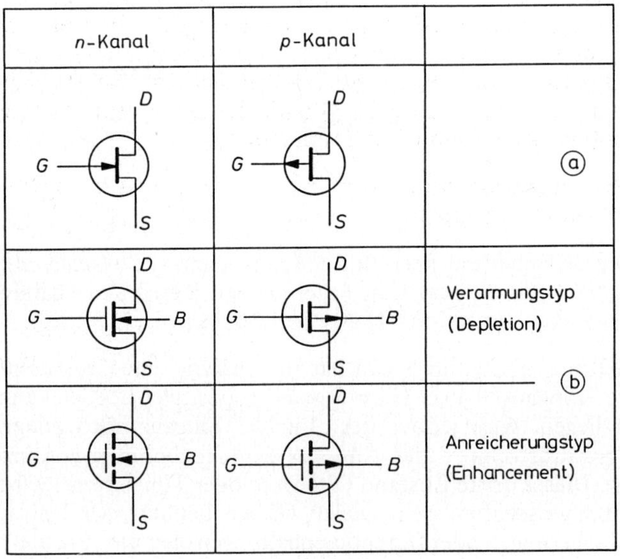

Bild 5.14 Schaltsymbole für Feldeffekt-Transistoren
a) Sperrschicht-FET; b) MOSFET; *B: Bulk* (Substrat)-Elektrode

● *Last-FET*   Ein besonderer Vorzug ist, daß für unipolare Transistoren keine Basisschicht hergestellt werden muß. Denn um einem bipolaren Transistor eine hohe Grenzfrequenz mitzugeben, muß seine Basisschicht möglichst dünn und gleichmäßig sein. Der dazu nötige Aufwand entfällt also. Weiterhin ergibt sich ein enormer Vorteil aus folgendem Grund. Baut man gemäß **Bild 5.15** einen *MOS-Inverter* auf, benötigt man einen etwa 100-Ω-Lastwiderstand. Solch große Widerstände sind planartechnisch nur ungenau und bei großer Ausdehnung herstellbar. Ersetzt man aber den Lastwiderstand durch einen Feldeffekt-Transistor (Last-FET), entsteht die Schaltung

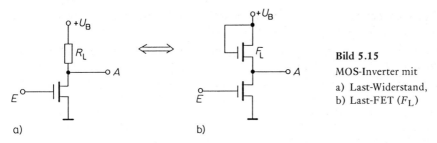

Bild 5.15

MOS-Inverter mit
a) Last-Widerstand,
b) Last-FET (F_L)

Bild 5.15b, mit der eine Platzersparnis bis zum Faktor 1000 möglich wird. Obendrein wird die Zahl der verschiedenartigen Elemente von 2 auf nur den einen FET-Typ reduziert. Damit im Zusammenhang steht, daß der gesamte Herstellungsprozeß unipolarer Transistoren mit nur wenigen Diffusionsschritten auskommt.

- *Leistungslose Ansteuerung* Die weiteren Vorteile sind schaltungstechnischer Art. MOS-FET besitzen nämlich einen sehr hohen Eingangswiderstand (ca. 10^{15} Ω) und gewährleisten die galvanische Trennung von Eingang und Ausgang. Das bedeutet, es wird kein Steuerstrom benötigt (leistungslose Ansteuerung), und es können viele Gatter an jeden Ausgang angeschlossen werden. So ergeben sich enorme Möglichkeiten der Verzweigung und damit der logischen Komplexität sowie eine Gatterdichte, die etwa 15 mal größer ist als mit bipolaren Transistoren.

- *MOS-Gatter* Mit **Bild 5.16** sind die Grundschaltungen für — bei positiver Logik — MOS-NAND- und MOS-NOR-Gatter angegeben.

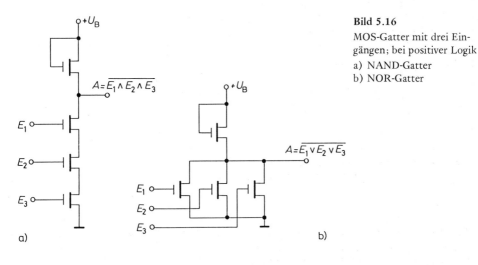

Bild 5.16

MOS-Gatter mit drei Eingängen; bei positiver Logik
a) NAND-Gatter
b) NOR-Gatter

- *MOS-Inverter* Ein paar Grundschaltungen sind bereits mit den Bildern 5.15 und 5.16 angegeben. Ein MOS-Inverter mit *p*-Kanal-Anreicherungstransistoren ist in **Bild 5.17** gezeigt. Der Transistor T_1 ist das logische Glied, T_2 bildet den Lastwiderstand. Diese Schaltung hat den Nachteil, daß eine zweite Versorgungsspannung U_{G2} benötigt wird.

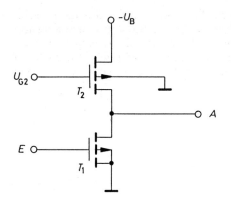

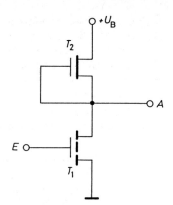

Bild 5.17 MOS-Inverter mit p-Kanal-Anreicherungstransistor als logischem Glied (T_1) und als Last (T_2); U_{G2}: zusätzliche Versorgung

Bild 5.18 MOS-Inverter mit Lasttransistor vom Verarmungs-typ (beide n-Kanal)

Durch eine Kombination von Verarmungs- und Anreicherungstransistor jedoch kann dieser Mangel beseitigt werden (**Bild 5.18**). Weitere Vorteile dieser Schaltungsart sind, daß die Verlustleistung noch geringer wird, der Flächenbedarf weiter reduziert ist und die Schaltzeiten niedriger sind.

- *Dynamisches Schieberegister*   Als Beispiel für eine Zusammenschaltung sei ein Schieberegister nach **Bild 5.19** gegeben. Es handelt sich um eine Zweitakt-Anord-nung, bei der erst am Ausgang A_2 der zweiten Inverterstufe die Verzögerung um ein Bit erzielt ist. Jede Inverterstufe besteht aus einem logischen Glied (T_1, T_2, T_3, ...) und einem Lasttransistor (T_{L1}, T_{L2}, ...). Über je einen zusätzlichen Transistor (T_{K1}, T_{K2}, ...) sind die einzelnen Stufen miteinander verkoppelt. Die Vorteile sol-cher „dynamischen" Schieberegister liegen vor allem darin, daß die Leistungsauf-nahme sehr niedrig und der Flächenbedarf pro Transistor gering ist.

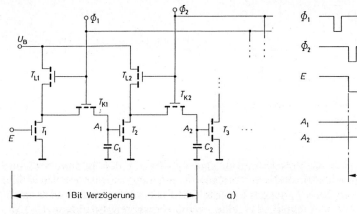

Bild 5.19 MOS-Schieberegister mit zwei Takten (Φ_1 und Φ_2);
a) Schaltung, b) Impulsdiagramm

● **Ladungsverschiebeschaltungen (CTD)**   CTD ist die Abkürzung für „Charge Transfer Device". Solche Ladungsverschiebeschaltungen (auch Ladungstransport-Elemente) zeichnen sich durch eine besonders einfache Struktur aus. Das Prinzip ist immer, daß mit einem vorgegebenen Takt Ladungen von einer Speicherzelle zur nächsten geschoben werden. Wie **Bild 5.20** zeigt, werden von Ladungsverschiebeschaltungen (CTD) abgeleitet:

1. Eimerkettenschaltungen (BBD),
2. Ladungsgekoppelte Schaltungen (CCD).

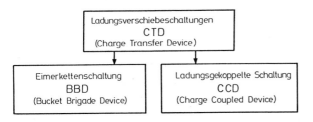

Bild 5.20

Verschiedene Arten von Ladungsverschiebeschaltungen

● **BBD**   **Eimerkettenschaltungen** (BBD) können mit bipolaren oder mit MOS-Transistoren aufgebaut werden. Mit **Bild 5.21** ist ein Ausschnitt aus einer in PMOS realisierten Eimerkettenschaltung angegeben. Das „P" steht in dieser Bezeichnung für p-Kanal. Analog werden n-Kanal-MOSFET mit NMOS bezeichnet.

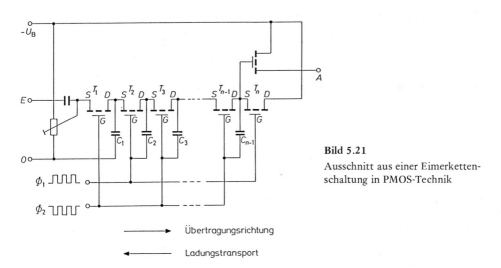

Bild 5.21

Ausschnitt aus einer Eimerkettenschaltung in PMOS-Technik

● **Funktionsweise**   Zwischen Gate und Drain der PMOS-Transistoren sind Kondensatoren geschaltet. Das Signal wird durch eine Ladespannung an einer solchen Kapazität dargestellt. Daraus folgt, daß mit Eimerkettenschaltungen digitale und analoge Signale verarbeitet werden können, nämlich jeweils als Ladung auf den Kondensatoren. Mit zwei Taktleitungen ϕ_1 und ϕ_2 werden die Transistoren der Kettenschaltung abwechselnd leitend und wieder sperrend geschaltet. Sei nun beispielsweise Transistor $T2$ leitend, $T1$ und $T3$ sollen sperren.

Dann wird bei diesem Takt eine Ladung, die auf der Kapazität $C2$ lag, durch den leitenden Transistor $T2$ auf die Kapazität $C1$ transportiert. Das geschieht fortlaufend, so daß Ladungen zwischen Nachbar-Kapazitäten bei jedem Takt um einen Schritt nach links verschoben werden. Gerade entgegengesetzt läuft somit eine positive Signalspannung. Solch eine Kettenschaltung ist also eine Art von Schieberegister. Die anschauliche Bezeichnung ,,Eimerkettenschaltung'' stammt daher, daß sozusagen die Ladungen in einer Kette von Kapazität zu Kapazität ,,geschüttet'' werden.

● *Technologischer Aufbau*   Natürlich kann eine Eimerkettenschaltung mit diskreten Elementen aufgebaut werden. Die Vorteile dieser Schaltungsart werden jedoch erst in der monolithisch integrierten Form deutlich. **Bild 5.22a** zeigt den schematischen Querschnitt, **Bild 5.22b** die Draufsicht. Man erkennt deutlich den außerordentlich einfachen Aufbau. In ein n-leitendes Silizium-Substrat wird lediglich eine Reihe von p^+-leitenden Rechtecken eindiffundiert. Diese p^+-Gebiete dienen als Drain D und Source S. In einem zweiten Schritt wird das diffundierte Substrat oxidiert, also mit SiO_2 bedeckt. Mit einem dritten Schritt schließlich werden großflächige Gate-Kontakte G und die Taktleiterbahnen ϕ_1 und ϕ_2 aufgedampft (Aluminium).

Wird nun noch kontaktiert, ist die ,,Eimerkette'' fertig. Denn die für den Ladungstransport nötigen Speicherkondensatoren C_i (vgl. Bild 5.21) sind zwischen den großflächigen Gate-Kontakten und den eindiffundierten p^+-Gebieten gleichzeitig

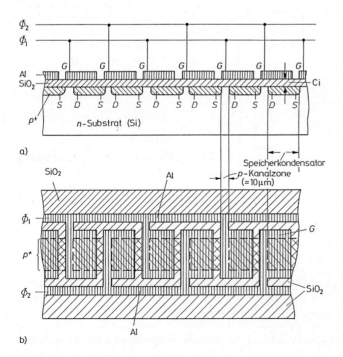

a)

Speicherkondensator
p-Kanalzone
($\approx 10\mu m$)

Bild 5.22

Aufbau einer monolithisch integrierten Eimerkettenschaltung (BBD, Ausschnitt)

a) Schematischer Querschnitt

b) Draufsicht

b)

entstanden. Somit ist eine Diffusionszone gleichzeitig Drain des vorgeschalteten Transistors, eine Seite der Speicherkapazität und Source des nachgeschalteten Transistors. Die andere Seite der Speicherkapazität wird durch die Gate-Elektrode realisiert.

- **CCD** **Ladungsgekoppelte Schaltungen** (CCD) sind noch einfacher aufgebaut als Eimerkettenschaltungen, weil keine Diffusionszonen benötigt werden. **Bild 5.23** zeigt den Aufbau, in dem das halbleitende Substrat lediglich oxidiert und kontaktiert ist. Man kann sagen, daß ladungsgekoppelte Schaltungen aus einer Reihe von *MOS-Kondensatoren* aufgebaut sind, häufig auch MIS-Kondensatoren genannt (Metal-Isolator-Semiconductor). Zum eindeutigen Transport von Ladungen (des Signals also) müssen allerdings drei Taktleitungen vorhanden sein. In **Bild 5.23b** ist das entsprechende Impulsdiagramm angegeben.

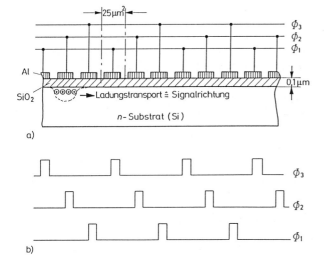

Bild 5.23

Schematischer Aufbau einer ladungsgekoppelten Schaltung (CCD)

a) Querschnitt

b) Impulsdiagramm

- ***Verbesserte MOS-Techniken*** Wesentliche Gesichtspunkte bei der Entwicklung neuer MOS-Techniken waren und sind:

> *Verringerung der Kosten* durch Herabsetzung der Zahl der Prozeßschritte beim Herstellen.
> *Verringerung der Verlustleistung.*
> *Erhöhung der Störsicherheit* und der *Zuverlässigkeit.*
> *Erhöhung des Integrationsgrads.*
> *Verbesserung der Ausgangsfächerung* (hohes *Fan-Out*).
> Gewährleistung der *Kompatibilität* mit anderen Schaltungsarten und peripheren Elementen.
> Konstruktion von Speichern *ohne Halteleistung.*
> *Erhöhung der Arbeitsgeschwindigkeit.*

Außer durch physikalische und elektrische Effekte (z. B. Kapazitäten) werden unendlich kurze Schaltverzögerungen innerhalb logischer Glieder dadurch unmöglich, daß mit zunehmender Arbeitsgeschwindigkeit auch der Leistungsbedarf ansteigt. So wird sich ein Optimum ergeben, bei dem eine möglichst große Arbeitsgeschwindigkeit bei gerade noch vertretbarem Leistungsbedarf erzielt wird. Ein allgemeines Kriterium für große Geschwindigkeiten ergibt sich aus der Tatsache, daß Elektronen im selben Halbleitermaterial eine höhere *Beweglichkeit* besitzen als Löcher (etwa Faktor 3). Erinnern wir uns, daß in Feldeffekt-Transistoren die *Majoritätsträger* für den Leitungsmechanismus verantwortlich sind, folgt sofort, daß ein *n*-Kanal-FET von vornherein schneller ist — also kürzere Schaltzeiten ermöglicht — als ein *p*-Kanal-FET.

Im folgenden wird die CMOS-Technik besprochen, mit der zum Teil erhebliche Verbesserungen der obengenannten Anforderungen erzielt werden.

5.5 CMOS-Technik

Mit der Entwicklung der *komplementär-symmetrischen MOS-Technik (Complementary MOS)* wurde ein wichtiger Schritt getan, vor allem in Hinblick auf niedrigen Leistungsverbrauch, geringe Schwellenspannungen (bis zu 1,1 V herunter), hohe Störsicherheit, einfacher Systemaufbau, hohe Ausgangsfächerung (*Fan-Out*). So sind *CMOS-Schaltungen* besonders da von Vorteil, wo kleine Schaltzeiten bei hoher Packungsdichte und Batterieversorgung gefordert werden.

● *CMOS-Inverter* Die komplementäre Grundschaltung ist der mit **Bild 5.24** angegebene *CMOS-Inverter*. Er besteht aus einem *n*-Kanal und einem *p*-Kanal-FET vom Anreicherungstyp, die wie eine Gegentaktstufe — also komplementär — miteinander verbunden sind. Bei Verwendung positiver Logik mit „logisch 1" gleich + U_B wird beim Anlegen von + U_B an den Eingang der *n*-Kanal-FET leitend, der *p*-Kanal-FET aber gesperrt. Damit liegt aber am Ausgang 0 Volt, also „logisch 0". 0 Volt am Eingang macht den *p*-Kanal-FET leitend und sperrt den *n*-Kanal-FET. Damit liegt der Ausgang auf + U_B Volt, was „logisch 1" entspricht.

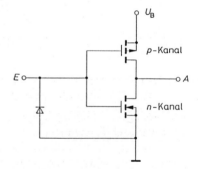

Bild 5.24 Grundschaltung eines CMOS-Inverters

● *Dioden-Schutzschaltung* Eine Besonderheit ist mit der an den Inverter-Eingang geschalteten Diode angedeutet. Wegen des hohen Eingangswiderstands eines FET besteht nämlich die Gefahr einer so hohen statischen Aufladung, die zur Zerstörung der Transistoren führen könnte. Die Schutzdiode verhindert dies. Ein noch wirksamerer Schutz wird mit der in **Bild 5.25** gezeigten Standard-Schutzschaltung möglich.

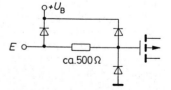

Bild 5.25 Dioden-Netzwerk als Standard-Schutzschaltung für FET-Eingänge

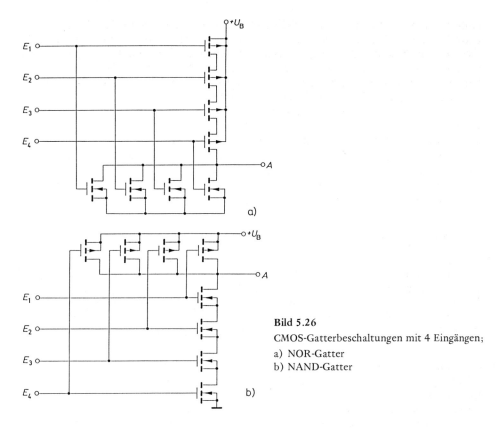

Bild 5.26
CMOS-Gatterbeschaltungen mit 4 Eingängen;
a) NOR-Gatter
b) NAND-Gatter

- **CMOS-Gatter** Die Zusammenschaltung zu CMOS-Gattern ist mit den Beispielen NOR- und NAND-Gatter in **Bild 5.26** gezeigt.

- **Eigenschaften** Die wichtigsten Eigenschaften von CMOS-Schaltungen seien zusammenfassend genannt:

Einpolige Versorgungsspannung:
einfacher Aufbau von Netzteilen, weil Versorgungsspannungen zwischen 3 V und 15 V möglich sind;
niedriger Leistungsbedarf von wenigen nW für ein Gatter;
hohe Störsicherheit;
hohe Schaltgeschwindigkeiten bis zu 10 MHz;
große Ausgangsfächerung bis zu 50;
großer Betriebstemperaturbereich von − 55 ... + 125 °C;
sehr gute Temperaturstabilität;
sehr große Eingangsimpedanz von ca. 10^{12} Ω;
niedrige Ausgangsimpedanz zwischen 400 und 1000 Ω;
TTL- und DTL-kompatibel;
Ein- und Ausgänge mit Dioden-Netzwerken gegen Aufladungen und Überspannungen gesichert;
geringer Platzbedarf.

Teil 2
Hardware

Die Besprechung der Hardware lehnt sich in etwa an das mit Bild 1.3 und Bild 1.4 vorgegebene grobe Schema an. Schrittweise werden die Funktionseinheiten zu den Funktionselementen verfeinert; Beispiele sind zahlreich angegeben. Vorab sind in Kapitel 6 drei Grundtypen *Analog-*, *Digital-* und *Hybridrechner* definiert. Der prinzipielle Aufbau einer EDV-Anlage wird hier zusammenfassend und ergänzend zu den in 1.4 und 1.5 entwickelten Grundlagen betrachtet. Die Hardware der Digital-Rechenanlage erarbeiten wir gewissermaßen von innen nach außen, indem zuerst die Zentraleinheit mit dem steuernden Teil (Kapitel 7) und der ALU (Kapitel 8) untersucht wird. Alle verschiedenen Speicher sind im Kapitel 9 zusammengefaßt, die zur Daten- bzw. Kommandoein- und -ausgabe nötigen Komponenten in Kapitel 10. Der vollständige Zusammenhang ist abschließend in Kapitel 11 diskutiert, wobei besonders auf Schnittstellen und Bussysteme eingegangen wird.

6 Übersicht

6.1 Rechnertypen

Man unterscheidet in der *Rechentechnik* drei Grundtypen von Rechenmaschinen: *Modelle, Analogrechner* und *Digitalrechner*. Modelle und Analogrechner werden häufig zusammengefaßt als *Analog-Rechenanlagen* bezeichnet. Sie werden heute nur selten eingesetzt.

6.1.1 Analog-Rechenanlagen

Analoge Anlagen sind eigentlich keine Rechenmaschinen. Sie ermitteln Ergebnisse nicht durch Rechnen im Dualsystem, sondern durch ständigen Vergleich zweier Hilfsgrößen: *Sollwert-Istwert-Vergleich*. Das Ergebnis steht dann fest, wenn — innerhalb vorgegebener Toleranzen — Sollwert und Istwert übereinstimmen, wenn also Analogie zwischen beiden Größen erreicht ist.

- **Sollwert-Istwert-Vergleich**   Die zu vergleichenden Größen sind in der Regel physikalische Größen wie Stromstärke (Ampere), Spannung (Volt) oder Masse (Kilogramm), Weg (Meter) usw.

> Die analoge Rechenanlage stellt ein physikalisches System dar, dessen Verhalten durch mathematische Gleichungen beschrieben werden kann. In ihrem Verhältnis zu diesem Gleichungssystem unterscheiden sich Modelle und Analogrechner.

- **Modelle**   *Modelle* sind in der Lage, ein Problem zu lösen, ohne das Gleichungssystem der ,,Wirklichkeit'', also des zu untersuchenden technischen oder physikalischen Problems, zu kennen. Man wird experimentell versuchen, ein möglichst getreues Abbild der Wirklichkeit — eben ein Modell — herzustellen, indem beispielsweise das Hochspannungsversorgungsnetz eines Landes im Labor maßstäblich verkleinert untersucht wird. Es muß aber nicht notwendigerweise ein Strom in der Wirklichkeit einem Strom im Modell entsprechen etc. Bei der Behandlung mechanischer Probleme kann auch einer Masse in der Wirklichkeit eine Induktivität im Modell entsprechen usw. Ist ein Modell als analoge Anlage erstellt, wird durch einen *Versuch* (Experiment) die Lösung gewonnen.

- **Analogrechner**   *Analogrechner* verlangen die Kenntnis des Gleichungssystems der Wirklichkeit, also des zu lösenden Problems. Sie sind entweder rein mechanische Anlagen, elektromechanisch oder elektrisch aufgebaut. Das Prinzip des Analogrechners ist, daß jede Variable des Problems (der Wirklichkeit also) durch eine physikalische Größe dargestellt wird. Beim rein elektrischen Analogrechner schaltet man *Rechenelemente* wie Summierer, Multiplizierer, Integrierer, Funktionsgeneratoren etc. so zu einem elektrischen Netzwerk zusammen, daß das mathematische Gleichungssystem der Wirklichkeit durch den Analogrechner nachgebildet wird. Durch Beobachtung und Messung am analogen System wird dann die Lösung herbeigeführt.
Die Ausgabe der Ergebnisse erfolgt bei analogen Rechenanlagen meist über physikalische Meßgeräte wie Oszilloskop, Voltmeter, Koordinatenschreiber usw.

- **Einsatzgebiete**   Einsatzgebiete analoger Rechenanlagen sind z. B. bei der Simulierung komplexer Vorgänge gegeben, als Flugsimulatoren bei der Pilotenausbildung oder bei der Lösung von Regelungsaufgaben. Ein wichtiges Gebiet ist die Prozeßsteuerung in Forschung und Massenproduktion. In der Vergangenheit waren solche **Prozeßrechner** in der Regel analoge Anlagen. Moderne Prozeßrechner arbeiten allerdings digital.

6.1.2 Digital-Rechenanlagen

,,Digital'' wird vom lateinischen Wort *digitus* (Finger) hergeleitet, oder vom englischen Wort *digit* (Stelle). Es beinhaltet jedenfalls die Bedeutung *diskreter Werte*, also Werte, die getrennt — wenn auch beliebig eng — vorliegen. Digitalrechner rechnen im Binärsystem mit den Binärstellen (*binary digits*, Bits; vgl. hierzu die Anmerkung am Ende von 2.1) *0* und *1*, also so, wie es in 2.3.2 gezeigt wurde. Wenn heute von Rechenanlagen, Computern, Tischrechnern usw. gesprochen wird, sind eigentlich immer Digitalrechner gemeint. So handelt es sich auch bei den in diesem Text besprochenen EDV-Anlagen immer um Digitalrechner.

6.1.3 Hybrid-Rechenanlagen

Bei verschiedenen Rechenanlagen ist ein kombinierter Analog-Digitalbetrieb möglich. Es kann dann innerhalb eines Rechenprozesses beliebig *analog* (also durch Vergleich von Soll- und Istwert) und *digital* (also durch echte Berechnung) verarbeitet werden, so daß ein optimaler Betrieb ermöglicht wird durch *hybride Verarbeitung*.

● *Regeleinrichtung*   In einer *Regeleinrichtung* ist mit dem *Regler* der einfachste Fall eines Analogrechners realisiert. Der Regler führt den Sollwert-Istwert-Vergleich durch und nimmt bei einer festgestellten Abweichung entsprechende Korrekturen vor, und zwar so lange, bis die Regelabweichung null ist, bis also Analogie zwischen Soll- und Istwert erreicht ist. Ist beispielsweise die *Regelstrecke* ein Glühofen, in dem eine bestimmte Temperatur konstant gehalten werden soll, muß durch ständige Messung der *Regelgröße* Temperatur (Istwert) und Vergleich mit der vorgegebenen *Führungsgröße* (Sollwert) die Brennstoffzufuhr geeignet reduziert oder erhöht werden (Veränderung der *Stellgröße*). Wird aber eine extrem hohe Genauigkeit gefordert oder ist die Temperatur im Glühofen eine Funktion der Zeit (Zeitplanregelung), genügt die einfache Analogverarbeitung nicht mehr. Dann wird eine hybride Verarbeitung sinnvoll, und es wird z. B. der Sollwert-Istwert-Vergleich weiterhin analog (durch Messen und Vergleichen) vorgenommen. Die so analog festgestellten Abweichungen sind nun Eingabedaten für einen Digitalrechner, der mit höchster Präzision die nötige Stellgrößenänderung errechnet. Daß solch eine hybride Verarbeitung aufwendig und teuer wird, ist leicht einzusehen.

6.2 Einteilung von Digitalrechnern

Wir haben in vorhergehenden Kapiteln bereits einige Einteilungen vorgenommen:
- in 1.2 nach den Hauptbereichen Kommerzielle DV, Technisch-wissenschaftliche DV und PDV;
- in 1.4 mit EDV-Anlage, Mini- und Mikrocomputer;
- in 1.5 nach den Rechnerklassen Großcomputer, Mittlere Anlagen, Prozeßrechner, Minicomputer, Mikrocomputer (auch: Arbeitsplatzcomputer) und Taschen- bzw. Handcomputer;
- in 6.1 nach den Rechnertypen Analog-, Digital- und Hybrid-Rechenanlage.

In diesem Abschnitt werden Digitalrechner ähnlich wie in 1.5 nach der „Größe" unterteilt. Das mag vordergründig erscheinen, diese Einteilung deckt sich aber weitgehend damit, wie die Computer aufgebaut sind, welche Rechenleistung und Ausbaumöglichkeiten zur Verfügung stehen.

6.2.1 Groß-, Mini-, Mikrocomputer

Eine sehr grobe Einteilung ist nach räumlicher Größe, Leistungsfähigkeit und Preis möglich:

Klasse	Abmessungen	Rechenleistung	Preislage (DM)
Großcomputer	raumfüllend	maximal	Millionen
Minicomputer	Schrankgröße	mittel bis hoch	0,1 … 0,5 Mio
Mikrocomputer	Tischgerät	schwach bis mittel	1000 … 50 000

- **Mikroprozessor** Das muß selbstverständlich differenziert werden, was in den nachfolgenden Abschnitten geschieht. Sozusagen als Faustformel kann diese Aufstellung jedoch stehen bleiben. Bei aller technischen Weiterentwicklung ist aber ein Kriterium verblieben, durch das sich Mikrocomputer von allen „größeren" Rechnern unterscheiden: die *Zentraleinheit* (CPU) eines Mikrocomputers ist in einem *Chip* integriert, der als *Mikroprozessor* bezeichnet und in Großserien für die beliebig freie Verwendung hergestellt wird. Der „Prozessor" aller größeren Maschinen − vom Minicomputer über Mainframes bis zum Rechenzentrum − ist eine Spezialentwicklung für den jeweiligen Rechnertyp; er besteht − je nach Leistungsklasse − aus einzelnen Platinen bis hin zur Schrank- oder Turmfüllung.

- **Rechenleistung** Die Mikroprozessoren werden ständig verbessert und stoßen in die Leistungsklasse der Minicomputer vor. **Bild 6.1** gibt einen Überblick, der vom „Standardmikro" bis zu den Supercomputern der sogenannten fünften Generation reicht

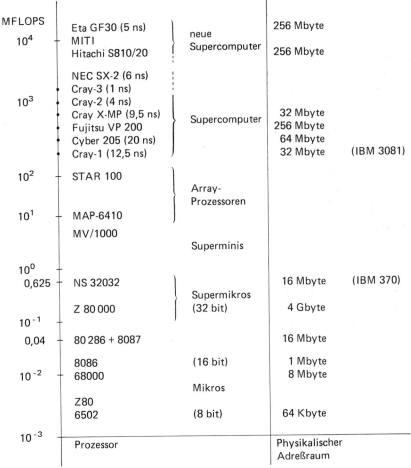

Bild 6.1 Prozessor- bzw. Rechnerklassen (MFLOPS: Million Floating-point Operations Per Second)

und der zeigt, daß die „Supermikros" die Leistung der Minicomputer und Mainframes erreicht haben. Für die Leistungsbewertung sind zwei Kriterien herangezogen
worden:

– der *physikalische Adreßraum*, also der tatsächlich vom Prozessor erreichbare
  Speicher und
– die *Rechenleistung* in MFLOPS, das sind „Millionen Fließkommaoperationen pro
  Sekunde" (*Million Floating-point Operations Per Second*).

In manchen anderen Leistungsbewertungen wird die weniger scharfe Kenngröße
MIPS verwendet: „Millionen Instruktionen pro Sekunde".

6.2.2 Rechenzentren, Mainframes

Großrechner sind in der Regel „geschlossene" Systeme, d. h. es können nicht so
ohne weiteres Peripheriegeräte oder Komponenten ergänzt werden. Das drückt sich
in der oft verwendeten Bezeichnung *Mainframe* (Hauptrahmen) aus: geschlossene
„Rahmen" (Geräte, Schränke), an denen nur Spezialisten des Herstellers Eingriffe
vornehmen können.

● *Großer Speicherbedarf* Die Anforderungen an solche Großrechner können durchaus verschieden
sein. Das Rechenzentrum einer
Bank oder eines Zentralregisters
muß sehr viel Speicher verwalten
können, aber nicht unbedingt
mit höchst möglicher Geschwindigkeit arbeiten (vgl. hierzu 1.2).
Für solch eine Aufgabe ist darum
eventuell sogar einer der „Supermikros" geeignet (Bild 6.1). Der
oft nötige Anschluß vieler Ar-
beitsplätze (Terminals usw.) erfordert aber dann doch einen
Computer vom Typ Mainframe.

● *Hohe Rechengeschwindigkeit*
Eine andere Großrechnerklasse
wird auf höchste Rechengeschwindigkeit gezüchtet. Die ab
1985 ausgelieferten Rechner der
sogenannten fünften Generation
kommen auf Prozessor- bzw.
Speicher-Zykluszeiten um 1 ns
(10^{-9} Sekunden). Die Rechenleistung geht über 1 Milliarde Fließkommaoperationen pro Sekunde
($> 10^3$ MFLOPS). **Bild 6.2** zeigt
die Entwicklung der „Supercomputer".

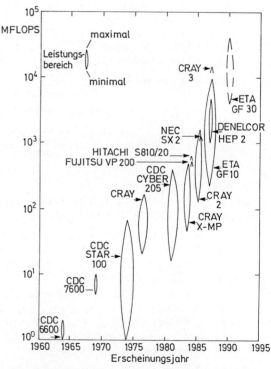

Bild 6.2 Rechenleistung der „Supercomputer"
(Quelle: FGCS, Juli 1984, North-Holland, Amsterdam)

6.2.3 Prozeßrechner

Prozeßrechner sind je nach Anforderung kleine, relativ langsame und darum preiswerte Anlagen, oder sie füllen Schränke und sind sehr schnell (dann auch teuer). In allen Fällen zeichnen sie sich besonders dadurch aus, daß sie anders als Mainframes „offen" sind und das Nachrüsten von Komponenten sowie den Anschluß vieler verschiedener Peripherieeinheiten erlauben. Und zwar geht es dabei vor allem um die in **Bild 6.3** abgegrenzte *Prozeßperipherie*. Dafür muß der Prozeßrechner geeignete *Schnittstellen* besitzen (vgl. hierzu Kap. 11). Außerdem müssen geeignete Hilfsmittel zur Programmierung dieser Schnittstellen verfügbar sein (s. Teil 3).

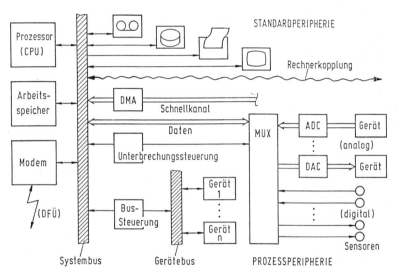

Bild 6.3 Schematische Darstellung eines Prozeßrechners (PDV-System). DFÜ: Datenfernübertragung, DMA: Direct Memory Access, MUX: Multiplexer, ADC: Analog Digital Converter, DAC: Digital Analog Converter

- *PDV* Weitere wesentliche Voraussetzungen für Prozeßdatenverarbeitung (PVD) sind ebenfalls in Bild 6.3 eingetragen:
  - Der Prozeßrechner muß ausreichend schnell („in Echtzeit") auf Ereignisse aus dem „Prozeß" reagieren können. Dazu ist eine Unterbrechungssteuerung notwenig (*Interrupt, Handshake*). Echtzeitverhalten bedeutet, daß definierte Reaktionszeiten garantiert werden.
  - Unter bestimmten Umständen sind Meßdaten mit möglichst hoher Geschwindigkeit in den Rechner zu übertragen. Dazu kann ein Schnellkanal dienen, der im direkten Speicherzugriff arbeitet (*Direct Memory Access*, DMA).
  - Zum Anschluß sehr vieler Meßstellen und Geräte sind Multiplexer (MUX) oder spezielle Gerätebusse vorzusehen.

Zur weiteren Vertiefung der Prozeßrechner-Problematik muß hier auf die Spezialliteratur verwiesen werden [5, 6, 18, 19].

6.2.4 Personalcomputer

Mikrocomputer (μC) oder Mikrorechner nennt man alle Einheiten, die einen Mikroprozessor (μP) als steuernden Teil (als Zentraleinheit oder CPU) enthalten. Im wesentlichen findet man folgende Einteilung und Bezeichnungen:

– **Einchip-μC**. Dabei sind CPU, Speicher und Ein-/Ausgabemöglichkeiten in einem Gehäuse (*Chip*) integriert (z. B. für Meßgeräte oder Steuerungen).
– **Einplatinencomputer** (*Single Board Computer*, SBC). Dabei ist ein vollständiger Computer auf einer Platte angeordnet, oft einschließlich Tastatur und Anzeigeeinheit (z. B. für Lernzwecke).
– **Modulares Steckkartensystem** (*Board Level Computer*, BLC). Damit kann dem jeweiligen Bedarf entsprechend ein angepaßter Computer „zusammengesteckt" werden (für industrielle Steuerungen oder PDV).
– **Tischcomputer** (*Desktop Computer*). Für diesen Typ des vollständigen Computers im Tischgehäuse hat sich die Bezeichnung Personalcomputer (PC) durchgesetzt.

In technischen Bereichen findet man auch den Namen Arbeitsplatzcomputer (APC) oder *Workstation*.

● *Typischer PC* **Bild 6.4** zeigt das typische Schema. Angegeben sind darin die 1986 wichtigsten Mikroprozessoren und Betriebssysteme (vgl. hierzu Kap. 14). Es muß erwähnt werden, daß Personalcomputer mit allen üblichen Leistungsmerkmalen auch als tragbare und netzunabhängige Einheiten verfügbar sind. Verwendet werden für diese *Portables* batterieschonende CMOS-Bausteine (vgl. 5.5) und oft LCD-Bildschirme.

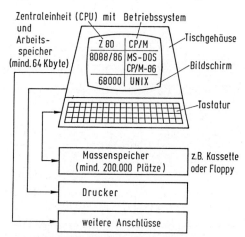

Bild 6.4 Schema eines typischen Personalcomputers (Stand: 1986)

6.2.5 Video-, Taschen-, Handcomputer

Unterhalb der Klasse der tragbaren Personalcomputer (*Portables*) findet man von den Abmessungen und vom Preis her wirklich „kleine" Computer. Es wird dabei unterschieden nach

– **Videocomputer** (VC), oft auch Heim- oder *Homecomputer* genannt. Typisch dafür ist die preiswerte Konsole mit Tastatur und die Notwendigkeit, einen Fernseher oder Monitor (teurer) anschließen zu müssen. Als Massenspeicher dienen häufig Musikkassetten oder – bei höheren Ansprüchen – Digitalkassetten bzw. Disketten (hierzu später mehr).
– **Taschencomputer** (TC). Andere Bezeichnungen für diese typischerweise DIN-A4-kleinen Computer sind Aktentaschen- oder *Briefcase-Computer*. Sie liegen in der Leistung deutlich über den Videocomputern und reichen manchmal an die Personalcomputer heran.

— **Handcomputer** (HC bzw. HHC von *Hand-Held Computer*). Das sind die Taschenrechner ablösenden Geräte, die in BASIC programmiert werden. Sie liegen in der
Leistungsfähigkeit an der untersten Grenze.

Details und Hintergrundinformation hierzu können aus [22] gewonnen werden.

6.3 Prinzipieller Aufbau einer EDV-Anlage

Der prinzipielle Aufbau ist bereits in Bild 1.3 gezeigt. **Bild 6.5** gibt eine noch weiter
schematisierte Darstellung eines Digitalrechners an.

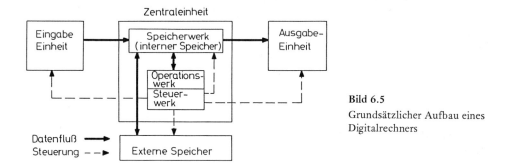

Bild 6.5

Grundsätzlicher Aufbau eines
Digitalrechners

- *Zentraleinheit* Den Mittelpunkt jeder EDV-Anlage bildet die *Zentraleinheit*. Sie
  enthält *Steuerwerk, Operationswerk* (auch Rechenwerk) und *Speicherwerk* (Arbeitsspeicher). Die zu verarbeitenden Daten werden auf entsprechende Steuerbefehle hin
  von der Eingabeeinheit in die Zentraleinheit gegeben. Dort werden sie nach festgelegten Anweisungen (Programm) verarbeitet (verrechnet). Die ermittelten Ergebnisse
  werden dann an die Ausgabeeinheit weitergeleitet.

  Das Steuerwerk der Zentraleinheit kontrolliert den Ablauf des gesamten Programms
  einschließlich der Dateneingabe und -ausgabe. Das Operationswerk führt sämtliche
  Rechen- und Vergleichsoperationen durch. Das Speicherwerk ist das Gedächtnis der
  Anlage. Es nimmt alle Daten auf, die in der Zentraleinheit verarbeitet werden sollen.
  Dazu gehören auch die Programmbefehle.

- *Hilfsspeicher* In 1.4 hatten wir gesehen, daß das menschliche Gehirn bei manueller
  Datenverarbeitung nicht mit unnützem Ballast beladen werden sollte, um in diesem wertvollen Speicher noch Platz für schöpferisches Denken zu lassen. Damit
  dies möglich wurde, sind beispielsweise Karteien und Ablagen eingerichtet worden,
  in denen feststehende und häufig wiederkehrende Informationen gespeichert wurden, um bei Bedarf abgerufen zu werden. Getreu diesen Überlegungen sind einer
  EDV-Anlage *externe Speicher* (Hilfsspeicher) zugeordnet.

- *Peripherie* Die Gesamtheit aller Geräte außerhalb der Zentraleinheit wird *Peripherie*
  genannt.

> *Peripherie:* Sämtliche Geräte, die sich außerhalb der Zentraleinheit befinden,
> ihr aber funktionell unterstehen.

- **Datenkanäle** Die peripheren Geräte sind über *Datenkanäle* mit der *Zentraleinheit* verbunden. Gesteuert wird die Peripherie von der Zentraleinheit.
Nach der Art der vorhandenen Datenkanäle werden EDV-Anlagen unterteilt in

> Einkanal-Anlagen und Mehrkanal-Anlagen.

- **Einkanal-Anlagen** Bei Einkanal-Anlagen verfügt der Rechner über nur *einen Datenkanal*, an den alle peripheren Geräte angeschlossen sind. Dabei ist *Selektorbetrieb* oder *Multiplexbetrieb* möglich.
Selektorkanäle ermöglichen jeweils nur die Datenübertragung in einer Richtung. Es kann nur jeweils ein Gerät Informationen mit der Zentraleinheit austauschen. Die einzelnen peripheren Geräte können den Selektor-Datenkanal nur in zeitlicher Reihenfolge benutzen. Ein Datentransport muß beendet sein, ehe ein zweites Gerät mit der Datenübertragung beginnen kann.
Multiplexkanäle ermöglichen Simultanarbeit mehrerer Geräte, so daß gleichzeitig verschiedene Informationen übertragen werden können. Üblich ist das *Zeitmultiplex-Verfahren*. Das zeitmultiplexe Übertragungsverfahren ermöglicht das gleichzeitige Übertragen mehrerer Signale über einen Kanal, indem die Signale zeitlich ineinander verschachtelt werden. Das geschieht sendeseitig, indem ein rotierender Schalter die Eingänge E_i abtastet (**Bild 6.6**). Im Empfänger tastet eine synchron laufende Verteilereinrichtung die zeitlich verschachtelten Signale ab und verteilt sie auf die einzelnen Ausgänge A_i.
Die Simultanarbeit und damit die Kapazität, d. h. die mögliche Anzahl anzuschließender Geräte, wird begrenzt durch den maximalen Datenfluß im Datenkanal und die Anzahl der Ein-Ausgaberegister in der Zentraleinheit (vgl. Kapitel 7).

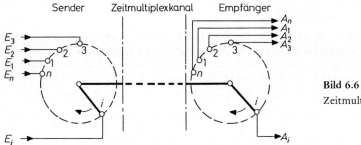

Bild 6.6
Zeitmultiplex-Übertragung

- **Mehrkanal-Anlagen** Sie besitzen in der Regel für jedes periphere Gerät einen eigenen Datenkanal. Damit können dann mehrere oder auch alle Geräte gleichzeitig (parallel) Daten übertragen oder empfangen.

- **Schnittstellen** Die Funktionseinheiten einer EDV-Anlage (Bild 6.5) sind über digitale Schnittstellen (*interfaces*) miteinander verbunden, die je nach logischer Stellung im Rechnersystem und nach den Anforderungen sehr unterschiedlich ausgeführt sind. Bild 6.3 gibt dazu schon einige Hinweise. In Kap. 11 wird dieses wichtige Thema ausführlich behandelt.

7 Steuereinheit

In den Bildern 1.3 und 6.5 ist entsprechend einer „Innenwelt/Außenwelt"-Betrachtungsweise der Hauptspeicher oder Arbeitsspeicher Bestandteil der Zentraleinheit. In diesem Hardware-Teil orientieren wir uns aber an dem mit **Bild 7.1** aufgestellten Schema, nach dem die *Steuereinheit* (das Steuerwerk bzw. die *Control Unit*, CU) und die Arithmetisch-logische Einheit (ALU oder auch Operationswerk) zur *Central Processing Unit* (CPU) zusammengefaßt sind. Alle Speichereinheiten zusammen (Haupt- und Hilfsspeicher bzw. Massenspeicher) bilden den Block *Speicherwerk*.

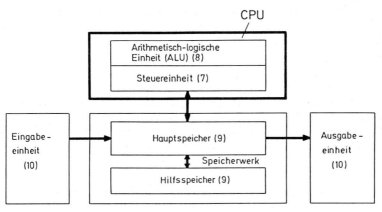

Bild 7.1 Funktionseinheiten mit abgetrennter CPU. In Klammern Verweise auf die zugeordneten Kapitel

7.1 Aufgaben der Steuereinheit

Obwohl *Steuerwerke* (Steuereinheiten) sehr unterschiedlich aufgebaut sein können, lassen sich ihre Aufgaben im wesentlichen auf drei Hauptteile zurückführen:

---
1. Befehlsdecodierung

Darunter versteht man das *Interpretieren* (Erkennen) und *Ausführen* eines Programmbefehls.

Technisch bedeutet das die Umwandlung eines Befehls in elektrische Impulse, mit denen allein die DV-Maschine etwas anfangen kann. Erst durch die Befehlsdecodierung wird die Ausführung gewünschter Operationen möglich. Soll z. B. eine Addition durchgeführt werden, muß das Steuerwerk das Operationswerk veranlassen (mit einem entsprechenden Steuerimpuls anstoßen), die Summanden (Operanden) aus dem Arbeitsspeicher zu übernehmen, die Addition durchzuführen und nach der Berechnung das Ergebnis in den Arbeitsspeicher zurückzuschicken.

---
2. Logische Entscheidung

Steuern der Reihenfolge der auszuführenden Programmbefehle durch Berücksichtigung von *Sprungbefehlen*.

Die Reihenfolge auszuführender Befehle wird einmal durch das Programm selbst bestimmt. Eine ganz wesentliche Bedeutung für die Bearbeitung der meisten Probleme hat das Erkennen und Durchführen von logischen Entscheidungen. Das kann dazu führen, daß der durch das Programm vorgegebene Befehlsablauf unterbrochen und an anderer Stelle des Programms weitergeführt werden muß. Das Erkennen einer logischen Entscheidung und das Veranlassen des entsprechenden Sprungs im Programmablauf (Durchführung eines Sprungbefehls, siehe 7.3) ist Aufgabe des Steuerwerks.

> ### 3. Koordinierung
> Einleiten aller vom Programm geforderten Funktionen und Koordination (aufeinander Abstimmen) sämtlicher internen und externen Geräte und Funktionseinheiten.

Das Steuerwerk muß also das geschlossene und sinnvolle Zusammenwirken des EDV-Systems herbeiführen und überwachen. Von ihm wird die gesamte *Peripherie* gesteuert und sichergestellt, daß kein Anlagenteil eine Aufgabe erhält, solange er noch mit einer anderen Aufgabe belegt ist. Dazu gehört die Steuerung der Datenein- und -ausgabe, das Einlesen und Abrufen von Daten aus allen Speichern des Speicherwerks und der Datenaustausch zwischen Arbeitsspeicher und Operationswerk.

● *Funktionseinheiten*   Zur Ausführung der genannten Hauptaufgaben *Befehlsdecodierung, logische Entscheidung* und *Koordinierung* muß das Steuerwerk eine ganze Reihe von speziellen Einrichtungen (Funktionseinheiten) besitzen. Dazu gehören auch die in 9.2.3 besprochenen *Festwertspeicher* (ROM), in denen *Mikroprogramme* abgespeichert sind.

Das Steuerwerk hat als Leitzentrale der gesamten EDV-Anlage also nicht nur den Ablauf zu steuern und zu überwachen, sondern es unterstützt die Verarbeitung ganz wesentlich mit den Mikroprogrammen, die unveränderlich in seinen Festwertspeichern bereitstehen. Die Funktioneinheiten des Steuerwerks sind ebenso wie die Schaltkreise des Operationswerks hochintegrierte Schaltkreise (LSI: *Large Scale Integration*). Im folgenden Abschnitt 7.2 werden die wichtigsten Funktionseinheiten des Steuerwerks besprochen, in 7.3 dann der allgemeine Befehlsablauf am Beispiel einer Einadreßmaschine.

7.2 Funktionseinheiten

In **Bild 7.2** ist schematisch der Aufbau eines *Steuerwerks* (STW) angegeben. Wesentliche Bestandteile sind:

> 1. *Programmzähler*, auch *Programmschrittzähler*, hier *Befehlszähler* (BZ) genannt.
> 2. *Instruktionsregister*, hier *Befehlsregister* (BR) genannt, bestehend aus *Operationsteil* (OP) und *Adreßteil* (A).
> 3. *Festwertspeicher* (ROM) für Mikroprogramme.
> 4. *Vergleicher* (VGL) für logische Entscheidungen.

Dieser Abschnitt behandelt die Arbeitsweise der einzelnen Komponenten. Das Zusammenwirken der Komponenten wird im nächsten Abschnitt (7.3) untersucht.

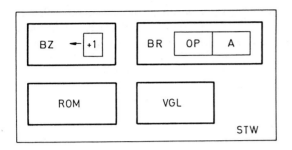

Bild 7.2

Schematischer Aufbau eines
Steuerwerks (STW)

7.2.1 Zähler

Zähler sind ganz ähnlich aufgebaut wie *Register* (vgl. 9.1.3). Beiden Funktionseinheiten ist gemeinsam, daß sie *Schaltzustände* speichern können. Zähler speichern den momentanen Zählerstand bis zum Eintreffen eines weiteren Zählimpulses, der eine Änderung des letzten Speicherzustands um *eine* Einheit bewirkt.

> Das Typische an Zählern ist also, daß der Zählerstand (der Speicherzustand des Zählers) um eine Einheit erhöht oder erniedrigt werden kann.

Grundbaustein in den meisten Zählschaltungen ist das *Zählflipflop*.

- *Speicherflipflop* In 9.2.2 ist mit Bild 9.11 ein einfaches Beispiel für ein *Speicherflipflop* angegeben. Es handelt sich dabei um ein SR-Flipflop, bei dem die beiden Eingänge mit S (Setzen) und R (Rücksetzen) bezeichnet wurden. **Bild 7.3** zeigt das vereinbarte Symbol und die zugehörige **Wahrheitstabelle** (*Funktionstabelle*) für dieses Flipflop.

Das *Speicherflipflop* wird also gesetzt durch einen entsprechenden Impuls am Eingang S und gelöscht mit dem Eingang R. Die abgespeicherte Information (Bit *1* oder *0*) wird am Ausgang Q_1 abgenommen.

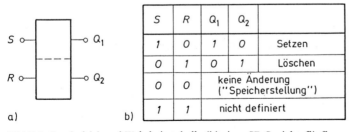

S	R	Q_1	Q_2	
1	*0*	*1*	*0*	Setzen
0	*1*	*0*	*1*	Löschen
0	*0*	keine Änderung ("Speicherstellung")		
1	*1*	nicht definiert		

a)   b)

Bild 7.3 Symbol (a) und Wahrheitstabelle (b) eines SR-Speicherflipflop

- *Zählflipflop* Etwas anders funktioniert ein *Zählflipflop*. Für die prinzipielle Erläuterung sei der einfachste Fall eines *triggerbaren Flipflop* gewählt. Dieser Typ unterscheidet sich vom statischen Speicherflipflop dadurch, daß zusätzlich ein *Triggerein-*

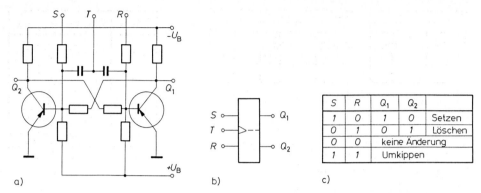

Bild 7.4 Triggerbares Flipflop als Zählflipflop
a) Schaltbild, b) Symbol, c) Wahrheitstabelle

gang T (auch *Clockpulse Input C*) vorhanden ist, mit dem, wie aus **Bild 7.4a** zu ersehen ist, beide Eingänge S und R gleichzeitig angesteuert werden. Dieser Fall entspricht somit dem in der Funktionstabelle Bild 7.3b nicht definierten Zustand. Durch entsprechende Dimensionierung der Schaltung wird aber erreicht, daß dieses Flipflop, dessen Symbol in Bild 7.4b angegeben ist, durch einen Impuls am Triggereingang T „umkippt“. Eine Kette von Triggerpulsen führt also dazu, daß das Zählflipflop dauernd kippt. Die zugehörige Wahrheitstabelle zeigt Bild 7.4c.

- *Impulsdiagramm* In **Bild 7.5** ist das *Impulsdiagramm* des triggerbaren Flipflop zu sehen. In diesem Fall wird das Flipflop durch die Anstiegsflanken der Triggerimpulse gekippt. Bei entsprechender Beschaltung ist das Triggern auch mit den abfallenden Flanken möglich.

Es sei betont, daß zum Zählen von Impulsen die Eingänge S und R eigentlich nicht benötigt werden. Jeder Impuls hinreichender Amplitude am Triggereingang T kippt das Flipflop, was als Zählschritt registriert werden kann. Wie wir aber gleich sehen werden, dient der Löscheingang R in Zählschaltungen zum Rücksetzen des Zählers.

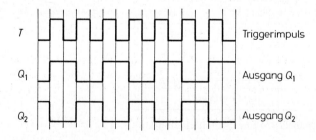

Triggerimpuls

Ausgang Q_1

Bild 7.5

Impulsdiagramm für ein einfaches triggerbares Flipflop

Ausgang Q_2

- *Binärzähler* Zum Aufbau eines einfachen *Binärzählers* werden vier triggerbare Flipflops in Reihe geschaltet (**Bild 7.6a**). Zusammen mit dem Impulsdiagramm Bild 7.6b und der Wahrheitstabelle Bild 7.6c soll dieser Zähler untersucht werden.

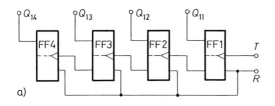

Q_{14} Q_{13} Q_{12} Q_{11}

a)

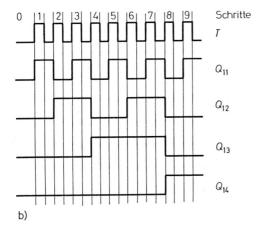

b)

Schritt	Q_{14}	Q_{13}	Q_{12}	Q_{11}
0	0	0	0	0
1	0	0	0	1
2	0	0	1	0
3	0	0	1	1
4	0	1	0	0
5	0	1	0	1
6	0	1	1	0
7	0	1	1	1
8	1	0	0	0
9	1	0	0	1

c)

Bild 7.6 Binärzähler

a) Schaltbild
b) Impulsdiagramm
c) Wahrheitstabelle, Schritte 0 bis 9

● *Zählvorgang*   Zu Beginn sei mit den vier parallel liegenden Eingängen R die Zählschaltung rückgesetzt (Schritt *0* in Impulsdiagramm und Wahrheitstabelle). Gesetzte Flipflops werden im folgenden mit *1* gekennzeichnet. Die Zustände der vier Flipflops ($FF1 \ldots FF4$) werden an den Ausgängen Q_{11}, Q_{12}, Q_{13} und Q_{14} erkannt.

Mit einem Impuls auf den Triggereingang T wird im ersten Schritt $FF1$ gesetzt. Am Ausgang Q_{11} wird *1* registriert. Erst wenn im zweiten Schritt $FF1$ in den Zustand *0* zurückkippt, wird dadurch $FF2$ gesetzt. Im dritten Schritt wird erneut $FF1$ gesetzt, $FF2$ bleibt unbeeinflußt auf *1*, so daß nun an Q_{11} und Q_{12} 1 registriert werden. Der vierte Schritt setzt $FF1$ und $FF2$ zurück und setzt gleichzeitig $FF3$. Und so sind leicht die weiteren Schritte zu vervollständigen.

Sieht man sich die vollständige Wahrheitstabelle Bild 7.6c an, erkennt man, daß an den Ausgängen $Q_{11} \ldots Q_{14}$ die binäre Darstellung der Dezimalziffern 0 bis 9 abgelesen werden kann, wenn man nur diesen Ausgängen die Wertigkeiten 1, 2, 4 und 8 zuordnet.

Binärzähler werden für verschiedenartige digitale Meßaufgaben eingesetzt, wie z. B.

    Zeitmessung,
    Frequenz- und Drehzahlmessung,
    Stückzahlbestimmung,
    Teilchenzählung usw.

- **Befehlszähler**   Als *Befehlszähler* im Steuerwerk haben Zähler die Aufgabe eines *Programmschrittzählers*. Ein Programm, das aus einer festen Folge von Befehlen besteht, wird sozusagen vom Befehlszähler Schritt für Schritt dem Computer zur Verfügung gestellt. Das geschieht etwa in der Art, daß der Befehlszähler vor dem Programmstart mit der *Adresse* (der Nummer) des ersten Befehls „geladen" wird, was beispielsweise über entsprechende Tasten von Hand geschehen kann. Ist dieser erste Befehl an das Instruktionsregister weitergeleitet (was im nächsten Abschnitt 7.2.2 behandelt wird), schaltet der Befehlszähler um eine Einheit höher und stellt somit den zweiten Befehl bereit, usw.

> Im *Befehlszähler* steht jeweils die *Adresse* (Nummer) des Befehls, der als nächster bereitgestellt und ausgeführt werden soll.

- **Sequentielle Programmabarbeitung**   Der Befehlszähler braucht normalerweise immer nur einen Zählschritt weiterzuschalten.

> In diesem Fall spricht man von *sequentieller Programmabarbeitung*.

- **Logische Entscheidung**   In Ausnahmefällen muß der Befehlszähler aber auch Sprünge in der Zählfolge bewältigen können, nämlich dann, wenn aufgrund *logischer Entscheidungen*, die in den *Vergleichern* des Steuerwerks getroffen werden, ein *bedingter* oder *unbedingter Sprung* erkannt worden ist. Auf diesen äußerst wichtigen Vorgang werden wir noch recht häufig zurückkommen.

7.2.2 Befehlsregister (Instruktionsregister)

Innerhalb eines Programms hat jeder einzelne Befehl seine eigene Nummer, seine *Befehlsadresse*. Das ist die Adresse, die im *Befehlszähler* steht.

Jeder Befehl selbst besteht im einfachsten Fall aus zwei Teilen:

> 1. *Operationsteil*; dieser Teil gibt an, *was* getan werden soll.
> 2. *Adreßteil*; dieser Teil gibt an, *womit* etwas getan werden soll.

- **Operandenadresse**   In einem Befehl dieses Typs sind also nicht die Daten enthalten, mit denen gerechnet werden soll, sondern nur die *Adresse der Speicherzelle*, wo diese Daten zu finden sind (andere Möglichkeiten der Adressierung sind in 7.4 angegeben). Im Unterschied zur Befehlsadresse wird diese Adresse *Operandenadresse* genannt. Damit läßt sich zusammenfassen:

> Der **Operationsteil** des Befehlsregisters (BR) bestimmt, welche Operationen auszuführen sind.
> Der **Adreßteil** gibt für diese Operationen an, aus welchen Speicherzellen der *Operand* herausgelesen oder in welche Zelle er eingeschrieben werden soll.

Somit läßt sich unterscheiden:

> Im *Befehlszähler* (Programmschrittzähler) steht jeweils eine *Befehlsadresse*; im *Adreßteil* des *Befehlsregisters*, und damit im Befehl selbst, steht jeweils eine *Operandenadresse*.

- **Befehlsdecodierung**   In **Bild 7.7** ist die Adressierung vereinfacht dargestellt. Während einer bestimmten Verarbeitungsphase möge der *Befehlszähler* BZ auf Nr. 0053 stehen, also die Befehlsadresse 0053 enthalten. D. h. der Programmbefehl mit der Adresse 0053 wird in das *Befehlsregister* BR übertragen, und zwar getrennt nach Operationsteil und Adreßteil. Im Operationsteil des Befehls 0053 steht beispielsweise, daß eine Addition durchzuführen ist, was hier mit „ADD" ausgedrückt werden soll. Im Adreßteil steht die Adresse 0127 der Arbeitsspeicherstelle, in der die zu addierenden Daten zu finden sind.

  Aufgabe des Befehlsregisters ist nun, die Bedeutung der Befehle zu erkennen und die als Folge von Binärziffern vorliegenden Angaben in Steuerimpulse für die entsprechenden Schaltkreise umzuwandeln (*Befehlsdecodierung*).

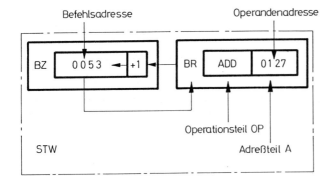

Bild 7.7

Wirkungsweise von Befehlszähler (BZ) und Befehlsregister (BR) des Steuerwerks (STW)

- **Programmverarbeitung**   Mit oben beschriebenen Abläufen ist die *erste Phase der Programmverarbeitung* abgeschlossen, die

  Programmzeit: Befehlsdecodierung und Erteilen aller Schaltanweisungen.

  Nun kann mit der Verarbeitung der Daten die *zweite Phase der Programmverarbeitung* beginnen, die

  Verarbeitungszeit: Verarbeitung der beteiligten Operanden.

  Beide Zeiten zusammen ergeben die

  Operationszeit = *Programmzeit + Verarbeitungszeit*, also der Zeitraum, der für die vollständige Ausführung eines Programmbefehls benötigt wird.

- **Sprunganweisung**   Nachdem der Programmbefehl mit der Adresse 0053 in das Befehlsregister übertragen ist, schaltet der Befehlszähler um eine Stelle höher auf die Befehlsadresse 0054, wenn *sequentielle Programmverarbeitung* abläuft. Ist aber im Operationsteil des Befehlsregisters erkannt worden, daß der weitere Programmablauf von der Erfüllung einer *Bedingung* abhängt, wird gemäß dem Ausgang der daraufhin zu treffenden *logischen Entscheidung* der Befehlszähler auf die nun geforderte Befehlsadresse geschaltet — es wird ein *Sprung im Programmablauf* veranlaßt.

- **Einadreßmaschine**   Die in Bild 7.7 vorgenommene Gliederung des Befehlsregisters BR entspricht einem Einadreß-System, gehört also zu einer sogenannten *Einadreß-maschine*, die heute weit verbreitet ist. Üblich sind aber auch Zweiadreß- und (seltener) Dreiadreßmaschinen. Hierbei verfügt der Adreßteil des Befehlsregisters über Platz für zwei bzw. drei Operandenadressen.

- **Mehradreßmaschine**   Bei Mehradreßmaschinen hat man beispielsweise die Möglichkeit, in einer Adresse anzugeben, aus welcher Arbeitsspeicherzelle die zu verarbeitenden Daten entnommen werden sollen (Quelle, oder englisch *Source*), und in einer zweiten Adresse festzulegen, in welche Zelle das Ergebnis abgelegt werden soll (Bestimmungsort, englisch *Destination*). Einzelheiten hierzu werden in Teil 3, Software, besprochen.

7.2.3 Mikroprogrammierung

Im vorigen Abschnitt ist in Bild 7.7 irgendein beliebiger Programmbefehl mit der Nummer (Befehlsadresse) 0053 angenommen worden. Dieser Befehl lautet ADD (0127). Das bedeutet, der Inhalt der Speicherzelle 0127 soll zu einem z. B. in Befehl 0052 angegebenen Wert addiert werden (Einzelheiten dazu werden in Kapitel 8 besprochen). Schon die Ausführung dieses einfachen arithmetischen Befehls erfordert eine ganze Reihe von Schaltanweisungen innerhalb der Zentraleinheit.

- **Mikrooperationen**   Allgemein gilt, daß die Durchführung jedes einzelnen Befehls eine Reihe von *Elementaroperationen* erforderlich macht, die auch *Mikrooperationen* genannt werden.

> Eine bestimmte Operation (z. B. obengenannte Addition) besteht aus einer definierten Folge von *Mikrooperationen*, die in ihrer Gesamtheit ein *Mikroprogramm* bilden.

- **Makrobefehle**   Die im Befehlszähler des Steuerwerks bereitgestellten Befehle, die in ihrer Gesamtheit das Programm bilden, werden zur Unterscheidung häufig *Makrobefehle* genannt, die Programme selbst *Makroprogramme*.

> **Makrobefehl:** Programmbefehl, der während der Phase der *Befehlsdecodierung* im Steuerwerk eine Folge von Befehlen in der reinen Maschinensprache auslöst – die sogenannten *Mikrooperationen* (Elementaroperationen), die jeweils einem elektronischen Schaltvorgang entsprechen.

- **Mikroprogramm**

> Unter **Mikroprogrammen** werden festverdrahtete Operationsfolgen verstanden, die durch einen Befehl des eingegebenen *Makroprogramms* ausgelöst werden.

Durch Mikroprogrammierung wird es möglich, daß beliebige Rechenvorgänge, die jeweils mehrere Mikrooperationen erfordern, von einem einzigen Befehl abgerufen werden können.

● **Festwertspeicher** In fast jeder Zentraleinheit ist immer eine Reihe von Mikroprogrammen vorhanden und in *Festwertspeichern* abgelegt. Jede der verschiedenartigen
Operationen erfordert ein eigenes Mikroprogramm. Bei einfachen arithmetischen
Operationen (z. B. Addition) besteht das entsprechende Mikroprogramm aus nur
wenigen Schritten, bei komplizierteren — wie z. B. Wurzelziehen oder Berechnen
von trigonometrischen Funktionen — werden die zugehörigen Mikroprogramme entsprechend umfangreich.

● **Decodierschaltung** Die *Befehlsdecodierung* geschieht zwischen dem Befehlsregister
BR und den in Festwertspeichern (ROM) stehenden Mikroprogrammen. In **Bild 7.8**
ist schematisch gezeigt, wie der Weg des *Operationsteils* OP des im Befehlsregister
BR stehenden Befehls über die *Decodierschaltung* DECOD und die Mikroprogramme
in den Festwertspeichern ROM zum Operationswerk (Rechenwerk RW, Kapitel 8)
verläuft.

In der Decodierschaltung werden die vom Programmbefehl geforderten Operationen
in entsprechende elektrische Impulse umgeformt, die ihrerseits die benötigten
Mikroprogramme in Gang setzen.

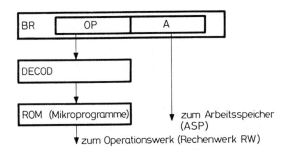

Bild 7.8

Befehlsregister BR mit Decodierschaltung DECOD und Festwertspeichern
ROM

7.2.4 Vergleicher (Komparator)

Die Notwendigkeit, in EDV-Anlagen *logische Entscheidungen* zu treffen, ist schon
mehrmals betont worden. In der Regel handelt es sich hierbei darum, zwei Größen
A und B miteinander zu vergleichen. Die grundlegenden Fragestellungen bei Vergleichen sind:

$$A = B? \qquad A > B? \qquad A < B?$$

In der digitalen Elektronik wird dazu eine Schaltung verwendet, die *Vergleicher* oder
Komparator genannt wird.

● **Komparator** **Bild 7.9** zeigt die *Wahrheitstabelle* (Funktionstabelle) für den Fall,
daß erkannt werden soll, ob zwei Größen gleich sind ($A = B$ in „negativer" Logik).

A	B	C
1	1	0
1	0	1
0	1	1
0	0	0

Bild 7.9

Wahrheitstabelle für Gleichheit zweier Größen in „negativer" Logik

● **Exklusiv-ODER**   Eine Grundschaltung, die diese Aufgabe erfüllt, ist das sogenannte *Exklusiv-ODER-Gatter*, dessen Schaltzeichen in **Bild 7.10a** angegeben ist. Die zugehörige Wahrheitstabelle in Bild 7.10b verwendet mit L (*Low*) und H (*High*) bezeichnete Zustände.

Es handelt sich also um eine Schaltung, bei der sich am Ausgang A ein niedriges Potential (L) einstellt, wenn an beiden Eingängen E_1 und E_2 das gleiche Signal liegt ($E_1 = E_2$). Solche Schaltungen werden in genormten Gehäusen geliefert, die DIP (*Dual In-line Package*) oder DIL (*Dual In-line*-Gehäuse) genannt werden.

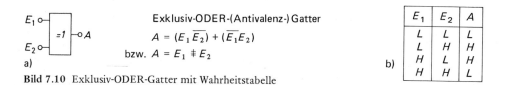

Exklusiv-ODER-(Antivalenz-)Gatter

$$A = (E_1 \overline{E_2}) + (\overline{E_1}E_2)$$

bzw. $A = E_1 \not\equiv E_2$

E_1	E_2	A
L	L	L
L	H	H
H	L	H
H	H	L

a)   b)

Bild 7.10 Exklusiv-ODER-Gatter mit Wahrheitstabelle

● **Parallel, seriell**   Für einen *Parallelvergleich* werden soviele Vergleicher benötigt wie Bits pro Wort vorhanden sind. Bei sehr großen oder unterschiedlichen Wortlängen verwendet man häufig nur einen Vergleicher und führt einen *seriellen Vergleich* durch. Hierbei wird die Anzahl der Vergleichsschritte so groß wie die Zahl der Bits pro Wort.

● **Vergleicherschaltung**   Eine Schaltung, mit der sowohl „Gleichheit" als auch „1 kleiner als 2" und „1 größer als 2" erkannt werden kann, ist in **Bild 7.11a** angegeben. Hier werden *Signalschaltbilder* logischer Bausteine verwendet, die bereits in 4.1 und 4.2 erklärt wurden. Zum Verständnis der Schaltung sollen jedoch mit **Bild 7.12** die beiden vorkommenden Signalschaltbilder noch einmal erklärt werden.

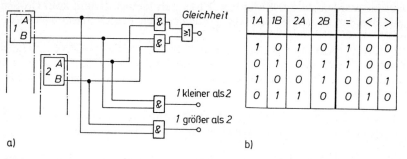

1A	1B	2A	2B	=	<	>
1	0	1	0	1	0	0
0	1	0	1	1	0	0
1	0	0	1	0	0	1
0	1	1	0	0	1	0

a)   b)

Bild 7.11 a) Vergleicherschaltung für „Gleichheit", „1 größer als 2", „1 kleiner als 2", b) Wahrheitstabelle

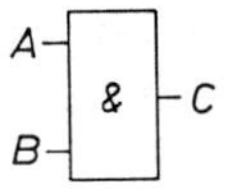

A B	C
0 0	0
0 1	0
1 0	0
1 1	1

a) UND-Glied, UND-Gatter, AND

A B	C
0 0	0
0 1	1
1 0	1
1 1	1

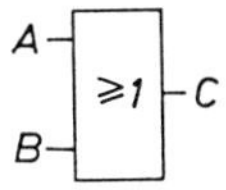

b) ODER-Glied, ODER-Gatter, OR

Bild 7.12 a) UND-Gatter; b) ODER-Gatter

Danach gilt, daß das *UND-Gatter* (Bild 7.12a) nur dann ein Ausgangssignal erzeugt, wenn an beiden Eingängen gleichzeitig ein Signal liegt. Das *ODER-Gatter* (Bild 7.12b) liefert schon dann ein Ausgangssignal, wenn nur einer der beiden Eingänge mit einem Signal belegt ist.

Nun ist die Funktionsweise der Schaltung Bild 7.11a leicht einzusehen, wenn man die zu vergleichenden Stufen als Flipflops ansieht. Ist der Inhalt der beiden Stufen 1 und 2 gleich, so erscheinen am Ausgang „Gleichheit" ein *1*-Signal, an den „Kleiner"- und „Größer"-Ausgängen jedoch *0*-Signale. Weist Stufe 1 am Ausgang *1A* ein *1*-Signal und Stufe 2 am Ausgang *2A* ein *0*-Signal auf, so erscheint am Ausgang „1 größer als 2" ein *1*-Signal. Im umgekehrten Fall erscheint das *1*-Signal am Ausgang „1 kleiner als 2". In der Wahrheitstabelle, Bild 7.11b, ist das zusammengefaßt dargestellt.

Ausgehend von den hier vorgestellten Prinzipien sind Schaltungen entwickelt, die in EDV-Anlagen zu den gewünschten logischen Entscheidungen führen. Im folgenden Abschnitt 7.3 werden Befehlsabläufe auch unter Einbeziehung logischer Entscheidungen untersucht.

7.3 Befehlsablauf am Beispiel einer Einadreßmaschine

Rufen wir uns in das Gedächtnis zurück: Die Befehle für eine Einadreßmaschine bestehen aus dem Operationsteil OP und *einem* Adreßteil A. Solch ein *Einadreßwort* ist noch einmal schematisch in **Bild 7.13** angegeben.

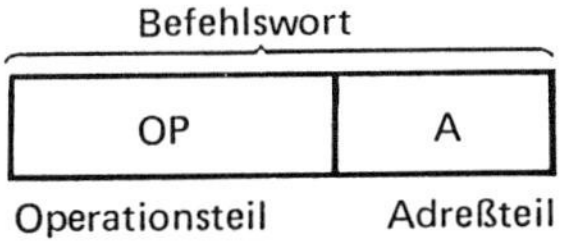

Befehlswort

OP	A
Operationsteil	Adreßteil

Bild 7.13
Befehlsstruktur für Einadreßmaschinen (Einadreßwort)

● **Schreibzyklus**   Vor der weiteren Besprechung eines Befehlsablaufs müssen ein paar
ständig gebrauchte Begriffe erläutert werden.

> **Schreiben**: Das Abspeichern von Informationen.

Das Schreiben selbst erfordert einen ganzen

> **Schreibzyklus**:
> 1. *Schreibzyklus anstoßen*; d. h. Steuersignal „Schreiben" vom Operationsteil
>   OP des Befehlsregisters BR im Steuerwerk STW an den Arbeitsspeicher ASP
>   geben.
> 2. *Adressieren*; d. h. Adresse der Zelle, in die geschrieben werden soll, vom
>   Adreßteil A des BR im STW an den ASP geben.
> 3. *Einschreiben*; geforderte Daten von der Eingabeeinheit EE oder aus dem
>   Rechenwerk RW in den ASP geben.

In **Bild 7.14** ist der vollständige Schreibzyklus dargestellt.

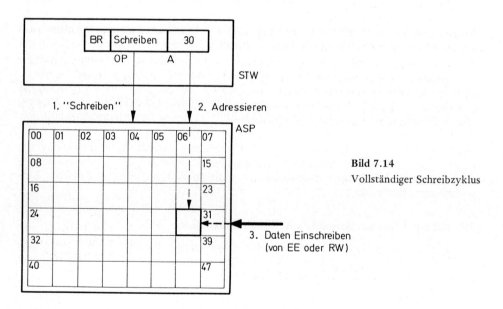

Bild 7.14
Vollständiger Schreibzyklus

● **Laden**   Zu Beginn der Datenverarbeitung muß ein Schreibzyklus zum Einschreiben
des *Programms* in den ASP eingeleitet werden. Man nennt dies:

> **Laden**: Ein Programm in den ASP schreiben.

Bei jedem Schreibvorgang gehen die bislang in den verwendeten Speicherzellen stehenden Informationen verloren — sie werden *gelöscht*. Man nennt dies auch: **Überschreiben**.

● *Lesezyklus* Analog wie das *Schreiben* erfolgt das *Lesen* von Informationen. Auch das Lesen erfordert einen

---

Lesezyklus:

1. *Lesezyklus anstoßen*; d. h. Steuersignal „Lesen" vom OP in den ASP geben.
2. *Adressieren*; d. h. Adresse der Zelle, aus der gelesen werden soll, vom A in den ASP geben.
3. *Auslesen*; gewünschte Informationen an das RW oder die Ausgabeeinheit AE geben.

Während beim Schreiben die bisherigen Speicherzelleninhalte durch Überschreiben gelöscht werden, bleibt beim Lesen der Zelleninhalt erhalten.

● *Programmbeispiel* Für den weiteren Ablauf wird ein kleines *Programm* aufgestellt. Dabei werden Abkürzungen verwendet, wie sie bei der Maschinenprogrammierung einer Siemens-Anlage üblich sind.

Das Programm soll geschrieben werden zum Lösen der Aufgabe

$$28 - 13 + 7 - 11 = x_N.$$

Dabei kann man sich etwa denken, daß x_N der neue Kontostand des Bankkunden N sein soll und die Zahlen die Umsätze in Hundert DM sind.

Es sei vorweggenommen, daß die Durchführung der geforderten Rechenoperationen 6 Programmschritte erfordert. Es müssen somit 6 Befehlsadressen im ASP reserviert werden. Außerdem werden 5 Operandenadressen benötigt für die 4 angegebenen Geldsummen und für das Ergebnis x_N. In **Bild 7.15** sind diese Adressen und deren Inhalte (Operanden und Befehle) angegeben.

Operandenadresse	Operand	Befehlsadresse	Befehl
13	28	18	TEP 13
14	13	19	SUB 14
15	7	20	ADD 15
16	11	21	SUB 16
17	x_N (Ergebn.)	22	TAS 17
		23	STP

Bild 7.15

Adressen, Operanden und Befehle für ein einfaches Maschinenprogramm

Die Inhalte der genannten Adressen sind in **Bild 7.16** schematisch eingetragen.
Nun zur Erläuterung der in den obigen Befehlen verwendeten Abkürzungen.

● *Programmbefehle*

TEP heißt: „Transfer Ein Plus" und bedeutet, daß der Inhalt der angegebenen Operandenadresse, hier die Zahl 28, in das RW zu transportieren ist;

SUB und

ADD stehen für Subtraktion und Addition;

00	01	02	03	04	05	06	07
08	09	10	11	12	13 28	14 13	15 7
16 11	17 x_N	18 TEP 13	19 SUB 14	20 ADD 15	21 SUB 16	22 TAS 17	23 STP
24	25	26	27	28	29	30	31
32	33	34	35	36	37	38	39
40	41	42	43	44	45	46	47

Bild 7.16 Arbeitsspeicher mit Inhalten entsprechend Bild 7.15

TAS heißt: „Transfer Aus" und bedeutet, daß das Ergebnis aus dem RW in die geforderte Operandenadresse gebracht werden soll;

STP schließlich fordert das Stoppen der EDV-Anlage — das Programm ist beendet.

Im folgenden wird dieses kleine Programm noch einmal ausgeschrieben (**Bild 7.17**); daneben wird die jeweilige Auswirkung erläutert.

18: TEP 13	Inhalt der Adresse (Speicherzelle) 13 (also die Zahl 28) wird ins RW transportiert
19: SUB 14	Inhalt der Adresse 14 (Zahl 13) wird von der im RW stehenden Zahl 28 abgezogen
20: ADD 15	Inhalt der Adresse 15 (7) wird zu der nun im RW stehenden Zahl 15 addiert
21: SUB 16	Inhalt der Adresse 16 (11) wird von der nun im RW stehenden Zahl 22 subtrahiert
22: TAS 17	Die im RW stehende Zahl 11 (Ergebnis) wird in Speicherzelle 17 transferiert
23: STP	Das Programm wird gestoppt

Befehl

Auswirkung

Befehlsadresse (laufende Nummer)

Bild 7.17 Programmbefehle und ihre Auswirkungen

- **Befehlsablauf** Für die Besprechung des *Befehlsablaufs* im einzelnen wird auf Abschnitt 1.3 zurückgegriffen. Dort war beim Prinzip der Datenverarbeitung der Befehlsablauf in zwei logische Teile getrennt worden:

> 1. **Befehlsbereitstellung**: Lesen und Interpretieren eines Befehls.
> 2. **Befehlsausführung**.

Unterschiede sind ausschließlich bei der *Befehlsausführung* zu erwarten. Die in ihrem Ablauf stets gleiche Phase der *Befehlsbereitstellung* soll mit **Bild 7.18** zuerst besprochen werden.

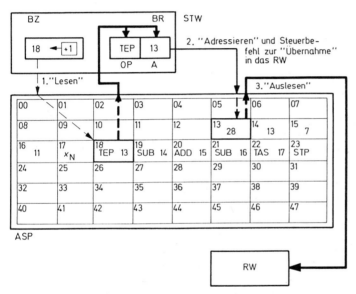

Bild 7.18 Phase der Befehlsbereitstellung mit vollständigem Lesezyklus

- **Befehlsbereitstellung** Der Befehlszähler BZ in Bild 7.18 steht zu Anfang des Programms aus Bild 7.17 auf Nr. 18. Damit wird vom Steuerwerk STW ein *Lesezyklus* im Arbeitsspeicher ASP veranlaßt. Für den Spezialfall des Befehls Nr. 18 bedeutet das folgendes:

> 1. *Lesen* (Lesezyklus anstoßen, d. h. Steuersignal „Lesen" erteilen)
>   Der Befehlszähler BZ steht auf Nr. 18 und erteilt dem ASP den Befehl, den Inhalt der Zelle 18 in das *Befehlsregister* BR zu transferieren — und zwar getrennt nach Operationsteil und Adreßteil. Somit steht nun im OP der Befehl TEP und im A die Operandenadresse 13.
> 2. *Adressieren*
>   Die Adresse 13 wird von A an den ASP gemeldet.
> 3. *Auslesen*
>   Der Inhalt der Speicherzelle 13 (Operand mit dem Zahlenwert 28) wird in das Rechenwerk RW transferiert.

Damit ist der Lesezyklus ausgeführt und die Phase der Befehlsbereitstellung abgeschlossen.

> Der BZ schaltet nun automatisch um eine Einheit hoch auf die Befehlsadresse
> 19.

● **Befehlsausführung**   Die nun folgende *Phase der Befehlsausführung* läuft im Rechenwerk RW ab. Diese Phase wird ausführlich im nächsten Kapitel (Operationswerk)
behandelt.

Hier soll noch auf den Fall eingegangen werden, daß der sequentielle Programmablauf unterbrochen wird, daß also der BZ nicht automatisch auf die nächsthöhere
Nummer schaltet.

Die Möglichkeit der *Programmunterbrechung* und der *Ausführung von Sprüngen* im
sequentiellen Programmablauf ist für die gesamte Datenverarbeitung von enormer
Bedeutung.

● **Unbedingter Sprung**   Der einfachste Fall ist der, daß bereits im Programm gesagt
wird:

> „Springe von Befehl n auf Befehl $n + m$", wobei $m > 1$ ist.

Solch einen durch einen Programmbefehl festgelegten Sprung im Programmablauf
nennt man

> *unbedingter Sprung* − der auslösende Befehl heißt *unbedingter Sprungbefehl*.

Dieser Typ der Sprungs im Programmablauf ist also *nicht* von einer Bedingung abhängig.

● **Bedingter Sprung**   *Sprungbefehle*, die von einer *Bedingung* abhängen, sind die
eigentlich wichtigen und sollen deshalb kurz erläutert werden.

Für das in Bild 7.17 vorgestellte Programm hatten
wir zur Veranschaulichung angenommen, daß es
sich um die Berechnung eines Kontostands x_N des
Bankkunden N handeln soll. Und es ist naheliegend,
das gleiche Programm für alle Bankkunden der
Reihe nach durchzurechnen, wobei lediglich die
Zahlenwerte und die Anzahl der Additionen und
Subtraktionen gemäß dem Spezialfall einzusetzen
sind. Wesentlich ist, daß nach jedem Programm-
durchlauf zu prüfen ist, ob sämtliche Kontostände
ermittelt sind. In **Bild 7.19** ist dieser Tatbestand
schematisch dargestellt.

In dem rechteckigen Kasten ist der *sequentielle
Programmteil* zusammengefaßt, mit dem der jeweilige Kontostand x_N ermittelt wird. Im Anschluß
daran ist das genormte Symbol für eine *Programmverzweigung* gezeichnet. Darin wird gefragt: „Sind
noch nicht alle Kontostände ermittelt?" Es
wird also an dieser Stelle im Programmablauf

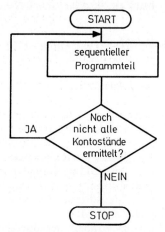

Bild 7.19 Programmverzweigung

eine *logische Entscheidung* zwischen zwei Programmzweigen gefordert. Lautet die Antwort „JA", muß an den Anfang des sequentiellen Programmteils zurückgesprungen werden; lautet die Antwort „NEIN", wird der letzte Schritt zum Stopp-Befehl getan — das Programm ist vollständig abgearbeitet.
Im Teil 3, Software, wird hierauf noch eingegangen.

7.4 Adressierungsarten

In 7.2.2 wurde der wichtige Fall angenommen, daß ein Maschinenbefehl aus einem Operationsteil und einem Adreßteil besteht und der Adreßteil dabei die Adresse des Operanden enthält. Diese Art der Operandenzuweisung heißt *unmittelbare (immediate)* Adressierung. Es gibt aber noch eine ganze Reihe weiterer Adressierungsarten, die in den bekannten Prozessoren teilweise oder vollständig implementiert sind. **Bild 7.20** zeigt schematisch wichtige Möglichkeiten. Die unter Nummer (4) dargestellte Adressierungsart entspricht dem in 7.2.2 angenommenen Fall.

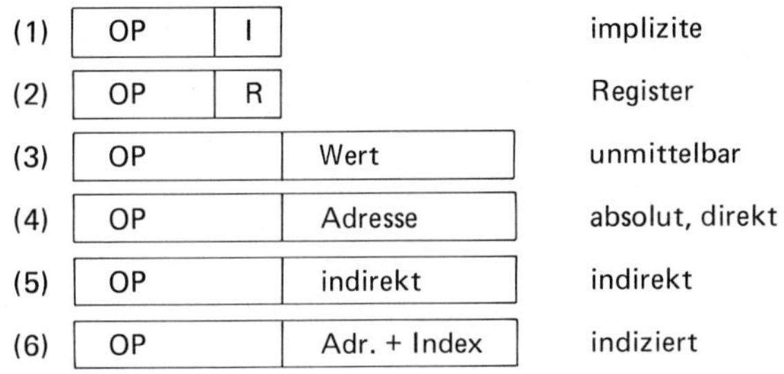

(1)	OP	I	implizite
(2)	OP	R	Register
(3)	OP	Wert	unmittelbar
(4)	OP	Adresse	absolut, direkt
(5)	OP	indirekt	indirekt
(6)	OP	Adr. + Index	indiziert

Bild 7.20 Wichtige Adressierungsarten. OP: Operationsteil

- *Implizite und unmittelbar*   Unter (1) und (2) sind diejenigen Formen angegeben, bei denen der Adreßteil „implizite" im Operandenteil enthalten ist. Diese Kurzform wird für ausgewählte Speicherstellen (*implied addressing*) oder für Register (*register addressing*) verwendet (vgl. Kapitel 9, Speicher). Bei der Version (3) wird anstelle einer Adresse unmittelbar (*immediate*) ein Wert angegeben.

- *Indirekt und indiziert*   Zwei weitere Adressierungsarten sind mit (5) und (6) in Bild 7.20 dargestellt. Indirekte Adressierung bedeutet, daß im Adreßteil nicht die Operandenadresse angegeben ist, sondern eine Adresse, die erst auf die Operandenadresse verweist. Indizierte Adressierung bedeutet schließlich, daß eine „Basisadresse" und ein Laufindex angegeben sind, der jeweils durch Addition mit der Basisadresse die Operandenadresse ergibt.
Die Tabelle beschreibt noch einmal die wichtigen Adressierungsarten. Die Bücher [23, 24, 25] sind als Ergänzung zu diesem Kapitel besonders geeignet.

Adressierungsart	Kurzerklärung
implizite (*implied*)	alle nötigen Angaben (OP, Ziel- bzw. Quellenadresse) sind im Code implizite enthalten
Register direkt (*Register Addressing*)	es wird das Register direkt angegeben, in dem der Operand steht
unmittelbar (*immediate*)	es wird unmittelbar eine Konstante (ein Wert) angegeben
direkt (*absolute, direct, symbolic*)	die Operandenadresse wird direkt angegeben
Register oder Speicher indirekt	es wird angegeben, in welchem Register bzw. in welcher Speicherstelle die Operandenadresse zu finden ist
relativ	bezogen auf den Programmzählerstand wird angegeben, in welcher „Entfernung" (*distance* bzw. *displacement*) die nächste Instruktion zu finden ist
indiziert (*indexed*)	die Operandenadresse ergibt sich aus der Addition einer „Laufindexzahl" mit der angegebenen Adresse (direkt oder indirekt)
mit Autoinkrement	der Inhalt der direkt oder indirekt angegebenen Adresse (auch Register) wird nach Befehlsausführung automatisch inkrementiert (um 1 erhöht)

7.5 CISC, SISC, RISC

Die Maschinen-Befehlssätze der bekannten Prozessoren bzw. Computer zeichnen sich dadurch aus, daß große Flexibilität und Leistungsfähigkeit geboten wird, indem folgende Merkmale erfüllt sind:

1. *Große Anzahl verschiedener Instruktionen mit unterschiedlichen Strukturen und Wortlängen verfügbar;*
2. *möglichst viele Adressierungsarten geboten.*

• **Komplexer Instruktionssatz**   Computer, die mit Prozessoren dieser Art arbeiten, werden beschrieben mit der Gruppenbezeichnung *Complex Instruction Set Computer* (CISC), also Computer mit komplexem Instruktionssatz. Und in der Tat haben in der Vergangenheit Programmierer den durch komplexe Instruktionssätze und viele Adressierungsarten gebotenen Reichtum als Vorteile empfunden. Viele Aufgaben lassen sich damit elegant lösen.

• **CISC-Merkmale**   Mehr als 200 verschiedene Maschineninstruktionen und mindestens 10 Adressierungsarten waren Merkmale einer modernen Prozessorenentwicklung. Gewisse „Höhepunkte" sind z. B. der CISC-Typ VAX 11/780 von *Digital Equipment* mit 304 Instruktionen, 16 Adressierungsarten sowie 32 bit breiten Registern und Wegen (Busse) für Daten und Adressen. Der 32-Bit-Mikroprozessor 68020 hat 16 Universalregister, 18 Adressierungsarten und Anweisungen für sieben verschiedene Datentypen.

- **CISC-Steuereinheit** Eine direkte Konsequenz der CISC-Vielfalt ist eine jeweils höchst komplizierte *Steuereinheit* der CPU, die ja die oft 1000 bis 2000 Variationen bei den Maschineninstruktionen erkennen und schalten muß. Solch ein Chip wie der 68020 besteht darum zu 60 bis 70 % aus der Steuereinheit.

- **SISC** Das vollständige Gegenteil eines CISC ist ein SISC (*Single Instruction Set Computer*), also eine Computer-Zentraleinheit, die nur einen einzigen Maschinenbefehl ausführen kann, den Bewegungs- oder *Move-Befehl*. Solch eine Maschine besitzt viele Register, die je einer bestimmten Verknüpfungsaufgabe zugeordnet sind. Ein typisches Beispiel dafür ist der Volladdierer in 8.2, der ein empfangenes Datenwort zu einem bereits enthaltenen addiert. Allein durch die Bewegung hin zu einem solchen Spezialregister wird also die Funktion ausgeführt. SISC-Maschinen haben aber keine praktische Bedeutung.

- **Reduzierter Instruktionssatz** Von großer praktischer Bedeutung sind Computer mit reduziertem Instruktionssatz, die in der Fachsprache RISC heißen (*Reduced Instruction Set Computer*). In [78] wird gesagt, daß ein RISC-System erheblich weniger als 304 Instruktionen aufweisen sollte, daß es aber auch keine exakte Absprache darüber gibt, wieviele Instruktionen einem RISC angemessen sind. Beispielsweise sind die folgenden Zahlen bekannt:

  - Berkeley RISC I hat 31 Instruktionen;
  - Stanford MIPS hat über 60,
  - IBM 801 hat über 100 Instruktionen.

  Und obwohl beim RISC-Design die Verringerung des Instruktionssatzes im Vordergrund steht, ist dies nicht das einzige wesentliche RISC-Merkmal.

- **RISC-Merkmale** Neben der Reduzierung der Anzahl der Maschineninstruktionen ist ein RISC-Hauptmerkmal ebenso die Vereinfachung des gesamten Steuerwerks. Nach [78] sind damit als RISC-Merkmale anzusehen:

  - Geringe Anzahl von Instruktionen (wünschenswert weniger als 100);
  - wenige Adressierungsarten (eine oder zwei);
  - wenige Datenformate derselben Länge (erwünscht eines oder zwei);
  - Ausführung aller Instruktionen in einem Maschinenzyklus;
  - Speicherzugriffe nur durch die beiden Grundanweisungen LOAD (Laden) und STORE (Speichern);
  - sehr umfangreicher Registersatz (mehr als 32, in einem Beispiel bis 138). Die meisten Operationen sollen vom Typ Register-zu-Register sein.

- **Cache-Speicher** In der englischen Fachsprache wird zusammenfassend zur Beschreibung der RISC-Eigenschaften verwendet:

  - *streamlined instruction code;* damit sind die oben aufgelisteten Merkmale gemeint;
  - *deep pipelining;* damit meint man die sehr starke zeitliche Überlappung der Ausführungsschritte, was sich wie eine Pseudo-Gleichzeitigkeit auswirkt;
  - *large caches.*

  Ein *Cache* ist ein äußerst schneller Zwischenspeicher, sozusagen ein Puffer (vgl. 9.1.3) zwischen einer extrem schnellen Zentraleinheit und langsameren Speicherbausteinen. Dann kann die CPU auf den schnellen *Cache* zugreifen. Dazu muß aber sozusagen bekannt sein, welche Daten als nächstes benötigt werden. Für diese Vorhersagen sind Verfahren bekannt, auf die hier nicht eingegangen werden kann.

8 Arithmetisch-logische Einheit (ALU)

Die klassischen Bezeichnungen für die beiden Hauptteile der Zentraleinheit sind Steuerwerk und Operationswerk (bzw. Rechenwerk). In Kap. 7 haben wir das Steuerwerk besprochen (dort auch als Steuereinheit bezeichnet). In diesem Kapitel folgt das Operationswerk, das in der „High-tech"-Sprache meist ALU (*Arithmetic Logic Unit*) bzw. Arithmetisch-logische Einheit heißt.

8.1 Aufgaben des Operationswerks

Im Operationswerk werden *sämtliche* Operationen durchgeführt, *außer* der Ein- und Ausgabe von Daten und Programmen. Zu den Operationen gehören:

    Addieren zweier Zahlen
    Komplementbildung
    Stellenverschiebung
    Vergleichen
    Runden
    Bilden logischer Verknüpfungen etc.

> Es handelt sich also um *arithmetische Operationen* und *logische Operationen*. Aus diesem Grunde wird das Operationswerk häufig **arithmetisch-logische Einheit** genannt —engl. *Arithmetic Logic Unit* (ALU). Zusammen mit dem Steuerwerk STW (engl. *Control Unit*, CU) bildet die ALU den Zentralprozessor (CPU), was in Bild 8.1 angedeutet ist.

In der hier verwendeten Darstellung der *Rechnerstruktur* werden die wesentlichen *logischen Verknüpfungen* vom Steuerwerk durchgeführt, so daß für das Operationswerk eigentlich nur noch *arithmetische Operationen* übrigbleiben. Aus diesem Grunde wird das Operationswerk fast immer einschränkend als *Rechenwerk* RW bezeichnet, was auch hier der Fall ist.

- *Rechnerstruktur* Im folgenden wird die in **Bild 8.1** angegebene Rechnerstruktur verwendet.

Der Zentralprozessor (CPU) enthält danach einen *steuernden Teil* (STW) und einen *gesteuerten Teil* (RW). Arbeitsspeicher (ASP) und Peripherie gehören nach dieser Gliederung zur sogenannten *Außenwelt* (AW) des Rechensystems.

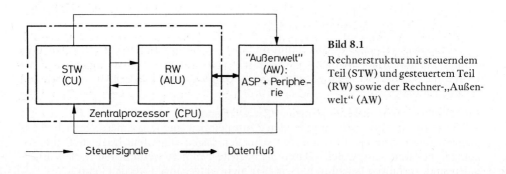

Bild 8.1
Rechnerstruktur mit steuerndem Teil (STW) und gesteuertem Teil (RW) sowie der Rechner-„Außenwelt" (AW)

Als wesentliche Aufgabe bleibt für das *Rechenwerk* im Grunde nur die Durchführung von *Additionen*. Denn wie aus 2.3.2 bekannt, werden alle anderen Grundrechenarten auf die Addition zurückgeführt, indem die Multiplikation als fortlaufende Addition und Subtraktion sowie Division durch Addition des *Komplementes* erledigt werden.

8.2 Grundschaltungen des Rechenwerks

8.2.1 Stellenverschieben und Komplementbildung

Stellenverschiebungen sind einfach realisierbar. Dazu bieten sich *Schieberegister* an, wie sie in Kap. 9.1.3 besprochen werden. Durch einen Verschiebeimpuls kann die in den Flipflops des Schieberegisters gespeicherte Information um einen Zelleninhalt vor- oder zurückgeschoben werden, womit die Aufgabe der Stellenverschiebung ausgeführt ist.

- *Komplementbildung* Die *Komplementbildung* geschieht über eine der Stellenzahl entsprechende Anzahl von *Invertern*. Erinnern wir uns an das in 2.3.2 angegebene Rezept zur Bildung des Komplements. Danach müssen sämtliche Stellen einer zu subtrahierenden oder zu dividierenden Zahl (Subtrahend bzw. Divisor) invertiert und eine Eins addiert werden, wobei das Auffüllen auf die durch den Minuenden bzw. Dividenden vorgegebene Stellenzahl nicht zu vergessen ist (Minuend: die Zahl, von der abzuziehen ist, Dividend: die Zahl, die zu teilen ist).

- *Inverter* Ein *Inverter* ist eine *Umkehrstufe*, die − anschaulich gesprochen − aus einer „Eins" eine „Null" macht und umgekehrt. In **Bild 8.2** ist das Schaltsymbol (Signalschaltbild) dafür angegeben. Man nennt es auch *NICHT-Glied* oder *NICHT-Gatter*, weil am Ausgang das Gegenteil (die Invertierung) des Eingangssignals erscheint.

Bild 8.2

Signalschaltbild für das NICHT-Gatter
(Inverter bzw. NOT)

- *Inverterschaltung* In **Bild 8.3a** ist die technische Verwirklichung eines *NICHT-Gatters* in Form eines Transistor-Verstärkers in Emitterschaltung angegeben; Bild 8.3b zeigt die zugehörige Wahrheitstabelle.

Beträgt die Spannung U_e am Eingang E 0 Volt (Binärzustand *0* bzw. Zustand A), dann liegt bei geeignet dimensioniertem Widerstandsverhältnis R_B/R_K an der Basis des Transistors eine negative Spannung − der Transistor sperrt. In diesem Fall beträgt die Spannung U_a am Ausgang A etwa $+ U_B$ Volt (Binärzustand *1* bzw. Zustand $\overline{A}$). Mit einer Eingangsspannung von der Größenordnung $+ U_B$ wird der Transistor leitend, und die Ausgangsspannung verschwindet.

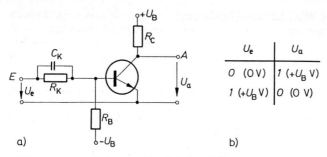

U_e	U_a
0 (0 V)	1 ($+U_B$ V)
1 ($+U_B$ V)	0 (0 V)

a)   b)

Bild 8.3 Inverterschaltung mit Wahrheitstabelle

● **Addierwerk** Es lassen sich leicht mit NICHT-Gattern geeignete Schaltungen für Komplementbildungen aufbauen. Der Schaltungsaufwand ist gering. Das ist auch der Grund, warum man nicht für jede der vier Grundrechenarten ein eigenes Rechenwerk baut, sondern den Umweg über die Komplementbildung in Kauf nimmt und mit nur *Addierwerken* für alle Grundrechenarten auskommt.

Eine mögliche Ausnahme, bei der die Ergebnisse in „Tabellen" nachgeschlagen werden, die in Festwertspeichern aufbewahrt sind, werden wir in 8.2.7 kennenlernen. Die folgenden Unterabschnitte jedoch befassen sich ausschließlich mit Addierwerken.

8.2.2 Halbaddierer

Mit einem *Halbaddierer* können zwei Dualziffern addiert werden, und zwar formal genau so, wie wir es in 2.3.2 geübt haben. Der wesentliche Punkt bei der Addition war, daß der *Übertrag* berücksichtigt wurde. Damit erhält man die in **Bild 8.4** gezeigte Wahrheitstabelle für die einstellige Dualzahlen-Addition.

	A	B	S	$Ü$
1.	0	0	0	0
2.	1	0	1	0
3.	0	1	1	0
4.	1	1	0	1

Bild 8.4
Wahrheitstabelle für die einstellige Dualzahlen-Addition

● **Wahrheitstabelle** Ganz allgemein besagt der Inhalt der Wahrheitstabelle:

> Ein einstelliges duales Addierwerk bildet die Summe zweier Dualziffern A und B. Das Ergebnis ist eine zweistellige Dualzahl, die aus der Summenstelle S und dem Übertrag $Ü$ besteht.

Der Übertrag tritt allerdings nur dann auf, wenn A und B beide 1 sind. Für den allgemeinsten Fall muß diese Stelle aber berücksichtigt werden.

- **Mathematische Form** Die Wahrheitstabelle kann in einer einfachen mathematischen Form geschrieben werden:

$$S = (A \cdot \overline{B}) + (\overline{A} \cdot B). \tag{8.1}$$

$$\ddot{U} = A \cdot B. \tag{8.2}$$

Es sei wiederholt, daß der Querstrich über den Buchstaben die *Invertierung* bedeutet.

- **Anwendung** Für den Anfänger sollen an dieser Stelle die Gleichungen (8.1) und (8.2) auf die in Bild 8.4 angegebenen vier Fälle angewendet werden.

1. Fall: $A = 0, B = 0$
$S = (0 \cdot 1) + (1 \cdot 0) = 0$
$\ddot{U} = 0 \cdot 0 = 0.$

2. Fall: $A = 1, B = 0$
$S\ (1 \cdot 1) + (0 \cdot 0) = 1 \cdot 1 = 1$
$\ddot{U} = 1 \cdot 0 = 0.$

3. Fall: $A = 0, B = 1$
$S = (0 \cdot 0) + (1 \cdot 1) = 1 \cdot 1 = 1$
$\ddot{U} = 0 \cdot 1 = 0.$

4. Fall: $A = 1, B = 1$
$S = (1 \cdot 0) + (0 \cdot 1) = 0$
$\ddot{U} = 1 \cdot 1 = 1.$

- **Signalschaltbild** Wie an anderen Stellen ausführlich gezeigt wird (z. B. [16, 17]), lassen sich die Gleichungen (8.1) und (8.2), die *Schaltfunktionen* oder *Funktionsgleichungen* genannt werden, mit der in **Bild 8.5a** dargestellten Schaltung eines *Halbaddierers* verwirklichen; Bild 8.5b zeigt das Symbol des Halbaddierers.

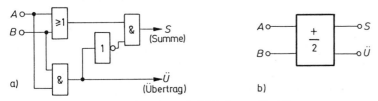

Bild 8.5 Signalschaltbild (a) und Symbol (b) eines Halbaddierers

8.2.3 Volladdierer

Mit einem Halbaddierer lassen sich zwei einstellige Dualziffern vollständig addieren. Aber schon wenn ein Übertrag aus einer vorhergehenden Stufe zu berücksichtigen ist, wenn also gleichzeitig *drei* Dualziffern zu addieren sind, versagt diese Schaltung.

> Um eine allgemeine Addition vollständig ausführen zu können, muß die Addierschaltung auch in der Lage sein, gleichzeitig einen eventuellen Übertrag aus einer niederwertigen Stufe zu verarbeiten. Das entspricht einer Addierschaltung, die gleichzeitig *drei* Dualziffern (Binärzustände) verarbeiten kann. Eine solche Schaltung wird *Volladdierer* genannt.

Zunächst sei mit **Bild 8.6** die Wahrheitstabelle eines Volladdierers angegeben. **Bild 8.7** zeigt das übliche Symbol des Volladdierers, der gemäß der Wahrheitstabelle 3 Eingänge und 2 Ausgänge aufweist.

Mit j ist die Binärstelle gekennzeichnet, die gerade verarbeitet wird. Bei einem 4-Bit-Wort beispielsweise kann $j = 1, 2, 3$ oder 4 betragen.

A_j	B_j	$\ddot{U}_{j-1}$	S_j	$\ddot{U}_j$
0	0	0	0	0
1	0	0	1	0
0	1	0	1	0
1	1	0	0	1
0	0	1	1	0
1	0	1	0	1
0	1	1	0	1
1	1	1	1	1

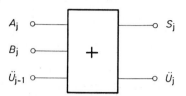

Bild 8.6 Wahrheitstabelle eines Volladdierers

Bild 8.7 Symbol des Volladdierers

● *Zwei Halbaddierer in Serie*　Recht anschaulich läßt sich der Volladdierer aus zwei hintereinander geschalteten Halbaddierern aufbauen. Im ersten Halbaddierer werden die beiden Dualziffern A_j und B_j addiert. Im zweiten Halbaddierer wird die daraus entstehende Zwischensumme S_j^* zu dem Übertrag $\ddot{U}_{j-1}$ addiert. **Bild 8.8** zeigt die zugehörige Wahrheitstabelle, **Bild 8.9** die Schaltung des Volladdierers aus zwei Halbaddierern in Serie.

A_j	B_j	$\ddot{U}_{j-1}$	S_j^*	$\ddot{U}_j^*$	$\ddot{U}_j^{**}$	S_j	$\ddot{U}_j$
0	0	0	0	0	0	0	0
1	0	0	1	0	0	1	0
0	1	0	1	0	0	1	0
1	1	0	0	1	0	0	1
0	0	1	0	0	0	1	0
1	0	1	1	0	1	0	1
0	1	1	1	0	1	0	1
1	1	1	0	1	0	1	1

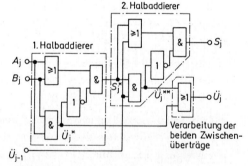

Bild 8.8 Wahrheitstabelle des Volladdierers aus zwei Halbaddierern in Serie

Bild 8.9 Schaltung des Volladdierers aus zwei Halbaddierern in Serie

● *Funktionsweise*　Am Eingang des ersten Halbaddierers (Bild 8.9) liegen die Summanden A_j und B_j; am Ausgang erscheinen gemäß Bild 8.4 die Zwischensumme S_j^* und der Zwischenübertrag $\ddot{U}_j^*$.

Am Eingang des zweiten Halbaddierers liegen die Zwischensumme S_j^* und der Übertrag $\ddot{U}_{j-1}$; am Ausgang erscheinen die Endsumme S_j und der zweite Zwischenübertrag $\ddot{U}_j^{**}$. Die beiden Zwischenüberträge $\ddot{U}_j^*$ und $\ddot{U}_j^{**}$ werden auf ein ODER-Gatter gegeben, so daß am Ausgang $\ddot{U}_j$ (endgültiger Übertrag) dann eine *1* erscheint, wenn der erste Halbaddierer einen Übertrag $\ddot{U}_j^*$ oder der zweite Halbaddierer einen Übertrag $\ddot{U}_j^{**}$ geliefert haben.

Die symbolische Zusammenschaltung zweier Halbaddierer zum Volladdierer zeigt **Bild 8.10**.

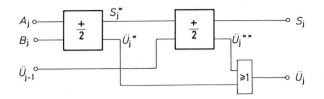

Bild 8.10

Zusammenschaltung zweier Halbaddierer zu einem Volladdierer

Die Realisierung eines Volladdierers aus zwei Halbaddierern ist sehr anschaulich.
Aber auch andere Volladdierer-Schaltungen werden verwendet (siehe z. B. [16]).

8.2.4 Serien- und Paralleladdierer

Bei der Addition zweier Dualzahlen sind die einander entsprechenden Dualstellen
der beiden Summanden, also die Stellen gleicher Wertigkeit, unter Berücksichtigung
des Übertrags aus der nächstniedrigen Dualstelle zu addieren. Das kann geschehen,
indem die einzelnen Stellen seriell (sequentiell, also der Reihe nach) addiert werden,
oder indem die Addition parallel für alle Dualstellen in einem Schritt ausgeführt
wird.

- *Serienaddition* Bei der *Serienaddition* werden die beiden Summanden A und B in
zwei Schieberegistern gespeichert (siehe **Bild 8.11**). Der Inhalt jeweils einer Dualstelle beider Summanden wird in den Volladdierer gegeben. Die Ergebnisse der
Additionen werden in einem Register gesammelt, das *Akkumulator* genannt wird.
Das *Akkumulator-Register* muß um eine Speicherzelle größer sein als die *Summanden-Register*; denn das Ergebnis der Addition zweier n-stelliger Zahlen kann n
Stellen oder $n + 1$ Stellen haben.

Das Verschieben der Zelleninhalte in den Summanden-Registern und im Akkumulator geschieht mit einem Taktgeber. Die Addition einer Dualstelle benötigt somit
gerade die Taktzeit T. Der Übertrag U aus der Addition der n-ten Stelle muß um die
Taktzeit T verzögert auf die Addition der Dualstelle $n + 1$ zurückgeführt werden, was
durch das Verzögerungsglied V möglich wird.

Wenn man − wie in Bild 8.11 gestrichelt eingezeichnet − den Ausgang des Akkumulators auf einen Summandeneingang des Volladdierers zurückführt − in diesem Fall
auf den Eingang A −, dann ergibt sich die Möglichkeit, zu der gerade ermittelten

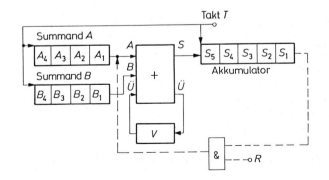

Bild 8.11

Serienaddierer (nach [17])

Summe einen weiteren Summanden zu addieren usw. In die gestrichelt eingezeichnete *Rückführung* ist ein *UND-Gatter* eingebaut. Damit wird erreicht, daß die Rückführung bei Bedarf durch Abschalten des Signals R unterbrochen werden kann.

> Der Vorteil eines *Serien-Addierwerkes* ist, daß trotz im Prinzip beliebiger Wortlänge der Summanden nur ein Volladdierer benötigt wird. Der Nachteil ist, daß die Rechenzeit lang wird, weil für jede Dualstelle eine Taktzeit erforderlich ist.

• *Paralleladdition*

> Den Nachteil der langen Rechenzeit vermeidet ein *Parallel-Addierwerk*. Mit einem einzigen Zyklus wird die vollständige Addition durchgeführt, wenn dafür gesorgt ist, daß alle Dualstellen beider Summanden gleichzeitig (parallel) zur Verfügung stehen.

In **Bild 8.12** ist ein Parallel-Addierwerk für 4-Bit-Worte (Tetraden) gezeigt. Für die Dualstelle mit der niedrigsten Wertigkeit wird nur ein Halbaddierer benötigt, wenn kein Übertrag aus einer davor liegenden Stufe berücksichtigt werden muß. Die höheren Stellen brauchen wegen der möglichen Überträge Volladdierer. Die beiden Summanden A und B werden mit Hilfe von *Serien-Parallel-Umsetzern* (vgl. 9.1.3) parallel angeliefert. Zur Addition werden die A_i und B_i gleichzeitig auf die Addierer gegeben. Die Ergebnisstellen S_i gelangen zurück in das Summanden-Register B. Weil die Überträge eventuell alle Addierer durchlaufen müssen, wird im allgemeinsten Fall die Zeit für einen vollständigen Zyklus bestimmt durch den Additionsschritt und die Zeit für das Durchlaufen der Überträge.

• *Beispiel* Ein einfaches Beispiel für die Addition zweier vierstelliger Dualzahlen ist mit **Bild 8.13** gegeben. Dort werden die Zahlen $A = 0111$ und $B = 1110$ addiert.

$$A: \quad 0111 \rightarrow 7$$
$$+ B: \quad 1110 \rightarrow 14$$
$$\underline{\quad\quad 111 \quad\quad \text{(Überträge)}}$$
$$= \quad 10101 \rightarrow 21.$$

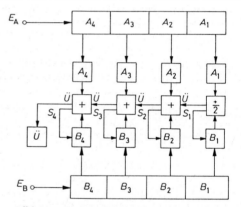

Bild 8.12 Parallel-Addierwerk

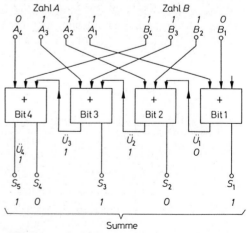

Bild 8.13 Beispiel für eine Parallel-Addition

In diesem Beispiel ist auch für das Bit 1 ein Volladdierer spendiert. Damit ergibt sich die Möglichkeit, einen Übertrag von einer vorhergehenden Stelle zu berücksichtigen.

8.2.5 BCD-Addierwerk

Wie wir in 3.2 gelernt haben, sind zum Aufbau eines BCD-Codes 4 Bits nötig. Mit diesen vier Bits wird jeweils eine Dezimalziffer codiert. Die zu verrechnenden Summanden weisen deshalb immer vier Dualstellen auf. Bezüglich dieser *Dualstellen* muß somit die Addition *parallel* durchgeführt werden. Bei einer Parallel-Addition wird *eine* Dezimalstelle addiert. Dezimale Summanden bestehen aber in der Regel aus mehreren Stellen. Sollen beispielsweise Dezimalzahlen bis zur Größe ,,1 Million" berechenbar sein, müssen 6 Stellen der Wertigkeiten 10^0, 10^1, 10^2, 10^3, 10^4, 10^5 vorhanden sein. Bezüglich dieser *Dezimalstellen* wird die Addition *seriell* durchgeführt.

- *Serien-Parallel-Addierwerk* **Bild 8.14** zeigt solch ein Serien-Parallel-Addierwerk für binär codierte Dezimalzahlen bis 1 000 000. Die Bits einer Tetrade werden in das Volladdierwerk gegeben. Dabei handelt es sich um ein Parallel-Addierwerk, das ähnlich aufgebaut ist wie das in Bild 8.12 gezeigte. Im schematischen Aufbau ist das BCD-Addierwerk vergleichbar mit dem Serienaddierer aus Bild 8.11. Man muß dort lediglich die Summanden-Register und das Akkumulator-Register jeweils vierfach aufbauen und den einen Volladdierer durch ein 4stelliges binäres Volladdierwerk ersetzen. Über das außerdem benötigte Korrekturwerk ist noch zu sprechen.

In dem vierstelligen binären Volladdierwerk werden jeweils zwei Tetraden parallel addiert. Am Ausgang des Addierwerks entsteht in der Regel eine 5stellige Summe. Das darauf folgende Korrekturwerk hat folgende Aufgabe:

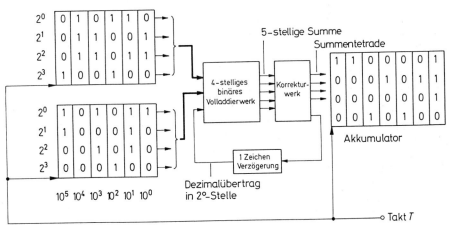

Bild 8.14 BCD-Addierwerk; Schematischer Aufbau (nach [17])

- **Korrekturwerk** Es muß feststellen, ob bei der Addition zweier Tetraden die binär codierte Summe größer als 9 wird oder ob ein Überlauf auf die fünfte Stelle entsteht. In beiden Fällen muß dann durch das Korrekturwerk die in 3.2 vorgestellte Korrektur 6 durchgeführt werden, d. h. es muß zusätzlich $0110 = 6$ addiert werden.

  Am Ausgang des Korrekturwerks steht nun die richtige Summentetrade. Ein eventueller Übertrag wird über ein Verzögerungsglied auf den Eingang des Volladdierwerks zurückgeführt, und zwar auf die Stelle niedrigster Bit-Wertigkeit (2^0) der nächsten beiden Tetraden.

- **BCD-Parallel-Addierwerk** Zur Illustration von Einzelheiten sei mit **Bild 8.15** die ausführliche Schaltung eines *BCD-Parallel-Addierwerks* angegeben, das so ausgelegt ist, daß maximal $99 + 99 = 198$ verarbeitet werden kann. Die Summanden-Register sind mit $E_1 Z_1$ (Einer-Stelle und Zehner-Stelle des Summanden 1) und $E_2 Z_2$ bezeichnet. Die Einer- und Zehner-Tetraden werden getrennt auf je ein 4stelliges Volladdierwerk VA gegeben. Darauf folgt das aus logischen Schaltelementen aufgebaute Korrekturwerk. In weiteren Volladdierwerken wird jeweils eine „6" (0110) addiert, wenn $C_K > 9$ oder $C_4 = 1$ erkannt wurde. Am Ende erscheinen die Einer- und Zehner-Tetraden der gewünschten Summe ($E_s Z_s$) sowie aus dem Gesamtübertrag eine mögliche Hunderter-Stelle (H_s).

  Es ist leicht einzusehen, daß bei einer Erweiterung eines solchen Parallel-Addierwerks für den BCD-Code auf mehr als zwei Stellen der Aufwand unvertretbar groß wird. In diesen Fällen werden BCD-Addierwerke als Serien-Parallel-Addierwerke aufgebaut, wie ein Beispiel in Bild 8.14 gezeigt ist.

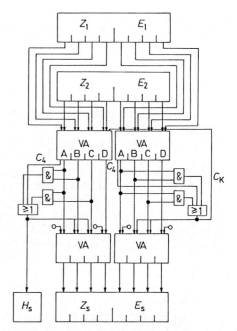

Bild 8.15 Beispiel für ein BCD-Parallel-Addierwerk

Es sei abschließend erwähnt, daß mit den besprochenen Addierwerken auch Subtraktionen durchgeführt werden können, wenn in 8.2.1 besprochene Inverter zur Komplementbildung vorgeschaltet werden.

8.2.6 Multiplikation von Dualzahlen

Die Multiplikation wird als fortlaufende Addition durchgeführt. Mit Gleichung (8.3) ist gezeigt, daß der Faktor A (Multiplikand) so oft addiert wird, wie der Faktor B (Multiplikator) angibt:

$$A \cdot B = \underbrace{A + A + A + \dots + A}_{B \text{ Summanden}} \tag{8.3}$$

Damit ist ersichtlich, daß jede *Multiplikation mit Addierwerken* ausführbar ist. Es sind allerdings zwei Ergänzungen nötig.

Erstens wird zusätzlich ein *Zähler* verlangt, der die Anzahl der Additionsvorgänge zählt und mit dem Multiplikator vergleicht.

Zweitens muß dafür gesorgt werden, daß die fortlaufende Addition *stellenrichtig* durchgeführt wird. Das bedeutet, es muß nach jeder Teiladdition eine Verschiebung um eine Dualstelle veranlaßt werden, was von 2.3.2 (Dualzahlen-Arithmetik) her bereits bekannt ist.

● *Multiplizierwerk*   Mit **Bild 8.16a** ist nach [16] ein Rechenwerk für Multiplikationen angegeben. Im Multiplikanden-Register MD ist parallel und stationär (ortsfest) der Multiplikand (Faktor *A*) gespeichert. Zwischen MD und dem Parallel-Addierwerk PA

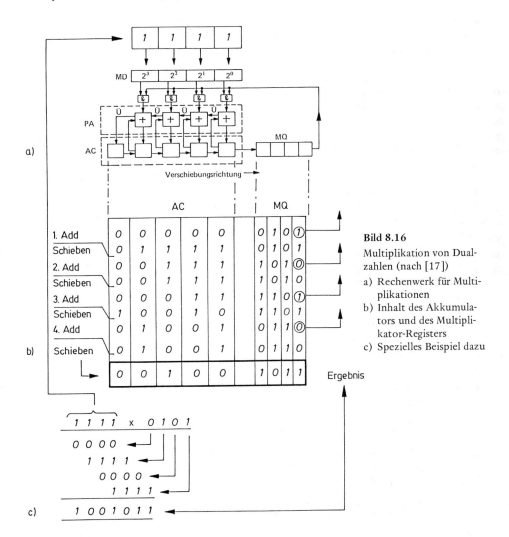

Bild 8.16

Multiplikation von Dualzahlen (nach [17])

a) Rechenwerk für Multiplikationen

b) Inhalt des Akkumulators und des Multiplikator-Registers

c) Spezielles Beispiel dazu

sind UND-Gatter geschaltet, so daß nur dann ein *1*-Bit auf den entsprechenden Volladdierer gelangt, wenn gleichzeitig eine *1* aus der zugehörigen MD-Zelle und eine *1*
aus der letzten Zelle des Multiplikator-Registers MQ anliegt. Das MQ-Register und
der Akkumulator AC sind als zusammenhängendes Schieberegister ausgeführt. Im
gezeigten Beispiel besteht es also aus 9 Zellen. Nach jedem Rechentakt wird der
Inhalt dieses 9stelligen Schieberegisters (also AC + MQ) um jeweils eine Stelle nach
rechts geschoben, so daß der Multiplikand MD *0*-mal oder *1*-mal addiert wird, je
nach dem, welcher Binärzustand gerade aus der letzten MQ-Zelle auf die UND-
Gatter gelangt.

In **Bild 8.16b** ist tabellarisch dargestellt, wie der Inhalt des Schieberegisters (AC +
MQ) während der einzelnen Phasen der Multiplikation für das Beispiel der mit Bild
8.16c gewählten Aufgabe aussieht.

● *Zahlenbeispiel*   Zu Beginn der Multiplikation soll der Akkumulator AC auf Null
stehen (alle Zellen *0*); im Multiplikator-Register MQ steht *0101*. Die erste Addition
lautet somit

$$1 \times 01111 = 01111$$
$$+ \underline{00000}$$
$$01111$$

so daß nun in AC *01111* steht, in MQ weiterhin *0101*. Nun wird der erste Schiebetakt ausgeführt. Danach steht in AC *00111*, in MQ *1010*. Die zweite Addition wird
also

$$0 \times 01111 = 00000$$
$$+ \underline{00111}$$
$$00111$$

so daß hiernach AC und MQ unverändert sind. Nach dem nun folgenden zweiten
Schiebetakt steht in AC *00011*, in MQ *1101*. Die dritte Addition wird darum

$$1 \times 01111 = 01111$$
$$+ \underline{00011}$$
$$10010$$

so daß nun in AC *10010*, in MQ *1101* stehen, nach dem Schieben darum in AC
01001, in MQ *0110*. Die vierte Addition lautet

$$0 \times 01111 = 00000$$
$$+ \underline{01001}$$
$$01001$$

Nach dem letzten Schiebetakt steht schließlich in AC *00100*, in MQ *1011*. Damit ist
gleichzeitig das Endergebnis ermittelt, nämlich

$$001001011 = 75.$$

8.2.7 Multiplikation und Division mit Festwertspeichern

Aus dem vorigen Abschnitt kann ohne Schwierigkeiten entnommen werden, daß die
Durchführung von Multiplikationen mit herkömmlichen Rechenwerken einigen Auf-

wand an Addieren, Registern, Korrekturwerken und logischen Schaltgliedern erfordert und die Division zusätzlich Inverterschaltungen zur Komplementbildung nötig macht.

- **Elektronische Wertetafel** Eine sehr einfache und schnelle Methode der Multiplikation und Division ist in der Literatur beschrieben und dort genannt: „Nachschlagen der Ergebnisse in einer *elektronischen Wertetafel* (Festwertspeicher)". Diese Methode setzt voraus, daß (wie in einem Tabellenbuch) *alle möglichen Ergebnisse* festgehalten sind. Mit der Entwicklung schneller und sehr preiswerter Festwertspeicher (ROM) sind alle Voraussetzungen zur Realisierung geschaffen.

- **Vollständige Wertetafeln** Der einfachste Fall ist die *Multiplikation mit vollständigen Wertetafeln*. Mit beispielsweise 5stelligen Faktoren (5× 5-Bit-Multiplikation) wird

$$A \cdot B = C \qquad \text{mit} \qquad \begin{aligned} A &= a_4 a_3 a_2 a_1 a_0 \\ B &= b_4 b_3 b_2 b_1 b_0. \end{aligned} \qquad (8.4)$$

Die Stellenzahl c des Produkts ist höchstens gleich der Summe der Stellenzahlen der beiden Faktoren, also

$$c = a + b. \qquad (8.5)$$

Damit ist auch die Anzahl n der möglichen Ergebnisse festgelegt:

$$n = 2^c. \qquad (8.6)$$

Der aufmerksame Leser merkt sofort, daß es sich hierbei um das einfache, fundamentale Potenzgesetz aus 2.1 (Gl. 2.1) handelt. Gleichung (8.6) gibt also an, wieviele Ergebnisse n der Länge c möglich sind. Die benötigte Bit-Kapazität einer vollständigen Wertetabelle für alle denkbaren Ergebnisse wird damit:

$$k = n \, c = 2^c \, c. \qquad (8.7)$$

Für das Beispiel der 5× 5-Bit-Multiplikation folgt daraus

$$k = 2^{10} \cdot 10 = 1024 \cdot 10 = 10240.$$

In **Bild 8.17** ist dieser Fall dargestellt.

Aus Gleichung (8.7) erkennt man aber, daß bei Faktoren mit mehr als 5 Stellen die Festwertspeicherkapazität schnell unrealistisch groß wird. Schon bei 8stelligen Faktoren kommt man auf $k = 2^{16} \cdot 16 = 2^{20} = 1048576 = 1$ Mbit Speicherkapazität. Das entspricht der Arbeitsspeicherkapazität ganzer EDV-Anlagen, und es wäre absurd, nur für Multiplikationen und Divisionen einen zweiten Speicher dieser Kapazität zu installieren. Das wäre auch heute noch zu teuer.

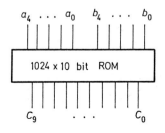

Bild 8.17

5 × 5-Bit-Multiplikation mit Festwertspeicher

● **Unvollständige Wertetafeln** Ein bequemer Ausweg ergibt sich aus der *Multiplikation mit unvollständigen Wertafeln* und substituierten Endstellen. Zur Erläuterung sei wieder die 5× 5-Bit-Multiplikation gewählt. Ausführlich lautet diese Multiplikation:

$$a_4 a_3 a_2 a_1 a_0 \quad \times \quad b_4 b_3 b_2 b_1 b_0 \qquad C = A \cdot B$$

$a_4 a_3 a_2 \mid a_1 a_0 \cdot$	b_0	$= (a_4 + a_3 + a_2 + a_1 + a_0) \cdot b_0$
$a_4 a_3 a_2 a_1 \mid a_0 \cdot$	b_1	$+ (a_4 + a_3 + a_2 + a_1 + a_0) \cdot b_1$
$a_4 a_3 a_2 a_1 a_0 \mid \cdot$	b_2	$+ (a_4 + a_3 + a_2 + a_1 + a_0) \cdot b_2$
$a_4 a_3 a_2 a_1 a_0 \mid \cdot$	b_3	$+ (a_4 + a_3 + a_2 + a_1 + a_0) \cdot b_3$
$a_4 a_3 a_2 a_1 a_0 \mid \cdot$	b_4	$+ (a_4 + a_3 + a_2 + a_1 + a_0) \cdot b_4$

$$c_9 c_8 c_7 c_6 c_5 c_4 c_3 c_2 \mid c_1 c_0$$

Für die Produkstellen c_i erhält man daraus:

$$c_0 = a_0 b_0$$
$$c_1 = a_1 b_0 + a_0 b_1$$
$$c_2 = a_2 b_0 + a_1 b_1 + a_0 b_2 + \text{Übertrag von } c_1$$
$$c_3 = a_3 b_0 + a_2 b_1 + a_1 b_2 + a_0 b_3 + \text{Übertrag von } c_2$$
$$\vdots$$

Nun erkennt man, daß sich z. B. die Endstelle c_0 des Produktes C allein aus den Stellen a_0 und b_0 ergibt.

Die Idee der Multiplikation mit unvollständigen Wertetafeln liegt darin, Wertetafeln und Rechenwerk für Multiplikationen miteinander zu verknüpfen. Die Rechenwerte können denkbar einfach aufgebaut sein, weil z. B. die ,,Endstelle`` c_0 nur aus $a_0 b_0$ folgt und auch $c_1 = a_1 b_0 + a_0 b_1$ keinen großen technischen Aufwand erfordert.

Die ,,Substitution von Endstellen`` bedeutet somit, daß die entsprechenden Ergebniswerte für die Endstellen nicht in der Wertetabelle abgelegt sein müssen, sondern daß sie in zusätzlichen, einfachen Rechenwerken getrennt berechnet werden, was in **Bild 8.18** schematisch angedeutet ist.

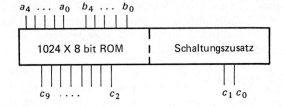

Bild 8.18
5 × 5-Bit-Multiplikation mit unvollständigen Wertetafeln

● **Vorteile** Die Einsparung an ROM-Kapazität beträgt pro substituierter Stelle $k = 2^c$ bit. Für das Beispiel aus Bild 8.18 folgt somit

$$k = 2^{10} \cdot 8 = 1024 \times 8 \text{ bit.}$$

Der Schaltungszusatz hat hierbei nur die einfachen Größen c_0 und c_1 zu ermitteln.

8.3 Gleitkommarechnung

In Rechenmaschinen werden Zahlen in sehr unterschiedlicher Form verarbeitet. Im einfachsten Fall wird eine **Festkomma-Darstellung** verwendet. Wie man aus **Bild 8.19** entnehmen kann, wird dabei mit einer „festen Wortlänge" gearbeitet; das Komma steht immer an einer festen Stelle. Sind z.B. alle Register der betreffenden Maschine 12stellig ausgeführt, so ist die kleinste mögliche Zahl 0,001, die größte $999\,999\,999,999$.

| 0 | 0 | 0 | 0 | 0 | 0 | 0 | 0 | 0, | 0 | 0 | 1 |

kleinste Zahl

| 9 | 9 | 9 | 9 | 9 | 9 | 9 | 9 | 9, | 9 | 9 | 9 |

größte Zahl **Bild 8.19**

feste Kommastelle Festkomma-Darstellung

- *Variables Festkomma* Die Zahlenverarbeitung mit Festkomma trägt den Nachteil in sich, daß nur ein begrenzter Zahlenumfang möglich ist. Hat man beispielsweise innerhalb eines Problems gleichzeitig Frequenzen im Gigahertz-Bereich (10^9 Hz) und Kapazitäten um 1 Piko-Farad (1 pF = 10^{-12} F) zu verarbeiten, würden bei der Festkomma-Darstellung mehr als 21 Stellen benötigt werden. In solchen Fällen kommt man aber auch mit weniger Stellen aus, wenn eine **variable Festkomma-Darstellung** benutzt wird, wenn nämlich die Kommastelle für jede Zahl neu festgelegt wird, was mit **Bild 8.20** angedeutet ist.

Dort sind mit 12stelligen Registern die Beispiele 168 GHz, 168 pF und 16,8 Volt sowie die jeweils möglichen Wertebereiche angegeben.

Beispiel	12-stelliges Register	Wertebereich
168 GHz	1 6 8 0 0 0 0 0 0 0 0 ,	10^{11} ... 10^{0}
168 pF	, 0 0 0 0 0 0 0 0 1 6 8	10^{-1} ... 10^{-12}
16,8 V	0 0 0 1 6 , 8 0 0 0 0	10^{5} ... 10^{-6}

Bild 8.20 Beispiele für variable Festkomma-Darstellungen und mögliche Wertebereiche

- *Gleitkomma* Das Rechnen mit sehr großen Zahlen und extrem kleinen Brüchen wird aber erst möglich durch Verwendung der **Gleitkomma-Darstellung**, die bei Computern und auch bei besseren Tischrechnern zum Standard gehört. Hierbei handelt es sich um die in der Wissenschaft und Technik übliche Exponential-Schreibweise, die in mathematischer Form lautet:

$$Z = m\,B^e. \tag{8.8}$$

Zahlen Z werden somit dargestellt durch eine *Mantisse m*, die *Basis B* des vereinbarten Zahlensystems und den *Exponenten e*, der die Kommastelle festlegt. Mit **Bild 8.21** ist eine Gegenüberstellung verschiedener Darstellungsformen gegeben.

Normale Darstellung	Festkomma-Darstellung	Gleitkomma-Darstellung
3,14159	000003,141590	$0,314159 \cdot 10^1$
999 999	999999,000000	$0,999999 \cdot 10^6$
0,000123	000000,000123	$0,123 \quad \cdot 10^{-3}$

Mantisse ⌐
Basis
Exponent

Bild 8.21
Gegenüberstellung verschiedener
Darstellungsformen von Zahlen

- **_Praktische Nutzung_** Aus **Bild 8.22** erkennt man, daß mit der gewählten Einteilung die große Menge von Exponenten im Bereich 10^{-99} bis 10^{99} möglich ist. Die Basis B wird nicht angegeben. Sie wird für ein System generell vereinbart und ist — wenn nicht ausdrücklich anders festgelegt — $B = 10$.

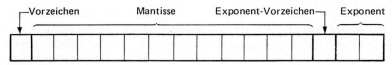

Vorzeichen   Mantisse   Exponent-Vorzeichen┐   Exponent

Bild 8.22 Allgemeine Gleitkomma-Darstellung

- **_Gleitkommarechnung_** Bei der _Gleitkommarechnung_ (engl. FPP, _Floating Point Processing_) sind ein paar Besonderheiten zu beachten.

In der sogenannten **Normalform** (Gl. (8.8)) der Gleitkomma-Darstellung lautet die Zahl $\pi = 0,314159 \cdot 10^1$.

Die Anordnung dieser Zahl in einem Register ist symbolisch

314159	01

Mantisse ⌐   ⌐ Exponent

Es soll beispielsweise zu dieser Zahl 9,42477 addiert werden:

$$0,314159 \cdot 10^1$$
$$+ \, 0,942477 \cdot 10^1$$
$$= 1,256636 \cdot 10^1 = 0,1256636 \cdot 10^2$$

„Überlauf"

Symbolisch lautet dies

	314159	01
+	942477	01
=	1256636	02

> Tritt bei Rechenoperationen ein „Überlauf" auf, muß das Ergebnis durch Verschieben des Kommas wieder auf die „Normalform" gebracht werden → **Gleitkomma.**

Nun soll zur Zahl π die Zahl $0,999999 \cdot 10^6$ addiert werden:

$$
\begin{aligned}
& 0,314159 \cdot 10^1 \\
+\ & 0,999999 \cdot 10^6
\end{aligned}
\ \rightarrow \
\begin{aligned}
& 0,00000314159 \cdot 10^6 \\
+\ & 0,99999900000 \cdot 10^6 \\
\hline
=\ & 1,00000214159 \cdot 10^6 \\
=\ & 0,100000214159 \cdot 10^7
\end{aligned}
$$

Daraus folgt:

> Vor der Addition müssen die Gleitkomma-Zahlen auf eine Form mit gleichen Exponenten gebracht werden.

Die Multiplikation muß ebenfalls den Gesetzen der *Potenzrechnung* gehorchen:

$$0,314 \cdot 10^1 \times 0,314 \cdot 10^1 = 0,098596 \cdot 10^2$$

	314000	·01				
×	314000	01				
=	098596	02	=		985960	01

> Mantissen werden multipliziert, Exponenten addiert; durch Stellenverschieben ist wieder die „Normalform" herzustellen.

Die gleichen Regeln gelten entsprechend auch für negative Exponenten.

9 Speicher

In der klassischen Gliederung für EDV-Anlagen bilden Haupt- und Hilfsspeicher zusammen das *Speicherwerk* (s. Bild 7.1):

> 1. Hauptspeicher oder *Arbeitsspeicher (Main Memory)*, der als interner Speicher in der Zentraleinheit das Programm, also die Arbeitsanweisung für die gesamte Maschine, sämtliche Daten sowie alle Zwischen- und Hauptergebnisse aufnehmen muß.
> 2. Hilfsspeicher, auch Zubringer- oder Großspeicher genannt, die als externe Speicher außerhalb der Zentraleinheit größere Datenmengen (vor allem Hilfsgrößen wie Tabellen, Codierungssysteme, Konstanten etc.) bis zu ihrer Verarbeitung oder Ausgabe aufnehmen.

Bild 9.1 gibt die häufigsten Speichermedien an. In diesem Kapitel werden wir zunächst eine Einteilung der Speichereinheiten nach verschiedenen Kriterien vornehmen und ein paar Konzepte vorstellen. In der Hauptsache werden danach Halbleiterspeicher und Magnetische Speicher besprochen sowie ein paar weitere, seltenere Ausführungen angesehen.

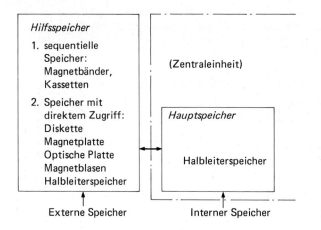

Bild 9.1
Speicherwerk mit Angabe der
häufigsten Speicherelemente

9.1 Einteilung, Konzepte

9.1.1 Verschiedene Einordnungskriterien

Eine erste Einteilung der verschiedenen Speicherkonzepte und -verfahren haben wir oben vorgenommen. Diese Trennung in Hauptspeicher und Hilfsspeicher ist für viele Diskussionen auch die wichtigste. Damit verbunden sind die Begriffe „interne" und „externe Speicher". Die internen oder Hauptspeicher sind eigentlich immer Halbleiterspeicher, die externen dagegen sind sehr verschieden ausgeführt (vgl. Bild 9.1). In den beiden nachfolgenden Abschnitten wird die Diskussion nach dem Arbeitsprinzip und dem Verwendungszweck weitergeführt. Anhand einer Reihe von Begriffspaaren werden wir hier die wesentlichen Kriterien abstecken. **Tabelle 9.1** zeigt diese Paare nach dem Verwendungszweck und dem Arbeitsprinzip aufgeteilt.

Die Bezeichnungen der Tabelle 9.1 kehren einzeln und als Begriffspaare immer wieder. Nachfolgend werden die wichtigen weiter erklärt. Die verschiedenen physikalischen Ausführungen besprechen wir in 9.2 bis 9.4.

9.1.2 Einteilung nach dem Arbeitsprinzip

Dem allgemeinen Brauch der Literatur folgend (z.B. [15, 16]), sollen mit **Bild 9.2** und den folgenden Unterabschnitten die wichtigsten Speicherelemente nach ihrem physikalischen Arbeitsprinzip aufgegliedert werden.

• *Statische Speicher*   Die meisten Speicherelemente gehören zur Gruppe der statischen Speicher. Bei ihnen wird jede Information an einem festen Speicherplatz gehalten; dieser Platz ist durch seine *Adresse* eindeutig gekennzeichnet. Prinzipiell kann die Information zu jedem beliebigen Zeitpunkt abgefragt werden.

• *Halteleistung*   Je nachdem, ob zur Informationsspeicherung eine *Halteleistung* nötig ist oder nicht, d.h. ob zur Erhaltung der gespeicherten Informationen eine dauernde oder keine Energiezufuhr nötig ist, unterscheidet man hier zwei Gruppen.

Tabelle 9.1 Begriffspaare zur Charakterisierung von Speichern, nach Verwendungszweck und Arbeitsprinzip geteilt

Gliederung	Begriffspaare mit Erläuterungen			
nach Verwendungszweck	Hauptspeicher	für Programme und Daten (Verarbeitung)	Hilfsspeicher	für Programme und Daten (Massenspeicher)
	interner Speicher	auch: Hauptspeicher	externer Speicher	auch: Hilfsspeicher
	schneller Speicher	für interne Verarbeitung	langsamer Speicher	für Archivierung
	RAM (*Random Access Memory*)	zum Schreiben und Lesen	ROM (*Read Only Memory*)	nur Lesen möglich
	Langzeitspeicher	für Programme und Daten (Archivierung)	Kurzzeitspeicher	für Zwischenspeicherung (Register, Puffer, Latch)
nach Arbeitsprinzip	statische Speicherung	„Normalprinzip"	dynamische Speicherung	Laufzeitspeicherung
	statisches Lesen	Potential erkennen (z. B. Halbleiterspeicher)	dynamisches Lesen	Elektromagnetisches Feld erkennen (z. B. Kernspeicher oder Magnetspeicher)
	volatile (flüchtig)	Halteleistung nötig	*nonvolatile* (nicht flüchtig)	keine Halteleistung nötig
	freier Zugriff	z. B. RAM oder Magnetplatte	sequentiell	z. B. Magnetband
	real	Adreßvolumen entspricht physikalischem Speicher	virtuell	Adreßraum größer als physikalischer Speicher
	elektronisch	Halbleiterspeicher (RAM, ROM)	magnetisch oder optisch	Magnetband, Magnetplatte Optische Platte
	physical Disk	„wirkliche" Magnetplatte (bzw. Diskette)	*RAM Disk*	Teil des Hauptspeichers, der wie Magnetplatte verwaltet wird

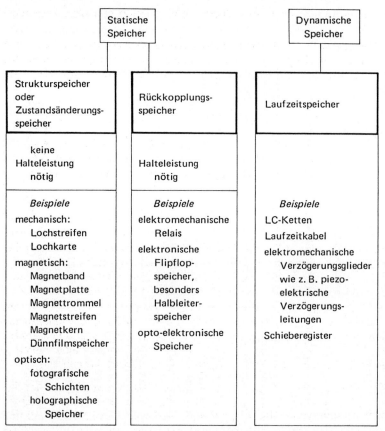

Bild 9.2 Einteilung von Speicherelementen nach ihrem physikalischen Arbeitsprinzip

---

1. Zustandsänderungsspeicher

Hierbei verursacht die jeweilige digitale Information eine *Strukturänderung* im Werkstoff des Speichers, also eine Änderung seiner magnetischen, elektrischen oder optischen Eigenschaften. Das Festhalten der abgespeicherten Informationen geschieht *ohne Energiezufuhr*, also

keine Halteleistung nötig!

Andere Bezeichnungen für diesen Speichertyp sind:

- *Non-Volatile Memory (NVM)*, also nichtflüchtiger Speicher;
- *NVRAM (Non-Volatile RAM)*, d. h. nichtflüchtiger Schreib-Lesespeicher.

- **Schreiben**   Beim *Schreiben* (Abspeichern) einer digitalen Information wird an der jeweiligen Speicherstelle (Adresse) ein dem gewünschten binären Zustand zugeordneter Materialzustand hergestellt.

- **Lesen** Das *Lesen* (Abfragen) der gespeicherten Information geschieht folgendermaßen:
Entweder wird der binäre Zustand dabei zerstört (DRO: *Destructive Read Out;* wie z. B. beim Magnetkernspeicher) und muß neu hergestellt werden (Regenerieren), oder der binäre Zustand bleibt erhalten (NDRO: *Non-Destructive Read Out*; wie z. B. beim Magnetband).

---

2. Rückkopplungsspeicher

Bei ihnen wird durch z. B. elektrische oder mechanische Rückführung (*Rückkopplung*) eine Schaltung in einem von zwei möglichen definierten Zuständen gehalten, denen die binären Zustände zugeordnet sind. Die *Rückführung verbraucht Energie*, also

Halteleistung nötig!

- **Halbleiterspeicher** Als anschauliches Beispiel hierfür werden wir *Halbleiterspeicher* (Flipflop-Schaltungen) kennenlernen (9.2). Die Größe der nötigen Halteleistung ist ein wichtiges Kriterium für einen Rückkopplungsspeicher. Mit MOS-Strukturen (*Metal Oxide Semiconductor*) gelingt es, die Halteleistung gering zu halten.
Halbleiterspeicher verlieren beim Lesen *nicht* die gespeicherte Information; mit ihnen ist also *zerstörungsfreies Lesen* möglich (*NDRO Memories*). Diesem Vorteil steht aber gegenüber, daß sie beim Abschalten der elektrischen Versorgung, also bei Ausfall der *nötigen Halteleistung* die gespeicherten Informationen völlig verlieren, was ja als Charakteristikum von Rückkopplungsspeichern erkannt worden war.

- **Neuentwicklungen** Um diesen Nachteil klassischer Rückkopplungsspeicher bei Halbleiterspeichern zu beseitigen, ist in letzter Zeit viel Entwicklungsarbeit geleistet worden. So sind z. B. MOS-Strukturen im Handel, bei denen zwischen Metall und Oxid eine sehr hochohmige Nitridschicht angebracht wird und die dann *NMOS Memories* genannt werden. Diese Strukturen wirken wie Ladungsspeicher (Kondensatoren) mit großer Speicherzeit (viele Jahrzehnte!). D. h. durch Anlegen einer bestimmten Spannung an solch eine Struktur wird sie ähnlich wie ein Kondensator aufgeladen und so ein definierter Zustand hergestellt, der nahezu unbegrenzt erhalten bleibt, auch wenn die Versorgungsspannung abgeschaltet wird. Erst durch Anlegen einer genügend hohen entgegengesetzt polarisierten Spannung kann der gespeicherte Zustand gelöscht oder der entgegengesetzte Zustand hergestellt werden.

9.1.3 Einteilung nach dem Verwendungszweck

Nach ihrem Verwendungszweck unterteilt hatten wir bislang *Hauptspeicher* (auch Arbeitsspeicher oder interner Speicher) und *Hilfsspeicher* (auch Großspeicher oder externe Speicher). Nach **Bild 9.3** sollen sie zusammengefaßt als *Langzeitspeicher* bezeichnet werden. Die **Anforderungen an Langzeitspeicher** sind:

Hohe Speicherkapazität,
geringer Raumbedarf,
geringe Kosten pro Bit,
geringe Halteleistung während der langen Speicherdauer.

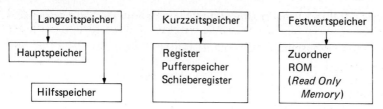

Bild 9.3 Einteilung von Speicherelementen nach ihrem Verwendungszweck

- *Kurzzeitspeicher* Mit dem Sammelbegriff **Kurzzeitspeicher** werden alle verschiedenen Formen von *Registern* bezeichnet. Charakteristisch für Kurzzeitspeicher und damit Register ist:

> **Register** dienen im Gegensatz zu Langzeitspeichern zum *Speichern kleiner Informationsmengen* für *kurze Zeit*. Sie bestehen in der Regel aus Flipflop-Schaltungen. Register müssen schnell ein- und auslesbar sein (kurze Schaltzeiten).

- *Register* Ein Register ist also im Grunde genommen ein Speicher, der allerdings nur wenige Bits aufnehmen muß. Die heute übliche technische Form ist die Flipflop-Schaltung. Register werden an verschiedenen Stellen einer EDV-Anlage eingesetzt, wobei die Hauptaufgabe allerdings selten nur die einfache Speicherung ist. Das soll nun näher erläutert werden.

Bild 9.4 zeigt schematisch ein *Register*, das aus 8 Speicherzellen besteht, wobei man sich jede der 8 Zellen durch einen Flipflop realisiert denken kann. Dieses Register wäre also beispielsweise geeignet, ein Byte aufzunehmen.

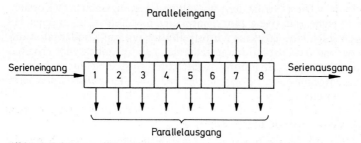

Bild 9.4 Schema und Bezeichnungen eines achtstelligen Registers

- *Aufgaben eines Registers* Prinzipiell muß ein Register in der Lage sein, digitale Daten entweder bitseriell (also Bit für Bit nacheinander) aufzunehmen und die gespeicherten Bits ebenso seriell (nacheinander) wieder abzugeben oder sie als Wortganzes (bitparallel) weiterzureichen; zweitens muß es ebenso möglich sein, parallel angelieferte Bits (also ganze Worte) gleichzeitig aufzunehmen und sie entweder bitparallel oder bitseriell abzugeben. In Bild 9.4 sind dementsprechend die Ein- und Ausgänge bezeichnet. Je nach der Kombination von Ein- und Ausgängen (nach der Beschaltung der Register also) spricht man von

   Serien-Serien-Umsetzung,
   Serien-Parallel-Umsetzung,
   Parallel-Parallel-Umsetzung,
   Parallel-Serien-Umsetzung.

● *Informationsübergabe*   **Bild 9.5** zeigt weiterführend, wie die Informationsübergabe zwischen zwei Registern A und B möglich ist.

Bei der **parallelen Informationsübergabe** wird der Inhalt der n Speicherzellen des Registers A auf einen Steuerbefehl hin (Steuertakt) gleichzeitig (parallel) in die entsprechenden Speicherzellen des Registers B übernommen. Es müssen dazu also n Verbindungsleitungen zwischen den Registern existieren. Bei der **seriellen Informationsübergabe** ist zwischen zwei Registern nur eine Verbindung nötig. Mit dem Steuertakt wird hierbei der Inhalt beider Register um jeweils eine Zeile nach links verschoben, also jeweils der Inhalt aus Speicherzelle n in Zelle $n + 1$. Wenn somit die Register n Speicherzellen besitzen (in unserem Beispiel $n = 4$), ist die vollständige Informationsübergabe von Register A nach Register B erst nach n *Schiebetakten* abgeschlossen.

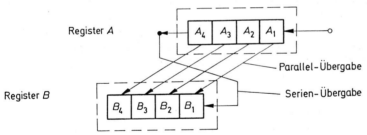

Bild 9.5 Möglichkeiten der Informationsübergabe zwischen zwei Registern A und B

● *Schieberegister*   Damit sind wir bei einem der wichtigsten Registertypen, dem *Schieberegister* (auch *Sequenzregister* oder *Folgeregister*).

In **Bild 9.6** ist ein Schieberegister mit Serien-Parallel-Umsetzung angegeben. Alle Zellen erhalten gleichzeitig den Verschiebeimpuls aus einem Taktgeber (Verschiebetakt). Eine seriell — also zeitlich nacheinander — ankommende Bitfolge *1010* ist nach vier Verschiebetakten vollständig im Register. Der Parallelausgang wird nun überlagert mit einem *Lesetakt*, und zwar in der Art, daß der Registerinhalt parallel aber zellenweise auf logische *UND-Glieder* gegeben wird. Diese UND-Glieder bewirken, daß nur dann an ihrem Ausgang ein *1*-Bit erscheint, wenn beide Eingänge gleichzeitig mit Einsbits belegt waren. So liegt nun am Ausgang dieses Registers parallel die Bitfolge *1010*, die seriell angeliefert worden war.

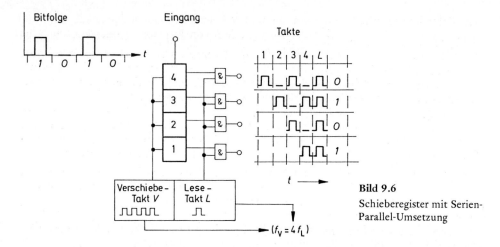

Bild 9.6

Schieberegister mit Serien-
Parallel-Umsetzung

- *Pufferspeicher*   Register besonderer Art sind solche, bei denen das Einspeichern
und Lesen mit unterschiedlicher Geschwindigkeit oder zu relativ weit auseinander
liegenden Zeitpunkten erfolgen kann. Solche Register nennt man *Pufferspeicher*
(engl. *Buffer*).

> *Pufferspeicher* haben die wichtige Aufgabe, unterschiedliche Arbeitsgeschwin-
> digkeiten logischer Schaltungen sowie von Funktionseinheiten und Geräten an-
> einander anzupassen.

Orte in einer EDV-Anlage mit extrem unterschiedlicher Arbeitsgeschwindigkeit sind
die Ein-/Ausgabestellen, also die „Schnittstellen" zwischen schneller elektronischer
Zentraleinheit und überwiegend langsamer mechanischer Peripherie (vgl. auch
Kapitel 11).

- *Latch*   Ist ein Puffer (*Buffer*) nur zur Speicherung eines Bits (eines Impulses) ausgelegt, wird er *Latch* oder Halteglied genannt. Im einfachsten Fall kann diese Funktion durch ein Flipflop realisiert werden. **Bild 9.7** zeigt den Aufbau und das Schaltverhalten des Halteglieds.

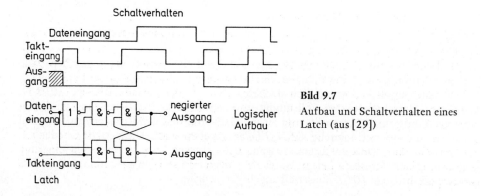

Bild 9.7

Aufbau und Schaltverhalten eines
Latch (aus [29])

9.2 Halbleiterspeicher

Haltleiterspeicher gibt es mit sehr verschiedenen Eigenschaften. Bild 9.1 macht aber deutlich, daß sie im wesentlichen als rechnerinterne Speicher (Hauptspeicher) vorkommen. Nur selten werden sie als Hilfsspeicher verwendet (z. B. in der zeitkritischen Meßdatenerfassung; vgl. 6.2.3). Nach ein paar Abgrenzungen werden wir in diesem Abschnitt die beiden wichtigen Speichertypen besprechen:

- *Schreib-Lesespeicher* — primär für Daten sowie für „Anwenderprogramme", die von einem Hilfsspeicher (Band, Diskette, Platte) in den Hauptspeicher geladen wurden.
- *Festwertspeicher* — für Programme und Hilfsangaben (z. B. Tabellen, feste Faktoren usw.), die nicht oder nur sehr selten geändert werden müssen.

Die nachfolgende Graphik macht die übliche Untergliederung von Halbleiterspeichern deutlich.

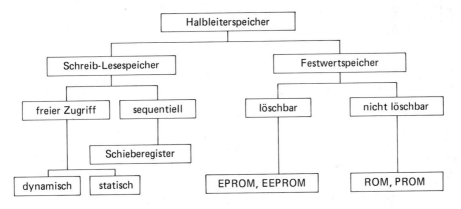

Ergänzende Literatur hierzu ist beispielsweise [11—16].

9.2.1 Vorbemerkungen, Abgrenzungen

Der *Hauptspeicher* ist der klassische **Arbeitsspeicher** jeder EDV-Anlage. Alle vom System zu verarbeitenden Daten laufen durch den Hauptspeicher. Er muß deshalb eine hinreichend große Kapazität (Fassungsvermögen) besitzen, um außer dem Programm (der jeweiligen Arbeitsanleitung) noch genügend viele Daten aufnehmen zu können. Programm und momentan benötigte Daten bleiben in ihm. Listen, Tabellen, Konstanten etc. werden in die Hilfsspeicher weitergeleitet. Somit ist auch bei begrenzter Hauptspeicherkapazität die Aufnahme sehr vieler Daten möglich. Auch wenn eine Operation mehr Speicherplatz benötigt, als im Hauptspeicher zur Verfügung steht, kann dessen Kapazität durch organisierte externe Zwischenspeicherung erhöht werden. Der Datentransport in die Hilfsspeicher geht aber immer über den Hauptspeicher.

● *Hauptspeicher* Sämtliche Programminstruktionen und die gerade aufgerufenen Daten werden aus dem Arbeitsspeicher nach Anweisung durch das Steuerwerk der Zentraleinheit in das Operationswerk gegeben. Der Hauptspeicher steht somit in ständigem Datenaustausch mit dem Operationswerk. Sämtliche Ergebnisse gehen ebenfalls zurück in den Hauptspeicher und können erst von dort an die Ausgabeeinheit weitergegeben werden.

> Der **Hauptspeicher** (Arbeitsspeicher) ist das zentrale Gedächtnis der gesamten EDV-Anlage.

● *Ordnungsprinzip* Für einen sinnvollen Umgang mit dem Arbeitsspeicher muß gewährleistet sein, daß abgespeicherte Befehle oder Daten schnell und sicher wieder aufgefunden werden können. Es muß ein klares Ordnungsprinzip eingehalten werden. Und zwar wird − ähnlich wie bei einer Gruppe von Schließfächern in einem Postamt − der Arbeitsspeicher in fortlaufend numerierte Zellen eingeteilt, wie **Bild 9.8** schematisch angibt.

> Die Nummer einer *Speicherzelle* ist ihre **Adresse**.

000	001	002	003	004	005		061	062	063
064	065	066	067	068	069		125	126	127
128	129	130	131	132	133		189	190	191
192	193	194	195	196	197		253	254	255
256	257								

Bild 9.8.
Beispiel einer Arbeitsspeichereinteilung; die Zahlen bedeuten die Adressen der Zellen

● *Adressierbare Informationseinheit* Jedes so numerierte Fach (auch *Speicherplatz*) ist in der Lage, genau eine bestimmte Anzahl von Zeichen zu speichern. Bei modernen Anlagen ist diese kleinste *adressierbare Informationseinheit* das *Byte*, d. h. in jeder Speicherzelle kann die Informationsmenge dargestellt werden, die genau 8 Bits entspricht. Es können also 8 Binärziffern oder zwei Dezimalziffern in den beiden Tetraden gespeichert oder ein alphanumerisches Zeichen in einem 8-Bit-Code unter einer Adresse abgelegt und wieder aufgerufen werden. Oft gibt es Befehle, mit denen Vielfache eines Byte aufgerufen werden können. In der sogenannten *Informationsstruktur* nach **Bild 9.9** findet man ein *Wort* definiert, das aus 32 bit oder 4 byte besteht. Mit einem Befehl für Doppelwortadressierung lassen sich so auf einmal 64 bit aufrufen.

● *1 Kbyte = 1024 byte* Die Anzahl der vorhandenen Speicherzellen, also die Zahl der jeweils 8 bit = 1 byte fassenden Zellen, ergibt die gesamte *Speicherkapazität*. Als Einheit dafür wird meistens 1 Kbyte = 1024 byte verwendet (vgl. hierzu auch 2.1).

> Die **Arbeitsspeicherkapazität** wird in Vielfachen von 1 K angegeben. Es sind:
> $1 K = 2^{10} = 1024$ und $1 M = 1024 K$.

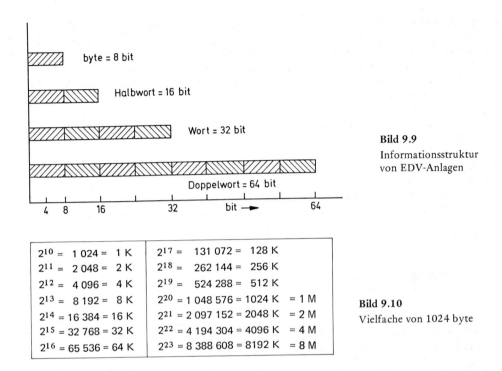

Bild 9.9
Informationsstruktur
von EDV-Anlagen

2^{10} = 1 024 = 1 K	2^{17} = 131 072 = 128 K
2^{11} = 2 048 = 2 K	2^{18} = 262 144 = 256 K
2^{12} = 4 096 = 4 K	2^{19} = 524 288 = 512 K
2^{13} = 8 192 = 8 K	2^{20} = 1 048 576 = 1024 K = 1 M
2^{14} = 16 384 = 16 K	2^{21} = 2 097 152 = 2048 K = 2 M
2^{15} = 32 768 = 32 K	2^{22} = 4 194 304 = 4096 K = 4 M
2^{16} = 65 536 = 64 K	2^{23} = 8 388 608 = 8192 K = 8 M

Bild 9.10
Vielfache von 1024 byte

- **Speicherkapazität** Die Hauptspeicherkapazität liegt zwischen wenigen Kbyte (Mikrocomputer) und Gbyte (Supercomputer, vgl. 6.2), wobei 1 Gbyte = 1 Gigabyte = 1024 Mbyte ≈ 10^6 Kbyte ist. Tischcomputer (Personal- bzw. Arbeitsplatzcomputer) haben oft eine Kapazität von bis zu 1 Mbyte. Diese Speicher sind aus Einzelkomponenten (*Chips*) zusammengesetzt, die elektronische Schaltkreise (z. B. Flipflops, Logikgatter) in fast unvorstellbar dichter Packung enthalten. Die Abmessungen innerhalb dieser „integrierten Schaltungen" betragen bis zu weniger als 1 μm (Leiterbahnbreite bzw. Abstände dazwischen). Die Generationen integrierter Schaltungen werden nach Integrationsgraden wie folgt unterteilt:

SSI:	*Small Scale Integration*, d. h. geringe Integration mit weniger als 10 Grundverknüpfungen je Chip;
MSI:	*Medium Scale Integration*, d. h. mittlere Integration mit 10 ... 100 Grundverknüpfungen;
LSI:	*Large Scale Integration*, d. h. hoher Integrationsgrad mit bis über 1000 Grundverknüpfungen;
VLSI:	*Very Large Scale Integration*, d. h. sehr hoher Integrationsgrad mit mehr als 10^4 Grundverknüpfungen;
V^{2}LSI:	*Very Very Large Scale Integration* (auch: ULSI, *Ultra Large Scale Integration*), mit mehr als 10^5 Grundverknüpfungen je Chip.

ULSI-Chips kommen auf eine Speicherkapazität von bis zu 128 Kbyte! Das ist das Doppelte der Kapazität eines guten Mikrocomputers von 1980.

- *Gehäuseformen*   Vor allem fünf Gehäuseformen sind verbreitet:

  – *Dual In-Line* (DIL) mit typisch 16 bis 64 Anschlußstiften. Eine Spezialversion mit Aufsteckmöglichkeit (Huckepack bzw. *Piggy-Back*) wird oft verwendet.
  – *Quad In-Line* (QUIL) mit bis über 100 Anschlußstiften oder *Pin Grid Array* (PGA).
  – *Flat Package*.

  Diese Gehäuse werden entweder direkt in die Leiterplatine eingelötet oder in Sockel gesteckt.

  – *Serial In-Line Package* (SIP). Hierbei liegen alle Anschlußstifte (linear) in einer Reihe. Oft sind auf den Träger mehrere „Chips" montiert (auch beidseitig).
  – *Surface Mounted Device* (SMD); hierfür müssen keine Löcher in die Leiterplatten gebohrt werden. SMDs werden mit ihren Anschlußkontakten auf die Leiterbahnen aufgeklebt und im Zinnbad verlötet.

- *Grundtypen*   Für die Halbleiterspeicher unterscheiden wir hier zunächst zwei Grundtypen:

  – RAM, *Random Access Memory*. Die direkte Übersetzung lautet „Speicher mit wahlfreiem Zugriff". Es kann dabei zu jedem Zeitpunkt auf jede Speicherstelle (Adresse) zugegriffen werden. (Zum Unterschied hierzu vgl. Magnetbänder in 9.3). Beschränkt sich die Diskussion auf Halbleiterspeicher, wird RAM mit „Schreib-Lesespeicher" übersetzt – Speicher, in die Information *auch* geschrieben werden kann.
  – ROM, *Read Only Memory*, d. h. „Nur-Lesespeicher". Diese Speicher werden nach bestimmten Verfahren (s. 9.2.3) mit Information belegt und können dann nur noch gelesen werden (darum auch als Festwertspeicher bezeichnet).

  Speicher vom Typ RAM erfordern Halteleistung zum Aufrechterhalten des jeweiligen Speicherzustands. ROM-„Chips" speichern ohne Halteleistung. Es ändert sich darum durch Netzabschalten nichts an der eingeprägten Information. Dieser Speichertyp wird deshalb auch als „nicht flüchtig" (*non volatile*) bezeichnet.

9.2.2 Schreib-Lesespeicher

In 9.1.2 (Bild 9.2) haben wir Struktur- oder Zustandsänderungsspeicher dadurch definiert, daß sie keine Halteleistung benötigen. Die Löcher im Papierstreifen bleiben „leistungslos" erhalten; die auf ein Magnetband aufgebrachte Information ändert sich erst durch Energieeinwirkung. Rückkopplungsspeicher benötigen dagegen Halteleistung, denn die Rückführung verbraucht Energie, um die Schaltung in einem definierten Zustand zu „halten". Die Halbleiter-Schreib-Lesespeicher (RAM) gehören zu diesem Typ, der auch mit dem Attribut „flüchtig" (*volatile*) belegt ist.

- *Flipflop*   Die wichtige technische Realisierungsmöglichkeit eines Rückkopplungsspeichers ist die *Flipflop-Schaltung*, auch *bistabiler Multivibrator* oder *bistabile Kippstufe* genannt. Dabei handelt es sich um eine Transistorschaltung (**Bild 9.11**), die zwei stabile Zustände besitzt. Diesen Zuständen werden die binären Werte *0* und *1* bzw. *L* und *H* zugeordnet.

Als Beispiel eines Speicherflipflop ist hier das *SR-Flipflop* gewählt, wobei *S* und *R* für „Set" und „Reset" stehen. Damit sind die beiden Eingänge des Speicherflipflops gemeint, mit denen die binären Zustände *0* und *1* gesetzt (*Set*) oder gelöscht (*Reset*) werden.

Legt man an den *Setzeingang S* einen positiven Impuls von etwa der Größenordnung der Batteriespannung $+U_B$, wird Transistor T_1 durchgeschaltet; am Kollektor von T_1 — und damit am Ausgang Q_2 — liegt dann etwa 0 Volt (Masse). Dadurch wird T_2 gesperrt, so daß Ausgang Q_1 auf etwa $+U_B$ geschaltet wird.

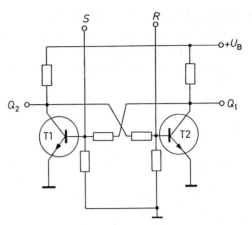

Bild 9.11 SR-Speicherflipflop

> Diesem Zustand des Speicherflipflop sei der binäre Zustand *1* zugeordnet — das Flipflop ist gesetzt.

Wird umgekehrt ein positiver Impuls an den *Löscheingang R* gelegt, schaltet Transistor T_2 durch, und am Ausgang Q_1 wird etwa 0 Volt gemessen.

> Diesem Zustand des Speicherflipflop sei der binäre Zustand *0* zugeordnet — das Flipflop ist gelöscht.

Es bedeutet also:

am Eingang *S* oder *R* $+U_B$ Volt: Zustand *1*
                                 0   Volt: Zustand *0*
am Ausgang Q_1 $+U_B$ Volt: Zustand *1*
                                 0   Volt: Zustand *0*

- *Wahrheitstabelle*   Die logischen Verknüpfungen der Eingänge *S* und *R* mit dem Ausgang Q_1 werden üblicherweise mit einer *Wahrheitstabelle* angegeben (**Bild 9.12**). Aus der Wahrheitstabelle erkennt man, daß beim Anliegen des logischen Zustands *0* an *S* und *R* (also bei 0 Volt an *S* und *R*) der Flipflop-Zustand nicht geändert wird. Dieser Fall erhält den Namen *Speicherstellung*. Die gespeicherte Information wird nicht geändert. Beim Anliegen des logischen Zustands *1* an den beiden Eingängen nimmt das Speicherflipflop einen nicht definierten Zustand ein. Aufgrund von Stö-

S	*R*	Q_1	
1	*0*	*1*	Setzen
0	*1*	*0*	Löschen
0	*0*	keine Änderung: „Speicherstellung"	
1	*1*	nicht definiert	

Bild 9.12

Wahrheitstabelle des SR-Speicherflipflop

rungen oder Unsymmetrien innerhalb der Flipflop-Schaltung wird der Ausgang Q_1 nicht vorhersagbar den Zustand *0* oder *1* annehmen. Diese Betriebsart ist darum zu vermeiden.

- *Integrierte Techniken* Halbleiterspeicher sind natürlich nicht „diskret" aufgebaut, wie es Bild 9.11 vermuten lassen könnte. Es sind immer integrierte Schaltungen, die wie folgt ausgeführt sind:
  - ECL-Technik (bipolar, s. 5.2) für schnellste Speicher (10 ns), aber mit höherer Verlustleistung;
  - MOS-Technik (unipolar, s. 5.4) für „Normalspeicher" (50—500 ns);
  - CMOS-Technik (s. 5.5) für Speicher mit geringstem Leistungsbedarf.

CMOS-Speicher sind besonders für batteriebetriebene Geräte geeignet. Während der „Batterie-Standzeit" wirken CMOS-RAMs wie nicht-flüchtige Speicher.

- *Gatterschaltung* Die „Gatterschaltung" nach **Bild 9.13** ist eher den integrierten Techniken angemessen als die Flipflopschaltung in Bild 9.11. Die binäre Information (Bit 1 oder 0) kann nur im Abstand der Taktzyklen verändert werden. Das Schaltsymbol dieser Anordnung entspricht dem des in 7.2.1 besprochenen Zählflipflops.

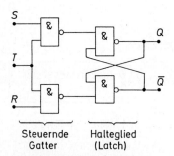

Steuernde Gatter   Halteglied (Latch)

Bild 9.13 SR-Speicherflipflop aus 4 NAND-Gattern. S: Setzeingang, R: Rücksetzeingang, T: Takteingang, Q, $\overline{Q}$: Ausgänge

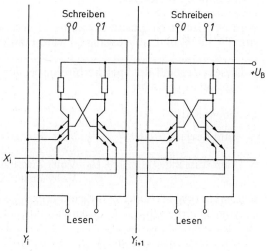

Bild 9.14 Statische Speicherzellen mit Adreßleitungen X und Y

- *Speichermatrix* Die Anordnungen nach Bild 9.11 oder 9.13 können ein Bit speichern. Für eine Rechnerspeicherstelle werden also mindestens acht solcher Schaltungen benötigt. Ein Speicherchip der Kapazität 64 Kbyte muß demzufolge 524 288 einzelne Speicherelemente enthalten (Sicherungs- oder Reserveelemente nicht mitgerechnet). Das Organisationsschema für diese riesige Zahl ist die Matrixanordnung (zweidimensionale Adressierung). **Bild 9.14** macht das Prinzip deutlich.

Mit den Adreßleitungen X und Y kann jede Speicherzelle erreicht werden, die in Bild 9.14 — um das Wesentliche zeigen zu können — nur ein Bit speichern kann und mit Hilfe eines Vielfachemitter-Transistors realisiert ist (vgl. Bild 5.7 in Abschn. 5.3). Ist über die Adreßleitungen ein Speicherflipflop ausgewählt (adressiert), kann durch Aktivierung der Schreibleitungen das Flipflop „gekippt" werden, der Inhalt der Speicherzelle also verändert werden.

- **SRAM** Die zur Erläuterung des Matrixprinzips in Bild 9.14 verwendeten Speicherzellen werden auch als statische Speicher bezeichnet, weil zur Speicherung allein die Versorgungsspannung U_B genügt, was ja für Flipflops selbstverständlich ist. Solche Flipflopspeicher heißen darum auch statische RAM (SRAM).

- **DRAM** Anders arbeiten Halbleiterspeicher, die als dynamische RAM (DRAM) bezeichnet werden. Die DRAM-Zelle in **Bild 9.15** besteht aus nur zwei MOSFET (vgl. Bild 5.14) und zwei Kondensatoren. Zusätzlich zu den beiden Adreßleitungen X und Y gibt es hier nur noch die Datenbitleitung. Um in die Zelle zu schreiben, müssen über X und Y beide Transistoren leitend geschaltet werden. Dann wird vom Schreibverstärker über die Leitung C der Kondensator entsprechend dem logischen Zustand aufgeladen. Beim Lesen wird umgekehrt die Kapazität C_1 auf die Leitung C geschaltet und die Ladung im Leseverstärker registriert.

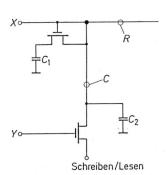

Schreiben/Lesen

Bild 9.15

Dynamische Speicherzelle (DRAM).

X, Y: Adressenleitungen;

R: *Row line* (Zeilendraht)

C: *Column line* (Spaltendraht oder Datenbitleitung)

- **Regenerierung** Die wegen des einfachen Aufbaus für sehr hohe Speicherkapazitäten geeignete Zelle nach Bild 9.15 hat folgende Nachteile: Beim Lesen wird C_1 entladen, der Zelleninhalt mithin zerstört. Außerdem gibt es, durch Leckströme bedingt, eine Entladung auch, wenn nicht „gelesen" wird. Bei Speichern dieses Typs muß also in regelmäßigen Abständen und nach jedem Lesevorgang der ursprüngliche Speicherinhalt wiederhergestellt werden (Regenerierung, *refresh*). Dafür sind spezielle Schaltungen nötig, die in vielen DRAMs aber auf dem Chip integriert sind. Diese Auführungen wirken nach außen hin wie statische Speicher und heißen darum auch Pseudo-SRAMs.

- **Dual-Port Memory** Ein Zweitorspeicher (*Dual-Port Memory*) hat entsprechend der Namensgebung nicht nur einen Datenein- und -ausgang, sondern zwei. Damit wird es möglich, daß sowohl die CPU als auch irgendein Hilfsprozessor auf den einen Speicher zugreifen können. Der externe Hardware-Aufwand zur Steuerung solcher Speicher ist jedoch erheblich. Anwendungsfälle gibt es aber zahlreich, z. B. bei Graphik- und Videoanwendungen.

9.2.3 Festwertspeicher

In Tabelle 9.1 (Abschn. 9.1.1), in Bild 9.3 (Abschn. 9.1.3) und am Ende von 9.2.1 haben wir eine Klasse von Halbleiterspeichern definiert, in die mit einfachen Mitteln keine Informationen hineingeschrieben werden können (nur lesen möglich, ROM, *Read Only Memory*). In 9.2 haben wir diese Festwertspeicher unterteilt in löschbare und nicht löschbare und für die beiden Zweige verschiedene Versionen angegeben. Eine vollständige Aufgliederung ist hier in **Tabelle 9.2** zu finden.

Tabelle 9.2 Untergliederung der Festwertspeicher

Speichertyp		Hauptanwendung
Kurzbezeichnung	englische Bezeichnung (deutsche Bezeichnungen)	
ROM oder Masken-ROM	*Read Only Memory* (Nur-Lesespeicher; Festwertspeicher)	Bei sehr großen Stückzahlen für z. B. Decoder, Listen, Anweisungen (Standardanwendungen)
PROM oder FL-PROM	*Fusible-Link Programmable ROM* (Programmierbarer Festwertspeicher mit schmelzbarer Verbindung)	Bei großen Stückzahlen Programmierung nach Kundenwunsch (nicht löschbar)
EPROM oder UV-EPROM	*UV-Erasable PROM* (mit UV-Licht löschbarer PROM)	Standardbaustein für Programme und Listen; vom Anwender programmier- und komplett löschbar (Löschzeit 10—20 min)
EEPROM	*Electrically Erasable PROM* (elektrisch löschbarer PROM)	Anwendungen wie UV-EPROM, aber elektrisch in Millisekunden löschbar
EAROM	*Electrically Alterable ROM* (elektrisch änderbarer ROM)	Anwendungen wie UV-EPROM, aber byteweise lösch- und änderbar
PLA oder PAL	*Programmable Logic Array* (programmierbare Logikmatrix)	Aufbau von Logik-Verknüpfungsschaltungen
MPLA	*Mask PLA* (Masken-programmierbar)	Bei sehr großen Stückzahlen Programmierung beim Chip-Hersteller
Standard Cell	Standardzelle	Grundbaustein für den Entwurf von Logikschaltungen
ASIC	*Application Specific IC* (anwendungsspezifischer integrierter Baustein)	Standardbausteine für bestimmte Anwendungsbereiche

- **ROM**   *Read Only Memory* (ROM) wird als Gruppenbezeichnung für alle Nur-Lese-speicher (Festwertspeicher) verwendet. Aber ROM steht auch für Halbleiterspeicher, die beim Chip-Hersteller „programmiert" werden (siehe Einbrennen weiter unten) und danach nicht mehr änderbar sind. Zur Verdeutlichung dieser Spezialität wird manchmal die Bezeichnung Masken-ROM (*Mask ROM*) eingeführt. Gemeint ist die Maske, die der Hersteller des hochintegrierten Schaltkreises zur Erzeugung des gewünschten Bitmusters verwendet.

- **Speicheraufbau**   Festwertspeicher (ROM) sind nach dem in **Bild 9.16a** für einen 512 × 8-Bit-Speicher gezeigten Schema aufgebaut. Mit 9 Adreßeingängen $A_0 \dots A_8$ werden über einen *Adressendecoder A* die 512 Zeilen der Speichermatrix angesprochen. Der Speicherinhalt der selektierten Zeile (8-Bit-Wort, also ein Byte) wird gleichzeitig auf die 8 UND-Glieder an den Ausgängen O_n gelegt. Mit den vier weiteren Eingängen $CS_0 \dots CS_3$ muß gerade dieser Speicher angesprochen sein. Dann sind die

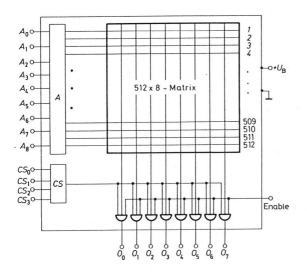

Bild 9.16a

Schematischer Aufbau eines Festwertspeichers (ROM)

A: Adressendecoder mit 9 Adreßeingängen A_n ($2^9 = 512$)

CS: 4 „Chip Select"-Eingänge zur Kombination von bis zu 16 512 × 8-Speichern

O_n: Ausgänge (*Output*) mit „Enable"-Eingang zum Abschalten des Speichers

Technische Ausführung in 24 PIN DIL-Gehäuse

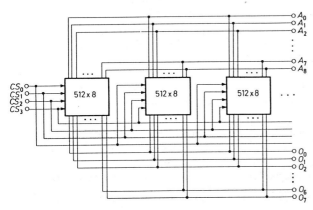

Bild 9.16b

Zusammenschaltung mehrerer 512 × 8-Bit-ROM

$A_0 \dots A_8$:   Adreßeingänge
$O_0 \dots O_7$:   Ausgänge
$CS_0 \dots CS_3$: Chip-Select-Eingänge

entsprechenden Eingänge aller 8 UND-Glieder mit „logisch **1**" belegt. Aber erst wenn gleichzeitig am „Enable"-Eingang das Signal für „logisch **1**" liegt, können die „Eins-Bits" des selektierten Byte an die Ausgänge gelangen. Durch Abschalten des „Enable"-Signals wird der ganze Speicher stillgelegt. Zusammen mit zwei Versorgungseingängen benötigt dieser Festwertspeicher 24 Eingänge, so daß die technische Ausführung in einem 24 Pin DIL-Gehäuse möglich ist. Die schematische Zusammenschaltung mehrerer solcher Speicher (*Chips*) ist mit **Bild 9.16b** angegeben. Bei vollständiger Ausnutzung der 4 Chip-Select-Eingänge würden 16 DIL-Gehäuse zusammen eine Speicherkapazität von 8192 byte, also 8 Kbyte, ergeben.

Festwertspeicher vom Typ ROM (bzw. Masken-ROM) erhalten die gewünschten Informationen bereits während des Herstellungsprozesses. D. h., das Erzeugen des Speicherinhalts ist einer von mehreren Herstellungsschritten; eine der verschiedenen zum Aufdampfen und Diffundieren notwendigen Masken ist die zur Erzeugung des Bitmusters.

● **PROM**   Das *P* in PROM bedeutet, daß diese Festwertspeicher erst nach der Fertigstellung „programmiert" werden. Das Erzeugen des gewünschten Bitmusters ist hierbei also nicht Teil des Herstellungsprozesses wie beim Masken-ROM. Es werden vielmehr im entsprechend Bild 9.16a organisierten Speicherchip durch Anlegen einer hinreichend hohen Spannung die „Kreuzungsstellen" (Speicherzellen) in den gewünschten Logikzustand gebracht, was nachfolgend vereinfacht beschrieben ist. Daraus wird auch deutlich, warum zur Abgrenzung oft die Bezeichnung FL-PROM verwendet wird. FL steht für *Fusible-Link* (etwa schmelzbare Verbindung).

● **Einbrennen**   Dazu betrachten wir irgendeine der 512 Matrixzeilen von Bild 9.16a. Die Ausführung dieses Zeileneingangs in TTL-Technik, also mit einem Vielfachemitter-Transistor, ist mit **Bild 9.17** gezeigt. Danach ist jeder Matrixspalte, also

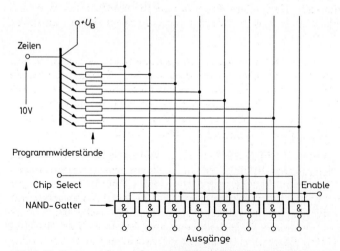

Bild 9.17 Programmierung der *n*-ten Zeile eines Festwertspeichers in TTL-Technik

jedem Bit des Byte, ein Emitter zugeordnet. An jeden Emitter ist ein Widerstand in Form von Nickel-Chrom-Bahnen geschaltet. Diese Widerstände sind so dimensioniert, daß an den NAND-Gliedern Eins-Bits stehen; die gesamte Speichermatrix ist also mit Eins-Bits beschaltet.

Das endgültige Programmieren geschieht derart, daß „Chip Select" und „Enable" mit Eins-Bits belegt werden, so daß alle 8 NAND-Gatter geöffnet sind und an den Ausgängen Null-Bits anstehen. Daraufhin werden die Ausgänge geerdet, an denen später gemäß dem gewünschten Programm Eins-Bits registriert werden sollen. Wird nun auf die Basis des Vielfachemitter-Transistors für ca. 0,5 s ein 10-V-Impuls gelegt, fließt ein solch starker Strom durch den zum geerdeten Eingang gehörenden Emitter, daß die nachgeschaltete NiCr-Widerstandsbahn durchbrennt. Nach Beendigung dieses *Einbrennvorgangs* ist der Festwertspeicher in der gewünschten Weise mit Informationen belegt.

- **Speichern ohne Halteleistung**   Ein Vorteil ist der, daß die eingebrannten Informationen auch bei Abschalten der Versorgung nicht gelöscht werden. Denn die binären Informationen sind mit den Programmwiderständen realisiert, die entweder unverändert oder durchgebrannt sind. Die Versorgung $+U_B$ wird nur noch zum Lesen benötigt.

- **EPROM**   Festwertspeicher vom Typ ROM und PROM können nur einmal programmiert werden, sie sind nicht wieder löschbar (irreversibler Vorgang). Speicher vom Typ EPROM (*Erasable PROM*) zeichnen sich dagegen durch zwei Besonderheiten aus:

  1. Sie können vom Anwender mit einem preiswerten Programmiergerät (*Programmer*) selbst „gebrannt" werden;
  2. Mit einer UV-Bestrahlungseinrichtung sind EPROMs wieder löschbar (ca. 10—30 min, um alle Speicherzellen in den Zustand „1" zurückzuversetzen).

  Wegen der zweiten Eigenschaft werden diese Speicher oft UV-EPROMs genannt. Um den Löschvorgang mit ultraviolettem Licht zu ermöglichen, haben EPROMs auf der Gehäuseoberseite ein Fenster. Nach dem Programmieren empfiehlt es sich, das Fenster mit einem kleinen Klebeetikett abzudecken, um unbeabsichtigtes Anlöschen zu verhindern.

- **Einchip-Mikrocomputer**   In 6.2 haben wir den Mikroprozessor μP als Zentraleinheit (CPU) eines Mikrocomputers μC definiert. Es gibt aber sehr viele Prozessorchips, die außer Steuer- und Rechenwerk noch Ein-/Ausgabeanschlüsse sowie Schreib-Lese- und Festwertspeicher enthalten. Diese hochintegrierten Bausteine nennt man Einchip-μC. Verfügt dieser Baustein noch über einen EPROM, lassen sich auch eigene Programme einbeziehen und autonome Steuereinheiten aufbauen.

- **EEPROM und EAROM**   Ein UV-EPROM muß zum vollständigen Löschen etwa 10—30 Minuten mit ultraviolettem Licht bestrahlt werden. Das gezielte Löschen einzelner Bereiche oder gar von Speicherzellen ist nicht möglich. Letzteres gilt ebenso für Speicher vom Typ EEPROM. Das Löschen geschieht dabei aber elektrisch (*Electrically Erasable PROM*), die Löschzeit beträgt nur Millisekunden. Sogar byteweise löschbar (bzw. elektrisch änderbar) sind Speicher vom Typ EAROM (*Electrically Alterable ROM*). Diese „Festwertspeicher" speichern zwar auch ohne Halteleistung, es ist aber auch das Schreiben in jede einzelne Speicherzelle möglich.

● **PLA/PAL**   Beide Abkürzungen werden für programmierbare Logikmatrizen (*Programmable Logic Arrays*, auch *Gate Arrays*) verwendet. Das sind Bausteine, die ganz ähnlich wie FL-PROMs aufgebaut sind, also auch an den Kreuzungspunkten der Matrixanordnung schmelzbare Verbindungen (*Fusible-Links*) realisieren, die im Bedarfsfall (Änderung des Binärzustands) durchgeschmolzen werden können (irreversibel). **Bild 9.18** macht den Unterschied deutlich.

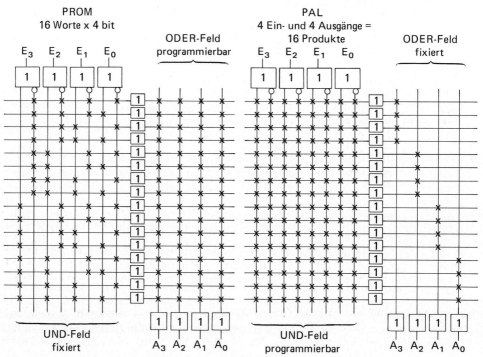

Bild 9.18 Im Vergleich zum PROM vertauschen beim PAL (bzw. PLA) das UND- und ODER-Feld ihre Rollen

● **Standardzelle**   Standardzellen (*Standard Cells*) sind hochintegrierte Bausteine, von denen erwartet wird, daß sie für sehr viele „Standardanwendungen" gebraucht werden und sich die kostengünstige Massenproduktion lohnt. Viele Chiphersteller, aber auch unabhängige Stellen halten Standardzellen-Bibliotheken (*libraries*) bereit, die z. B. per Datenfernübertragung von Entwicklungsingenieuren genutzt werden können. Eine etwas modifizierte Bedeutung hat die Standardzelle für die Entwickler und Hersteller sog. kundenspezifischer Schaltungen. Beim zellenorientierten Entwurf werden Makrozellen verwendet, die die Organisation von Speichern, Gate Arrays, Standardzellen oder Allgemeinen Zellen aufweisen.

9.3 Magnetische Speicher

Magnetische Speicher werden „extern" als Hilfsspeicher eingesetzt. Mit ihnen werden Daten und Programme archiviert bzw. bereitgestellt, sie dienen in EDV-Anlagen als Langzeitspeicher und benötigen keine Halteleistung. Zu unterscheiden sind die in **Bild 9.19** benannten Grundtypen mit sequentieller Organisation (Band, Kassette) sowie quasifreiem Zugriff (Platte, Diskette). Als Auswahlkriterien für die verschiedenen Hilfsspeicher dienen Kosten, Speicherkapazität, Zugriffszeit, Zuverlässigkeit. Vor der Besprechung der einzelnen Medien (Datenträger) werden wir uns die üblichen Aufzeichnungsverfahren ansehen.

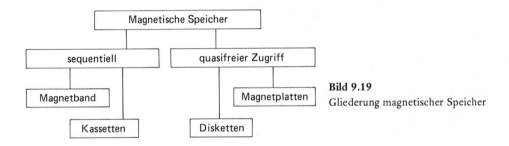

Bild 9.19
Gliederung magnetischer Speicher

9.3.1 Aufzeichnungsverfahren

Das Verfahren bei der Aufzeichnung digitaler Daten ist prinzipiell das gleiche wie bei der Musikaufzeichnung. Das Magnetband wird in beiden Fällen an einem *Schreibkopf* vorbeigeführt. Das ist ein magnetischer Ringkern mit einer aufgewickelten Spule, durch die der *Schreibstrom* I_s fließt, der Strom also, der beispielsweise erzeugt wird, wenn in ein Mikrofon gesungen oder wenn eine Musiksendung von einem Rundfunkempfänger abgenommen wird.

- *Prinzip magnetischer Aufzeichnung*   Der Wechselstrom I_s erzeugt im sogenannten Schreibspalt (vgl. Bild 9.20) ein Magnetfeld, das dem Strom I_s proportional ist und das in die Magnetschicht des mit der Geschwindigkeit v_B vorbeilaufenden Bandes hineingreift. Dadurch wird die Magnetschicht im Rhythmus des Schreibstroms magnetisiert, was durch die im **Bild 9.20** eingezeichneten Pfeile und die Nord- und Südpole angedeutet werden soll. Läuft das magnetisierte Band am Lesespalt des

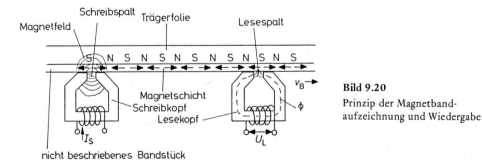

Bild 9.20
Prinzip der Magnetband-
aufzeichnung und Wiedergabe

Lesekopfes vorbei (der ähnlich wie der Schreibkopf aufgebaut ist), greift der auf dem Band gespeicherte magnetische Fluß Φ in den Magnetkern hinein und erzeugt nach dem Induktionsgesetz an den Enden der Lesespule die *Lesespannung* U_L.

Das Besondere bei der *Digitalaufzeichnung* ist die Art und Weise, wie die Informationen *0* und *1* durch Magnetisierungszustände dargestellt werden. Es seien hier zwei wichtige Schreibverfahren erläutert.

- **Schreibverfahren**   **Bild 9.21** zeigt das Schema der **Wechselschrift** (engl. NRZ (I), *Non Return to Zero (One)*). Ein *Spurelement* bedeutet das Stück auf einer Magnetspur, das von einem Bit beansprucht wird. Bei diesem NRZI-Verfahren wird ein Einsbit (1) dargestellt durch einen Wechsel mitten im Spurelement zwischen den beiden Magnetisierungszuständen positiver Ausrichtung in der Magnetschicht und negativer Ausrichtung. Ein Nullbit (0) wird bei diesem Verfahren gelesen, wenn *kein* Wechsel innerhalb eines Spurelementes stattfindet.

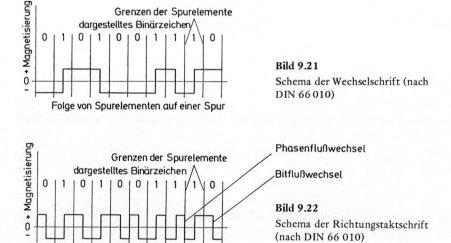

Bild 9.21
Schema der Wechselschrift (nach DIN 66 010)

Bild 9.22
Schema der Richtungstaktschrift (nach DIN 66 010)

Die **Richtungstaktschrift** (engl. PE, *Phase Encoding*) ist in **Bild 9.22** dargestellt. Dabei ist die Richtung eines sogenannten *Bitflußwechsels* einem der beiden Binärzeichen zugeordnet. Es bedeutet nach Bild 9.22 also ein Wechsel von Plus nach Minus ein Nullbit, und umgekehrt. Dieses Verfahren macht erforderlich, daß bei einer Aufeinanderfolge gleichnamiger Bits zusätzliche *Phasenflußwechsel* an den Grenzen der Spurelemente aufgezeichnet werden.

Die Spurelemente werden durch einen in jeder Maschine eingebauten *Taktgeber* (*Clock*) abgegrenzt. Das bedeutet, daß mit der *Taktfrequenz* geschrieben und gelesen wird.

- **Vertikalaufzeichnung**   Das oben beschriebene Aufzeichnungsverfahren (Bild 9.20) wird wegen der überwiegend in Längsrichtung orientierten Magnetzustände auch konventionelle *Longitudinalaufzeichnung* genannt. Durch Verdrehung der Magneti-

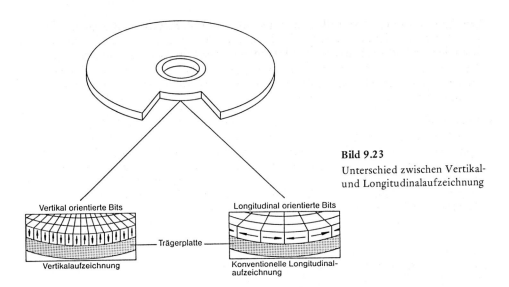

Bild 9.23
Unterschied zwischen Vertikal-
und Longitudinalaufzeichnung

sierung um 90° entsteht die modernere Vertikalaufzeichnung. **Bild 9.23** macht den Unterschied deutlich. Als magnetisierbare Schicht wird beispielsweise ein Kobalt-Chrom-Metallfilm mit 0,5 μm Dicke verwendet. Die einzelnen „Magnetsäulen" sind nur noch 0,05 μm dünn, und eine Packungsdichte von mehreren tausend bit/mm wird möglich.

- *Datenträger* Tabelle **9.3** gibt eine Zusammenstellung der wichtigsten genormten Datenträger. Angegeben sind Speicherdichten in bit/mm und in bit/mm². Diese **Flächenspeicherdichte** macht natürlich nur einen Sinn, wenn in mehreren nebenein-ander liegenden Spuren aufgezeichnet wird. Ebenfalls aufgeführt sind typische Signalfrequenzen beim Schreiben und Lesen der Daten, die nach Norm empfohlenen Schreibverfahren und die relevanten Normen. Die Abkürzungen bedeuten:

3,8: Kassette mit 3,81 mm breitem Magnetband (sogenannte *Philips-Kassette*)
6,3: Kassette mit 6,30 mm breitem Magnetband (sogenannte *3M-Kassette*)
12: *Computerband* der Breite 12,7 mm
GCR: *Group Coded Recording* (neues Speicherverfahren mit Gruppencodierung)
DIN: *Deutsches Institut für Normung*
ECMA: *European Computer Manufacturers Association*
ISO: *International Organization for Standardization*
MFM: *Modified Frequency Modulation*

In den nachfolgenden Abschnitten werden alle Datenträger weiter besprochen.

9.3.2 Magnetbänder

Das *Magnetband 12* wird in größeren Anlagen verwendet als Datenträger für Ein-gabe, Ausgabe und Datenerfassung. Der in Deutschland genormte Name stammt von der Breite des Magnetbandes her, die 12,7 mm (1/2'') beträgt. Das Magnetband ist mit dem bekannten *Tonband* vergleichbar, das allgemein zur Aufzeichnung von

Tabelle 9.3 Einige magnetische Speicher mit typischen Daten (Erklärungen im Text)

Datenträger	Schreib-verfahren	$\dfrac{bit}{mm}$	Speicherdichte $\dfrac{Spuren}{mm}$	$\dfrac{bit}{mm^2}$	typische Signalfrequenz	DIN	Normen ECMA	ISO
Magnetband-kassette 3,8	PE	32	1	32	ca. 1,5 … 24 kHz	66 211	34	3407
Magnetband-kassette 6,3	PE	63	ca. 1	63		–	46	4057
Magnetband 12	NRZI NRZI PR	8 32 63	ca. 1 1 1	8 32 63	ca. 120 … 320 kHz	66 011	12 36	1864 3788
Magnetband 12 mit GCR		246	ca. 1	246	z. B. 720 kHz	ISO 5652		5652
Floppy Disk 200	2F	128	2	256	250 kHz	66 237	54	5654
Sechsplattenstapel	2F	43	4	172	1,25 MHz	66 205	32	2864
Elfplattenstapel	2F	87	4	348	2,50 MHz	66 206	–	–
Einzelplattenkassette (von oben einlegbar)	2F	87	4	348	2,50 MHz	66 207	38	3562
Einzelplattenkassette (von vorn einschiebbar)	2F	87	4	348	2,50 MHz	66 242	–	–
Zwölfplattenstapel $100 \cdot 10^6$ byte	MFM	159	8	1272	3,225 MHz	ISO 4337	45	4337
Zwölfplattenstapel $200 \cdot 10^6$ byte	MFM	159	16	2544	3,225 MHz	–	52	5653
Neue Magnetplatten		248	19	4712	4,792 MHz	–	–	–

Musik, Sprache, Geräuschen oder auch von Meßwerten dient, was zusammenfassend mit **Analogaufzeichnung** benannt wird. Bei der hier zu besprechenden Verwendung als *Datenträger* spricht man von **Digitalaufzeichnung**.

- *Typische Daten* Die 12,7 mm breiten Magnetbänder sind oft in einer Länge von 1100 m (3600 Fuß) auf Spulen mit einem Durchmesser von 27 cm aufgewickelt. Daten werden darauf in parallelen Kanälen, den *Spuren*, aufgezeichnet. Üblich sind 7-Spur- und 9-Spur-Aufzeichnung. Die Codeworte werden − wie bei Lochstreifen und Lochkarte − quer zum Band „bitparallel" dargestellt. Jedes Zeichen bildet damit sozusagen eine „Sprosse" quer zur Bandlaufrichtung. Die *Speicherdichte* beträgt z. B. 63 Bits pro Millimeter (bit/mm) Bandlänge. Somit können theoretisch auf einem ganzen Magnetband ca. 70 Millionen Zeichen gespeichert werden. Wegen dieser großen *Speicherkapazität* nennt man Magnetbänder oft *Massenspeicher*. Höhere Speicherdichten sind möglich (s. GCR). Schnelle Bandmaschinen schreiben und lesen mit einer Bandgeschwindigkeit von gut 5 m/s. Daraus folgt, daß etwa 320 000 Zeichen pro Sekunde gelesen oder geschrieben werden können.

- *Codierung* Die Darstellung von Zeichen (also die Codierung) ist bei den 7-Spur- und 9-Spur-Aufzeichnungsverfahren unterschiedlich.

- **7-Spur-Aufzeichnung** Bei der 7-Spur-Aufzeichnung wird meist der in 3.3.1 besprochene alphanumerische 6-Bit-Code verwendet, bei dem das siebente Bit für die Paritätsprüfung reserviert ist. **Bild 9.24** zeigt schematisch eine solche Aufzeichnung. Die Zuordnung der Spuren zu den einzelnen Bit entspricht dabei völlig dem in Bild 3.3 gezeigten Aufbau des 6-Bit-Codes.

Die *Querprüfung* der einzelnen Zeichen erfolgt bei diesem Magnetbandcode auf gerade Parität. Es wird also mit dem Prüfbit stets eine gerade Anzahl von Bits in jeder Sprosse erzeugt.

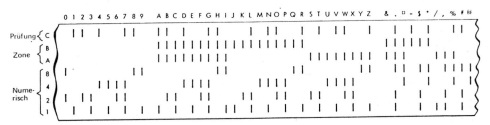

Bild 9.24 7-Spur-Magnetband mit alphanumerischem 6-Bit-Code (DIN 66 010, 66 011, 66 013)

- **9-Spur-Aufzeichnung** Großcomputer verwenden in der Regel 9-Spur-Aufzeichnung. Am häufigsten wird der aus 3.3.2 bekannte alphanumerische 8-Bit-Code benutzt, der EBCDIC. Die noch offene neunte Spur ist wieder für Prüfbits reserviert. Die Parität ist hierbei nicht einheitlich. Die *8 Bits* des EBCDIC machen gerade ein *Byte* aus. Wird eine große Anzahl von numerischen Daten (von Zahlen also) verarbeitet, benutzt man häufig eine platzsparende Sonderform des 8-Bit-Codes, die *gepackte Darstellung*. Dabei werden in jedem Byte zwei Ziffern untergebracht; denn für die Darstellung einer Dezimalzahl benötigt man ja nur 4 Bits.

- **Datenaustausch** Für den Datenaustausch wurde der 7-Bit-Standard-Code (ASCII) genormt (siehe 3.4). Die Zuordnung der Bits zu den 9 Magnetbandspuren ist folgendermaßen:

Spur	1	2	3	4	5	6	7	8	9
Bit	b_3	b_1	b_5	b_p	b_6	b_7	0	b_2	b_4

Die Spur 7 wird also nicht beschrieben. Das Prüfbit ist auf Spur 4 gelegt. Es wird hier (genormt) auf ungerade Parität geprüft.

In **Bild 9.25** ist beispielhaft gezeigt, wie das 9-Spur-Magnetband in der Norm dargestellt ist.

- **Blockeinteilung** Bei binär codierter Aufzeichnung und Wiedergabe von Programmbefehlen und Daten auf Magnetband ist daran zu denken, daß die Bandmaschine eine endliche Zeit benötigt, bis sie nach dem Starten auf Nenngeschwindigkeit läuft oder bis das Band nach dem Stop-Befehl abgebremst ist. Dabei geht Speicherplatz auf dem Band verloren; oder anders ausgedrückt: Zwischen den einzelnen aufgezeichneten

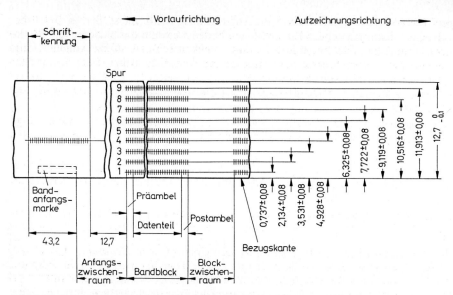

Bild 9.25 9-Spur-Magnetband in der Norm (DIN 66 014, Blatt 1 und 2)

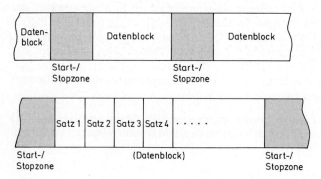

Bild 9.26 Blockeinteilung bei der Aufzeichnung digitaler Daten auf Magnetband 12

Paketen (üblicherweise *Datenblock* genannt, siehe **Bild 9.26**), innerhalb denen nicht gestoppt wird, müssen entsprechend lange *Start-Stop-Zonen* freigehalten werden – auch *Blockzwischenraum*.

Jeder *Datenblock* kann aus einem oder mehreren *Sätzen* bestehen. Genormt ist jedoch, daß die *Blocklänge* mindestens 18, höchstens 2048 *Bandsprossen* enthalten darf, wobei eine Sprosse immer ein quer zur Bandrichtung aufgezeichnetes Codewort (ein Zeichen also) bedeutet. Zusätzlich können noch Bandsprossen für das *CRC-Zeichen* und die *Längsprüfung* kommen.

- *Code-Prüfung* Das **CRC-Zeichen** (engl. *Cyclic Redundancy Check*) hat eine ungerade Parität (also eine ungerade Anzahl von Einsbits), wenn die Anzahl der Sprossen innerhalb eines Bandblocks gerade ist, und umgekehrt. Das CRC-Zeichen wird beim Schreiben eines Datenblocks automatisch geschrieben. Und zwar werden sofort nach der Aufzeichnung die Zeichen in ein 9-Spur-Parallel-Register gegeben, und die Anzahl der geschriebenen Bandsprossen wird ermittelt. Daraus wird die Parität des CRC-Zeichens bestimmt.

  Hinter das CRC-Zeichen wird die *Längsprüfungssprosse* geschrieben. Bei der Längsprüfung werden am Ende jedes Bandblocks die Binärzeichen in jeder einzelnen Spur auf eine gerade Anzahl von Einsbits ergänzt.

  Mit der schon besprochenen *Querprüfung* (vgl. Abschn. 3.5) verfügt man bei einer Magnetbandaufzeichnung digitaler Daten über drei Prüfungsmöglichkeiten für die Richtigkeit der Aufzeichnung.

  Die Blockzwischenräume sind typischerweise 15 mm lang. Der Anfangszwischenraum am Beginn des Magnetbandes soll mindestens 76 mm betragen.

- *GCR* Gruppencodierte Aufzeichnung (engl.: *Group Coded Recording*, GCR) wird ein leistungsfähiges Schreibverfahren zur Speicherung digitaler Daten in 9 Spuren und mit einer Aufzeichnungsdichte von 246 Zeichen/mm auf Magnetband 12 genannt. Das Besondere an diesem Verfahren ist, daß die einzelnen, z.B. im 7-Bit-Code nach DIN 66 003 verschlüsselten Datenzeichen nicht wie bisher getrennt und nacheinander auf das Magnetband geschrieben werden. Es werden vielmehr — wie im folgenden beschrieben — vor der Aufzeichnung Datengruppen gebildet und anschließend gruppenweise codiert auf dem Magnetband gespeichert.

  Aus jeweils sieben Datenzeichen und einem ECC-Prüfzeichen (ECC: *Error Correcting Code*) werden Primärdatengruppen zusammengesetzt (**Bild 9.27**). In einer „Restgruppe" werden die verbleibenden Datenzeichen (1 bis 6) gesammelt. Den Abschluß eines Datenblocks bildet die CRC-Gruppe. Spur 4 ist jeweils für das aus der Quer-

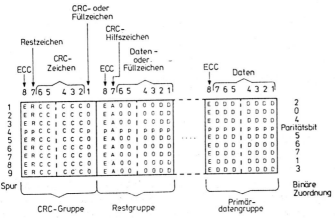

Bild 9.27 Zum GCR-Verfahren. Primärgruppen und deren Inhalte vor der Gruppencodierung

prüfung folgende Paritätsbit reserviert (VRC). Die einzelnen Positionen nach Bild 9.27 enthalten:

Primärdatengruppe
Positionen 1 bis 7: Daten
Position 8:   ECC-Zeichen

Restgruppe
Positionen 1 bis 6: Verbleibende Datenzeichen oder Füllzeichen (0-Bit)
Position 7:   CRC-Hilfszeichen
Position 8:   ECC-Zeichen

CRC-Gruppe
Position 1:   Füllzeichen (0-Bit) mit ungerader Parität, falls die Anzahl der vorstehenden Datengruppen gerade ist;
                     CRC-Zeichen bei ungerader Anzahl von Datengruppen
Positionen 2 bis 6: CRC-Zeichen
Position 7:   Restzeichen
Position 8:   ECC-Zeichen

Die ECC-Zeichen (das jeweils achte Zeichen einer Primärgruppe) werden getrennt für jede Gruppe berechnet. Das Restzeichen der CRC-Gruppe schließlich ergibt sich aus der Anzahl der im gesamten Block enthaltenen Datenzeichen.

Anschließend an die eben beschriebene Gruppenbildung und die Berechnung der Prüfzeichen wird die eigentliche Gruppencodierung vorgenommen, und zwar in der Weise, daß jeweils – wie in Bild 9.27 schon angedeutet – in jeder einzelnen Spur vier Positionen (Vierbitgruppen also) nach einer Code-Tabelle in Fünfbitgruppen umgewandelt werden. Die so entstandenen Aufzeichnungsgruppen, bestehend aus je 10 Bandsprossen, werden auf dem Magnetband gespeichert. Der Grund für die Umcodierung in Fünfbitgruppen ist, daß lange und störanfällige Nullen-Reihen vermieden werden sollen. In den Fünfergruppen folgen nur maximal zwei Nullen aufeinander.

9.3.3 Magnetbandkassetten

Wir berücksichtigen hier nur Kassetten mit digitaler Aufzeichnung, sogenannte Digitalkassetten:

– Mini-Kassette (Philips);
– Magnetbandkassette 3,8 (Philips, ECMA-34, DIN 66 211/66 212, ISO 3407);
– Digital Cartridge DC-100 (3M);
– Magnetbandkassette 6,3 (DC-300 von 3M, ECMA-46, ISO 4057).

Bild 9.28 zeigt diese Kassetten im maßstäblichen Größenvergleich. Andere Ausführungen sind bekannt, jedoch nicht stark verbreitet. Es sollen lediglich diejenigen erwähnt werden, die mit einem Endlosband arbeiten und sich quasi wie Disketten verhalten (periodische Wiederkehr der Informationen am Lesekopf).

Gemeinsam ist den Kassetten, daß in jeweils einer Spur bitseriell und zeichenseriell gespeichert wird (beim Magnetband 12 bitparallel/zeichenseriell). Die Kassette DC-300 enthält ein 6,3 mm (1/4 Zoll) breites Magnetband, das der drei anderen ist nur 3,81 mm breit (wie in der Musikkassette). Ein anderer Unterschied:

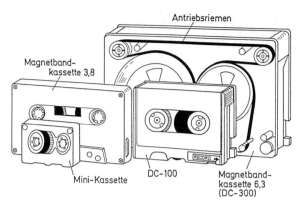

Bild 9.28
Digitalkassetten im Größenvergleich

- Die Mini-Kassette und die Kassette 3,8 haben den von der Musikkassette bekannten Antrieb (Mitnahmelöcher in Spulenmitte).
- DC-100 und DC-300 werden mit einem Riemen angetrieben, der über drei Umlenkrollen läuft und zwischen den beiden Spulen geführt ist (s. Bild 9.28). Außerdem ist die ganze „Mechanik" auf eine Metallplatte montiert, so daß diese Kassetten als recht solide und zuverlässig anzusehen sind.

- *Mini-Kassette* Aus der Musikkassette entwickelt, stimmt diese Digital-Mini-Kassette mechanisch mit einer auch für Diktiergeräte verwendeten Version überein. Es ist hiermit die sehr konstengünstige Speicherung mit folgenden Parametern möglich:
  - Abmessungen der Kassette 46 mm $\times$ 34 mm $\times$ 7,5 mm;
  - 36 m Magnetband; 3,81 mm breit;
  - Richtungstaktschrift (*Phase Encoding*) entsprechend Bild 9.22 mit 12 bis 20 bit/mm;
  - Speicherkapazität 128 Kbyte;
  - Schreib-/Lesegeschwindigkeit 6000 bit/s.

- *Magnetbandkassette 3,8* Die Mechanik dieses Datenträgers stimmt weitgehend mit der der Musikkassette überein. Daten werden bitseriell in Einheiten zu jeweils einem Byte (Zeichen) geordnet, wobei das Bit mit der niedrigsten Wertigkeit (also Bit 1) zuerst geschrieben und gelesen wird. Vereinbart sind der 7-Bit-Code (ASCII) und ein 8-Bit-Code (z. B. EBCDIC).

- *Kassette DC-100* Dieser Datenträger (*Digital Cartridge*) ist sozusagen die auf Miniabmessungen (80,9 mm $\times$ 61,2 mm $\times$ 11,9 mm) geschrumpfte Version der Magnetbandkassette 6,3 (DC-300, vgl. Bild 9.28). Das Magnetband ist ebenso 3,81 mm schmal wie bei der Kassette 3,8 und der Mini-Kassette. Neben der stabilen Ausführung mit Metallboden ist der besondere Antrieb zu erwähnen. **Bild 9.29** zeigt, wie der Antriebsriemen um die Magnetbandspulen gelegt ist. Die Antriebsachse des Laufwerks dreht die Antriebsrolle der Kassette und bewegt damit den Riemen, der die Bandspulen mitzieht. Einige Spezifikationen:

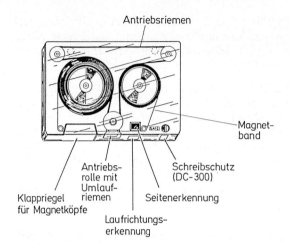

Antriebsriemen

Magnet-
band

Klappriegel für Magnetköpfe
Antriebs-rolle mit Umlauf-riemen
Laufrichtungs-erkennung
Seitenerkennung
Schreibschutz (DC-300)

Bild 9.29
Aufbau und Antriebsmechanismus der
Digitalkassetten DC-100 und DC-300

- 43 m Magnetband; 3,81 mm breit;
- Speicherkapazität 210 Kbyte;
- Schreib-/Lesegeschwindigkeit 25,4 cm/s;
- Suchgeschwindigkeit 152 cm/s;
- Mittlere Zugriffszeit 9,3 s;
- Datenübertragungsgeschwindigkeit 650 byte/s;
- Fehlerhäufigkeit < 1 bit in 10^8;
- Lebensdauer 50–100 h.

- **Magnetbandkassette 6,3** Bild 9.29 zeigt eine Skizze der auch DC-300 genannten Kassette mit den Abmessungen 153 mm × 102 mm × 18 mm. Das Magnetband ist hierbei 6,3 mm (1/4 Zoll) breit. Abmessungen, Eigenschaften des Magnetbandes und Aufzeichnungsverfahren sind in den Normen ECMA-46 und ISO 4057 niedergelegt. Zu verwenden ist danach die Richtungstaktschrift (*Phase Encoding*, Bild 9.22) mit 63 bit/mm Speicherdichte. Die nutzbare Bandlänge ist 91,5 mm. Damit beträgt die Speicherkapazität in jeder der maximal vier möglichen Spuren etwa 5629 Kbit. Nimmt man den in 11.2.2 mit Bild 11.13 dargestellten wichtigen Fall an, wobei für die Darstellung eines ASCII-Zeichen 10 Bits nötig sind, kommen wir auf die beachtliche Speicherkapazität von mehr als einer halben Million Bytes pro Spur (etwa 2,3 Mbyte pro Kassette!).

9.3.4 Magnetplatten

Die bislang betrachteten Datenträger haben eines gemeinsam: Daten können nur nacheinander gespeichert oder abgerufen werden. Solche *sequentiellen Speicher* erlauben *keine direkten Zugriffe* zu gespeicherten Daten. Die *Zugriffszeit* zu den Daten ist groß; unter Umständen dauert es mehrere Minuten, bis beispielsweise ein Magnetband auf die gewünschte Stelle zurückgespult ist.

- **Direkter Zugriff** Die *Magnetplatte* gehört zur wichtigen Gruppe der Datenträger *mit direktem Zugriff* auf die gesamte Speicherkapazität (*Random Access Memory*, Speicher mit direktem Zugriff). Das bedeutet, jede auf der Magnetplatte abgespeicherte Information ist in Sekunden-Bruchteilen verfügbar. Es wird ein umittelbarer Zugriff zu den jeweils gewünschten Speicherbereichen ermöglicht, ohne daß der ganze Datenbestand *sequentiell* durchsucht werden muß. Die Magnetplatte bringt somit zu allen Vorteilen des Magnetbandes, wie hohe Speicherkapazität oder Wiederverwendbarkeit, eine kurze *Zugriffszeit*.

- *Technische Ausführung*   Die kreisrunde Magnetplatte mit einem Außendurchmesser von z. B. ca. 355 mm (14″) besteht aus Leichtmetall und ist beidseitig mit einer magnetisierbaren Schicht bedeckt. Das Abspeichern und Lesen der Daten erfolgt wie beim Magnetband elektromagnetisch. Es gibt allerdings einen prinzipiellen Unterschied: Während bei der Magnetband-Aufzeichnung und -Wiedergabe Kopf und Band einen möglichst engen Kontakt haben müssen, „fliegt" der Magnetkopf bei der Magnetplatte auf einem Luftpolster von einigen Mikrometern Dicke.

  Bild 9.30 zeigt eine in einem sogenannten *Plattentester* eingespannten Magnetplatte. Magnetköpfe können gleichzeitig auf die obere und untere Plattenseite radial an jede gewünschte Stelle gefahren werden.

  Ältere Platten drehen sich mit 2400 Umdrehungen pro Minute, 3600 und über 6000 Umdrehungen sind bei neueren Entwicklungen zu finden.

  Bei der Schallplatte wird die Information in einer einzigen spiralförmigen Rille gespeichert, bei der Magnetplatte aber in getrennten *konzentrischen Spuren*, und zwar bit- und zeichenseriell.

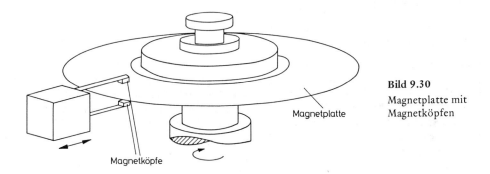

Magnetplatte

Magnetköpfe

Bild 9.30
Magnetplatte mit
Magnetköpfen

- *Einzelplattenkassetten*   Es handelt sich hierbei um sogenannte Wechselkassetten mit je einer Magnetplatte. Die verkapselten Einheiten gibt es in den zwei folgenden Ausführungen:
  - Von oben einsetzbar (*top-loaded*) nach DIN 66 207 (bzw. ECMA-38). Gespeichert wird mit Wechseltaktschrift in 203 Spuren. Die minimale Spurkapazität beträgt 7585 byte. Das ergibt eine Gesamtkapazität von etwa 3 Mbyte auf beiden Plattenseiten. Die Nenndrehzahl beträgt 2400 min^{-1}.
  - Von vorn einschiebbar (*front-loaded*) nach DIN 66 242.

- *Plattenstapel*   Plattenstapel enthalten mehr als eine Magnetplatte im Wechselgehäuse (*Disk Pack*). In Standards definiert sind 6-Platten-, 11-Platten- und 12-Platten-Stapel. **Bild 9.31** gibt schematisch den Aufbau eines *Sechsplattenstapels* an. Die oberste und unterste Platte sind nur einseitig nutzbar, so daß insgesamt 10

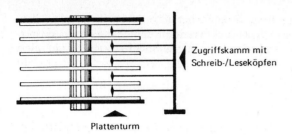

Bild 9.31

Zugriffskamm mit
Schreib-/Leseköpfen

Schematischer Aufbau eines Sechsplattenstapels

Plattenturm

Speicherflächen zur Verfügung stehen. Nach DIN 66 205 sind ebenfalls 203 Spuren pro Speicherfläche fixiert. Die Speicherdichte ist aber nur halb so hoch wie bei den Einzelplattenkassetten, liegt also bei etwa 0,75 Mbyte pro Fläche. Die Gesamt-kapazität beträgt mithin ca. 7,5 Mbyte.

- *Elfplattenstapel*   Diese Platteneinheit nach DIN 66 206 enthält 11 Magnetplatten mit insgesamt 20 nutzbaren Speicheroberflächen, weil die unterste und oberste Platte nur einseitig verwendbar sind. Ein paar charakteristische Daten:

  - Drehzahl 2400 min^{-1}
  - Plattendurchmesser 362,74 mm
  - Flughöhe der Magnetköpfe 1,3 μm bis 1,7 μm
  - Spuranzahl 203 je Fläche
  - Spurbreite 0,175 mm
  - Max. Speicherkapazität 30 Mbyte.

- *Zwölfplattenstapel*   Beim Zwölfplattenstapel nach ISO 4337 bzw. Standard ECMA-52 stehen nur 19 Speicherflächen zur Verfügung, weil zwei Platten lediglich zur Ab-deckung dienen und die obere Fläche auf der sechsten Platte von unten für Speicher-zwecke ebenfalls nicht benutzt werden kann. Diese sogenannte *Servofläche* ist vom Hersteller mit speziellen Aufzeichnungsmustern versehen, mit deren Hilfe die Posi-tionierung der Magnetköpfe sehr genau und reproduzierbar möglich ist. Ein paar weitere Daten (vgl. auch Tabelle 9.3):

  - Plattendurchmesser 356,25 mm (14 Zoll)
  - Drehzahl 3600 min^{-1}
  - Speicherdichte 159 bit/mm in der innersten Spur bzw. 13030 byte pro Spur
  - 1. Version mit 404 Spuren je Speicherfläche, entsprechend einer Gesamt-Speicher-kapazität von 100 Mbyte;
  - 2. Version mit 808 Spuren je Speicherfläche (das sind 15 Spuren/mm), ent-sprechend einer Gesamt-Speicherkapazität von 200 Mbyte.

- *Winchestertechnik*   Typisch für alle bislang besprochenen Magnetplattenkassetten und -stapel ist die mit Bild 9.31 angedeutete Technik, wonach die Magnetplatten selbst eine Einheit bilden und die Magnetköpfe auf einem Schlitten im Laufwerk montiert sind. Die *Winchestertechnik* integriert die Magnetköpfe in die Platten-einheiten. Dadurch wird die mechanische Reproduzierbarkeit erheblich gesteigert, die Speicherdichte konnte erhöht werden. Positioniert werden die Magnetköpfe wie beim Zwölfplattenstapel mit Hilfe einer *Servofläche*. Die Drehzahl geht bis über 6000 min^{-1}. Zur Verkürzung der Zugriffszeit werden auch mehrere Köpfe pro Speicherfläche montiert. Dominierend sind Winchestereinheiten mit 5 1/4″- und 3 1/2″-Magnetplatten und Speicherkapazitäten bis etwa 80 Mbyte. Noch größere Speicherkapazitäten sind ebenfalls verfügbar.

9.3.5 Disketten

Der auch als *Floppy Disk* (etwa: Wabbelscheibe) oder Flexible Magnetplatte bezeichnete Datenträger ist eine kreisrunde, sehr dünne Folie (z. B. 76 μm) mit magnetisierbarer Beschichtung auf einer Seite (*single sided*) oder auf beiden Seiten (*double sided*). Das Material ähnelt sehr dem der Magnetbänder.

- **Speicherorganisation**   Daten werden wie bei der „harten" Magnetplatte (*rigid disk*) in konzentrischen Spuren gespeichert (**Bild 9.32a**), so daß ein quasi-direkter Zugriff zu den Daten besteht. Allerdings fliegt hierbei der Magnetkopf nicht auf einem Luftpolster, sondern ist (wie beim Magnetband) in engem Kontakt mit der biegsamen Scheibe, die erst durch die Rotationsbewegung stabilisiert wird (Drehzahl z. B. 360 min^{-1}). Das Abspeichern ist beispielsweise in 77 Spuren möglich, die gemäß **Bild 9.32b** in 26 Sektoren eingeteilt sind. Die Numerierung der Spuren erfolgt von 00 ... 76, die der Sektoren von 01 ... 26 (**Bild 9.33**).

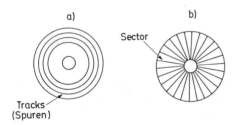

Bild 9.32
Spuren (a) und Sektoren (b) auf Disketten

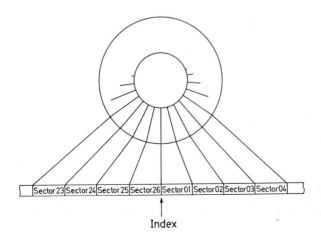

Bild 9.33
Numerierung der 26 Sektoren
01 bis 26 über alle Spuren 00
bis 76

● **Index- und Datenspuren** In DIN 66 237 Teil 2 (Flexible Magnetplatte 200 für Informationsverarbeitung) ist festgelegt, daß die Spur 00 (*Directory* oder *Index Track*) nicht mit Daten belegt werden kann. Sie dient zur Kennzeichnung, enthält sozusagen das Inhaltsverzeichnis. Außerdem ist es in dieser Spur möglich, bis zu zwei eventuell zerstörte Spuren zu identifizieren und Ersatzspuren zuzuordnen. Die Datenspuren sind nach dem in **Bild 9.34** gezeigten Schema organisiert.

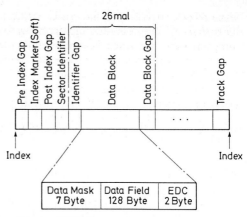

Bild 9.34 Datenformat einer Diskette und Organisation der Datenblöcke

● **Diskettenstandards** Mehrere Diskettenversionen sind am Markt. Drei sind derzeit (1986/89) als Standards anzusehen (s. **Bild 9.35** mit Größenvergleich).

- Standarddiskette   200 mm Ø (8 Zoll);
- Minidiskette   133 mm Ø (5 1/4 Zoll);
- Mikrodiskette   89 mm Ø (3 1/2 Zoll).

Die beiden erstgenannten sind in ebenfalls flexible Hüllen eingeschweißt, die weniger als 1 mm dünn sind. Die Mikrodiskette rotiert in einem etwa 3 mm dicken, stabilen Plastikgehäuse.

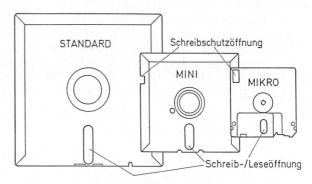

Bild 9.35
Die wichtigen Disketten-
ausführungen im Größenvergleich

● **Standarddiskette (8″)** Die Floppy Disk mit 200 mm Ø (Standarddiskette 8″) wurde als erste entwickelt (DIN 66 237). Für den Datenaustausch zwischen verschiedenen Computern war dieser Datenträger sehr lange das wichtigste Medium. Der Hauptgrund dafür ist, daß neben den mechanischen und elektromagnetischen Eigenschaften auch das *Aufzeichnungsformat* „genormt" wurde. Weil es sich dabei um das von der Fa. IBM entwickelte Format handelt, spricht man auch vom *IBM-Format* (IBM 3740). Die Speicherkapazität geht bis 2,5 Mbyte.

- *Minidiskette (5 1/4")*   Sehr stark verbreitet ist die *Floppy Disk* mit 133 mm ⌀. Allerdings gibt es bei den elektromagnetischen Eigenschaften und dem Aufzeichnungsformat eine solch lästige Vielfalt, daß ein echter Daten- und Programmaustausch mit dem Medium Minidiskette kaum praktikabel ist (s. jedoch PC-Diskette). Die üblichen Speicherdichten und Sektor- bzw. Spuranzahlen sind in **Tabelle 9.4** zusammengestellt. Stand der Technik ist Mitte der achtziger Jahre doppelte Dichte (DD) und doppelseitige (DS) Speicherung, wobei die auf den beiden Diskettenseiten gegenüberliegenden Spuren als ein *Zylinder* bezeichnet werden. Ende der achtziger Jahre ist die Speicherdichte weiter erhöht (HD).

Tabelle 9.4 Einige Daten typischer Minidisketten.

Speicherkapazität, gerundet in Kbyte	Sektoren pro Speicherfläche	Bytes pro Sektor	Bitdichte- Klasse	Spuren (SS)	Zylinder (DS)
80	8	256	SD	40	
160	8	512	DD	40	
320	8	512	DD		40
1280	8	1024	HD		80
360	9	512	DD		40
720	9	512	DD		80

SD: *Single Density*;   HD: *High Density*;   DS: *Double Sided*
DD: *Double Density*;   SS: *Single Sided*;

- **PC-Diskette**   Als Standard-Austauschmedium für *Personalcomputer* (PC) gilt in den achtziger Jahren die 5 1/4"-Diskette mit IBM-PC-Aufzeichnungsformat und 360 Kbyte Speicherkapazität. Weil die PCs das Betriebssystem MS-DOS verwenden (vgl. Kap. 14), werden diese Datenträger auch MS-DOS-Disketten genannt. Bei den sogenannten AT-Typen (PCs in „*Advanced Technology*") ist die Kapazität auf 1,2 Mbyte erhöht (HD). Moderne Disketten-Controller können die unterschiedlichen Datenträger lesen und auf sie formatgerecht speichern.

- **Mikrodiskette (3 1/2")**   Hauptvorteile der Mikrodiskette sind die geringen Abmessungen (90 mm × 90 mm) und das stabile Gehäuse. Als Speicherdichten werden überwiegend genannt: 250 Kbyte, 500 Kbyte und 1 Mbyte, Dies sind Bruttoangaben; sie entsprechen den Netto-Kapazitäten der PC-Disketten (180, 360 bzw. 720 Kbyte). Manchmal ist auch die Formatierung mit der von 5 1/4"-Floppies identisch.

9.4 Andere Speicher und Konzepte

Magnetkernspeicher haben nur noch eine sehr spezielle Bedeutung. Sie sind in „normalen" Computern durch Halbleiterspeicher ersetzt. Praktische Bedeutung haben dagegen Magnetblasenspeicher und Optische Speicher. Supraleitungselemente sind sehr interessant, haben das Entwicklungslabor aber nicht verlassen.

Spezielle Konzepte sind: virtuelle Speicherung, assoziative Speicherung und das RAM-Disk-Verfahren.

9.4.1 Magnetblasenspeicher

Ausgenutzt wird der physikalische Effekt, daß in dünnen *Granatschichten* zylindrische Zonen (sogenannte Domänen) gleichförmiger Magnetisierung existieren. **Bild 9.36** zeigt den Domänenverlauf, wie er etwa in einer mikroskopischen Aufnahme sichtbar wird. Die Domänenbreiten liegen in der Größenordnung von 2—3 μm.

● *Prinzip* Wird von außen ein magnetisches Feld an solch eine Schicht gelegt, zerfallen die Domänen in kleine magnetische Blasen von etwa 3 μm Durchmesser, was in Bild 9.36 ebenfalls angedeutet ist. Mit Hilfe elektromagnetischer Felder — etwa von der Art, wie sie um einen stromdurchflossenen Leiter existieren — lassen sich diese Blasen verschieben und eventuell matrixförmig anordnen.

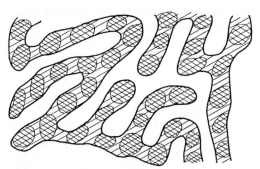

Bild 9.36 Magnetische Domänen und Blasen in einer dünnen Granatschicht

> Es sei daran erinnert, daß die „Blasenbildung" und das Verschieben der „Blasen" absolut nichts mit einer Materie-Verschiebung zu tun haben. Wie bei allen Magnetisierungsvorgängen handelt es sich hierbei lediglich um Veränderungen der magnetischen Zustände.

Aufgefunden werden die Blasen durch das sie begleitende Magnetfeld, zerstört (gelöscht) durch hinreichend starke äußere Felder.

Ordnet man auf den dünnen Schichten mikroskopische Muster aus Magneten und Leiterbahnen an (was nach dem Stand der heutigen Technologien möglich ist), können mit dieser Struktur Magnetblasen erzeugt, erkannt oder gelöscht werden. Die beiden Binärzustände werden gebildet durch Gegenwart oder Abwesenheit einer Blase an einem bestimmten Ort.

Nennenswerte Vorteile sind:

— geringer Leistungsaufwand,   — kein Informationsverlust bei Stromausfall,
— zerstörungsfreies Lesen,   — Zugriffszeit wie bei Magnetplatten.

Das macht MBMs (*Magnetic Bubble Memories*) als Ersatz für Floppy-Disks sehr attraktiv.

9.4.2 Optische Speicher

Mit dieser Gruppenüberschrift bezeichnen wir hier:

— Optische Plattenspeicher (*Optical Disks*)
— Holographische Speicher.

Praktische Bedeutung haben die „optischen Scheiben" erlangt. Beiden gemeinsam ist, daß sie als Lichtquellen Laser verwenden.

● **Laser**   Laser steht für *Light Amplifier by Stimulated Emission of Radiation*. Was ist das Besondere am Laserlicht? Wir kennen und benutzen alle das von elektrischen Glühlampen gespendete Licht. Diese sogenannten *thermischen Strahler* senden ein Licht aus, das *natürliches* oder *weißes Licht* genannt wird. Das bedeutet, dieses Licht ist zusammengesetzt aus allen im sichtbaren Bereich vorkommenden Wellenlängen. Anschaulich ausgedrückt heißt das, es besteht aus allen „Regenbogenfarben'', wie sie durch ein Prisma sichtbar werden (und natürlich auch direkt durch einen Regenbogen). **Bild 9.37** deutet diesen Tatbestand schematisch an.

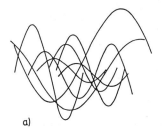
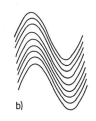

a)   b)

Bild 9.37

a) Weißes (natürliches) Licht;
b) Monochromatisches, kohärentes Licht

● **Monochromatisches Licht**   Ein Laser dagegen strahlt Licht ab, das nur aus einer einzigen Wellenlänge besteht — anschaulich: das eine der Wellenlänge entsprechende Farbe besitzt. Dieses einfarbige Licht wird *monochromatisches Licht* genannt. Zusätzlich besitzt das monochromatische Laserlicht die Eigenschaften, daß es *kohärent* ist. Das bedeutet, die in zeitlicher Folge abgestrahlten Wellen des einfarbigen Lichtes haben alle die gleiche Phase, d.h. sie schwingen absolut im Gleichtakt, wie es Bild 9.37 angibt.

> Monochromatische, kohärente Laserstrahlen besitzen nur eine Wellenlänge (Farbe), und die abgestrahlten Wellen haben die gleiche Phase. Sie breiten sich scharf gebündelt in nur einer Richtung aus und nicht kugelförmig wie weißes (natürliches) Licht.

● **Interferenz**   Diese besonderen Eigenschaften des Lasers erlauben, das ausgesendete Licht zur „Interferenz'' zu bringen. Darunter versteht man die Erscheinung, daß periodisch schwingende Vorgänge gleicher Wellenlänge sich gegenseitig auslöschen oder verstärken können, wenn sie sich in der richtigen *Phasenbeziehung* überlagern, wie in **Bild 9.38** angegeben, und wenn die Amplituden konstant sind.

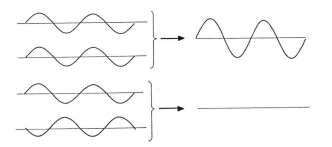

Bild 9.38
Prinzip der Interferenz

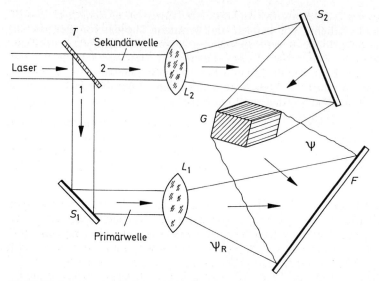

Bild 9.39 Schema einer holographischen Aufnahme

● **Holographie** Die Ausnutzung der Interferenzerscheinung ermöglicht die Herstellung von *Hologrammen*. Das sei anhand **Bild 9.39** erläutert.

● **Prinzip** Von links trifft ein Laserstrahl auf einen halbdurchlässigen Spiegel (Strahlenteiler *T*), wo er in zwei gleiche, kohärente Strahlen 1 und 2 zerlegt wird, die sogenannte *Primärwelle* und *Sekundärwelle*. Die Primärwelle gelangt über einen Umlenkspiegel S_1 und eine Linse L_1 als Referenzwelle ψ_R auf eine Fotoplatte *F*. Die Sekundärwelle wird zuerst durch eine Linse L_2 aufgeweitet und dann über den Umlenkspiegel S_2 auf den abzubildenden Gegenstand *G* gelenkt. Die durch *G* gebeugte Gegenstandswelle ψ überlagert sich auf der Fotoplatte mit der Referenzwelle ψ_R. Weil beide Wellen kohärente Teilwellen der einen kohärenten Laserwelle sind, kommen sie auf der Fotoplatte zur Interferenz, wobei das entstehende *Interferenzmuster* ein verschlüsseltes Abbild des Gegenstands ist. Im Gegensatz zum nur zweidimensionalen gewöhnlichen Foto enthält solch ein Hologramm auch Informationen über die dritte Dimension des abgebildeten Gegenstands. Denn es sind ja gerade die beim Beugen der Sekundärwelle an *G* durch die räumliche Ausdehnung des Gegenstands entstehenden *Gangunterschiede* (Phasenverschiebungen) in der gebeugten Gegenstandswelle, die durch Überlagerung mit der unveränderten Referenzwelle das Interferenzmuster ergeben.

Holographie ist ein fotografisches Aufnahmeverfahren mit kohärentem Laserlicht, bei dem ein dreidimensionales Bild entsteht, durch Interferenz einer Primärwelle (Referenzwelle ψ_R) mit einer durch den abzubildenden Gegenstand veränderten Sekundärwelle (Gegenstandswelle ψ).

- **Wiedergabe** Zur Wiedergabe des gespeicherten holographischen Bildes beleuchtet man das Hologramm mit einem kohärenten Laserstrahl, der der Referenzwelle entspricht. Dieser Wiedergabestrahl wird an dem Referenzmuster des Hologramms gebeugt. Das sogenannte *Wellenfeld* direkt hinter dem Hologramm entspricht nun genau dem, das bei der Aufnahme des Hologramms durch Beugung der Sekundärwelle am Aufnahme-Gegenstand entstanden ist. Es zeigt somit dem Betrachter ein dreidimensionales Bild der gespeicherten Information.

- **Holographische Speicher** Mit der knappen Erläuterung der Holographie ist die Möglichkeit angedeutet, Informationen auf kleinstem Raum dreidimensional abzuspeichern und sehr schnell (mit „Lichtgeschwindigkeit") wieder abzurufen. Anwendungen dafür könnten z. B. in der assoziativen Speicherung liegen (vgl. Abschnitt 9.4.5).

- **Optische Plattenspeicher** Als Bildplatten oder *Compact Disks* sind optische Speicher weitgehend bekannt und zur digitalen Musik- und Bildspeicherung verwendet. Naheliegend war dann der Einsatz auch zur Speicherung digitaler Computerdaten. Weil in der Standardausführung diese Speicher nur lesbar sind, werden sie auch OROM (*Optical ROM*) genannt. Erste Ausführungen hatten Durchmesser von 12″ (305 mm) und 8″ (203 mm) mit z. B. 1,5 Gbyte Speicherkapazität. Neuere „Kompaktscheiben" heißen CDROM (*Compact Disk ROM*). Besonders interessant ist die Ausführung mit denselben Abmessungen der Scheibe und des Laufwerks wie bei der Minidiskette (5 1/4″), aber z. B. 100 Mbyte Kapazität. Eine oft benutzte Bezeichnung für diese optischen Nur-Lese-Speicher ist WORM (Write Once, Read Many, also „Schreib' einmal, lies vielmals").

- **OROM-Prinzip** OROMs sind mechanisch ähnlich wie Magnetplattenspeicher aufgebaut, die Speicherung erfolgt ebenfalls in Spuren und Sektoren. Verschieden sind aber die Schreib-Leseköpfe und die Speicherflächen. Ein optischer Kopf besteht aus einem Halbleiterlaser als Sender und einer Sammellinse als Empfänger. Mit dem Laser werden in die wärmeempfindliche Plattenoberfläche kleine „Flecken" eingebrannt, die einem Binärzustand entsprechen. Beim Lesen dieser eingebrannten Muster wird das von ihnen reflektierte Licht gemessen. Von den eingebrannten Flecken wird weniger Licht reflektiert als von nicht „gebrannten" Stellen. Damit sind die zwei Binärzustände unterscheidbar. Die vom Anwender einmal selbst beschreibbaren Platten hießen auch DRAW von *Direct Read After Write*, frei übersetzt: einmal schreiben, beliebig oft lesen. Optische Schreib-Lesespeicher (ORAM) sind der nächste Schritt in dieser Entwicklung.

9.4.3 Supraleitungsspeicher

1973 ist in einem amerikanischen Laboratorium ein Arbeitsspeicher in Betrieb genommen worden, der einen speziellen *Supraleitungseffekt* ausnutzt und dadurch Zugriffszeiten von einigen Pikosekunden ermöglicht.

- **Supraleitung** Mit „Supraleitung" bezeichnet man die Erscheinung, daß viele metallische Stoffe bei extrem niedrigen Temperaturen nahe dem absoluten Nullpunkt (− 273 °C) ihren *ohmschen Widerstand* völlig verlieren, daß sie dort also ideal leitend werden. Die sogenannte *Sprungtemperatur*, bei der einige metallische Stoffe sprungartig aus ihrem normal leitenden Zustand, der mit einem wenn auch kleinen,

aber doch meßbaren ohmschen Widerstand verbunden ist, in den völlig widerstands-
losen Zustand übergehen, liegt etwa zwischen 1 K und 100 K. Die Einheit „K" gibt
die „absolute" Temperaturskala an und bedeutet „Grad Kelvin". 0 Kelvin (0 K) entsprechen − 273 °C (Grad Celsius), d. h. der Eispunkt (0 °C) liegt bei 273 K.

● *Abhängigkeit von einem Magnetfeld*   Wesentlich für den Aufbau eines supraleitenden Speichers ist, daß bei konstanter Temperatur durch ein hinreichend starkes
Magnetfeld ein Metall aus dem supraleitenden in den normal leitenden Zustand gebracht werden kann. **Bild 9.40** zeigt schematisch die Lage des supraleitenden Be-
reichs. Ohne Magnetfeld ist das
Metall oberhalb der Sprungtemperatur (auch *kritische Temperatur*
T_c genannt) normal leitend, unterhalb supraleitend.

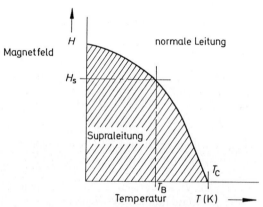

Wird ein Magnetfeld angelegt, muß
die Temperatur gemäß dem angegebenen Kurvenverlauf abnehmen,
wenn das Metall supraleitend bleiben
soll. Wählt man eine feste Betriebstemperatur T_B, kann man aus Bild
9.40 ablesen, daß bei der kritischen
Feldstärke H_S der Sprung zwischen
supraleitendem und normal leitendem Zustand stattfindet. Damit ergeben sich zwei definierte Speicher-
zustände, zwischen denen mit einem
Magnetfeld sehr schnell geschaltet
werden kann.

Bild 9.40 Kritische magnetische Feldstärke als
Funktion der Temperatur mit supraleitendem Bereich

● *Speicher*   Seit einiger Zeit weiß man, daß nicht nur metallische Verbindungen
supraleitend sind, sondern ebenfalls dünne Halbleiterschichten. So ist 1973 ein extrem schneller Arbeitsspeicher mit *dünnen Halbleiterschichten* vorgestellt worden,
bei dem die beiden Binärzustände dargestellt werden durch:

1. *Supraleitung* (schraffierter Bereich in Bild 9.40).
2. *Tunnelleitung* (entspricht normal leitendem Bereich von Metall in Bild 9.40).

Das Umschalten zwischen diesen beiden Zuständen ist in kurzen Zeiten im Pikose-
kunden-Bereich möglich. Das ist eine Größenordnung, die bislang kaum erreichbar
schien. Der *Tunneleffekt*, auf dem die Tunnelleitung in *Halbleitern* beruht, wird seit
langem bei der Herstellung von sehr schnellen *Tunneldioden* ausgenutzt. Es handelt
sich hierbei um einen „quantenmechanischen Effekt", auf den hier nicht eingegangen werden kann.

9.4.4 Virtuelle Speicherung

In 9.2.1 haben wir mit Bild 9.8 gesehen, wie die Zellen eines Arbeitsspeichers durch-
numeriert, also *adressiert* werden. Nach der „konventionellen" Methode wird dieser
Hauptspeicher der Reihe nach − d. h. Zelle für Zelle bzw. Adresse für Adresse −

mit Programmbefehlen und Daten belegt. Die Kapazität des in der Zentraleinheit (also intern) angeordneten Arbeitsspeichers muß dabei mindestens so groß sein, daß das längste zu verarbeitende Programm in ihm für die Dauer der Verarbeitung gespeichert werden kann und außerdem hinreichend Platz für die Verarbeitung selbst bleibt.

- **Konventionelle Speicherung**

> Wir halten fest, daß konventionell nur der Hauptspeicher als Arbeitsspeicher adressierbar ist und das Programm ständig im Hauptspeicher stehen muß.

Bei dieser Konstruktion ist es leicht möglich, daß der Hauptspeicher mit umfangreichen Programmen völlig belegt wird. Zu jedem Programm gehören aber noch Daten, mit denen gerechnet werden soll. Um vor allem auch sehr große Datenbestände trotz begrenzter Arbeitsspeicherkapazität bewältigen zu können, werden außerhalb der Zentraleinheit (extern) *Hilfsspeicher* angeschlossen (9.3). Damit können nahezu beliebig große Datenbestände aufgenommen und – auf Befehl des im Hauptspeicher stehenden Programms – in den Arbeitsspeicher übernommen werden.

> Bei der *konventionellen Speicherung* ist der in der Zentraleinheit (intern) angebrachte Hauptspeicher identisch mit dem *Arbeitsspeicher*. Nur dieser Hauptspeicher ist als Arbeitsspeicher adressierbar.

- **Speicherhierarchie** Das *Konzept der virtuellen Speicherung* bietet einen Ausweg aus dieser starren Begrenzung auf den Hauptspeicher. Vereinfacht gesagt, handelt es sich dabei um den Aufbau einer *Speicherhierarchie*, innerhalb der – nach ihrer Bedeutung (also „hierarchisch") gegliedert – Speicher von verschiedener Speicherdichte, Größe, Zugriffsgeschwindigkeit und Wirtschaftlichkeit zu einem nach außen hin einheitlich erscheinenden Speicher zusammengefaßt werden:

> Das Konzept baut auf dem Prinzip der Speicherhierarchie auf. Dabei werden aus Preis-Leistungsgründen zur Aufnahme von Informationen verschieden große und verschieden schnelle Speichermedien verwendet. Die Verteilung der Daten auf die verschiedenen Speichermedien erfolgt entsprechend dem Datenumfang und der zu erwartenden Zugriffshäufigkeit.

- **Vorteile**

> 1. Durch die virtuelle Speicherung können viel mehr Hauptspeicherstellen in den Programmablauf einbezogen werden, als tatsächlich vorhanden sind.
> 2. Die Wirtschaftlichkeit teurer EDV-Anlagen wird erheblich verbessert.
> 3. Für den Benutzer bieten sich Möglichkeiten an, nach neuen Lösungswegen für komplexe Probleme zu suchen.

- **Virtuelles Prinzip** Nach diesen allgemeinen Aussagen nun ein paar konkrete Details. Der konventionelle Hauptspeicher einer EDV-Anlage möge 2048 Kbyte = 2 Mbyte Speicherkapazität besitzen (1 M = 1024 K). Der zugehörige *konventionelle Adreßraum* für 2 Mbyte (gleich 2^{21} = 2 097 152 byte) soll virtuell auf bis zu 16 Mbyte =

16 777 216 byte erweitert werden. Die relativ einfache technische Voraussetzung dafür sind *Direktzugriffsspeicher* mit 16 Mbyte Speicherkapazität, also beispielsweise Magnetplatten, wie sie als externe Speicher verwendet werden. Das Wesentliche der virtuellen Speicherung liegt deshalb auch nicht in der technischen Seite, sondern in der Speicherorganisation, der *Software* also, was gleich noch klarer gemacht werden soll.

● *Abbildung*   In **Bild 9.41** erkennen wir einen konventionellen *realen Hauptspeicher* mit beispielsweise 2 Mbyte Kapazität, darüber den weitaus größeren externen Direktzugriffsspeicher mit z. B. 16 Mbyte Kapazität. Das ist die technische Seite. Rechts neben dem realen Direktzugriffsspeicher sehen wir den *virtuellen Speicher*, also den gedachten, scheinbaren (virtuellen) Arbeitsspeicher, der nun einen Adreßraum von 16 Mbyte darstellt, obwohl der Hauptspeicher nur einen solchen von 2 Mbyte besitzt. Dieser scheinbare, also virtuelle Speicher ist *real* auf dem Direktzugriffsspeicher *abgebildet*.

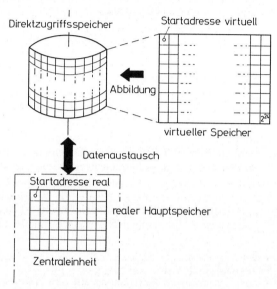

Bild 9.41 Konzept des virtuellen Speichers

Sämtliche Informationen werden nun, mit der Startadresse des virtuellen Speichers beginnend, durchadressiert und auf den Direktzugriffsspeicher abgebildet, so daß stets ein reales Bild des virtuellen Speichers vorhanden ist. Mit anderen Worten:

> Die Programme werden nicht mehr im viel kleineren Adreßraum des konventionellen Hauptspeichers adressiert und abgespeichert, sondern sie werden in dem viel größeren Adreßraum des virtuellen Speichers adressiert und auf dem externen Direktzugriffsspeicher abgespeichert.

● *Virtuelle Adresse*   Damit ist der virtuelle Speicher aber noch nicht arbeitsfähig, denn die Zentraleinheit kann kein Programm ausführen, das auf einem Direktzugriffsspeicher steht! Sie kann nur mit dem realen Hauptspeicher zusammenarbeiten. Es müssen also die gerade benötigten Programmteile, die sogenannten *aktiven Teile*, im Hauptspeicher stehen. Dazu werden realer Hauptspeicher und Direktzugriffsspeicher (auch *Seitenspeicher*) in Blöcke gleicher Größe eingeteilt, deren Speicherinhalt *Seite* genannt wird. Genau wie ein Roman in Buchseiten einheitlicher Größe zerlegt wird, ist jedes abgespeicherte Programm in Seiten einheitlicher Größe von 2 K oder

4 Kbyte zerlegt. Die Adressen innerhalb eines Programms bestehen demzufolge aus Angabe der „Seitennummer' und der Lage innerhalb dieser Seite. Eine solche Adresse wird *virtuelle Adresse* genannt. Zur weiteren Vereinfachung werden jeweils 16 oder 32 aufeinanderfolgende Seiten zu einem *Segment* von 64 Kbyte zusammengefaßt, ähnlich wie in einem Roman mehrere Seiten ein Kapitel bilden können. Während eines Prozeßablaufs werden ständig *Seiten* oder ganze *Segmente* zwischen Hauptspeicher und Direktzugriffsspeicher hin- und hertransportiert. Der richtige Transport zum richtigen Zeitpunkt wird gesteuert von der vom Hersteller mitgelieferten Software (dem *Operating System*) und vom Programm selbst.

> Der virtuelle Speicher ist ein gedachter, nicht vorhandener Hauptspeicher, der durch *Hardware* und *Software* verwirklicht wird, wobei Direktzugriffsspeicher mit für die Aufgaben des Hauptspeichers verwendet werden.

9.4.5 Assoziativspeicher

Eines der interessantesten Konzepte ist das der *assoziativen Speicherorganisation*. Damit soll ermöglicht werden, auch aus größten Datenbeständen die gewünschten Einzelinformationen schnell herauszulesen. Die Grundidee bei der Entwicklung der assoziativen Speicherung war, die Funktionsweise des menschlichen Gehirns nachzubilden.

> Es wurde davon ausgegangen, daß menschliches Erinnern auf *assoziativer Verknüpfung* beruht. Was bedeutet das?

- *Assoziative Verknüpfung* Wenn man auf Befragen hin (beispielsweise in Prüfungen) veranlaßt wird, sich an etwas Spezielles zu erinnern, dann fragt das Gehirn nicht wie ein konventioneller Arbeitsspeicher Millionen von Einzelerinnerungen hintereinander ab, um die gewünschte Information ins Bewußtsein zu rufen. Es nähert sich vielmehr dem Ziel auf Abkürzungen. Das sind dem gesuchten Begriff *in der Erinnerung zugeordnete (assoziierte)* Erlebnisse und Einprägungen, die man in der Fachsprache nennt: dem Erinnerungsobjekt benachbarte Datenfelder. Bezieht sich die Frage z. B. auf eine Begegnung, die vor mehreren Jahren an einem Sommertag auf Teneriffa stattfand, dann ist die menschliche Abfrageeinrichtung normalerweise sofort bei den Datenfeldern Urlaub, heißer Strand, braungebrannte Bikini-Schönheiten etc., um von dort schnell auf die gewünschte Einzelinformation zu stoßen. Einfache Beispiele für assoziatives Erinnern sind leicht zu finden: Jeder denkt, wenn er Karbol oder Spiritus riecht, sofort an Krankenhaus, oder bei Benzingeruch an Automobil usw.

- *Adressenprinzip* Die assoziative Speicherorganisation wird nun technisch zu nutzen versucht. Konventionelle Speicher mit sogenannter „Platzadressierung" weisen jeder Information einen festen Platz, eine feste Adresse zu. Beim Aufsuchen einer bestimmten Information werden sämtliche Adressen nacheinander abgefragt, bis die richtige Stelle erkannt ist. Das Auffinden selbst geschieht aber nicht in der Art, daß der Inhalt der jeweiligen Speicherzelle erkannt wird, sondern einzig und allein aus der Adresse, d. h. aus der Nummer der Speicherzelle! Das ist sehr wichtig; denn beim virtuellen Speicher hat ja auch jede Information ihre virtuelle Adresse und wird daraus erkannt.

• **Assoziative Speicherung**   Bei *assoziativer Speicherung* ist die Adressierung völlig anders. Hier gibt es keine Adressen oder ähnliche Merkmale, die ausschließlich der Kennzeichnung des Speicherplatzes dienen, sondern es übernehmen die gespeicherten Informationen oder ein Teil von ihnen selbst die Rolle dieser Merkmale. Das Erkennen geschieht wie beim menschlichen Gehirn am Inhalt und nicht an der Zellennummer. Um das zu ermöglichen, werden sämtliche Informationen in Datenfelder (Datengruppen) abgelegt, deren Inhalte jeweils einem Begriff, dem *Schlüsselbegriff* oder *Deskriptor*, zugeordnet werden können.

• **Assoziatives Abfragen**   Das *assoziative Abfragen* erfolgt in der Art, daß mit dem Schlüsselbegriff eine allgemeine Suchrichtung vorgegeben wird. Alle Speicherzellen oder Datenfelder, deren Inhalte zu diesem Schlüsselwort gehören, werden gleichzeitig abgefragt. Die Speicherplätze, die den gesuchten Begriff enthalten, werden an ihrem Inhalt sofort erkannt. Unabhängig von der insgesamt abgespeicherten Informationsmenge wird der Suchvorgang in einem einzigen *Suchzyklus*, dem *Durchruf*, erledigt. Die Reihenfolge der Abspeicherung spielt bei diesem Prinzip überhaupt keine Rolle. Die Abspeicherung erfolgt stets dahin, wo gerade etwas frei ist.

• **Technische Realisierung**   Eine technische Verwirklichung gelang mit einem *elektrooptischen Assoziativspeicher.* Dabei werden Digitalinformationen als Hell-Dunkel-Bitmuster dargestellt, also durch winzige Flächen, die einen Lichtstrahl entweder durchlassen oder zerstreuen. In dieser Anordnung sind pro cm^2 der verwendeten fotografischen Speicherplatte 50 000 bit abgespeichert. Durch Verwendung holographischer Verfahren (s. 9.4.2) läßt sich diese Aufzeichnungsdichte erheblich steigern.

9.4.6 RAM-Disk

Vor allem bei Personalcomputern verbreitet ist eine Speicher-Organisationsform, die als *Electronic Disk, Ram-Disk* oder *Virtuelle Disk* bezeichnet wird. Mit Hilfe einer speziellen Software, die in ROM vorhanden oder von Diskette zu laden ist, können dabei freie Hauptspeicherbereiche als Hochgeschwindigkeits-Massenspeicher definiert werden.

Beispielsweise wird mit der Anweisung

    RAMDSK C:

eine RAM-Disk mit der Bezeichnung C: definiert und dabei sichergestellt, daß als Hauptspeicher mindestens 64 Kbyte verbleiben. Bei hinreichend großem Speicher (z. B. 640 Kbyte) wird der „Disk" C: eine der PC-Diskette entsprechende Kapazität von 360 Kbyte zugewiesen.

Hat der PC die häufige Ausstattung mit zwei 5 1/4"-Laufwerken, die dann die Bezeichnungen A: und B: tragen, kann nach dem Installieren der RAM-Disk C: auf diese beliebig kopiert werden, gerade so, als wäre das Laufwerk C: physikalisch vorhanden, also z. B.

    COPY A:TEST.BAS C:

Damit wird das BASIC-Programm mit Namen TEST von der Diskette im Laufwerk A: auf die RAM-Disk C: übertragen und ist dann für die weitere Verwendung im sehr schnellen Zugriff der Halbleiterspeicher verfügbar.

Im Gegensatz aber zu den „permanenten" Speichermedien Magnetplatte oder Floppy-Disk kann die RAM-Disk nur so lange zum Speichern von Programmen und Daten benutzt werden, wie der Computer eingeschaltet ist. Das bedeutet, nach Beendigung der Verarbeitung (und noch vor dem Abschalten) müssen alle wesentlichen Informationen wieder auf eine Platte zurückkopiert werden, z. B.

COPY C: *.* A:

wobei die Sterne für Dateinamen und kennzeichnende Zusätze stehen.

10 Ein-/Ausgabeeinheiten

Als *Eingaben* kommen vor allem in Frage:
— Kommandos zur Steuerung des Rechnerbetriebs;
— Programme für die Verarbeitung;
— Daten zum Verrechnen.

> Die wichtigsten Eingabeeinheiten sind:
> Tastatur, Maus, berührungsempfindlicher Bildschirm, Datenträger, Rechnerverbindung, Prozeßanschlüsse.

Ausgaben sind im wesentlichen:
— Meldungen an den Benutzer/Bediener;
— Ergebnisse der Verarbeitungen;
— Daten und Steuersignale.

> Oft benutzte Ausgabeeinheiten sind:
> Bildschirm, Datenträger, Drucker, Plotter, Rechnerverbindung, Prozeßanschlüsse.

Datenträger sind bereits in Kapitel 9 besprochen. Von überragender Bedeutung sind die Magnetspeicher Band, Platte und Diskette. Die oben erwähnten Rechnerverbindungen und Prozeßanschlüsse benutzen „Standardschnittstellen", die in Kapitel 11 behandelt werden.

Ein paar oft gebrauchte Ein-/Ausgabeeinheiten sind in **Bild 10.1** zusammen mit einem Personalcomputer dargestellt.

10.1 Eingabe

Wir berücksichtigen hier nur die „Standard"-Eingabeeinheiten, nicht z. B. „TTL-Ports" (auch „User-Ports") oder sog. Prozeß-Eingaben. Zur Eingabe von Programmen und Daten werden überwiegend magnetische Speicher verwendet. Die weitaus größte Bedeutung für die Rechnerbedienung und Programmierung haben Tastaturen, zunehmend aber auch Digitalisierer (z. B. Maus). Noch in Verwendung bei größeren Anlagen sind Lochstreifen und Lochkarte, auch Magnetschriften, optische Klarschriften und Strichcodes (*Barcodes*) werden benutzt. Von Interesse sind außerdem handschriftliche Direkteingabe und Spracheingabe.

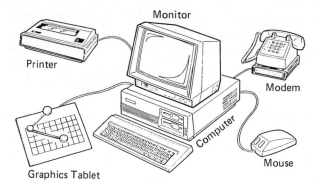

Bild 10.1

Typischer Personalcomputer
mit wichtigen Ein- und Ausgabe-
einheiten

10.1.1 Tastatur und Bildschirm

Bildschirm als Eingabemedium? Wir meinen hier den sog. berührungsempfindlichen
Bildschirm (*Touchscreen*), der als kombiniertes Ein-/Ausgabegerät auch bei Personalcomputern zu finden ist. Am Bildschirmarbeitsplatz (*Terminal*) wird der Bildschirm (*Monitor*) zum Mitschreiben und Kontrollieren der Eingaben benutzt. Die
ergonomischen Anforderungen an Terminals sind in DIN 33 400 und DIN 66 234
beschrieben.

- *DIN-Tastatur*   In mehreren DIN-Normen sind Tastaturen definiert. Die deutsche
Ausführung für alphanumerische Dateneingabe wird manchmal auch QWERTZ-
Tastatur genannt (nach der Buchstabenfolge der zweiten Tastenreihe). Umlaute und
ß müssen natürlich vorhanden sein (DIN 2139). Tastaturen können ergänzt werden
durch eine Zehner-Blocktastatur (DIN 9753 und 9758) und durch sog. Funktionstasten.

- *ASCII-Tastatur*   In der internationalen Version wird die alphanumerische Tastatur
auch QWERTY-Tastatur genannt. Es fehlen Umlaute und ß. Es ist aber der vollständige ASCII-Zeichensatz realisiert (vgl. Bild 3.6 in 3.4), weshalb häufig von ASCII-
Tastatur gesprochen wird. Moderne Tastaturen sind zwischen nationalen und ASCII-
Versionen umschaltbar.

- *Touchscreen*   Der amerikanische Fachausdruck *Touchscreen* (Tastbildschirm) bezeichnet ein spezielles Sichtgerät, das in deutscher Beschreibung berührungsempfindlicher Bildschirm heißt. Verschiedene Verfahren werden seit längerer Zeit benutzt,
um durch Berühren bestimmter Bereiche auf der Bildschirmoberfläche zugeordnete
Aktionen im Computer auszulösen. Ein einfaches, kostengünstiges Verfahren ist mit
den Personalcomputern entstanden. Dabei ist vor den eigentlichen Bildschirm ein
Rahmen mit Infrarot-Leuchtdioden (IR-LEDs) und jeweils gegenüberliegenden
Empfängern montiert. Dadurch entsteht eine Matrix aus z. B. 14 × 21 IR-Strahlen.
Bei Unterbrechung eines Strahls mit z. B. einem Finger oder Bleistift wird die diesem
Matrixfeld vorher zugeordnete Software aufgerufen. Natürlich ist auch die Eingabe
mit einer Tastatur oder das Auswählen einer Funktion mit Hilfe einer *Maus* möglich.

10.1.2 Digitalisierer

Digitalisierer (*digitizers*) sind Einrichtungen zum Umsetzen von z. B. Weg- oder Positionsinformation in digitale Eingabedaten. Auch der in 10.1.1 besprochene berührungsempfindliche Bildschirm gehört in diese Kategorie. Vor allem werden aber die folgenden Geräte dazu gezählt: Digitalisiertablett, Maus, Rollball, Lichtgriffel, Drehknopf, Steuerknüppel.

● *Digitalisiertablett*   Eine auch oft verwendete Bezeichnung für das Digitalisiertablett ist *Graphiktablett*. Die Arbeitsweise entspricht im Grunde der beim Tastbildschirm, jedoch ist die Auflösung um ein Vielfaches besser. Während auf dem Bildschirm nur etwa ein Zentimeter „Linienabstand" realisiert ist, kann dieser beim Graphiktablett 0,025 mm betragen (40 Linien/mm). Die Abtastgeschwindigkeit beträgt dabei ca. 100 Koordinatenpaare pro Sekunde. **Bild 10.2** zeigt eine typische Ausführung mit Taststift und (wahlweise) Fadenkreuzabtaster (*Cursor*).

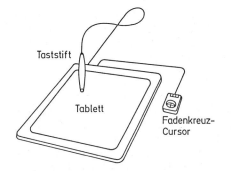

Taststift

Tablett

Fadenkreuz-
Cursor

Bild 10.2

Graphiktablett mit Taststift und Fadenkreuz-Cursor

● *Betriebsarten*   Bei einem typischen Graphiktablett sind z. B. folgende Betriebsarten möglich:

— **Punkt** (*Point*) mit Übergabe eines einzigen Koordinatenpunkts beim Aufsetzen des Stifts oder Drücken einer Taste.

— **Strom** (*Stream*) mit fortlaufender Aktualisierung der jeweils gültigen Koordinaten, solange die zugehörige Taste am *Cursor* oder Stift gedrückt ist. Die Abtastrate muß vorher gewählt sein.

— **Delta** bzw. Maus-Emulation. Hierbei wirken *Cursor* oder Taststift wie eine Maus (s. unten).

— **Inkrementierung** mit Aktualisierung der Koordinatenpaare in vorgegebenen Schritten. Diese Betriebsart ist mit den obengenannten kombinierbar.

● *Maus*   Ein sehr beliebtes, weil bequemes und preiswertes Eingabemedium ist die Maus (*Mouse*). Es handelt sich dabei um ein „handliches", gut faßbar geformtes Gehäuse mit einer Kugel (Ball) auf der Unterseite und zwei oder drei Tasten auf der Oberseite (**Bild 10.3**). Mit solch einer Maus kann auf einer Tischoberfläche hin und her gefahren werden. Der Cursor auf dem Bildschirm folgt dieser Bewegung. Mit den Tasten auf der Maus können bestimmte Positionen fixiert und Aktionen des Computers ausgelöst bzw. Programme aufgerufen werden.

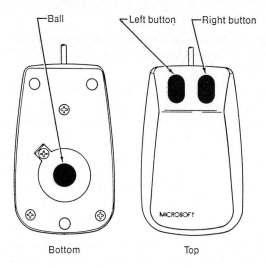

Bottom   Top

Bild 10.3
Schematische Darstellung einer Maus

- *Rollball* Eine Maus auf den Kopf gestellt (z. B. Bild 10.3) ergibt einen *Trackball* (Rollball) genannten Digitalisierer. Es wird dabei die Kugel mit der Hand in beliebige Richtung gerollt, der Cursor auf dem Bildschirm folgt. Ein Vorteil gegenüber der Maus ist, daß kein freier Bewegungsraum auf der Tischoberfläche benötigt wird, weil das Rollballgehäuse sich nicht bewegen muß.

- *Lichtgriffel* Ein Lichtgriffel (*Light Pen*) enthält in einer „Schreibspitze" einen optischen Sensor (Fototransistor). Wird dieser auf den Bildschirm aufgesetzt, erzeugt er ein elektrisches Signal, wenn der Elektronenstrahl die Sensorposition passiert. Weil die Strahlposition zu jeder Zeit bekannt ist, kann der Computer nach Erkennen des Lichtgriffel-Positionssignals an dieser Stelle z. B. den Bildschirm hell steuern oder eine zugeordnete Funktion (ein Programm) aufrufen. Im ersten Fall kann mit dem Lichtgriffel auf dem Bildschirm gezeichnet oder geschrieben werden.

- *Drehknopf* Als Drehknopf, Drehregler oder *Paddle* bezeichnet man einen digitalen Drehgeber, bei dem die Stellung des Drehknopfs in eine Zahl (z. B. 0 bis 255) umgewandelt wird. Damit läßt sich beispielsweise die horizontale Bewegung des Lichtpunkts (*Cursor, Prompter* oder Eingabemarke) auf dem Bildschirm steuern. D. h. die beiden Horizontal-Pfeiltasten sind durch einen Drehknopf ersetzt. Manchmal ist in den Drehknopf ein Druckknopf zur Signalisierung integriert.

- *Steuerknüppel* Eine in verschiedenen Bereichen und vor allem bei Heimcomputern verfügbare Eingabeeinheit heißt Steuerknüppel oder *Joystick*. Damit ist die direkte Steuerung der Bewegung von Objekten auf dem Bildschirm möglich, weil der Steuerknüppel an den Rechner binäre Signale sendet, die seiner Bewegungsrichtung entsprechen. Manchmal ist ein „Schießknopf" integriert (für Computerspiele oder als Übernahmesignalisierung). Im einfachsten Fall kann der Steuerknüppel nur vier Bewegungsrichtungen realisieren, manchmal auch acht. Aber auch viel höhere Auflösungen sind möglich.

10.1.3 Lochsteifen, Lochkarte

Obwohl Lochstreifen und Lochkarten bei Mikro- und Minicomputern keine Bedeutung haben, wird bei größeren und auch kleineren älteren Anlagen damit manchmal noch die Daten- und Programmeingabe ausgeführt.

● *Lochstreifen* Der Lochstreifen ist als Datenträger und Kommunikationsmedium vom Fernschreiber her bekannt. Er ist also ursprünglich zur Übermittlung von Telegrammen entwickelt worden und besteht aus 1,7 cm bis 2,6 cm breiten Endlosstreifen. Das Material ist nichtleitendes Spezialpapier oder Plastik.

● *Datendarstellung* Daten werden binär verschlüsselt als Kombination von Rundlochungen quer über den Lochstreifen dargestellt. Je nach Anzahl der möglichen Lochungen quer zum Streifen unterscheidet man 5-, 6-, 7- und 8-Kanal-Lochstreifen. **Bild 10.4** zeigt ein Beispiel für einen 8-Kanal-Lochstreifen.
Die Kanäle 1 bis 4 und 6 bis 8 sind für die Datendarstellung reserviert. Der Paritäts- oder Prüfkanal 5 muß das Prüfbit aufnehmen. Etwa in der Mitte des Streifens befindet sich mit kleineren Lochdurchmessern die Transportlochung, die − ähnlich wie beim Kinofilm − zur Fortbewegung des Lochstreifens in den Lese- und Stanzgeräten dient. Dabei ist allgemein üblich, daß sich auf einer Seite der Transportlochung immer drei Datenkanäle befinden, der Rest auf der anderen Seite.

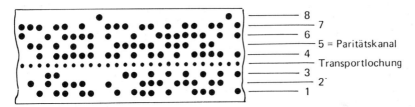

Bild 10.4 8-Kanal-Lochstreifen

● *8-Kanal-Lochstreifen-Codierung* In **Bild 10.5** ist ein Ausschnitt aus einem 8-Kanal-Lochstreifen dargestellt. Die unteren vier Kanäle, die durch die Transportlochung unterbrochen sind, haben die binären Wertigkeiten 1, 2, 4 und 8 und werden zur Darstellung von numerischen Zeichen (Zahlen) benutzt. Ganz anschaulich entspricht dabei jedes Loch einem Bit. Auf diese vier numerischen Kanäle folgt der Prüfkanal.

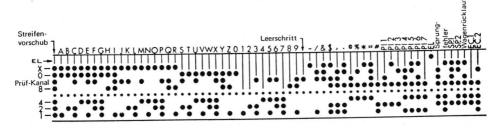

Bild 10.5 8-Kanal-Lochstreifen mit Codierung

Bei dem 8-Kanal-Lochstreifen wird auf ungerade Parität geprüft, so daß z. B. im Prüfkanal gelocht werden muß, wenn die Zahl 3 mit Löchern in den ersten beiden Kanälen mit den Wertigkeiten 1 und 2 dargestellt wird. Die nun folgenden Kanäle 0 und X dienen zusammen mit den numerischen Kanälen zur Darstellung von Buchstaben und Sonderzeichen. Als letzter folgt ganz oben der Zeilenende-Kanal EL. Diese Steuerlochung wird nur dann benutzt, wenn ein Satzende markiert werden soll.

- *ASCII-Code* Für den *Austausch* digitaler Daten zwischen verschiedenen Lochstreifengeräten ist ein 8-Kanal-Lochstreifen mit dem in 3.4 vorgestellten 7-Bit-Code genormt. Auf dem 25,4 mm (1″) breiten Streifen erscheint das Bit b_1 in Kanal (*Informationsspur*) 1, das Bit b_2 in Kanal 2 usw. In Kanal 8 erscheint ein Prüfbit, wenn das gelochte Zeichen eine ungerade Anzahl von Eins-Bit enthält; es wird also auf gerade Parität geprüft.

- *Lochkarte* Die Lochkarte wird als Datenträger und Medium für den Informationsaustausch mit dem Computer (Datenein- und -ausgabe) auch heute noch verwendet. Ein Grund dafür ist sicherlich die bequeme Handhabung. Die Karte läßt sich innerhalb eines Pakets beliebig umsortieren oder auswechseln. Auf der aus einem elektrisch nicht leitfähigen Karton hergestellten Karte werden Daten durch Kombination von rechteckigen Löchern in den senkrechten Spalten dargestellt.

- *Lochkarte nach DIN* In Größe und Form sowie in der Codierung ist die Lochkarte genormt, so daß sie zwischen verschiedenen Maschinen jederzeit austauschbar ist. **Bild 10.6** zeigt eine Karte etwas verkleinert. Gelocht sind die Ziffern 0 bis 9, das Alphabet und einige Sonderzeichen. Auf dem oberen Kartenrand wird zur Kontrolle der Klartext abgedruckt. Die genormte Lochkarte besitzt 12 horizontale Zeilen und 80 vertikale Spalten. Es können somit auf einer Karte bis zu 80 Zeichen dargestellt werden. Die Positionen 73 bis 80 sind aber für die Kennung reserviert, also für die Numerierung der Karten.

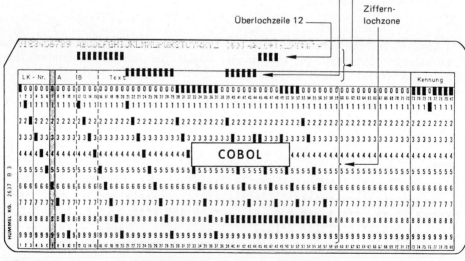

Bild 10.6 Lochkarte nach DIN 66 018, Blatt 1, 2 und Beiblatt; Darstellung der Symbole nach DIN 66 006

Die *Zifferlochzone* mit den Zeilen 0 bis 9 wird zur Lochung der Dezimalzahlen benutzt. Die Zahl 0 wird also durch ein Loch in Zeile 0, die Zahl 1 durch ein Loch in Zeile 1 usw. dargestellt. Buchstaben und Sonderzeichen entstehen durch Kombination von Löchern in der Zifferlochzone und in der *Überlochzone* mit den Überlochzeilen 11 und 12. Dieser Lochkartencode ist also nicht *binär*!

- *Typische Daten*   Beim manuellen Lochen hängt die Stanzleistung natürlich von der Geschicklichkeit des Lochers ab. Wird bei der Datenausgabe durch die Zentraleinheit automatisch gelocht, sind Stanzleistungen von 6 000 bis 18 000 Karten pro Stunde möglich. Gelesen werden Lochkarten wie Lochstreifen mit Fotozellen, d. h. es werden die Lochkombinationen in entsprechende elektrische Impulse umgesetzt. Die dabei erreichbaren Geschwindigkeiten sind relativ groß. Man erzielt — abhängig vom Modell — Lesegeschwindigkeiten von 18 000 bis 120 000 Karten pro Stunde.

10.1.4 Maschinenlesbare Schriften und Codes

Von den vielen verschiedenen Schriften und Codes werden wir in diesem Abschnitt die folgenden vorstellen: Magnetschrift, optische Klarschriften, Strichcodes (*Barcodes*).

- *Magnetschrift CMC7*   Magnetschrift wird mit magnetischer Tinte so geschrieben, daß visuelle und maschinelle Lesbarkeit der Schriftzeichen gewährleistet sind. Das bedeutet, Ziffern, Buchstaben und Sonderzeichen sind vom Menschen und vom Eingabegerät lesbar. Die Umwandlung der „normal" gedruckten (also nur visuell lesbaren) Zeichen in Maschinencode ist also nicht notwendig.

- *DIN-Norm*   In der deutschen Norm (DIN 66 007) sind die Darstellungen gemäß **Bild 10.7** festgelegt als „Schrift CMC7 für die maschinelle magnetische Zeichenerkennung". *CMC7* ist eine Abkürzung für den französischen Ausdruck „Caractère Magnetique Code à 7 bâtonnets".

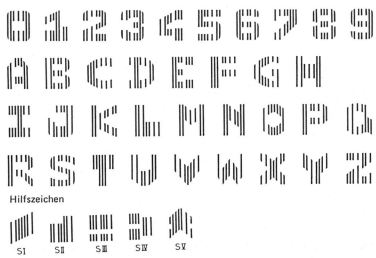

Bild 10.7 CMC7-Schrift für die maschinelle magnetische Zeichenerkennung (nach DIN 66 007)

Der Zeichenvorrat umfaßt 41 Schriftzeichen:

> 10 Dezimalziffern 0 bis 9;
> 26 Großbuchstaben A bis Z;
> 5 Hilfszeichen SI bis SV genannt.

● *Codierung*   Jedes Zeichen besteht aus 7 durchgehenden oder unterbrochenen vertikalen Strichen und zugehörigen Strichzwischenräumen, die zwei verschiedene Breiten haben. Der zum maschinellen Erkennen des Zeichens dienende Code besteht aus der Kombination von schmalen und breiten Strichzwischenräumen. Ordnet man den schmalen Strichzwischenräumen die Binäreinheit *0* und den breiten die Binäreinheit *1* zu, erhält man die Code-Tabelle, die in **Bild 10.8** angegeben ist.

Zwei breite und vier schmale Strichzwischenräume können in 15 verschiedenen Folgen kombiniert werden. Diese 15 Kombinationen werden für die 10 Ziffern und 5 Hilfszeichen benutzt. Als Code für die Buchstaben dienen Kombinationen mit einem oder drei breiten Strichzwischenräumen.

Zur visuellen Lesbarkeit sind die vertikalen Strichelemente so unterteilt, daß die uns geläufigen Ziffern und Zeichen sichtbar werden. Auf die maschinelle Lesbarkeit hat das keinen Einfluß, weil nur Strichzwischenräume signifikant sind, die durch die mit magnetischer Tinte geschriebenen Striche abgegrenzt werden.

Zeichen	Strichzwischen-raum Nr.						Zeichen	Strichzwischen-raum Nr.						Zeichen	Strichzwischen-raum Nr.					
	1	2	3	4	5	6		1	2	3	4	5	6		1	2	3	4	5	6
0	0	0	1	1	0	0	A	0	1	0	0	0	0	N	0	0	1	0	0	0
1	1	0	0	0	1	0	B	1	0	1	0	1	0	O	1	0	0	0	0	0
2	0	1	1	0	0	0	C	0	0	0	1	1	1	P	0	1	0	1	1	0
3	1	0	1	0	0	0	D	1	0	0	1	1	0	Q	1	1	1	0	0	0
4	1	0	0	1	0	0	E	0	0	0	1	0	0	R	0	1	1	1	0	0
5	0	0	0	1	1	0	F	0	0	1	0	1	1	S	0	1	0	1	0	1
6	0	0	1	0	1	0	G	1	0	0	0	1	1	T	0	0	0	0	1	0
7	1	1	0	0	0	0	H	1	0	1	1	0	0	U	1	1	0	1	0	0
8	0	1	0	0	1	0	I	0	0	0	0	0	1	V	1	1	0	0	0	1
9	0	1	0	1	0	0	J	1	0	1	0	0	1	W	1	0	0	1	0	1
SI	1	0	0	0	0	1	K	0	1	1	0	1	0	X	1	1	0	0	1	0
SII	0	1	0	0	0	1	L	0	1	0	0	1	1	Y	0	1	1	0	0	1
SIII	0	0	1	0	0	1	M	0	0	1	1	1	0	Z	0	0	1	1	0	1
SIV	0	0	0	1	0	1														
SV	0	0	0	0	1	1														

Bild 10.8 Code-Tabelle für die CMC7-Schrift (nach DIN 66 007)

● *Optische Klarschriften (OCR)*   Als wichtige optisch maschinell lesbare Schrift wird hier die Schrift A (DIN 66 008) besprochen. Ein Merkmal ist, daß sie von optischen Klarschriftlesern und Menschen gleich gut lesbar ist. International wird in diesem Zusammenhang OCR verwendet: *Optical Character Recognition*, also „optische Zeichenerkennung".

- *Schrift A* In DIN 66 008 ist die alphanumerische Schrift A festgelegt, bei der zum maschinellen Lesen die optischen Eigenschaften der Schriftzeichen und ihrer nächsten Umgebung ausgenutzt werden. **Bild 10.9** zeigt den Zeichenvorrat der Schrift OCR-A.

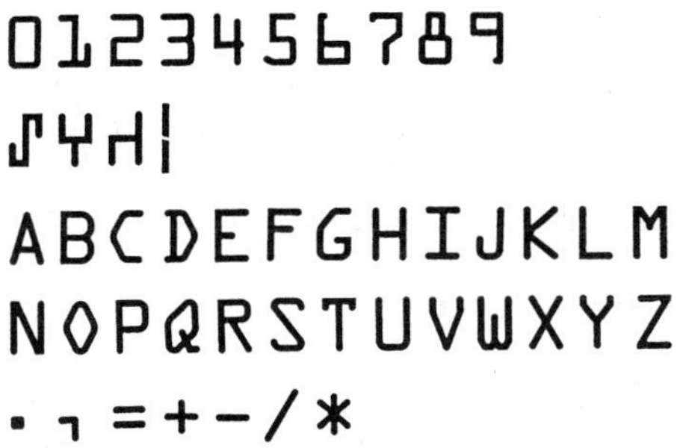

0123456789

♩Ч⌐|

ABCDEFGHIJKLM
NOPQRSTUVWXYZ
• ⌐ = + − / *

Der Zeichenvorrat umfaßt 47 Zeichen:

10	Dezimalzahlen 0 bis 9
4	Hilfszeichen H1 bis H4
26	Großbuchstaben
7	Sonderzeichen . Punkt
	, Komma
	= Gleichheitszeichen
	+ Pluszeichen
	− Minuszeichen
	/ Schrägstrich
	* Stern

Bild 10.9 Schrift A (OCR-A) für die maschinelle optische Zeichenerkennung (nach DIN 66 008)

- *Technische Ausführung* Im Klarschriftleser werden die mit der Schrift A beschriebenen Belege mit einer rotierenden Trommel an einem optischen Lesesystem vorbeigeführt. Die Lesevorrichtung besteht aus einer starken Lichtquelle und einem Linsensystem, das dunkel und hell reflektiertes Licht voneinander unterscheiden kann. Es ist ein möglichst markanter Kontrast zwischen Hell und Dunkel nötig, um die Zeichen einwandfrei lesen zu können. Die einzelnen Zeichen werden aber nicht als Ganzes gelesen, sondern sie werden in jeweils 45 Punkte zerlegt. Die Zeichen der Schrift A sind so konstruiert, daß sie innerhalb eines 5 × 9-Rasters zu *Hell-Dunkel-Informationen* führen. Diese binären Informationen (entweder Hell oder Dunkel) werden in entsprechende elektronische Impulse umgewandelt und in einen Maschinencode übertragen.

Neben den in der deutschen Norm festgelegten Zeichen sind in anderen Ländern noch einige weitere Sonderzeichen üblich. Dabei handelt es sich vor allem um die Zeichen, die eine normale Schreibmaschine zusätzlich bietet.

- *Schrift SC* DIN 66 236 definiert die Schrift SC, wobei SC für *Strichcode* steht. Sie soll in solchen Fällen verwendet werden, wo aus wirtschaftlichen oder technischen Gründen eine sowohl visuell als auch maschinell lesbare Schrift nicht möglich ist. Typisch ist die Anwendung in Kaufhäusern zur Warenauszeichnung. **Bild 10.10** zeigt in vergrößerter, schematischer Darstellung den Zeichenvorrat. Es sind danach also nur die zehn Ziffern und fünf Hilfszeichen definiert. Ein Beispiel für den Lesesymbolaufbau ist mit **Bild 10.11** angegeben.

- *Barcodes* Die internationale Bezeichnung für Strichcode ist *Barcode*. Neben den in DIN-Normen festgelegten Versionen sind weitere in Benutzung. Ein leicht verständliches, binär codiertes Beispiel ist mit **Bild 10.12** wiedergegeben. Dabei entspricht ein schmaler Streifen einem Nullbit, ein breiter einem Einsbit. In dieser

Form werden Barcodes auch für Kleinrechner zur Daten- und Programmeingabe benutzt. Barcode-Lesestifte für PCs sind verfügbar. Für das Drucken sauberer Barcodes gibt es geeignete Drucker.

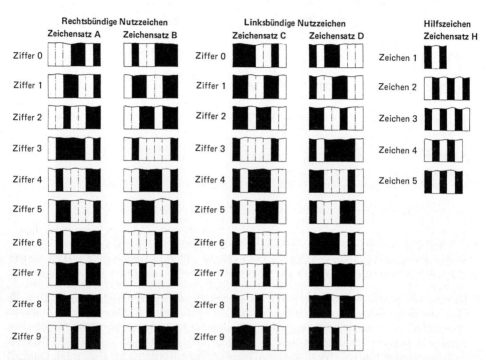

Bild 10.10 Schrift SC (Strichcode) für maschinelle Zeichenerkennung (DIN 66 236)

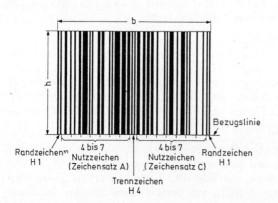

Bild 10.11

Lesesymbolaufbau mit Strichcode
nach DIN 66 236 Teil 3

Dezimal	Binär	Bar-Code
0	0 0 0 0	‖‖
1	0 0 0 1	‖‖
2	0 0 1 0	‖‖
3	0 0 1 1	‖‖
4	0 1 0 0	‖‖
5	0 1 0 1	‖‖
6	0 1 1 0	‖‖
7	0 1 1 1	‖‖
8	1 0 0 0	‖‖
9	1 0 0 1	‖‖

Bild 10.12
Binär codierter Barcode

10.1.5 Handschrift und Sprache

Die höchste Stufe der Kommunikation zwischen Mensch und Maschine ist mit handschriftlicher Direkteingabe sowie Spracheingabe erreicht. Beide Möglichkeiten stehen — wenn auch noch eingeschränkt — zur Verfügung. Relativ preiswerte Ausführungen sind auch für Personalcomputer am Markt.

● *Handschriftliche Direkteingabe* Die handschriftliche Direkteingabe erfolgt z. B. über ein Graphiktablett (**Bild 10.13**). Nach [31] wird eine Tablett-Stift-Kombination verwendet, die nach einem magnetischen Verfahren arbeitet. „Kommt der Stift in die Nähe des Tabletts, so werden im Tablett über die Laufzeit einer magnetischen Wanderwelle die aktuellen Stiftkoordinaten gemessen und über eine V.24-Schnittstelle weitergegeben. Zusätzlich wird unterschieden, ob der Stift aufgesetzt ist oder sich nur in der Nähe der Tablettoberfläche befindet. Für die handschriftliche Direkteingabe benutzt man den Modus „aufgesetzt", für die Cursorsteuerung ist auch der Modus ‚in der Nähe' geeignet."

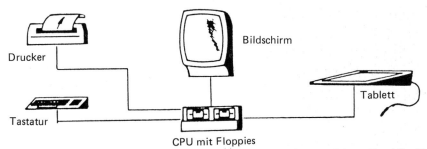

Bild 10.13 Personal-Computer mit Standardausstattung und zusätzlichem Graphiktablett (nach [31])

- **Auswerteprogramm** In [31] heißt es weiter: „Das Auswerteprogramm erhält über die V.24-Schnittstelle eine Folge von Tablettkoordinaten (**Bild 10.14**) und muß nun diese geeignet zusammenfassen (zu Schriftzeichen), normieren und anschließend erkennen. Der Start zum Auswerten einer Koordinatenfolge kann entweder durch Antippen eines Menüfeldes erfolgen oder geschieht automatisch, falls eine vorgegebene Zeit lang keine Koordinaten mehr an den Rechner geschickt wurden."

X	Y
1784	2250
1787	2261
1790	2268
1792	2274
1799	2283
1807	2296
⋮	⋮
1814	2071
1828	2082
1844	2094
1858	2103

Original   Meßpunkte

Bild 10.14 Eine "2" im Original, die Meßpunkte graphisch und direkt als Tablettkoordinaten dargestellt

- **Sprachkommunikation** Bei der Sprachkommunikation mit Maschinen unterscheidet man die *Sprachanalyse* (Eingabe) und die *Sprachsynthese* (Ausgabe). Für einen Dialog zwischen Mensch und Maschine sind beide Formen notwendig.

- **Spracheingabe** Spracheingabe bedeutet für den Computer Spracherkennung (*voice recognition*). In einem typischen Fall wird dabei zunächst durch spezielle Filterung eine Reduktion der Sprachdaten bewirkt. Danach wird eine aktuelle Sprachprobe mit vorher abgespeicherten und klassifizierten Sprachproben verglichen. Bei hinreichender Ähnlichkeit von klassifizierter und aktueller Sprachprobe akzeptiert der Computer diese Spracheingabe.

- **Spracheingabesystem** Ein Beispiel für eine konkrete Ausführung ist mit **Bild 10.15** gegeben. Dabei werden die in ein Mikrophon gesprochenen und verstärkten Sprachsignale mit dem Signalprozessor TMS 320 digitalisiert (*Fast-Fourier Transformation, FFT*, und Spektralanalyse). Ein spezieller Schaltkreis (*Gate Array*) vergleicht dann

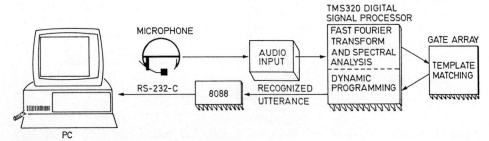

Bild 10.15 Beispiel für ein Spracheingabesystem

jedes digitale Sprachmuster mit dem vorab eingespeicherten Mustervorrat. Der Signalprozessor bearbeitet danach die akzeptierten Muster mit Hilfe eines speziellen Algorithmus (*Dynamic Programming*) und sendet das Ergebnis zum PC.

- *Lernende Systeme* Die Referenz-Sprachmuster können unveränderlich vorgegeben sein. Dies ist der Fall beim besprochenen Beispiel Bild 10.15 mit festen Mustern im *Gate Array*. Aber auch lernende Systeme sind möglich. Dabei muß ein Sprecher den gewünschten Sprachumfang Wort für Wort eingeben. Bei entsprechender Auslegung des Musterspeichers kann ein großer „Sprachschatz" realisiert werden, der eventuell auch für die Sprachwiedergabe nutzbar ist.

- *Sprachausgabe* Um den Zusammenhang bei der Sprachkommunikation nicht zu durchbrechen, wird die Sprachausgabe bereits hier behandelt und nicht im nächsten Abschnitt 10.2. Man unterscheidet zwei Formen der Sprachausgabe: die Sprachwiedergabe und die Sprachsynthese. Bei der Sprachwiedergabe wird ein vorab einmal gesprochenes und abgespeichertes Vokabular ausgegeben. Zur Speicherung kann beispielsweise Pulscodemodulation (PCM) verwendet werden mit 8 kHz Abtastfrequenz und 8 bit Quantisierung. Dies entspricht einer in der Fernsprechtechnik üblichen Norm und erfordert je Sekunde Sprache 64 000 bit Speicher. Das PCM-Verfahren ist darum nur für einen stark eingeschränkten Sprachschatz praktikabel. Z. B. benötigen 100 Wörter etwa 4 Mbit! Es gibt aber Verfahren zur Reduktion der Bitrate, die auch als hochintegrierte Schaltungen realisiert sind. Dies sind vor allem:

— Adaptive Differenz-PCM (ADPCM);
— Adaptive Deltamodulation (ADM);
— Parametrische Verfahren.

Zu den letztgenannten gehört das *Vocoderverfahren*. Vocoder ist aus *voice* und *coder* zusammengesetzt, bedeutet also Sprachcodierer. Es muß hierzu jedoch auf die Spezialliteratur verwiesen werden (z. B. [32]). Eine Übersicht notwendiger Datenraten ist mit **Bild 10.16** angegeben.

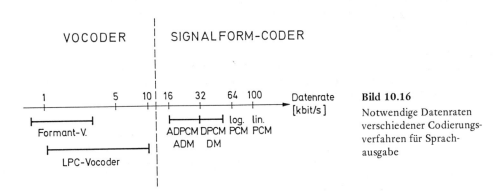

Bild 10.16 Notwendige Datenraten verschiedener Codierungsverfahren für Sprachausgabe

- *Sprachsynthese* Um einen sehr großen Sprachumfang erzeugen zu können, werden nicht ganze Wörter oder Sätze gesprochen und gespeichert, sondern Lautelemente, aus denen sich beliebige Wörter zusammensetzen lassen. In der Fachliteratur erfährt man, daß der menschliche Sprachapparat nur etwa 50 unterschiedliche Laute erzeugen kann, der Speicheraufwand dafür also gering ist. Ganz so einfach, wie sich dies anhört, ist es aber doch nicht, weil zur Sprachverständlichkeit vor allem auch die Lautübergänge gehören. Dennoch gibt es Systeme mit recht deutlicher Sprachqualität, die allerdings erheblich schlechter als bei der Sprachwiedergabe ist. Der Geräteaufwand zur Sprachsynthese ist hoch, das Vokabular aber unbegrenzt.

10.2 Ausgabe

Für die Ausgabe von Meldungen und Ergebnissen wurden früher häufig Röhren benutzt (Nixie, Gasentladung, Glühfaden), später vor allem LED- und LCD-Anzeigen, nun auch LCD-Flachbildschirme sowie Elektrolumineszenz- und Plasmabildschirme. Größte Bedeutung haben aber immer noch die konventionellen Elektronenstrahlröhren. Zur Dokumentation auf Papier dienen Drucker, „Hardcopy"-Geräte und Plotter. Natürlich werden Ergebnisse und Programme auch auf z. B. Magnetband und Diskette ausgegeben oder per Datenübertragung zu einer anderen Stelle geschafft. Diese letzteren Methoden werden im folgenden nicht angesprochen.

10.2.1 Alphanumerische Anzeigen

Alphanumerische Anzeigen mit z.B. Leuchtdioden oder Flüssigkristallen lassen sich vor allem nach zwei Kriterien charakterisieren:

1. Es sind, einzeln oder in Gruppen, nur alphanumerische Zeichen darstellbar, wobei die Segment- und Balkendarstellung vorherrscht.
2. Es wird eine Matrixdarstellung verwendet, wobei prinzipiell jeder Matrixpunkt ansteuerbar ist, also z. B. auch Graphikdarstellungen möglich sind. Die nutzbare Fläche ist aber oft so klein, daß man noch nicht von Bildschirm spricht.

Am zweiten Kriterium wird deutlich, daß die Abgrenzung zum Bildschirm nicht gut definierbar ist. Nur das erste Kriterium ist exakt. Wir werden in diesem Abschnitt Anzeigen vom Typ LED und LCD untersuchen. Vieles davon hat auch für die im nachfolgenden Abschnitt zu besprechenden modernen Bildschirme Gültigkeit.

● *Segment-Anzeigen*   Der Standard für einfache Anzeigen ist das Zusammensetzen der Ziffern aus einer Kombination von sieben stabförmigen aktiven Elementen — Segmente oder Balken genannt. **Bild 10.17** zeigt das Prinzip. Buchstaben können mit nur sieben Segmenten nicht gut dargestellt werden, sehr gut lesbar ist die Anzeige aber mit 14 Segmenten (**Bild 10.18**).

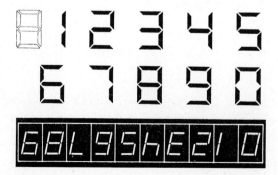

Bild 10.17
Sieben-Segment-Leuchtanzeigen

Bild 10.18

Schematische Darstellung einer Anzeige mit 14 stabförmigen Elementen für alphanumerische Zeichen

● *Mosaikschrift* Bei der sogenannten Mosaikschrift wird eine „Matrix" aus z. B. 5 × 7 Leuchtflecken aufgebaut (**Bild 10.19**). Das waren früher einzelne Leuchtdioden (diskreter Aufbau), nun sind dies monolithisch integrierte Bausteine, d. h. „Chips" für einzelne Zeichen oder ganze Anzeigezeilen, auch mehrere Zeilen bis hin zur bildschirmähnlichen Einheit mit 25 Zeilen für je 80 Zeichen. Solch eine Mosaik- oder Matrixanzeige hat dann beispielsweise 560 × 250 Bildpunkte und stellt alle Zeichen innerhalb einer 7 × 10-Matrix dar, was eine gute Lesbarkeit ergibt. Übrigens ist dies auch das Darstellungsprinzip für Elektronenstrahlröhren (vgl. 10.2.2).

Bild 10.19

Mosaikschrift aus einer Matrix von 5 × 7 Leuchtelementen

● *Halbleiteranzeigen* Für Halbleiteranzeigen verwendet man Leuchtdioden, die englisch *Light Emitting Diodes* (LEDs) heißen. Halbleiteranzeigen führen darum auch den Namen *LED-Display*. Einige Vorteile sind:

— Hohe Zuverlässigkeit (z. B. Abfall der Anfangsstrahlung auf 50 % erst nach mehr als 10^5 Stunden Dauerbetrieb).
— Geringer Spannungsbedarf von 1,7 V bis 3 V je nach Lichtfarbe.
— Mehrere Farben zur Auswahl (s. **Bild 10.20**), auch aus einer LED!
— In Halbleiterschaltung direkt einsetzbar.
— Hohe Stoß- und Vibrationsfestigkeit.
— Großer Sichtwinkel und sichtbar bei heller und dunkler Umgebung.
— Betriebstemperatur mindestens von − 25 °C bis + 70 °C.

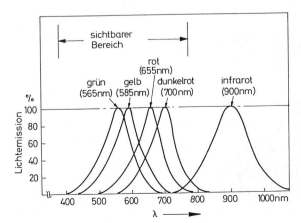

Bild 10.20

Spektrale Verteilung der Lichtemission verschiedener Leuchtdioden

• **Integrierte Anzeigen**   Bei relativ geringen Zeichenhöhen sind LED-Displays auch als monolithisch integrierte Chips herstellbar. **Bild 10.21** gibt den planartechnischen Aufbau an, wonach auf einem n-leitenden GaAs-Substrat epitaktisch eine n^+-Schicht erzeugt wird. Die sieben Segmente und der Dezimalpunkt werden durch flache p^+-Diffusion eingebracht. Die zugehörigen, aufgedampften Aluminium-Kontakte werden schließlich durch Thermokompression mit Anschlußdrähten versehen („gebondet"). Durch abschließend aufgebrachte Epoxydharzlinsen wird die Gesamtstruktur wirksam geschützt. Gleichzeitig erzielt man dadurch eine Vergrößerung der Anzeige um etwa den Faktor 2, also auf gut 6 ... 7 mm.

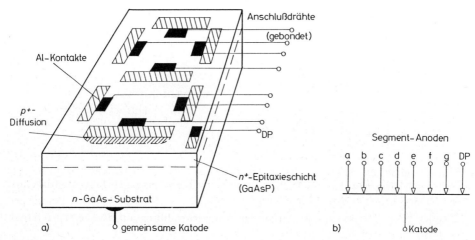

Bild 10.21 Monolithisch integrierte LED-Anzeige bis zu ca. 3 mm Ziffernhöhe
a) planartechnischer Aufbau b) Ersatzschaltbild

• **Flüssigkristallanzeigen**   Taschenrechner, Handcomputer und auch viele Meßgeräte sind mit Flüssigkristallanzeigen ausgerüstet, die allgemein als LCD (*Liquid Crystal Display*) bezeichnet werden. Vorteile sind vor allem die geringen Abmessungen der vollständigen Anzeigeeinheiten und der äußerst niedrige Stromverbrauch, weshalb LCDs besonders für batteriebetriebene Geräte geeignet sind. Nachteile sind, daß in der Regel der Kontrast der Anzeige von der Umgebungshelligkeit abhängig ist und der Betrachter sich möglichst senkrecht zur Anzeige befinden sollte.

• **Molekülstrukturen**   Was aber sind Flüssigkristalle? Die Verbindung der Begriffe „flüssig" und „Kristall" scheint zunächst unsinnig zu sein. Denn mit der flüssigen „Phase" verbindet man den *Zustand der Beweglichkeit* und eine völlig unregelmäßige Richtungsverteilung der *Moleküle* ohne irgendeine gemeinsame Vorzugsrichtung, was mit *isotrop* bezeichnet wird. Mit **Bild 10.22** seien diese Zusammenhänge verdeutlicht, ebenso wie die Tatsache, daß man unter Kristallen starre Körper im *festen Zustand* versteht, wobei − zumindest in Teilbereichen − die Moleküle eine einheitliche Ausrichtung aufweisen, also *anisotrop* sind.

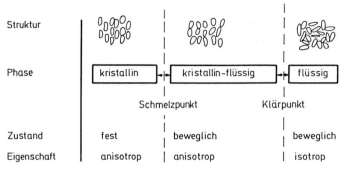

Bild 10.22 Molekülstrukturen und Zustände

In Bild 10.22 ist angedeutet, wo in diesem Schema Flüssigkristalle zu finden sind. Es handelt sich wie bei echten Flüssigkeiten um Stoffe im beweglichen Zustand, wobei aber keine *Isotropie* vorliegt, sondern die Moleküle sind trotz des beweglichen Zustands teilweise ausgerichtet und damit *anisotrop*. Die *kristallinflüssige Phase* ist somit bei bestimmten Stoffen die Übergangsphase zwischen der *kristallinen* und der *flüssigen Phase*. Die Übergangsgrenzen werden „Schmelzpunkt" und „Klärpunkt" genannt.

- *Optisches Verhalten* Entscheidend für praktische Nutzungen ist, daß bei Anlegen eines elektrischen Feldes Flüssigkristalle sich *optisch* ändern. D. h. sie werden entweder lichtundurchlässig oder transparent (lichtdurchlässig) oder sie werden milchigweiß, schwarz oder farbig. Und wie immer bei optischen Vorgängen werden die genannten Veränderungen nur bei Lichteinstrahlung sichtbar.

- *Anzeigeeinheiten* Zur Herstellung von Anzeigeelementen werden Flüssigkristalle als dünne Schichten (dünner 50 μm) zwischen zwei Glasplatten gebracht. Auf die Innenseiten der Glasplatten werden sehr dünne Elektroden aufgebracht (siehe **Bild 10.23**). Legt man ein elektrisches Feld an diese Elektroden, verändern sich die Flüssigkristalle in der oben genannten Weise. Wählt man eine Anordnung im *Durchlicht* gemäß Bild 10.23a (Transmissionsbetrieb), kann man erreichen, daß beispielsweise ohne Feld der Flüssigkristall kein Licht durchläßt, mit Feld aber durchläßt. Das bedingt, daß die Elektroden lichtdurchlässig sein müssen, was erreicht wird, wenn sie

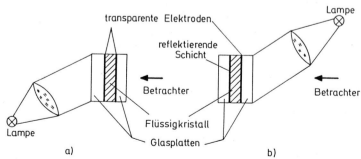

Bild 10.23 Aufbau von Flüssigkristall-Anzeigeeinheiten
a) Transmissionsbetrieb, b) Reflexionsbetrieb

sehr dünn hergestellt werden. Für eine Anordnung im *Auflicht* nach Bild 10.23b (Reflexionsbetrieb) wählt man beispielsweise ein Material, das ohne Feld das Auflicht durchläßt, mit Feld jedoch das einfallende Licht zerstreut und zum Betrachter reflektiert.

● *Sieben-Segment-Ausführung*   Zum Aufbau alphanumerischer Anzeigen mit Flüssigkristallen müssen nur noch die Elektrodenschichten in der Form des gewünschten anzuzeigenden Zeichens ausgeführt werden. In der Praxis bedient man sich der Sieben-Segment-Anordnung, wobei 7 Elektroden in der mit **Bild 10.24** gezeigten Art angeordnet sind. Zur Erzeugung der verschiedenen Zeichen werden die entsprechenden Elektroden angesteuert. Ein praktisches Beispiel ist mit **Bild 10.25** gegeben. Dabei handelt es sich um eine 24-Stunden-Anzeige mit 10 mm Ziffernhöhe. Die Versorgungsspannung beträgt 5 V, die Verlustleistung der gesamten Anzeige nur 8 µW.

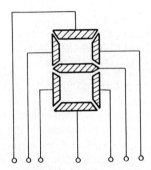

Bild 10.24 Ansteuerung der
7 Elektroden

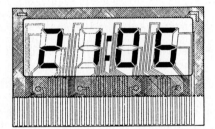

Bild 10.25 Flüssigkristall-Anzeigeeinheit

● *Farbige Anzeigen*   Flüssigkristall-Anzeigeeinheiten, in denen Streueffekte ausgenutzt werden, zeichnen sich durch ihren einfachen Aufbau aus. Bei ihnen ist die Flüssigkristallschicht im nichtstreuenden Zustand transparent (lichtdurchlässig) und im streuenden Zustand milchigweiß. Durch Einlagerung von Farbstoffen oder durch Verwendung von Filtern kann man praktisch jede gewünschte Farbe der Anzeige erzeugen. Zum Abschluß sei erwähnt, daß Materialien bekannt sind, die nach Abschalten des elektrischen Feldes ihren letzten Zustand beibehalten. Damit lassen sich Anzeigeeinheiten aufbauen, die Informationen speichern können.

● *Graphikanzeigen*   Werden viele sehr kleine LCD-Elemente matrixförmig angeordnet, entsteht eine Graphikanzeige (*dot-matrix LCD panel*), in einem Beispiel mit 240 × 218 LCD-Punkten, die 0,6 × 0,6 mm² klein sind. Beachtlich ist auch die sehr geringe Bautiefe. Als Versorgungsspannungen werden 5 V und − 12 V benötigt. Der Leistungsverbrauch beträgt nur 100 mW. 1986 betrug die höchste Auflösung bei LCD-Graphikanzeigen 640 × 400 Punkte.

● **Elektrolumineszenzanzeigen**   Unter Elektrolumineszenz (EL) versteht man hier einen Effekt, der darin besteht, daß manche Leuchtphosphore in einem elektrischen Wechselfeld zum Leuchten kommen. Dies macht man sich nutzbar zur Herstellung sehr robuster und gut lesbarer Anzeigen mit typisch folgenden Daten: Auflösung 512 × 256 Punkte oder 25 Zeilen mit 80 alphanumerischen Zeichen; Versorgung 5–15 V; Strom 400–700 mA; Lebensdauer 20 Jahre; Betrachtungswinkel mehr als 120°. **Bild 10.26** läßt erkennen, daß die EL-Schicht (< 1 μm) eingebettet ist zwischen transparenten Isolierschichten, auf denen die Elektroden horizontal und vertikal (auf der einen Seite durchsichtig) rechtwinklig zueinander angeordnet sind, so daß eine XY-Matrix entsteht. Die Anzeigen brauchen kein Fremdlicht; sie leuchten scharf mit hellem Gelb-Orange. Eine oft benutzte Bezeichnung ist TFEL (*Thin-film EL*).

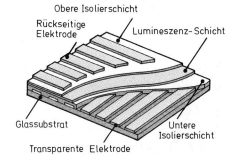

Bild 10.26

Prinzip der Elektrolumineszenzanzeige

● **Plasmaanzeigen**   Ein Plasma ist ein Gemisch aus gleich vielen positiven Ionen und Elektronen — man spricht auch von ionisiertem Gas, das quasineutral ist. Durch Anlegen einer hohen Spannung bricht das Plasma zusammen und emitiert Licht. Mit geeigneter Elektrodenanordnung läßt sich die Lichtemission gezielt erreichen. Sehr große, flache Anzeigen sind herstellbar, z.B. mit 1 m Diagonale und 4 Millionen Bildpunkten.

● **Vakuumfluoreszenzanzeigen**   Für Anzeige- und Graphikelemente werden häufiger VFDs verwendet (*Vacuum Fluorescent Displays*). Die Konstruktion dieser flachen Anzeigen ähnelt der von Vakuumröhren, mit Katoden, Anoden und Gitter. Die Katode wird direkt erhitzt, die Anode ist in Form von sieben oder mehr Elementen ausgeführt (vgl. Segment-Anzeigen). Auch Matrixausführungen existieren mit z.B. 378 Zeilen je 400 Bild-Punkten. Zur Versorgung reichen meist 5 V.

10.2.2 Bildschirmgeräte

Tastatur und Bildschirm bilden zusammen die Standard-Ein-/Ausgabeeinheit eines Computers. Weitgehend durchgesetzt hat sich dafür die Bezeichnung *Terminal*, aber auch viele andere Namen sind üblich:

> Bildschirmgerät, Datensichtgerät, Video-Terminal, Bildschirm-Terminal, VDU (*Video Display Unit*), CRT-Display (*Cathode Ray Tube*, also Katodenstrahlröhre).

Obwohl viele „moderne" Verfahren für die Anzeige- bzw. Bildschirmkonstruktion verwendet werden (vgl. 10.2.1), die teilweise mit TTL-Schaltungen verträglich sind und Batteriebetrieb ermöglichen, dominieren am stationären Arbeitsplatz Datensichtgeräte mit Elektronenstrahlröhren. Typische Daten: 25 Zeilen für je 80 Zeichen, Bildschirmdiagonale 12″ (305 mm) bis 14″ (356 mm).

● *Elektronenstrahlröhre*   Wie in **Bild 10.27** angedeutet, tritt ein Elektronenstrahl aus einer Katode K aus (darum auch Katodenstrahl genannt), wird durch die Anode A, an der eine hohe Spannung liegt (z. B. 18 kV), beschleunigt und auf einen Leuchtschirm geschickt. Wie beim Fernsehen kann der Elektronenstrahl durch Ablenkelektroden in horizontaler und vertikaler Richtung bewegt werden (s. z. B. [33]). Wesentlich ist, daß durch eine genügend hohe negative Spannung am Steuergitter G der Weg für den Elektronenstrahl völlig gesperrt werden kann. Entsprechend läßt sich mit positiven Impulsen am Gitter G der Weg für den Elektronenstrahl zum Leuchtschirm kurzfristig freigeben. Dadurch erscheint entsprechend den momentanen Spannungen an den Ablenkelektroden ein Leuchtfleck auf dem Bildschirm. Dies nennt man *impulsweise Hellsteuerung* des Elektronenstrahls. Die englische Bezeichnung dafür ist *Raster Scanning*.

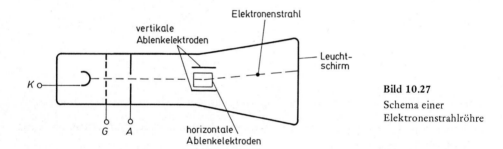

Bild 10.27
Schema einer
Elektronenstrahlröhre

● *Impulsweise Hellsteuerung*   Mit den Ablenkelektroden und den Steuerimpulsen am Gitter G lassen sich definiert auf dem Bildschirm Leuchtflecken (*Pixels, picture elements*) erzeugen. Das darzustellende Muster wird dazu einem Bildschirmspeicher (*Screen Buffer*) entnommen, der Teil des allgemeinen Arbeitsspeichers ist oder zusätzlich vorhanden sein kann. Das Bitmuster des Bildschirmspeichers wird also mit Hilfe von Zählerschaltungen abgetastet, in Hellsteuerimpulse umgewandelt und dann dem Steuergitter G zugeführt. Mit ausreichender Frequenz wird der Speicherinhalt ständig übertragen, so daß ein stehendes Bild entsteht. Der Bildschirmspeicher muß mindestens die Binärinformation für eine volle Bildschirmseite aufnehmen können. Aufwendigere Geräte speichern z. B. zwei oder vier Seiten und gegebenenfalls noch Farbinformation. Zwischen den Seiten kann dann umgeschaltet werden (*paging*), oder es ist langsames Durchlaufen (*scrolling*) möglich. Durch Einblendung von Information aus verschiedenen unabhängigen Speicherbereichen (*windowing*) ist Fensterbildung möglich.

● *Textdarstellung*   Im sog. Text-Modus werden mit Hilfe eines Zeichengenerators vollständige ASCII-Zeichen in Matrixform auf dem Bildschirm geschrieben. Der Zeichengenerator ist ein Festwertspeicher (z. B. EPROM), der alle verfügbaren

Zeichen enthält, die durch Drücken der Tasten angewählt und entsprechend der augenblicklichen Cursor-Position in den Bildschirmspeicher geschrieben werden. Der Inhalt des Bildschirmspeichers wird mit der Bildwiederholfrequenz (z. B. 60 Hz) auf dem Schirm abgebildet. Kann der Bildschirm 80 Zeichen in 25 Zeilen darstellen, muß der Speicher 2000 Zeichen einer Seite fassen können (2 Kbyte). Manchmal sind 8 Kbyte Videospeicher verfügbar, so daß vier Bildschirmseiten bereitgehalten werden können.

- **Zeichendarstellung** Die 25 × 80 Zeichen werden in vielen Fällen (zumindest bei Personalcomputern) innerhalb von Feldern aus 8 × 8 Punkten dargestellt, wobei den Zeichen selbst nur 7 × 7 Punkte zur Verfügung stehen. Die Gesamtzahl der auf dem Bildschirm verfügbaren Punkte (*Pixels*) beträgt dann 640 × 200. Eine erheblich verbesserte Lesbarkeit ergibt die sog. *Hercules-Auflösung* mit Zeichen aus 7 × 9 Punkten in 9 × 14-Feldern, was 720 × 350 Punkte ergibt.

- *Graphik* Im Graphikmodus können die einzelnen Bildpunkte getrennt angesteuert werden (sog. Pixel-Graphik). Die Auflösungen sind sehr verschieden. Grob eingeteilt ist die Situation etwa wie folgt:

niedrige Auflösung mit	160 × 200
	320 × 200
mittlere Auflösung mit	400 × 300
	512 × 390
	640 × 200
	640 × 400
	720 × 350
hohe Auflösung mit	800 × 400
	1024 × 1024 (bis 4048)

Diese Graphikauflösungen sind grundsätzlich monochrom oder in Farbdarstellung verfügbar.

10.2.3 Drucker

Drucker sind die klassischen Ausgabegeräte, mit denen Ergebnisse, Listen, Texte usw. nicht nur angezeigt, sondern auch protokolliert werden. Wir unterscheiden Verfahren bzw. Druckwerke wie folgt:

- **Typenform.** Dabei unterscheidet man zwischen geschlossenen Typen und Mosaikdruck (auch Matrixdruck oder Nadeldruck). Geschlossene Typen findet man in jeder normalen Schreibmaschine. Der Druck erfolgt, indem die Type in einem Anschlag vollständig auf dem Papier abgebildet wird. Beim Mosaikdruck wird jedes Zeichen aus z. B. 5 × 7 Rasterpunkten mosaikartig zusammengesetzt, analog wie bei der Matrixschrift mit Leuchtdiode oder bei Bildschirmgeräten.
- **Organisation.**
  a) *Seriendruck;* es existiert nur eine Schreibstelle; die Zeichen werden nacheinander (seriell) gedruckt, und nach jedem Anschlag bewegt sich das Papier (wie bei der Typenhebelschreibmaschine) oder der Typenträger (wie bei der Kugelkopfschreibmaschine) um eine Stelle weiter;
  b) *Paralleldruck* oder *Zeilendruck*; alle Zeichen einer Zeile werden gleichzeitig ausgedruckt;

c) *Seitendruck;* z. B. eine vollständige DIN-A4-Seite wird in einem Arbeitsgang abgedruckt (Laserdrucker).
– **Druckvorgang.** Man unterscheidet:
a) *Statischer Druck;* dabei wird – wie bei gewöhnlichen Typenhebelmaschinen – der Typenträger gegen das Papier geschlagen, das bei diesem Druckvorgang stillsteht;
b) *Fliegender Druck;* dazu sind die Typen auf einem sich kontinuierlich drehenden Typenträger befestigt. Befindet sich das gewünschte Zeichen in Druckstellung, wird das Papier mit einem Hammer gegen die Type geschlagen.
– **Übertragungsprinzip.**
a) Anschlagend (*impact printer*); dazu gehören Drucker mit Typenhebel, Kugelkopf, Typenrad, Typenkorb, Typenkette, Typenwalze, Nadeldrucker und Thermodrucker.
b) Nicht anschlagend (*non-impact printer*); hierzu zählen Tintenstrahldrucker, Magnetdrucker, Laserdrucker.

- *Typenhebel und Kugelkopf* Büroschreibmaschinen und Computer-Drucker arbeiteten lange Zeit mit *Typenhebeln*, d. h. pro abdruckbarem Zeichen enthielten die Maschinen einen Hebelmechanismus, der mit der zugeordneten Taste verbunden war. Für die maschinelle Datenausgabe wurden die einzelnen Typenhebel über getrennte Elektromagneten angesteuert. Einige alte Maschinen sind noch im Einsatz. Etwas häufiger trifft man *Kugelkopfmaschinen* an. Dabei steht die Schreibrolle und damit das Papier still; es bewegt sich lediglich ein kugelförmiger Schreibkopf, auf dem alle auszudruckenden Zeichen untergebracht sind. Zum Ausdrucken wird der Schreibkopf gegen das Papier geschlagen, nachdem durch Kippen und Drehen der Kugel das gewünschte Zeichen dem Papier gegenübersteht, wenn es positioniert ist. Zur Positionierung des Schreibkopfs, also zur Steuerung der Dreh- und Kippbewegung, sind 6 Elektromagneten vorhanden.

- *Typenraddrucker* Ebenso wie Typenhebel- und Kugelkopfmaschinen arbeiten Typenraddrucker mit geschlossenen Typen und im statischen Druck. Das Prinzip ist mit **Bild 10.28** angegeben. Die Schreibgeschwindigkeiten liegen zwischen ca. 10 und 55 Anschlägen pro Sekunde. Diese Geräte mit Preisen ab etwa DM 1000,– wurden in großem Umfang als sogenannte Schönschreibdrucker eingesetzt, wobei auch von Korrespondenzqualität (*Letter Quality*) gesprochen wird.

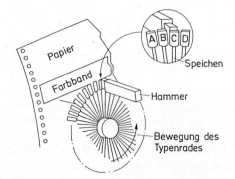

Bild 10.28
a) Prinzip des Typenraddruckers;
b) Beispiel für ein Typenrad

- **Typenrollendrucker** Es gibt spezielle Typenradmaschinen für Großcomputer, die ebensoviele Typenräder wie Schreibstellen pro Zeile aufweisen. Das sind beispielsweise 120 Typenräder von der in Bild 10.28 gezeigten Art. Zum Ausdrucken werden alle Typenräder in Druckposition gedreht, d.h. jedes Rad ist dann mit dem zu druckenden Zeichen auf das Papier gerichtet. Der Abdruck erfolgt nun durch gleichzeitiges Anschlagen aller Typenrollen an die Schreibrolle mit dem Papier (siehe dazu **Bild 10.29**). Bei jedem Druckvorgang wird also eine ganze Zeile gedruckt (Paralleldruck). Die Druckgeschwindigkeit beträgt z.B. 150 Zeilen in der Minute, liegt also erheblich über der von Schreibmaschinen.

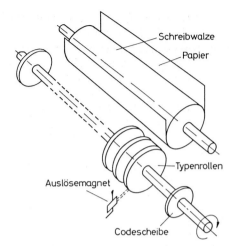

Bild 10.29 Schema eines Druckers mit Typenrollen

- **Typenkorbdrucker** Eine spezielle Ausführung eines Druckers mit geschlossenen Typen wird *Spinwriter* genannt. Dabei sind die Typen auf dem Umfang eines Korbes angeordnet. Als Schreibgeschwindigkeit sind beispielsweise 55 Zeichen pro Sekunde genannt.

- **Kettendrucker** Auch mit Kettendruckern werden geschlossene Typen abgedruckt, die auf einer horizontal umlaufenden Kette angeordnet sind. Allerdings wird hier das Prinzip des fliegenden Drucks ausgenutzt. Die in **Bild 10.30** gezeigte Typenkette bewegt sich kontinuierlich vor dem Farbband und dem Endlos-Druckpapier entlang. Hinter dem Farbband befinden sich so viele elektromagnetisch betätigte Anschlaghämmer, wie Druckstellen vorhanden sind — im gezeigten Beispiel also 132 Hämmer. Immer dann, wenn während des ununterbrochenen Umlaufens der Schreibkette ein zu druckendes Zeichen an der richtigen Druckstelle vorbeiläuft, schlägt der entsprechende Anschlaghammer von rückwärts gegen Farbband, Papier und Type. Trotz der sehr

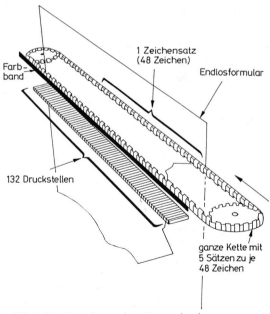

Bild 10.30 Typenkette eines Kettendruckers

vielen mechanischen Teile erlauben Kettendrucker Geschwindigkeiten von z. B.
1285 Zeilen pro Minute.

- **Walzendrucker**   Eine verbreitete Bauform vor allem bei kleineren Druckern ist eine
  Anordnung mit einer sich kontinuierlich drehenden massiven Druckwalze. Wie beim
  Kettendrucker wird das Prinzip des fliegenden Drucks ausgenutzt, wobei die Druck-
  walze mit ca. 4 Umdrehungen pro Sekunde rotiert.

- **BCD-Drucker**   Auf dem Walzenmantel befindet sich je Schreibstelle ein vollständiger
  Typensatz auf dem Umfang verteilt. Ein Beispiel ist, daß 21 Schreibstellen (Daten-
  kolonnen) vorhanden sind und der Typensatz aus 16 Zeichen besteht. In der Regel
  sind das — unter Ausnutzung eines vollständigen 4-Bit-Codes — zehn Dezimalziffern
  und sechs Sonderzeichen. Es sind also für diesen Fall auf der in **Bild 10.31** schematisch dargestellten Walze 21 Typensätze zu je 16 Zeichen auf dem Umfang verteilt,
  und zwar so, daß gleiche Zeichen nebeneinander liegen.
  Jedem der 21 Typensätze ist ein elektromagnetisch betätigter Hammer zugeordnet,
  der dann, wenn das richtige Zeichen an der Schreibstelle vorbeifährt, gegen Farbband, Papier und Typenwalze schlägt. Und zwar werden, beginnend mit 0, gleiche
  Zeichen parallel (gleichzeitig) ausgedruckt. Eine ganze Zeile ist nach einer Um-
  drehung der Walze vollständig gedruckt, so daß pro Sekunde 4 Zeilen hergestellt
  werden können.

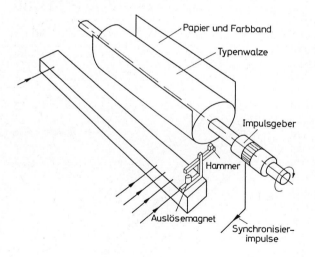

Bild 10.31
Schematische Darstellung der
Typenwalze und der Anschlag-
hämmer

- **Schnelldrucker**   Nach dem gleichen Prinzip wie die relativ langsamen BCD-Drucker
  arbeiten große Schnelldrucker mit Typenwalze. Auch hierbei enthält die Typenwalze soviele Typensätze, wie Druckstellen vorhanden sind (z. B. 132). Dabei haben
  die Walzen häufig einen so großen Durchmesser, daß mehrere Sätze auf den Umfang
  passen. Dadurch wir die Druckzeit reduziert. Es sind ähnliche Druckleistungen möglich wie mit Kettendruckern, weil die Walzen entsprechend schnell rotieren und
  jeweils gleiche Typen gleichzeitig angeschlagen werden.

Der Abdruck selbst geschieht auf zwei mögliche Arten. Einmal schlagen die Hämmer von hinten gegen das Papier, das dadurch gegen ein Farbtuch und die Drucktypen schlägt. In einem anderen Fall wird das Prinzip des Offsetdrucks angewendet, wobei nicht unmittelbar auf das Papier, sondern zunächst auf einen mit einem Gummituch versehenen Zylinder gedruckt wird. Dieser überträgt das Druckbild auf das Papier.

● **Matrixdrucker** Matrixdrucker (auch: Nadeldrucker oder Mosaikdrucker) setzen die einzelnen Zeichen jeweils aus einer z. B. 5 × 7-Matrix zusammen, also analog wie die Anzeige mit Leuchtdioden oder auf einem Bildschirmgerät geschieht. Das wird bei Matrixdruckern manchmal so realisiert, daß 5 × 7 = 35 Drähte matrixförmig wie in **Bild 10.32** angeordnet sind. Durch Auswahl und Anschlagen der jeweils benötigten Drähte gegen Farbband und Papier werden in einem Schritt die Zeichen abgedruckt, d. h. beispielsweise, die 14 Drähte zur Erzeugung der Ziffer 4 werden gleichzeitig ausgelöst.

Bild 10.33 zeigt an einem Beispiel, welcher Zeichensatz so möglich ist. Die Zeilenbreite bei diesem Matrixdrucker-Typ beträgt 120 Zeichen, die Druckgeschwindigkeit bis zu 1000 Zeilen in der Minute.

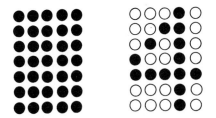

Bild 10.32 5 × 7-Matrix

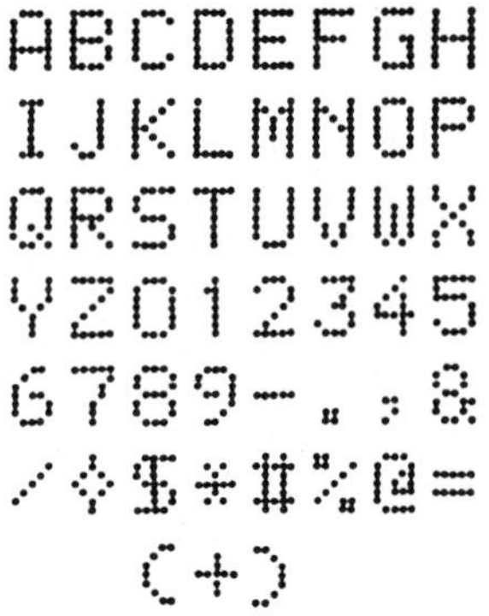

Bild 10.33 Zeichensatz eines 5 × 7-Matrixdruckers mit 35 Druckstiften

● **7 Druckstifte** In einer anderen häufig verwendeten Ausführungsform werden nur 7 Druckstifte (Drähte) benutzt, die senkrecht in einer Reihe angeordnet sind. Jedes Zeichen wird gedruckt, indem Kombinationen aus diesen 7 Drähten 5mal anschlagen. In **Bild 10.34** ist dies für die Ziffer 5 verdeutlicht. Bei diesem Typ ist der Aufwand in der Schreibkopfsteuerung und der zugehörigen Mechanik um ein Fünftel reduziert. Andererseits müssen aber jeweils 5 Schritte beim Papiertransport ausgeführt werden.

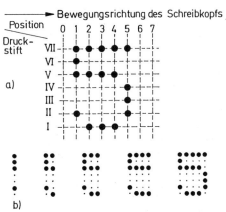

Bild 10.34 Entstehung der Ziffer 5 beim 5 × 7-Matrixdrucker mit 7 Druckstiften

● **Schönschreibqualität**   Nadeldrucker können auch für Schönschreibqualität (*Near Letter Quality*, NLQ) hergestellt werden, indem die Anzahl der Drucknadeln erheblich vergrößert und überlappend angeschlagen wird (**Bild 10.35**). Meist sind solche Drucker umschaltbar auf einen Schnelldruckbetrieb mit wenigen Nadeln. Dann kann derselbe Drucker pro Sekunde beispielsweise 80 Zeichen in Schönschrift oder 200 Zeichen in „Normal"-Matrixschrift schreiben.

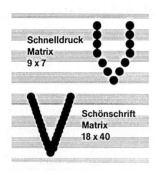

Bild 10.35
Schönschreibqualität mit Matrixdrucker

● **Thermodrucker**   Thermodrucker arbeiten ebenfalls anschlagend, aber lautlos. In einem Beispiel werden 250 Zeilen pro Minute bei 80 Zeichen pro Zeile gedruckt. Allerdings ist spezielles „Thermopapier" (Wachspapier) nötig (**Bild 10.36**).
Ausgeführt sind Thermodrucker auf verschiedene Weise. Einmal werden Thermo-Druckköpfe verwendet, bei denen eine 5 × 7-Druckmatrix angesteuert wird. Unter Hitzeeinwirkung werden dann die entsprechenden Punkte der Matrix auf das Druckpapier übertragen. Es wird ein ganzes Zeichen auf einmal ausgedruckt, der Kopf muß schrittweise von Zeichen zu Zeichen über das Papier bewegt werden. Solch ein Kopf ist mit **Bild 10.37** gezeigt. Von links her laufen 35 parallele Leitungen in den Kopf. Rechts unten ist über der Bleistiftspitze die 5 × 7-Druckmatrix zu erkennen.

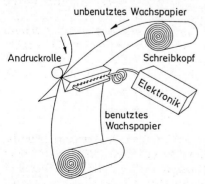

Bild 10.36 Prinzip des Thermodruckers

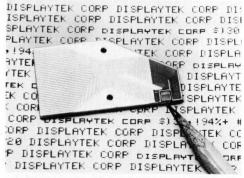

Bild 10.37 Thermo-Druckkopf mit
5 × 7-Druckmatrix

● *Tintendrucker*   Nicht anschlagende Drucker (*non-impact printers*) haben vor allem dort ihre Bedeutung, wo die beträchtliche Geräuschentwicklung anschlagender Maschinen nicht zu akzeptieren ist. Gut durchgesetzt haben sich Tintenstrahldrucker, weil sie bei niedrigen Kosten eine hinreichende Druckqualität bieten. Ein Vergleich:

– *Tintendruckwerk* mit 150 Zeichen/s und Geräuschentwicklung ≤ 45 dB (A);
– *Nadeldruckwerk* mit 80 Zeichen/s und ≤ 60 dB (A).

Gedruckt wird in Matrixform. Das Druckprinzip ist mit **Bild 10.38** dargestellt.

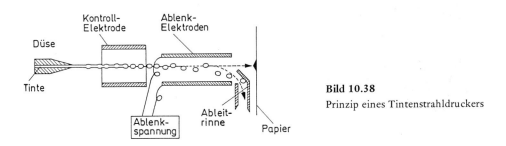

Bild 10.38
Prinzip eines Tintenstrahldruckers

● *Magnetdrucker*   Besonderheiten der Magnetdrucker sind: Benutzung von Standard-Kopierer-Toner; eine einfache rotierende Trommel mit Magnetbeschichtung (ähnlich wie bei Magnetplatten bzw. Floppies); Dünnfilm-Magnetkopf zur Erzeugung des „latenten" Bildes, das mit Hilfe der Trommel sofort oder auch beliebig später (*off-line*) abgedruckt werden kann. Der Dünnfilm-Magnetkopf paßt sich der Trommeloberfläche an, aufwendige und darum teure und anfällige Positionierungs- und Abbildungseinrichtungen sind mithin entbehrlich. Es lassen sich 10 und mehr Punkte (*dots*) pro Millimeter erzeugen. Als Druckleistung werden bei hoher Druckqualität z. B. 10 Seiten pro Minute genannt.

● *Laserdrucker*   Laserdrucker sind Maschinen für höchste Ansprüche. Sie liefern Ergebnisse wie beim klassischen Buchdruck mit hoher Geschwindigkeit. Auch graphische Darstellung mit guter Auflösung ist möglich. Wegen des relativ hohen Preises sind diese Drucker aber nicht für preiswerte Einzelplatzrechner (Personalcomputer) geeignet, sondern kommen bei Mehrbenutzersystemen und *Mainframes* zum Einsatz, obwohl auch hier sich die Preise nach unten bewegen. Das Druckprinzip entspricht dem von modernen Fotokopierern. In einer vereinfachten Darstellung zeigt **Bild 10.39** das Prinzip. Das Besondere bei dieser Konstruktion ist die Verwendung von Laserlicht anstelle normaler Belichtungslampen.

10.2.4 Plotter

Zur Ausgabe alphanumerischer Texte auf Papier werden Drucker verwendet. Für die graphische Darstellung von Meß- oder Verarbeitungsergebnissen sind Kurven- oder Koordinatenschreiber vorgesehen. Analoge Kurvenschreiber oder XY-Schreiber können stetige Kurvenzüge ausschreiben (**Bild 10.40**), d. h. analog eingegebene Größen werden analog innerhalb eines Koordinatensystems mit den Koordinaten X und Y aufgezeichnet.

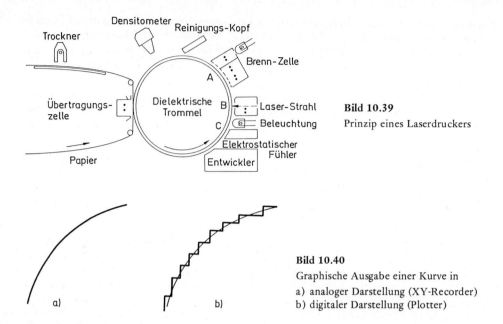

Bild 10.39

Prinzip eines Laserdruckers

Bild 10.40

Graphische Ausgabe einer Kurve in

a) analoger Darstellung (XY-Recorder)

b) digitaler Darstellung (Plotter)

● **Digitalplotter**   Die Bezeichnung *Digitalplotter* weist darauf hin, daß solche Schrei-
ber nur Schritte parallel zu den beiden Koordinatenachsen ausführen können (**Bild
10.40**). Die meist abgekürzt als *Plotter* bezeichneten Geräte schreiben Kurven also
immer treppenförmig. Für den Betrachter wirken solche Darstellungen meist trotzdem stetig, weil die Schrittlänge des Plotters (die Auflösung) manchmal nur 0,005 mm
beträgt. Aber auch einzelne Punkte können gezeichnet (geplottet) werden. Zum
Schreiben werden z. B. Tintenpatronen oder Kugelschreiberminen verwendet.

● **Flachbettplotter**   Für Anwendungen mit Personalcomputern werden Plotter ab
DM 1000,– angeboten. Es sind dies meist Flachbettplotter für Papierformate bis
DIN A4, für etwas höhere Preise auch bis A3 (297 × 420 mm). Sehr teure Spezial-
plotter (bis DM 300.000,–) können über mehrere Quadratmeter zeichnen. Es liegt
dabei das einzelne Blatt Papier auf einer ebenen Unterlage (dem Flachbett), der
Zeichenstift kann in beide Koordinatenrichtungen bewegt werden. Manchmal ist die
Auswahl (per Software-Befehl) zwischen mehreren Stiften in einem Magazin wählbar
(Mehrfachplotter).

● **Trommelplotter**   In einer anderen wichtigen Ausführung läuft Rollenpapier über
einen rotierenden Zylinder (die Trommel). Der Zeichenstift kann nur Bewegungen
quer zur Papier-Vorschubrichtung ausführen. Die Trommelbreite (und damit Plot-
breite) reicht bis z. B. 183 cm (72 Zoll). In der Regel sind Plotter dieser Bauart teure
Präzisionsgeräte mit z. B. einer Auflösung von 0,005 mm und einer Genauigkeit
bzw. Reproduzierbarkeit von 0,06 mm.

● **Plotbefehle**   Jede Aktion eines Plotters, ob Zeichnen eines Punktes (das eigentliche Plotten), eines Strichs, Kreises oder Wechseln des Zeichenstifts, muß programmiert werden in der Weise, daß immer die richtigen Koordinatenpunkte angefahren

werden und der Stift abgesenkt oder angehoben wird. Es gibt grundsätzlich drei Arten von Plotbefehlen:

— *Absolute Plotbefehle.* Damit werden die im Plotbefehl angegebenen Koordinaten direkt angefahren, wobei immer ein gemeinsamer, fester Koordinatenursprung gilt. Beispiel: DRAW x, y.
— *Relative oder inkrementale Plotbefehle.* Sie verwenden die im Befehl enthaltenen XY-Parameter als Vorschubschritte (Inkremente), um die die Plotterfeder aus der letzten Position verschoben werden soll, die auch als *momentaner Ursprungspunkt* bezeichnet wird. Beispiel: RDRAW x, y.
— *Zeichnen elementarer geometrischer Figuren,* z. B. Kreisbögen, Vollkreise, Rechtecke, Polygone (Vielecke). Beispiel: CIRCLE r,w mit r: Radius und w: Winkel.

Das Anheben und Absenken des Zeichenstifts kann im Plotbefehl enthalten sein oder muß mit zusätzlichen Anweisungen ausgelöst werden, z. B. PEN UP oder PEN DOWN.

● *Programmierung*   Die Programmierung bzw. Benutzung eines Plotters kann extrem unterschiedlich sein. Bei fehlender Unterstützung ist jede Plotteraktion in Maschinensprache oder Assembler zu definieren, d. h. es sind Plottertreiber zu schreiben. Das ist natürlich nur von Spezialisten zu bewältigen. Einige „höhere" Sprachen enthalten aber mehr oder weniger viele bzw. nützliche Graphik- bzw. Plotterbefehle, die den oben beispielhaft genannten entsprechen. Einige wichtige Graphik-Sprachelemente sind in **Tabelle 10.1** zusammengestellt. Es handelt sich dabei aber um jeweils spezielle Sprachvarianten (in BASIC), die auf Rechnern anderer Familien bzw. Hersteller nicht direkt laufen. Außerdem muß der verwendete Plotter die Anweisungen „verstehen", d. h. er muß mit Hilfe eines sog. Plotter-ROM die Graphik-Sprachelemente in entsprechende Plotteraktionen umsetzen können.

● *HP-GL*   Wegen der meist unzureichenden Graphik-Sprachdefinitionen und zur Bewirkung einer internationalen Vereinheitlichung wurde die spezielle, leistungsfähige Sprache HP-GL (*Hewlett-Packard Graphics Language*) entwickelt. Die aus jeweils zwei mnemotechnisch ausgewählten Buchstaben bestehenden HP-GL-Anweisungen werden inzwischen von fast allen Plottern „verstanden" **Tabelle 10.2** enthält den Befehlssatz. Das unten aufgelistete Programm (in HP-BASIC, entnommen einer Hewlett-Packard-Broschüre) macht deutlich, wie die HP-GL-Anweisungen mit Hilfe von PRINT-USING-Befehlen an den Plotter übergeben werden. **Bild 10.41** zeigt das Ergebnis.

10.3 Benutzerschnittstelle

Alle Hardware- und Software-Einrichtungen, die das Bedienen bzw. Benutzen eines Computers möglich machen, nennt man *Benutzerschnittstelle*. Es kann sich dabei um eine einzige, nicht veränderbare Einrichtung handeln, aber auch mehrere verschiedenartige Methoden oder Geräte können geboten werden, um flexibel unterschiedlichen Anforderungen oder Aufgabenstellungen gerecht zu werden. Andere Bezeichnungen für diese fundamentale Einrichtung sind Benutzeroberflächen (*user surface*) und Schale (*shell*). Fortsetzung auf Seite 199.

Tabelle 10.1 Graphik-Sprachelemente verschiedener Rechner- bzw. Plottersprachen

Plotteraktion	HP-85	IBM-PC-Kompatible	Tektronix 4050	Typischer Rollenplotter
Bild positionieren	—	VIEW (a0,b0)-(a1,b1)	VIEWPORT a0,a1,b0,b1	—
Zahlenebene festlegen	SCALE x0,x1,y0,y1	WINDOW (x0,y0)-(x1,y1)	WINDOW x0,x1,y0,y1	—
Koordinaten x,y einstellen	MOVE x,y	PRESET (x,y)	MOVE x,y	M x_1,y_1,x_2,y_2 MOVE
Koordinaten x,y erhöhen	IMOVE x,y	LINE -STEP (x,y)0	RMOVE x,y	R $\Delta x_1,\Delta y_1,\Delta x_2,\Delta y_2$ RELATIVE MOVE
Bildschirm löschen	GCLEAR y	CLS	PAGE	—
Bildschirm kopieren	COPY	Unterprogramm schreiben	COPY	—
Strich zum Punkt (x,y) zeichnen	DRAW x,y	LINE -(x,y)	DRAW x,y	D x_1,y_1,x_2,y_2 DRAW
Strich zum Punkt mit den um x,y erhöhten Koordinaten zeichnen	IDRAW x,y	LINE -STEP (x,y)	RDRAW x,y	J $\Delta x_1,\Delta y_1,\Delta x_2,\Delta y_2$ RELATIVE DRAW
Punkt zeichnen	PLOT x,y	PSET (x,y)	MOVE x,y RDRAW 0,0	Nn MARK
Linie zeichnen	MOVE x0,y0 DRAW x1,y1	LINE (x0,y0)-(x1,y1)	MOVE x0,y0 DRAW x1,y1	D x_1,y_1,x_2,y_2 DRAW
Achsenkreuz mit Marken zeichnen	XAXIS y,n,x1,x2 YAXIS x,n,y1,y2	mehrere LINE-Befehle	AXIS x2,y2,x3,y3	X p,q,r AXIS
Positionieren	MOVE x,y LDIR n	LOCATE m,n	MOVE x,y	M x_1,y_1,x_2,y_2 MOVE Qn ALPHA ROTATE
Text ausgeben	LABEL "string"	PRINT a$	PRINT a$	P A1 A2 ... PRINT
Text zwischenspeichern, löschen und punktgenau neu schreiben		GET (x0,y0)-(x1,y1)n% PUT (x0,y0),n% PUT (x,y),n%		
Daten für Polygon positionieren, skalieren	LDIR n	DATA n,u1,v1,.... VIEW... RESTORE GOSUB	DATA n,u1,v1,... VIEWPORT... RESTORE GOSUB	Sn ALPHA SCALE
Lesen der Daten und Polygon zeichnen				

AA	X [i/sd], Y [i/sd], arc angle [i] (,chord angle [i])	Arc absolute
AR	X [i/sd], Y [i/sd], arc angle [i] (,chord angle [i])	Arc relative
CA	n [i]	Designate alternate set n
CI	radius [i/sd] (,chord angle [i])	Circle
CP	spaces [d], lines [d]	Character plot
CS	n [i]	Designate standard set n
DC		Digitize clear
DF		Set default values
DI	run [d], rise [d]	Absolute direction
DP		Digitize point
DR	run [d], rise [d]	Relative direction
DT	c [c]	Define label terminator
EA	X [i/sd], Y [i/sd]	Edge rectangle absolute
ER	X [i/sd], Y [i/sd]	Edge rectangle relative
EW	radius [i/sd], start angle [i], sweep angle [i] (,chord angle [i])	Edge wedge
FT	type [i] (,spacing [sd] (,angle [i]))	Fill type
IM	e [i] (,s [i] (,p [i]))	Input e, s, and p masks
IN		Initialize
IP	P1$_x$ [i], P1$_y$ [i] (,P2$_x$ [i], P2$_y$ [i])	Input P1 and P2
IW	X$_{lo}$ [i], Y$_{lo}$ [i], X$_{hi}$ [i], Y$_{hi}$ [i]	Input window
LB	c . . . c [c]	Label ASCII string
LT	t [d] (,l [d])	Designate line type and length
OA	[i return]	Output actual position and pen status
OC	[i/sd return]	Output commanded position and pen status
OD	[i return]	Output digitized point and pen status
OE	[i return]	Output error
OF	[i return]	Output factors
OH	[i return]	Output hard-clip limits
OI	[c return]	Output identification
OO	[i return]	Output options
OP	[i return]	Output P1 and P2
OS	[i return]	Output status
OW	[i return]	Output window
PA	X [i/sd], Y [i/sd] (, . . .)	Plot absolute
PD	(X [i/sd], Y [i/sd] (, . . .))	Pen down
PR	X [i/sd], Y [i/sd] (, . . .)	Plot relative
PS	paper size [i]	Paper size
PT	thickness [d]	Pen thickness
PU	(X [i/sd], Y [i/sd] (, . . .))	Pen up
RA	X [i/sd], Y [i/sd]	Shade rectangle absolute
RO	n [i]	Rotate coordinate system
RR	X [i/sd], Y [i/sd]	Shade rectangle relative
SA		Select alternate character set
SC	X$_{min}$ [i], X$_{max}$ [i], Y$_{min}$ [i], Y$_{max}$ [i]	Scale
SI	width [d], height [d]	Absolute character size
SL	tanϕ [d]	Absolute character slant (from vertical)
SM	c [c]	Symbol mode
SP	n [i]	Select pen
SR	width [d], height [d]	Relative character size
SS		Select standard character set
TL	tp [d] (,tn [d])	Tick length
UC	(pen [i],) X [d], Y [d], pen [i] (, . . .)	User defined character
VS	v [d]	Select velocity v
WG	radius [i/sd], start angle [i], sweep angle [i] (,chord angle [i])	Shade wedge
XT		X-axis tick
YT		Y-axis tick

Tabelle 10.2
HP-GL-Befehlssatz

[c] = character format
[d] = decimal format, −128.0000 to +127.9999
[i] = integer format, −32 768 to +32 767
[sd] = scaled decimal format, −32 768.0000 to +32 767.9999

```
10    PRINTER IS 7,5
20    ! ****ESTABLISH AND FRAME PLOTTING AREA****!
30    PRINT USING "K";"IN;IP1528,1000,9028,6760;SP1"
40    PRINT USING "K";"PU;PA1528,1000;PD"
50    PRINT USING "K";"PA9028,1000,9028,6760"
60    PRINT USING "K";"PA1528,6760,1528,1000"
70    ! ********SCALE AREA**********!
80    PRINT USING "K";"SC0,500,0,1600"
90    ! ********TITLE GRAPH**********!
100   PRINT USING "K";"PU;PA125,1850;SI.35,.5"
110   PRINT USING "K";"LBLINEAR STEP RESPONSE"
120   ! ********DRAW X AXIS***********!
130   PRINT USING "K";"PA0,0;PD"
140   FOR X=0 TO 500 STEP 100
150   PRINT USING "K";"PA",X,",",0;XT;PU;SI.175,.28"
160   PRINT USING "K";"CP-2.4,-.9"
170    PRINT USING "2A,D.DD,A";"LB",X/10000,""
180   PRINT USING "K";"PA",X,",",0;PD"
190   NEXT X
200   ! ********LABEL X AXIS***********!
210   PRINT USING "K";"PU;PA200,-125"
220    PRINT USING "K";"LBTIME (seconds)"
230   PRINT USING "K";"PA0,0;PD"
240   ! ********DRAW Y  AXIS *********!
250   FOR Y=0 TO 1600 STEP 100
260   PRINT USING "K";"PA0,",Y,";YT;PU"
270   PRINT USING "13A,4D,A";"CP-4.9,-.3;LB",Y,""
280   PRINT USING "K";"PA0,",Y,";PD"
290   NEXT Y
300   ! ********LABEL Y AXIS***********!
310   PRINT USING "K";"PU;PA0,1620"
320   PRINT USING "K";"LBDISTANCE (inches)"
330   PRINT USING "K";"PA0,0;PD"
340 ! ********PLOT 1ST LINE *********!
341   PRINT USING "K";"SP2"
350   FOR T=0 TO .05 STEP .0005
360   Y=1000*(1-EXP(-100*T)*COS(300*T))
370   X=T*10000
380   PRINT USING "2A,DDDD,A,DDDD";"PA",X,",",Y
390   NEXT T
400   PRINT USING "K";"PU;PA0,0;PD;LT2;SP4"
410   ! *******PLOT 2ND LINE *********!
420   FOR T=0 TO .05 STEP .0005
430   Y=1000*(1-EXP(-60*T)*COS(300*T))
440   X=T*10000
450   PRINT USING "2A,DDDD,A,DDDD";"PA",X,",",Y
460   NEXT T
470   ! **********DRAW LEGEND**********!
480   PRINT USING "K";"PU;PA30,1740;PD;PR 50,0;PU;SP1"
490   PRINT USING "K";"LB 1000(1-eCP0,.5;SI.12,.19"
500   PRINT USING "K";"LB-60tSI.175,.28"
510   PRINT USING "K";"CP0,-.5;LBCOS300t)"
520   PRINT USING "K";"PU;PA260,1740;LT;SP2;PD;PR 50,0;PU;SP1"
530   PRINT USING "K";"LB 1000(1-eCP0,.5;SI.12,.19"
540    PRINT USING "K";"LB-100tSI.175,.28"
550    PRINT USING "K";"CP0,-.5;LBCOS300t)"
560   END
```

HP-GL-Programm zur Erzeugung der Plotter-Graphikausgabe in Bild 10.41 (entnommen einer HP-Broschüre)

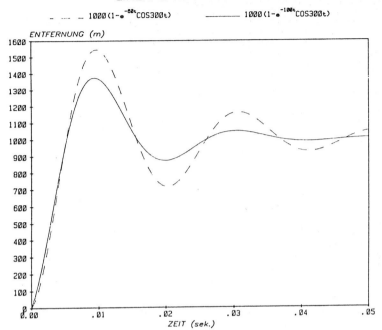

Bild 10.41 Plotter-Graphikausgabe mit Hilfe des HP-GL-Programms, das für diesen „Plot" eingedeutscht wurde

Es sind differierende Konzepte realisiert, die zumindest teilweise die technologischen Möglichkeiten des jeweiligen Computer-Herstellers widerspiegeln. Die nachfolgend vorgestellten Verfahren und Beispiele haben gemeinsam, daß für Systemmeldungen, Hilfen, Menüs, Ergebnisausgaben usw. häufig ein Bildschirm benutzt wird. Unterschiedlich ist vor allem die Art der Kommandoeingabe.

10.3.1 Grundverfahren

In der Literatur werden oft drei Grundverfahren (*basic types*) für Benutzerschnittstellen unterschieden:

— **Kommando-geführt**; z. B. Tippen der Buchstabenfolge **dir**, um das Inhaltsverzeichnis (*directory*) eines Magnetplattenspeichers auf den Bildschirm zu schreiben.
— **Menü-geführt**; dabei sind alle augenblicklich relevanten Funktionen bzw. Aktionen auf dem Bildschirm ausgegeben.
— **Graphik-geführt**; mit Symbolen auf dem Bildschirm (auch: Ikonen, *icons*) wird der Benutzer geleitet.

Diese Verfahren werden isoliert oder gemischt verwendet. Die wichtigen Hardware-Mittel zur Computer-Bedienung gemäß der Grundverfahren werden nachfolgend beschrieben.

- *Alphanumerische Tastatur* Eingaben in den Computer über eine alphanumerische Tastatur (vgl. Abschn. 10.1.1) bedeuten, daß jede Anweisung bzw. Aufforderung an das Betriebssystem oder ein laufendes Programm in Form definierter Zeichenfolgen wie auf einer Schreibmaschine einzugeben ist.

Dies ist die weitaus häufigste Art der Bedienung bzw. Benutzung. Typische Beispiele über das oben genannte hinaus sind:

| CTRL | | R | oder   ∧ | R | um unter dem Betriebssystem CP/M eine einge-gebene Zeile zu wiederholen.

| CTRL | | ALT | | DEL | um unter dem Betriebssystem MS-DOS das Rücksetzen des Computers in den Grundzustand zu erzwingen.

Ein markantes Beispiel für eine Kommando-geführte Software per Tastatur ist das bekannte Textverarbeitungssystem Wordstar. **Tabelle 10.3** zeigt einen kleinen Ausschnitt aus dem Kommandovorrat und verdeutlicht, daß die Wordstar-Entwickler wenig Rücksicht auf mnemonische Hilfen genommen haben. Es muß in diesem Fall also auswendig gelernt werden, daß z. B. ein Abbruch bei der Dateisicherung durch Eintippen der Zeichenfolge | CTRL | | K | | Q | | ENTER | bewirkt wird.

Tabelle 10.3 Kleiner Ausschnitt aus dem Wordstar-Befehlsvorrat als Beispiel für eine Kommando-geführte Benutzerschnittstelle mit alphanumerischer Tastatur

Dateien sichern	
Bearbeitung abbrechen	^KQ
Sichern und weitermachen	^KS
Sichern und zurück zum Startmenü	^KD
Sichern und zurück zum System	^KX
Sonstiges	
Hilfs-Stufe einstellen	^JH
Kommando unterbrechen	^U
Nächsten Befehl oder Zeichen wiederholen	^QQ

- *Funktionstasten* Viele Terminals oder Tischcomputer haben neben den alphanumerischen Tasten noch eine Anzahl sogenannter *Funktionstasten*. Diese Tasten haben ihren Namen deshalb, weil ihnen keine feste Bedeutung zugeordnet ist, sondern per Software zugewiesen wird. Das bedeutet, sie können ihre Bedeutung beliebig ändern. Eine weit verbreitete Anordnung ist die in **Bild 10.42** links erkennbare mit zehn Funktionstasten F1 ... F10. Wird z. B. im Computer der BASICA-Interpretierer (vgl. Teil 3) gestartet, nehmen die Tasten folgende Bedeutung an:

| LIST | RUN← | LOAD" | SAVE" | CONT← | ,"LPT1 | TRON← | TROFF← | KEY | SCREEN |

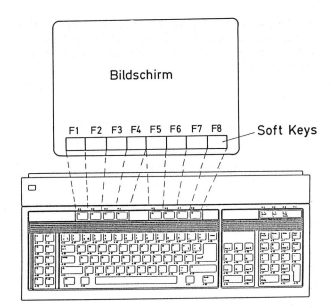

Bild 10.42
Komfortable alphanumerische
Tastatur mit zwei Funktions-
tasten-Feldern und Zuordnung
zu Soft Keys

- *Soft Keys* Wird die augenblickliche Bedeutung der „harten" Funktionstasten wie beim BASICA auf der untersten Bildschirmzeile dargestellt, spricht man auch von *Soft Keys* (weiche Tasten). Vereinfacht wird die Nutzung dieser Einrichtung, wenn die „harten" Tasten quer unterhalb dem Bildschirm angeordnet sind. Manchmal kann man die „Soft-Keys" auch mit einer Maus „anklicken" oder, wenn ein berührungsempfindlicher Bildschirm installiert ist, durch Zeigen auf das gewünschte Bildschirmfeld auslösen.

- *Digitalisierer* In 10.1.2 sind die wichtigen Digitalisierer besprochen. Für die allgemeine Rechnerbenutzung von besonderem Interesse ist die *Maus*. Für graphische Anwendungen (z. B. CAD, *Computer Aided Design*) ist noch das Graphiktablett relevant. Die Maus kann alle Cursor-Funktionen nachbilden und bei Menü-geführten Benutzerschnittstellen die Auswahl bequem machen. Vor allem auch bei Graphik-geführten Benutzerschalen ist die Maus das optimale Hilfsmittel.

- *Touch Screen* Als Alternative zur Steuerung mit Tastatur oder Maus bietet sich der berührungsempfindliche Bildschirm an (vgl. auch 10.1.1). Der festgelegten Anzahl von unterscheidbaren Feldern (z. B. 14 × 21) können per Software Daten und Funktionen zugeordnet werden. Es muß jeweils überlegt oder ausprobiert werden, ob das Anheben der Hand von der Tischoberfläche zum Bildschirm bequem ist.

- *Spracheingabe* Daß die Computerbedienung durch simples „Ansprechen" in vielen Fällen äußerst vorteilhaft wäre, muß hier nicht begründet werden. Aber eine Reihe von Nachteilen darf man nicht übersehen. Zum einen ist der Sprachumfang der Systeme oft nur gering; zum anderen ist auch ein wie in Bild 10.15 (Abschn. 10.1.5) dargestelltes System nicht frei von Fehlinterpretationen. Auch wird in manchen Anwendungsumgebungen das Sprechen als störend empfunden werden.

Die Wahl der geeigneten Benutzerschnittstelle sollte sorgfältig überlegt werden. Oft ist eine bestimmte Methode die optimal angemessene. Manchmal wird aber auch eine Kombination vorteilhaft sein. Zudem hängt die jeweilige Unterstützung noch von der Ausführung der benutzten Software ab. Eine Zuordnung von Möglichkeiten und Verfahren zeigt abschließend **Tabelle 10.4.**

Tabelle 10.4 Wichtige Einrichtungen und Grundverfahren für Benutzerschnittstellen

	Benutzung des Computers über		
	Kommandos	Menüs	Graphik
Alphanumerische Tastatur	X	X	
Funktionstasten	X	X	
Maus		X	X
Touch Screen		X	X
Spracheingabe	X	X	

10.3.2 Beispiele typischer Benutzerschnittstellen

Anhand einiger weitverbreiteter Programme bzw. Computer sollen nachfolgend typische Benutzerschnittstellen mit ihren Vor- und Nachteilen vorgestellt werden.

- *dBASE*   Das Datenbankprogramm dBASE läuft auf Personalcomputern, die unter dem Betriebssystem CP/M oder MS-DOS arbeiten. Die Benutzerschnittstelle ist streng Kommando-geführt; es wird ausschließlich mit alphanumerischer Tastatur gearbeitet; dBASE meldet sich lapidar mit einem Punkt und wartet auf ein Kommando. Lediglich die in der Regel vorhandenen Funktionstasten können verwendet werden, wobei die Wirkung frei programmierbar ist. Wie mit Hilfe der ,,Control"-Taste die alphanumerische Tastatur benutzt werden kann, ist exemplarisch mit **Bild 10.43** dargestellt. Als Benutzerhilfen stehen das Handbuch (*Manual*) und eine besondere ,,Help"-Funktion zur Verfügung. Letztere erklärt jedes dBASE-Kommando auf dem Bildschirm. Neueste dBASE-Versionen bieten sog. ,,Assistenz"-Funktionen (*Assist*) oder Menüführung;

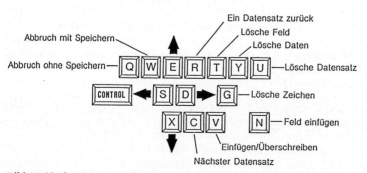

Bild 10.43 dBASE-Kontrollfunktionen mit Hilfe der Tastatur

- **Befehlsdateien**   Eine wichtige und nützliche Besonderheit von dBASE ist, daß alle Kommandos und Datenbankaktionen als Befehlsfolgen in besondere Dateien gespeichert und bei Bedarf mit einem einzigen Aufruf von der Form ,,DO programm" ausgelöst werden können. Dieser Aufruf kann auch noch auf eine Funktionstaste gelegt werden. Zwar muß zur Erzeugung solcher Befehlsdateien die in dBASE enthaltene strukturierte Programmiersprache gelernt werden. Die Benutzung von Datenbanken wird dadurch aber enorm vereinfacht.

- **WORD**   Das Textbearbeitungsprogramm WORD (auch MS-Word) ist typisch für eine klare Menü-geführte Benutzerschnittstelle. Alle wesentlichen Kommandos sind auf dem Bildschirm unterhalb des deutlich eingerahmten Schreibfeldes angegeben und mit den Steuertasten oder einer Maus erreichbar und dadurch abrufbar. Bei Anwahl eines Befehls (z. B. ,,Druck") wird das zugehörige Untermenü auf den Bildschirm gebracht.

- **AutoCAD**   Ein anderes Beispiel für eine Benutzerschnittstelle mit verschiedenen Möglichkeiten ist die Graphik-Software AutoCAD. Obwohl für *Computer Aided Design* (CAD, Computer-unterstützte Konstruktion) als angemessene Benutzungshilfen Maus und Digitaltablett anzusehen sind (und auch geboten werden), ist wahlweise oder gemischt die alphanumerische Tastatur ausreichend. Diese Auslegung gestattet die eventuelle Nutzung der Software auch ohne zusätzlicher Hardwarekosten.

- **Multifunktions-Benutzerschnittstelle**   Moderne Personalcomputer bieten häufig mehrere Benutzerschnittstellen auf verschiedenen Ebenen. In einem Beispiel mit modularen Ausbaumöglichkeiten ist folgendes vereinigt:
  - komfortable Tastatur mit getrenntem Cursorblock und zwei Funktionstasten-Blöcken (vgl. Bild 10.42);
  - Maus an Tastatur anschließbar;
  - Menü-geführte Benutzerschicht ,,über" dem Standard-Betriebssystem (hier MS-DOS, vgl. Kap. 14);
  - Benutzungsmenüs wahlweise und beliebig gemischt mit den Pfeiltasten, Funktionstasten oder der Maus verwendbar;
  - optional berührungsempfindlicher Bildschirm möglich;
  - durch Zuladen spezieller Software ist nahezu jede Benutzerschnittstelle zu erzeugen.

- **Standardisierung**   Weitgehend standardisiert — zumindest bei Personalcomputern — sind das Betriebssystem und die Tastatur. Ebenfalls durchgesetzt hat sich die Art der ,,Soft-Key"-Darstellung auf dem Bildschirm. Auch die Maus ist in Bauform und Benutzung relativ einheitlich. Verschiedene Computer-Hersteller versuchen darüberhinaus ständig, neue Gesamt-Benutzerschnittstellen durchzusetzen. Dabei haben naturgemäß Marktführer die besten Voraussetzungen. So hat die Firma Apple die Graphik-geführte Bedienung mit Ikonen (*icons*) durchgesetzt. Eine von Geräteherstellern unabhängige Version ist GEM (*Graphics Environment Manager*); eine andere wichtige heißt Windows (auch: MS-WIN). Eine völlig neutrale Definition ist (noch) nicht bekannt.

11 Funktionszusammenhang und Schnittstellen

In Teil 1 dieses Buchs sind die wesentlichen Rechnergrundlagen ausgeführt sowie die Darstellung von Daten und von logischen Operationen vorgestellt. Teil 2 beschreibt die klassischen Funktionseinheiten jeder EDV-Anlage. Abschließend sollen nun der Funktionszusammenhang und die Schnittstellen zwischen Funktionseinheiten untersucht werden.

11.1 Architekturen

In der klassischen Gliederung nach **Bild 11.1** wird mit der Konsole (auch: Bedienungs-gerät oder Terminal) das Steuerwerk STW der CPU veranlaßt (Steuerbefehl 1), Eingabebefehle (2) an die Eingabeeinheit EE zu geben. Auch muß mit Steuerbefehl 3 der Arbeitsspeicher ASP aufgefordert werden, die Eingabedaten zu übernehmen. Nach dem Laden wird auf entsprechende Steuerbefehle (4) hin die Verarbeitung der Daten eingeleitet. Steuerbefehl 5 schließlich veranlaßt die Ausgabe der Verarbeitungsergebnisse.

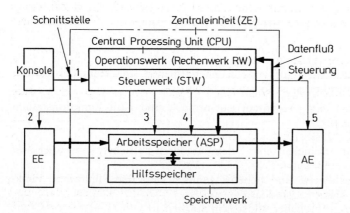

Bild 11.1

Klassische Gliederung der Funktionseinheiten, der Steuerung bei Ein- und Ausgabe und des Datenflusses

- *Rechnerarchitekturen* Die in diesem Buch besprochenen Funktionseinheiten und Funktionsabläufe wurden in Anlehnung an die „klassische" Rechnerstruktur gegliedert, bei der in klarer Ordnung Zentraleinheit und Peripherie getrennt sind (**Bild 11.2**). Die Zentraleinheit (ZE) besteht dabei aus dem Zentralprozessor (CPU) und dem Arbeitsspeicher (ASP).

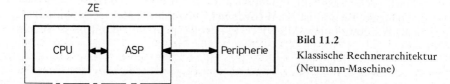

Bild 11.2

Klassische Rechnerarchitektur (Neumann-Maschine)

- **Von-Neumann-Maschine**   In den Jahren 1925 bis 1931 ist vor allem von dem amerikanischen Mathematiker *John von Neumann* am MIT (*Massachusetts Institute of
Technology*) in Cambridge, USA, dieses Konzept entwickelt worden, weshalb für
klassische Anlagen auch der Name „Neumann-Maschine" benutzt wird. Von *Neumann* stammen auch die drei wesentlichsten Ideen für moderne Rechnerstrukturen:

> 1. Gleichsetzung von Programmspeicher und Datenspeicher — also keine Tren-
>   nung zwischen Programm und Daten.
> 2. Codierung von Befehlen und Daten unter Verwendung des Binärsystems.
> 3. Einführung bedingter Programmschritte — logische Entscheidungen und Pro-
>   grammsprünge.

Als Resultat der Neumannschen Arbeiten wurde 1944 bis 1946 der erste Rechner
mit Elektronenröhren fertiggestellt — der ENIAC (*Electronic Numerical Integrator
and Calculator*), für den auch erstmals die Bezeichnung „Computer" verwendet
wurde.

Die auch heute noch gültigen klassischen Merkmale sind:

> Bei der Herstellung der Maschine festgelegter Befehlsablauf, der durch das
> Steuerwerk (in der Regel unveränderbar) kontrolliert wird —
> die *Hardware*, und
> die *Software*, die in Form von Programmen in den Arbeitsspeicher geladen wird
> und dadurch die Maschine erst zum Leben erweckt.

In Zusammenhang mit dieser klassischen Rechnerstruktur verwendet man deshalb
die Bezeichnungen:

> „in Hardware realisierte" Maschinen-Architektur
> oder
> „speicherprogrammierte Maschine".

- **Kompaktrechner-Architektur**   Als *Kompaktrechner* bezeichnet man die Mikro- und
Mini-Computer und zum Teil auch größere Anlagen, die zur *Mittleren Datentechnik*
(MDT) gezählt werden. Im einfachsten Fall findet man auch hier die Struktur der
„Neumann-Maschine" mit der Zentraleinheit im Mittelpunkt und einem internen
Arbeitsspeicher, über den der gesamte Datenverkehr abläuft. Dieser Aufbau ist zwar
einfach und billig, aber relativ langsam. Darum haben sich bei *Mini-Computern*
allgemein Strukturen durchgesetzt, bei denen ein schneller Datenbus (oder mehrere)
als Mittelpunkt des Rechners fungiert.

- **Busstruktur**   Im Grundaufbau gemäß **Bild 11.3** ist nur ein Bus vorhanden, der auch
Speicherbus genannt wird. Dieser Bus ist der Mittelpunkt der Anlage; alle Funktionseinheiten arbeiten gleichberechtigt mit ihm zusammen. CPU und periphere Geräte
arbeiten selbständig und weitgehend unabhängig am gemeinsamen Arbeitsspeicher.
Umgekehrt wird der ASP von der CPU wie eine periphere Einheit behandelt. Das
bedeutet, daß CPU, ASP und Peripherie diesem einzigen, schnellen Datenkanal
untergeordnet sind. Dieses einfache Prinzip stößt aber manchmal an Grenzen in der
Geschwindigkeit, weil z. B. die Zugriffszeiten von Halbleiterspeichern kürzer als die
Bus-Übertragungszeiten sein können.

Bild 11.3

Busstruktur mit einem Speicherbus
als Mittelpunkt

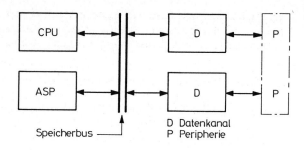

Multibus Um die hohen Zugriffs-
geschwindigkeiten der Halbleiterspeicher nutzen zu können, werden
häufig mehrere Datenbusse verwendet (Multibus-Anlage). **Bild 11.3a**
zeigt eine Anordnung mit zwei
getrennten Arbeitsspeichern und
Speicherbussen, die durch einen
,,Bus-zu-Bus-Kanal'' miteinander
verbunden sind. Somit kann die
CPU auf beide Speicher zugreifen.
Wichtig ist, daß die Speichereinheit
am zweiten Bus *asynchron* und
völlig unabhängig von der am ersten
Datenbus arbeitet. ,,Asynchron''
bedeutet, daß beide Einheiten durch
keinen festen Takt miteinander
verbunden sind. Ein Datentransfer
über den unteren Datenkanal in
ASP II (oder umgekehrt) beeinflußt

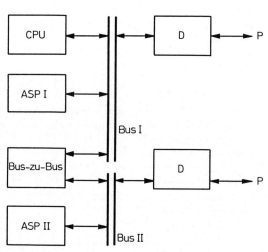

Bild 11.3a Rechnerstruktur mit zwei Busschaltungen

den Betrieb am oberen Bus in keiner Weise. Dadurch wird eine enorme Flexibilität
und Geschwindigkeit möglich.

Mikroprogrammierte Architektur Allgemein gilt, daß die Aufgabe eines Steuerwerks in der Auslösung einer geeigneten Folge von *Mikro-Operationen* besteht, die
den gerade vorliegenden Programmbefehl realisieren. Diese Realisierung kann auf
verschiedene Weise geschehen. Von Bedeutung sind zwei Verfahren:

> 1. *Code-Steuerung* (,,in Hardware realisiert'')
> 2. *Steuerspeicher-Verfahren* (,,durch Mikroprogramme realisiert'').

Code-Steuerung Die *Code-Steuerung* gehört zur ,,klassischen Architektur''. Gemeint ist damit folgendes: Der gesamte Befehlsablauf ist durch den konstruktiven
Aufbau der Zentraleinheit, besonders durch das Schema des Steuerwerks, festgelegt.

Es ergibt sich so ein starrer Funktionsablauf, der gesteuert wird durch „klassische Schaltwerke". Darunter versteht man Schaltnetze, die so entworfen sind, daß sie ihre Aufgabe mit möglichst wenig Aufwand *optimal* erfüllen.

- *Steuerspeicher-Verfahren* Beim *Steuerspeicher-Verfahren* tritt an die Stelle des klassischen Schaltwerks ein *Steuerspeicher*, der auch *Mikroprogrammspeicher* genannt wird. Der logische Entwurf optimaler Schaltnetze wird ersetzt durch „Programmieren", nämlich durch die *Mikroprogrammierung*. Es werden also hierbei Funktionsablauf und Operationen nicht mehr durch elektronische Schaltnetze (Steuerwerk) gesteuert, sondern durch den programmierten Inhalt eines Speichers (Steuerspeicher). Man kann also sagen: Programme steuern Programme.

- *Firmware* Nach allem Gesagten sind Mikroprogramme eigentlich Teil der Software, weil sie wie jedes Programm zunächst nichts mit den technischen Einrichtungen der EDV-Anlage zu tun haben. Andererseits gehören sie aber nach dem festverdrahteten Abspeichern in Festwertspeicher zur Hardware. Man hat darum für diese Programme die Bezeichnung *Firmware* geprägt:

> Firmware nennt man ein System von *Mikroprogrammen*, das vom Hersteller der betreffenden EDV-Anlage geliefert wird.

- *Virtueller Steuerspeicher* Ein interessantes Konzept sieht vor, daß die Mikroprogramme nicht (nur) in Festwertspeichern — in schnellen Halbleiterspeichern also — festverdrahtet sind, sondern daß sie außerhalb der Zentraleinheit auf Magnetplatten stehen. Damit ist das *virtuelle Konzept* (vgl. 9.4.4) auf die mikroprogrammierte

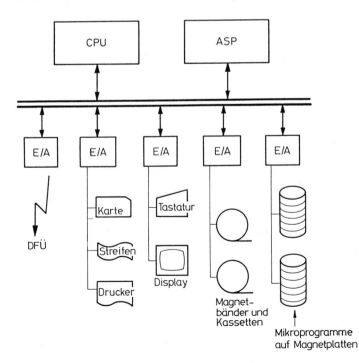

Bild 11.4
Soft-Machine-Struktur mit virtuellem Steuerspeicher

Architektur übertragen. Man spricht in diesem Zusammenhang von einem *virtuellen Steuerspeicher*. Mikroprogramme, die nicht *resident* sein müssen (d. h. die momentan nicht im Arbeitsspeicher stehen müssen), werden auf Magnetplatten ausgelagert und bei Bedarf schnell in den Arbeitsspeicher geladen. Weil in diesem Fall des „virtuellen Steuerspeicher-Konzepts" Mikroprogramme ähnlich wie Software behandelt werden, nennt man eine solche EDV-Anlage *Soft Machine*. Die Struktur solch einer Anlage ist schematisch in **Bild 11.4** angegeben.

● *Multiprozessor-Architektur* Die klassische „Neumann-Maschine" arbeitet mit *einer* CPU und *einem* Arbeitsspeicher, der in der Regel durch externe Massenspeicher ergänzt wird, die relativ langsam sind. Bereits in der Kompaktrechner-Architektur ist diese klassische Struktur durchbrochen worden, indem in Multibus-Anlagen mehrere Arbeitsspeicher an eine CPU angeschlossen wurden. Der Zugriff auf die Arbeitsspeicher ist entweder über „Bus-zu-Bus-Kanäle" möglich, oder es werden zusätzlich schnelle Halbleiterspeicher über schnelle Datenkanäle (DMA-Kanäle) angesprochen.

● *Kreuzschinen-Verteiler* Noch ein Schritt weiter ist bei der Entwicklung von *Multiprozessor-Architekturen* getan worden, in denen mehrere Arbeitsspeicher *und* Prozessoren verwendet werden. Die Arbeitsspeicher heißen dann *Speichermoduln*, die CPU ist zu einer Vielzahl von Prozessoren geworden. **Bild 11.5** deutet an, wie *M* Speichermoduln und *N* Prozessoren über einen *Kreuzschinen-Verteiler* miteinander verschaltet werden können.

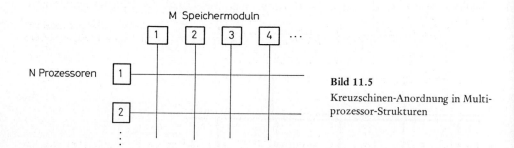

Bild 11.5

Kreuzschinen-Anordnung in Multiprozessor-Strukturen

11.2 Schnittstellen-Grundlagen

Schnittstellen (*interfaces*) sind die Orte, an denen irgend zwei Systemteile zusammengeschaltet werden können. Art und Ausführung sind zum Teil sehr verschieden; auch Umfang oder Bedeutung der Systemteile unterscheiden sich. Verschieden sind ebenfalls die Informationsdarstellung und die über die Schnittstellen geleiteten Signale.

Für alle Versionen sollte aber die in DIN 44 302 niedergelegte Kurzdefinition gelten:

Als **Schnittstelle** bezeichnet man die Gesamtheit der Festlegungen

a) der physikalischen Eigenschaften der Schnittstellenleitungen,
b) der auf den Schnittstellenleitungen ausgetauschten Signale,
c) der Bedeutung der ausgetauschten Signale.

Für den Begriff **Schnittstellenleitung** finden wir in derselben Norm:

- Verbindungsleitung zwischen den Endeinrichtungen beiderseits der Übergabestelle.

Schließlich ist noch die **Übergabestelle** (*interchange point*) definiert als

- der Ort, an dem die Signale auf den Schnittstellenleitungen in definierter Weise übergeben werden und an dem die Schnittstellenleitungen z. B. mittels Steckverbindungen zusammengeschaltet sind.

11.2.1 Einteilung von Schnittstellen nach verschiedenen Kriterien

In einer ersten Grobeinteilung wollen wir danach unterscheiden, ob die Verbindung zwischen einem Computer und der „Umwelt" (Peripherie) über eine „äußere" Standardschnittstelle oder per Zugriff auf den rechnerinternen *Systembus* erfolgt (**Bild 11.6**). Wichtige Eigenschaften beider Versionen sind nachfolgend aufgezählt.

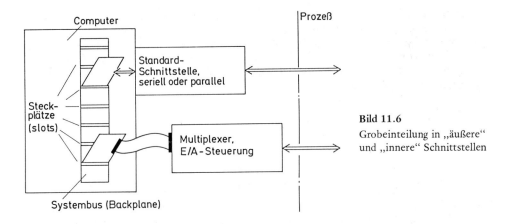

Bild 11.6

Grobeinteilung in „äußere" und „innere" Schnittstellen

- *Standardschnittstellen* Anschluß in der Regel problemlos; Eigenschaften i. a. bekannt (z. B. Datenrate, mögliche Entfernung); Störsicherheit gut bis sehr gut (Details hierzu später); Benutzung bzw. Programmierung oft recht bequem, vor allem dann, wenn die Computer- bzw. Gerätehersteller dies im System unterstützen; Datenübertragungsrate für manche Anwendungsfälle zu niedrig; maximale Leitungslänge nicht immer ausreichend.

- *Systembusanschluß* Eingriffe in den Computer nötig (Hardware *und* Software); Verbindung zwischen internem Busanschluß und dem äußeren „Adapter" oft sehr kritisch, weil diese „Busverlängerung" Störungen verursachen bzw. einfangen kann; zum Betrieb sind Schnittstellentreiber (Assemblerprogramme) nötig, deren Benutzung aus einer höheren Programmiersprache nicht immer bequem ist; bei sauberer Ausführung können aber hohe Datenübertragungsraten erzielt werden.

- *Komplettschema* Eine komplette Zusammenstellung der verschiedenen Schnittstellen ist schematisch mit **Bild 11.7** gegeben.

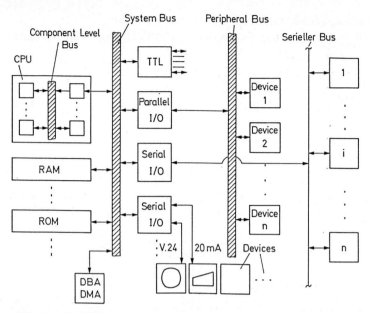

Bild 11.7 Komplettes Schnittstellenschema

CPU: *Central Processing Unit*	DMA: *Direct Memory Access*
RAM: *Random Access Memory*	TTL: *Transistor-Transistor-Logik*
ROM: *Read-Only Memory*	I/O: *Input/Output*
DBA: *Direct Bus Access*	

● *Klassifizierung* Für die weiteren Ausführungen kann eine Klassifizierung entsprechend **Bild 11.8** nützlich sein. Ebene 0 definiert die Leiterbahnen und Anschlüsse
auf den Platinen (*boards*), also die „Schnittstellen" zwischen den Komponenten
(*chips*). Zu den Ebenen 1 und 2 gehören die Karten- bzw. Systembusse (engl.:
Backplane, Motherboard). Die Anschlußstellen und Steuerfunktionen dieser drei
Ebenen sind in der Regel integrierter Bestandteil des Arbeitsplatzcomputers, sie sind
für den Benutzer meistens „unsichtbar". Es gibt allenfalls „Kontakte" damit, wenn
Ergänzungsplatinen in den Computer eingesteckt werden oder mit einer Busverlängerung eine „Extensions Box", Ein-/Ausgabesteuerung usw. angeschlossen wird.

● *Außenwelt* Die Verbindungen zur „Außenwelt" werden über Anschlüsse (Schnittstellen) der Ebenen 4 (seriell) und 3 (parallel) hergestellt. Es soll an dieser Stelle
noch einmal betont werden, daß Schnittstellen nicht allein durch ihre mechanischen
und elektrischen Eigenschaften charakterisiert sind. Zu einer vollständigen Schnitt-
stellendefinition gehören ebenfalls Verabredungen über zugehörige Software (geeignete Sprachelemente, Schnittstellentreiber, Steuerverfahren (Ablaufprotokolle)).
Beispiele dazu folgen später.

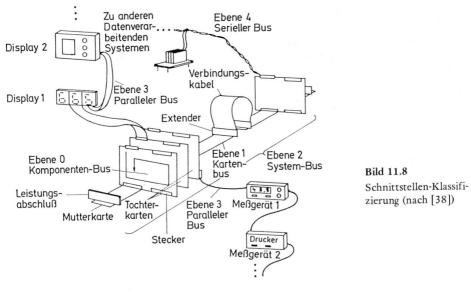

Bild 11.8

Schnittstellen-Klassifizierung (nach [38])

- *Leitungslängen* Ein aufschlußreicher Zusammenhang zwischen Hierarchieebenen nach **Bild 11.8** und den etwa möglichen Leitungslängen ist in **Bild 11.9** dargestellt. Die Rückwandverdrahtung (Kartenbus bzw. *Backplane*, Ebene 1) ist allgemein kaum länger als 0,5 m ausgeführt, weil darüber Signale im sehr schnellen Prozessortakt laufen (einige MHz). Systembusse (Ebene 2) können manchmal auf bis zu gut 10 m verlängert werden (evtl. sind Signalformer nötig). Die parallelen Peripherieschnittstellen (Ebene 3) können kaum längere Leitungen treiben (es sei denn, die Datenübertragungsrate wird sehr niedrig gehalten). Moderne serielle Schnittstellen (Ebene 4) können durchaus 1 km Leitung treiben. Künftige optische Systeme reichen weit darüber hinaus.

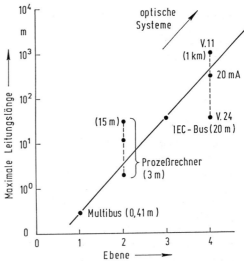

Bild 11.9 Die an den Schnittstellen der Hierarchieebenen nach Bild 11.8 etwa möglichen Leitungslängen

11.2.2 Topologien, Verfahren

Hardware und Software für digitale Schnittstellen unterliegen verschiedenen Anforderungen, die wesentlich dadurch bestimmt sind, wie Geräte oder Computer miteinander verbunden werden. Bei dem „wie" spricht man auch von der *Topologie* der Anordnung.

● **Topologien**   Eine erste Unterscheidung ist daraus abgeleitet, ob nur je zwei oder mehrere Geräte zusammengeschaltet werden können:

− *Punkt-zu-Punkt-Verbindung*, d. h. es gibt nur einen Sender und einen Empfänger, die entweder in nur einer Richtung (simplex z. B. Drucker am PC), wechselweise in beiden Richtungen (halbduplex) oder gleichzeitig in beiden Richtungen (duplex) arbeiten können;

− *Mehrpunktverbindung*, d. h. es können mehrere Geräte (z. B. 15) zusammengeschaltet sein und Meldungen und Daten austauschen. Die Art der Verbindung (Topologie) kann sehr verschieden aussehen. **Bild 11.10** zeigt vier Grundversionen.

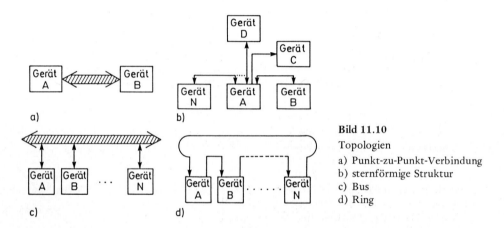

Bild 11.10
Topologien
a) Punkt-zu-Punkt-Verbindung
b) sternförmige Struktur
c) Bus
d) Ring

● **Seriell, parallel**   Schnittstellen werden auch danach unterschieden, ob die codierten Daten *bitseriell oder bitparallel* übertragen werden. Im ersten Fall gibt es pro Übertragungsrichtung nur eine Datenleitung, im zweiten Fall z. B. 8 oder 16 Datenleitungen zur gleichzeitigen (parallelen) Übertragung eines Bytes oder eines 16-Bit-Wortes. **Bild 11.11** zeigt diese und weitere Unterscheidungsmerkmale.

● **Steuersignale**   Zur Abwicklung des Datenverkehrs über digitale Schnittstellen ist eine bestimmte Zahl von Steuersignalen notwendig. Art und Umfang hängen von den jeweiligen Anforderungen und Systembesonderheiten ab. Grundsätzlich stehen dabei zwei Möglichkeiten zur Verfügung:

− Installierung von speziellen Schnittstellen-Meldeleitungen (*Hardware-Steuerung*). Dies ist die ältere Methoden. **Bild 11.12** gibt zwei Beispiele (V.24 und IEC-Bus), auf die wir in 11.4 zurückkommen.

− Keine zusätzlichen Meldeleitungen, sondern Übermittlung von Steuerzeichen auf der einen Datenleitung, meistens auf der Basis der in 3.4 besprochenen Codezeichen (ASCII). Diese *Software-Steuerung* ist die modernere Methode. Die Vorschriften über die Nutzung der Steuerzeichen und alle Abläufe werden Protokolle genannt (Beispiele in 11.4).

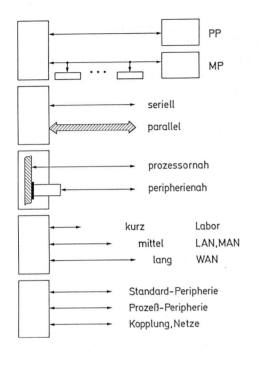

Bild 11.11
Schnittstellenkriterien
PP: *Punkt-zu-Punkt*
MP: *Mehrpunkt*
LAN: *Local Area Network*
MAN: *Metropolitan Area Network*
WAN: *Wide Area Network*

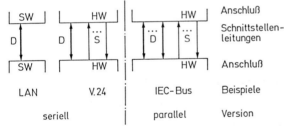

Bild 11.12
Schnittstellen-Steuerungsprinzipien
mit Software-(SW) und Hardware-
Steuerung (HW). D: Datenleitungen;
S: Steuerleitungen

● *Synchrone Übertragung* Wird ein codierter Bitstrom in einem festen Takt und unabhängig von der Codezeichen-Struktur übertragen, spricht man vom synchronen Betrieb. Der feste Zeittakt (*clock*) muß zwischen kommunizierenden Stationen aufrechterhalten werden. Durch „Mitzählen" und gegebenenfalls mit Hilfe spezieller *Synchronzeichen* wird die Zuordnung des kontinuierlichen Bitstroms zu Codezeichen sichergestellt. Wichtige Bezeichnungen und Verfahren in diesem Zusammenhang sind:

BISYNC — *Binary Synchronous Communication*
      (Binäre, synchrone Kommunikation)
BOP   — *Bit Oriented Protocol*
      (Bitorientiertes Steuerungsverfahren)
HDLC   — *High-level Data Link Control*
      (Steuerungsverfahren auf hohem Niveau)

SDLC — *Synchronous Data Link Control*
(Synchrone Datenübertragungssteuerung)

Diese Verfahren werden vor allem in Netzwerken verwendet (vgl. 11.5).

- *Asynchrone Übertragung* Kurzstreckenübertragungen wie beispielsweise zwischen Tastatur und Computer werden überwiegend asynchron ausgeführt. Dabei kann jedes Codezeichen isoliert oder aneinandergereiht und blockweise übertragen werden. Damit die Zeichenerkennung bzw. -isolierung zu jedem beliebigen Zeitpunkt sicher möglich ist, wird ein *Zeichenrahmen* entsprechend **Bild 11.13** verwendet. Jedes Zeichen beginnt mit einem Startbit und endet mit einem Stopbit (manchmal zwei). Bit 8 nimmt das Querprüfbit (*Paritätsbit*) auf (vgl. hierzu 3.5). Asynchrone Verfahren nennt man auch Start-Stop-Verfahren oder charakterorientiert (*Character Oriented Protocol*, COP). Auch ist die Bezeichnung Basis-Steuerungsverfahren (*Basic Mode Protocol*) üblich, wenn der 7-Bit-Code (ASCII, Abschn. 3.4, DIN 66 003) und die Übertragungssteuerzeichen nach DIN 66 019 verwendet werden.

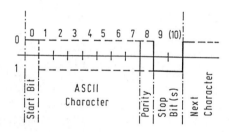

Bild 11.13
Zeichenformat für die asynchrone Übertragung von Codezeichen

- *Ein-/Ausgabeverfahren* Zwei wichtige Verfahren für Ein- und Ausgaben über digitale Schnittstellen (E/A bzw. I/0 von *Input/Output*) sind:
  - *Speicherorientierte E/A (Memory-maped I/0)*. Dabei werden die Anschlußstellen (I/0-Ports bzw. TTL-Schnittstellen) durch den Computer wie Speicherstellen behandelt. Es können einzelne Bits, aber auch ganze Worte (z. B. 8 oder 16 Bits) gleichzeitig ein- und ausgegeben werden.
  - *Standard-E/A (Unmapped I/0)*. Dabei verfügt das System über separate Ein-/Ausgabeeinrichtungen, die mit speziellen Programmbefehlen bedient werden (z. B. IEC-Bus, s. 11.4).

- *E/A-Initiativen* Bei der Datenübertragung gibt es zwei Möglichkeiten des Anstoßes:
  - *Zentrale Initiative*. Hierbei fordert der Prozessor eine periphere Einheit auf, Daten zu übernehmen oder zu senden.
  - *Periphere Initiative*. Hier meldet umgekehrt die periphere Einheit, spontan und zu jedem beliebigen Zeitpunkt, daß sie Daten übernehmen oder zur Verfügung stellen möchte. Dieses Verfahren gewährleistet kürzeste Reaktionszeiten eines DV-Systems.

- *Zyklische Abfrage* (*Polling*) ist die übliche Methode, viele an einen Computer angeschlossene „Teilnehmer" auf ihren Zustand hin abzufragen. Bei umfangreichen Systemen kann die Zykluszeit bei Analogeingängen Sekunden betragen, bei Binäreingängen einige Millisekunden, weil Polling durch Software realisiert wird. Eine viel schnellere Methode ist der „in Hardware" realisierte direkte Speicherzugriff (DMA, *Direct Memory Access*). Auf Anforderung (periphere Initiative) werden dabei Daten direkt, d. h. ohne den Zentralprozessor zu benutzen, und mit höchster Geschwindigkeit (bis zu mehreren Millionen Bytes pro Sekunde) in den Arbeitsspeicher geladen oder daraus entnommen. DMA ist aber nicht für jeden Arbeitsplatzcomputer verfügbar bzw. nachrüstbar.

- *Alarmverarbeitung* (*Interrupt Handling*) sollte immer möglich sein, um auf spontan auftretende Ereignisse sofort reagieren zu können (Realzeitverarbeitung). Die dafür nötige Unterbrechungssteuerung muß den Zentralprozessor (CPU) veranlassen, nach einer eingehenden peripher initiierten Meldung (Alarm- oder Interrupt-Anforderung bzw. *Service Request*, SRQ) die gerade laufenden Aktionen definiert zu unterbrechen, den „Melder" zu bedienen (*Interrupt Service*) und danach exakt in das unterbrochene Programm zurückzukehren.

- *Interrupt-Programmierung* **Bild 11.14** zeigt ein Beispiel zur Alarmverarbeitung mit wesentlichen Anweisungen (programmiert in BASIC). Mit Zeilen 20 bis 40 wird der IEC-Bus für Service-Anforderungen (SRQ) vorbereitet. Danach können ab Zeile 50 beliebige Verarbeitungen programmiert werden (evtl. mit GOTO zu freien Zeilen springen). Ab Zeile 100 sind die Interrupt-Service-Unterprogramme aufgeführt. Es wird mit einem „Serial Poll" (SPOLL) nacheinander jeder Teilnehmer abgefragt, um den Melder festzustellen (Abfrage des Bits Nr. 6 im Antwortbyte). Ist der Melder erkannt, wird z. B. vom Gerät 10 mit ENTER 710 USING „B";A ein Byte („B") in den Speicher des Arbeitsplatzcomputers geholt und der Variablen A zugewiesen usw.

```
 10   ! ********************** Beispiel für Alarmverarbeitung
 20   RESET 7 !                Schnittstelle mit Adr. 7 zurücksetzen
 30   ON INTR 7 GOSUB 100 !    Vorbereitung
 40   ENABLE INTR 7;8 !        SRQ am IEC-Bus freigeben
 50   !    Hier können beliebige Aktionen programmiert werden
 60   !    (evtl. mit GOTO... zu freien Zeilen)
 70   OFF INTR 7 !             Abschluß der Alarmverarbeitung
 80   RESET 7 !               Bus zurücksetzen
 90   END
 99   ! --------------------- Beginn der Interrupt-Service-Routine
100   S=SPOLL (710) !          serieller Poll am Gerät 10
110   IF BIT (S,6) THEN 120 ELSE 200 ! Auswertung der Antwort
120   ENTER 710 USING "B" ; A ! Meßwert in Variable A
130   CLEAR 710 !             Gerät 10 in Grundzustand
140   RETURN
200   S=SPOLL (711) !          serieller Poll am Gerät 11
210   IF BIT (S,6) THEN 230 ELSE 300
220   ENTER 711 USING "B" ; B ! Meßwert in Variable B
230   CLEAR 711 !             Gerät 11 in Grundzustand
240   RETURN
300   !    eventuell weitere Geräte ...
```

Bild 11.14 In HP-BASIC geschriebenes (unvollständiges) Beispiel für Alarmverarbeitung am IEC-Bus

● **Puffer**   Für die Abwicklung der Ein- und Ausgaben werden einzelne Speicherzellen oder Speicherblöcke zum temporären Zwischenspeichern benötigt. Solche *Puffer* (*buffers*) werden entweder einzeln zugewiesen, oder sie stehen dynamisch der gesamten Peripherie zur Verfügung. Beispiel an Schnittstelle 701:

10 DIM B$ [...]	Puffergröße festlegen
20 IOBUFFER B$	Variable B$ wird Pufferspeicher
30 TRANSFER 701 TO B$ INTR	Bei einem Interrupt werden Daten von der Schnittstelle in den Puffer gespeichert

I/O-Ports sind Puffer für ein Wort (Byte oder ASCII-Zeichen). Die Puffer für Einbitsignale (Alarme, Meldungen) werden *Latch* (Halteglied) genannt.

11.2.3 ISO-Referenzmodell zur Schnittstellenbeschreibung

Ältere Schnittstellenfestlegungen galten häufig einem bestimmten Verwendungszweck, waren manchmal an spezielle Geräte oder Gerätegruppen gebunden, die Ausführung war oft unstrukturiert oder gar willkürlich. Aus diesen Gründen entstand die Idee, ein Modell zu entwickeln, mit dessen Hilfe es möglich werden sollte, daß informationsverarbeitende Systeme verschiedener Herkunft (sog. Offene Systeme) problemlos zusammenarbeiten können. Das Ergebnis ist das „Referenzmodell für die Kommunikation Offener Systeme" (*Open Systems Interconnection*, OSI). Es liegt als internationale Norm ISO 7498 vor und wird deshalb auch ISO-OSI-Referenzmodell genannt.

● **DIN ISO 7498**   In der entsprechenden Version DIN ISO 7498 wird als Einführung folgendes geäußert:

– Das Referenzmodell hat die Aufgabe, die für die Kommunikation Offener Systeme nötigen Funktionen zu identifizieren und zueinander in Beziehung zu setzen. Es soll helfen, existierende Normen einzuordnen, evtl. notwendige Verbesserungen an ihnen zu erkennen, zusätzlich notwendige Normen möglichst unabhängig voneinander, aber wohlkoordiniert zu entwickeln und das so entstehende Normenwerk konsistent zu halten.

– Das Referenzmodell beschreibt die Kommunikation zwischen Systemen, die über Übertragungsstrecken untereinander verbunden sind.

– Das Referenzmodell ist keine Spezifikation für eine Implementation, es enthält keine Festlegungen hinsichtlich einer Technologie weder für Systeme noch für die zur Verbindung von Systemen zu benutzenden Übertragungsstrecken, sondern bezieht sich ausschließlich auf die gegenseitige Anwendung genormter Verfahren für den Austausch von Daten.

● **Kommunikation Offener Systeme**   Kommunikation Offener Systeme beinhaltet nicht nur die Übertragung von Daten zwischen Systemen, sondern auch die Zusammenarbeit von Systemen mit dem Ziel, eine gemeinsame Aufgabe zu bewältigen, wozu jedes System Daten in einer für diese Aufgabe spezifischen Weise zu verarbeiten hat. Diese Zusammenarbeit erfordert die Einhaltung von Regeln, die in einem Satz von Normen festgelegt werden.

● *Kommunikationsarchitektur* Das Referenzmodell unterscheidet die drei in **Bild 11.15** dargestellten Grundelemente:

– *Verarbeitungsinstanzen* als die logischen Einheiten, zwischen denen Kommunikation letztlich stattfindet;
– *Systeme*, die entweder als Endsysteme Verarbeitungsinstanzen enthalten oder als *Transitsysteme* die Verbindung zwischen Endsystemen herstellen, falls diese nicht direkt miteinander verbunden sind;
– *Übertragungsstrecken* zur Verbindung von Systemen.

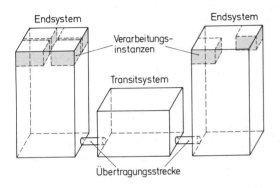

Bild 11.15

Grundelemente der Kommunikationsarchitektur (DIN ISO 7498)

● *Schichtenstruktur* Grundgedanke des Referenzmodells ist eine Schichtung in sieben Funktionsbereiche, die von der physikalischen Bitübertragung (Schicht oder „Layer" 1) bis zur Anwendung der Kommunikation selbst reichen (Schicht 7, *application*, siehe **Bild 11.16**).

Den Schichten sind Protokolle oder Kommunikationsdienste zugeordnet. Das sind Software-Programme, die die jeweils darunter liegenden Dienste (Funktionen) mitbenutzen. Andersherum: das Protokoll auf einer Ebene unterstützt das jeweils darüberliegende.

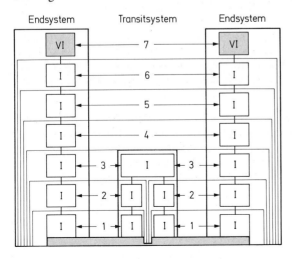

Bild 11.16 Schichten und Protokolle des OSI-Referenzmodells (DIN ISO 7498)

VI: Verarbeitungsinstanz
I: Instanz

- **OSI-Anwendungen** In praktischen Ausführungen werden nicht immer alle sieben Funktionsschichten zu berücksichtigen sein. Ist beispielsweise nur die ungesicherte Übertragung einzelner ASCII-Zeichen zwischen einer Tastatur und einem Bildschirm gefordert, genügen Festlegungen innerhalb der Schicht 1:

  - physikalische Eigenschaften des Anschlusses (Steckverbinder, Anschlußstifte);
  - elektrische Eigenschaften der Sender-/Empfängerbausteine und Definitionen der binären Zustände;
  - Leitungseigenschaften;
  - Bitübertragungsprotokoll, also Verabredungen darüber, in welcher Form und Reihenfolge die den einzelnen Bits entsprechenden Impulse zu übertragen sind.

Reicht aber die ungesicherte Übertragung nicht aus, muß die nächst höhere Schicht berücksichtigt werden, wodurch die ungesicherte zur gesicherten Systemverbindung verbessert wird. In beiden Fällen sind unter Umständen Absprachen über die obersten Schichten notwendig. Die „mittleren" Schichten (3 bis 5) haben ihre Bedeutung in Netzen. Dazu mehr in 11.5.

11.3 Prozessornahe Schnittstellen und Busse

Wir verstehen unter prozessornahen Schnittstellen die internen Anschlußstellen für Baugruppen (Platinen). Es sind dies die in der Schnittstellenhierarchie (Bild 11.8) den Ebenen 1 und 2 zugeordneten Anschlüsse. Weil die Ausführung in der Regel Bus-Topologie aufweist, spricht man meist von „computerinternen Bussen". Es werden unterschieden:

Kartenbus (Ebene 1) als gemeinsame Sammelschiene (*backplane*) zum Aufstecken von Baugruppen (Platinen). Andere Bezeichnungen sind Rückwand, Mutterplatine (*motherboard*).

Systembus (Ebene 2) zur Verbindung mehrerer Einheiten (Einschübe) zu einem größeren System.

Während Kartenbusse typischerweise 40 bis 50 cm kurz sind, können mit Busverlängerungen (*Extender*) Systembusse bis über 3 m erzeugt werden. Wir werden der Einfachheit halber den Begriff „Systembus" für alle computerinternen Anschlüsse verwenden.

- **Systembusanschluß** Bei einigen Arbeitsplatzcomputern ist der Systembus nicht frei zugänglich. Meßgeräte, Signalgeber oder Stellglieder können dann nur über Standard-Schnittstellen oder — manchmal — über ein sog. „User-Port" angeschlossen werden. Schnellere Ein-/Ausgabekanäle sind realisierbar, wenn der Systembus dem Benutzer verfügbar ist, entweder in Form freier Steckplätze oder mit Hilfe einer Ein-/Ausgabesteuerung, die an einer Busverlängerung arbeitet.

- **Systembuseigenschaften** Die Systembusse der verfügbaren Arbeitsplatzcomputer sind jedoch häufig in folgenden Haupteigenschaften verschieden:

  - prozessorunabhängig oder an einen Typ gebunden
  - Daten- und Adreßwortbreite
  - Daten und Adressen getrennt oder im Multiplexverfahren
  - Übertragungs- und Unterbrechungssteuerung (Interruptverarbeitung)
  - Steckverbindung und Platinenform

Es gibt aber eine Reihe von Standards, die weltweit Bedeutung haben, weil sie entweder von einem Marktführer benutzt werden oder durch „offizielle" Normung erarbeitet wurden. In **Tabelle 11.1** sind die wichtigsten Systembusse zusammengestellt.

Tabelle 11.1 Wichtige Systembusse

Bus	Quelle, Benutzer (Normung)	Prozessor	Datenbits
ECB	Kontron und andere	Z80	8
STD	Prolog, Mostek (IEEE P961)	unabhängig	8
STE	(IEEE P1000)	unabhängig	8
G-64	Gespac (Einfach-Europakarten)	unabhängig	8/16
ZBI	Zilog	Z80/Z8000	8/16
Q	DEC und andere	LSI-11	16
E-/T-	Texas Instruments und andere	9900	16
S-100	viele (IEEE P696)	unabhängig	8/16
Euro	Ferranti (ISO/DP 6951, BSI; ESONE)	unabhängig	18
IBM PC	IBM und andere	8088/8086	8/16
Multi	Intel, Siemens und andere (IEEE P796)	80-Familie	8/16/32
AMS-M	Siemens (IEEE P)	80-Familie	8/16/32
Versa	Motorola (IEEE P970)	6800	8/16
VME	Motorola, Mostek, Philips, Valvo/ Signetics, Thomson-CSF und andere (IEEE P1014)	68 000	8/16/32
FAST	NBS	unabhängig	32
Future	(IEEE P896)	unabhängig	16/32
Nu	Texas Instruments	99 000	16/32

- *Europakarten* Größte Bedeutung haben die vom IEEE (*Institute of Electrical and Electronic Engineers*) definierten Systembusse. Ein wesentlicher Trend bei Neuentwicklungen liegt darin, daß als Platinen sog. Europakarten (DIN 41 494) und DIN-Steckverbinder (DIN 41 612) verwendet werden. Beispielsweise folgte auf den STD-Bus mit amerikanischem Kartenformat und indirekter Steckverbindung die „Euroversion" STE-Bus. Vergleichbares zeigt sich beim stark verbreiteten Multi-Bus; die relativ neuen Busse „VME" und „Future" sind direkt für „Eurocards" definiert (vgl. **Bild 11.17**). Eine relevante Ausnahme muß erwähnt werden: Mit dem Computer IBM PC wurde ein neuer Industriestandard geschaffen, dessen mechanische Eigenschaften nicht den Europakarten-Normen entsprechen (**Bild 11.18**). Darum rüsten manche Hersteller ihre Computer mit zwei Versionen von Steckplätzen aus: IBM-PC-kompatible und Europakarten-kompatible (*IBM slots* und *Eurocards slots*).

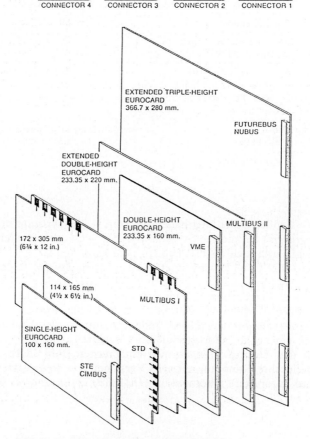

EUROCARD CONFIGURATION GRID

Bild 11.17 Europakarten im Größenvergleich

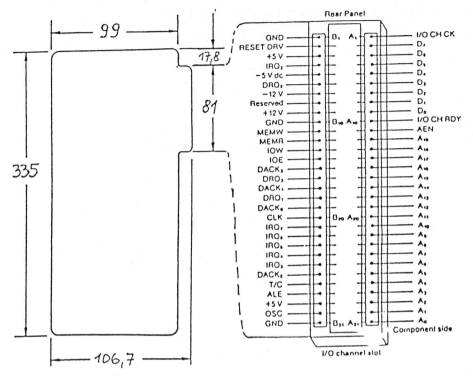

Bild 11.18 IBM-PC-Steckkarte

11.4 Peripherieschnittstellen

Auf den Ebenen 3 und 4 der Schnittstellenhierarchie (Bild 11.8) sind die „äußeren" oder Peripherieschnittstellen definiert. Es sind dies die Schnittstellen (*interfaces*) zwischen dem Computer und der „Umwelt" (auch: Verbindungen zur „Außenwelt"), die danach untergliedert sind, ob die Daten bitparallel oder bitseriell übertragen werden. In beiden Fällen wird noch unterschieden (vgl. 11.2.2) nach:

— *Punkt-zu-Punkt-Verbindung (point-to-point connection) und*
— *Mehrpunktverbindung (multipoint connection).*

Peripherieschnittstellen sind in den meisten Fällen für Punkt-zu-Punkt-Verbindungen ausgelegt, z. B. um an einen Computer externe Geräte anzuschließen, wie Tastatur, Bildschirm, Anzeige, Speicher, Drucker, Plotter, oder zwei Computer miteinander zu verbinden. Mehrpunktschnittstellen für den sog. IEC-Bus und für serielle Busse gewinnen zunehmende Bedeutung. Letztere haben aber vor allem in Netzen (vgl. 11.5) ihre Domäne.

11.4.1 Parallele Schnittstellen

Es sind die folgenden Versionen von Bedeutung:

- TTL-Ports für den Anschluß von Schaltern, Experimenten usw.:
- BCD-Schnittstelle für eine Reihe vor allem älterer Meßgeräte;
- Centronics-Schnittstelle zum Anschließen eines Druckers;
- IEC-Bus zur Zusammenschaltung eines Computers mit mehreren Meßgeräten (Laborautomatisierung).

Der CAMAC-Bus (DIN IEC 516) wird hier nicht behandelt, weil er speziell und ausschließlich im Bereich der nuklearen Meßtechnik eingesetzt wird.

- ***TTL-Port***   TTL-Ports sind bitparallele Schnittstellen der Breite 8, 16 oder 32 bit. Manchmal sind zusätzlich Interrupt- und Handshake-Anschlüsse vorhanden (**Bild 11.19**). Wesentliche Merkmale sind:

- Elektrische Eigenschaften entsprechend TTL-Industriestandard (vgl. 5.3);
- einzelne Bits beliebig per Software selektierbar;
- einzelne Bits oder ganze Ports per Software als Ein- oder Ausgang schaltbar.

Festlegungen hierzu in unabhängigen Normenwerken existieren nicht.

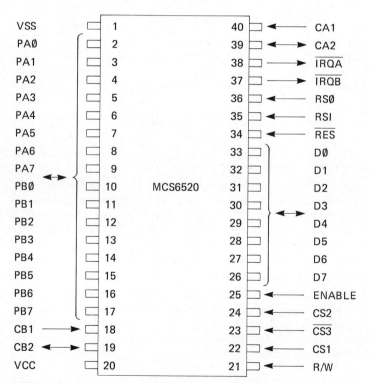

Bild 11.19 Beispiel eines Peripheren Interface-Adapters (PIA).

a) Gehäuseschema;

- **User Port** Die auch *User Port* oder GPIO (*General Purpose Input/Output*) genannten Schnittstellen sind dem Programmierer auf zwei verschiedene Arten verfügbar:

  – Ein Peripherer Interface-Adapter (PIA) muß in Assembler programmiert werden;
  – in das Betriebssystem integrierte Parallelschnittstellen können in BASIC programmiert werden (z. B.: Hewlett-Packard-Tischrechner). Diese Lösung ist komfortabel, unter Umständen aber zu langsam (beim 8-Bit-Rechner HP-85 z. B. 18 kbyte/s, beim 16-Bit-Rechner HP-9816 115 kWorte/s.)

- **BCD-Schnittstelle** Die BCD-Schnittstelle ist in der Meßtechnik noch weit verbreitet, weil z. B. Multimeter und Zähler die Meßwerte ziffernweise mit 4 bit binär codieren. An der Schnittstelle sind entweder nur 4 Datenleitungen vorhanden; die Dezimalstellen (4-Bit-Gruppen) werden dann nacheinander (seriell) gesendet. Oder die Schnittstelle hat n × 4 Datenleitungen für n Dezimalstellen. Für n = 7 oder 8 ist mit DIN 66 349 eine BCD-Schnittstelle mit einem 50poligen Stecker festgelegt. Die freien Leitungen werden für Vorzeichen, Exponent, Geräteadressen und Steuerinformationen verwendet.

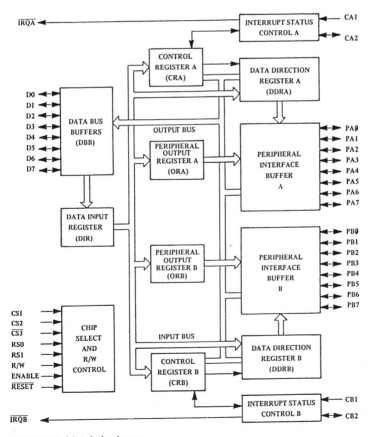

Bild 11.19 b) Schaltschema

- **Prozeß-Controller** Es gibt nur wenige Arbeitsplatzcomputer mit BCD-Schnittstelle. Diese muß dann z. B. über TTL-Ports simuliert werden. Das bedeutet vor allem
Assembler-Programmierung, evtl. auch Hardware-Anpassung, wenn nicht genügend
(oder gar keine) Ports zur Verfügung stehen. Einige Prozeß-Controller jedoch verfügen über in das System integrierte BCD-Schnittstellen. Bemerkenswert ist, daß bei
solchen speziellen Arbeitsplatzcomputern alle verschiedenen Schnittstellen (seriell,
TTL, BCD, IEC) mit den gleichen Sprachelementen und Prozeduren programmiert
werden. Nur die Schnittstellennummer (Adresse) und die zugehörigen Steuerregister
sind verschieden.

- **Centronics-Schnittstelle** Die Firma Centronics hat bereits vor 1970 schnelle Nadeldrucker hoher Qualität produziert und durch den großen Marktanteil einen De-
facto-Standard (Industriestandard) für die verwendete Schnittstelle geschaffen. Es
handelt sich um eine parallele 8-Bit-Schnittstelle, die mit TTL-Pegeln arbeitet. Die
36 Kontakte des verwendeten Steckers sind rechteckförmig angeordnet (**Bild 11.20**).
Die bei den PC- bzw. AT-kompatiblen Arbeitsplatzcomputern übliche Centronics-
Schnittstelle ist jedoch entsprechend **Bild 11.21** mit einem 25poligen Stecker ausgeführt.

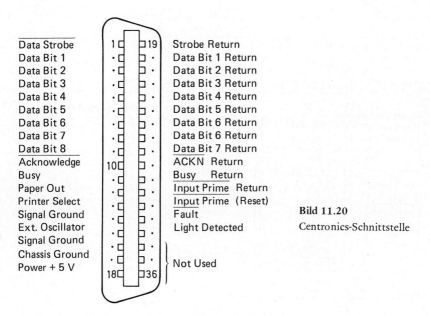

Bild 11.20

Centronics-Schnittstelle

- **Leitungshandshake** Die acht Datenleitungen der Centronics-Schnittstelle übertragen in der Regel ASCII-Zeichen mit einem Paritätsbit (vgl. 3.4 und 3.5). Dazu
kommen mindestens Steuerleitungen für die Signale *Data Strobe*, *Acknowledge* und
Busy. Der zeitliche Ablauf ist in **Bild 11.22** dargestellt. Nachdem die Daten auf den
Leitungen eingeschwungen sind, werden sie durch den Data-Strobe-Impuls für gültig
erklärt. Empfang und Verarbeitung werden mit den Signalen *Busy* und *Acknowledge*
zurückgemeldet. Dieses Verfahren wird *Leitungshandshake* genannt. Weitere Signale
dienen der Gerätesteuerung.

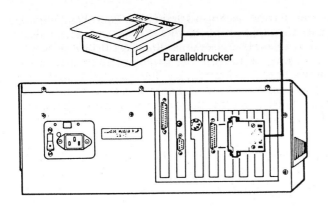

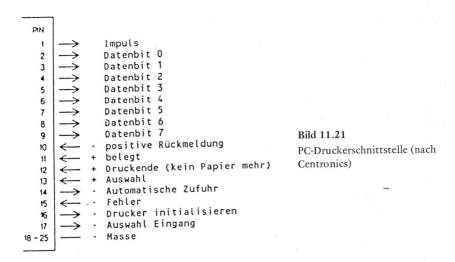

Bild 11.21

PC-Druckerschnittstelle (nach Centronics)

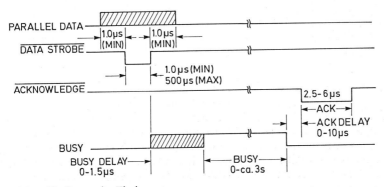

Bild 11.22 Centronics-Timing

● **IEC-Bus**   IEC-Bus ist der Name für die wichtige Schnittstelle zum Anschluß von Meßgeräten an einen Arbeitsplatzcomputer. Die in DIN IEC 625 festgelegten Bus-Spezifikationen unterscheiden sich vom häufig zitierten Standard IEEE-488 nur im Steckverbinder. Weil aber auch in der IEC-Norm der 24polige IEEE-Stecker zugelassen werden soll, wird der 25polige DIN-IEC-Stecker, der mit dem V.24-Stecker (**Bild 11.23**) übereinstimmt, wohl verschwinden. Der Bus besteht aus 8 Daten-, 5 Steuer- und 3 Handshakeleitungen (**Bild 11.24**). Es können bis zu 15 Meßgeräte angeschlossen werden.

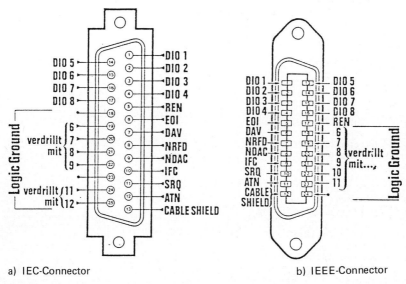

a) IEC-Connector   b) IEEE-Connector

Bild 11.23 Die bei IEC und IEEE genormten Busanschlüsse

● **Dreidraht-Handshake**   **Bild 11.25** zeigt den Ablauf der Datenübertragung; es wird davon ausgegangen, daß sich die Datenleitungen zu Beginn im Ruhezustand befinden. Setzt ein Sprecher (*Talker*) Daten auf die 8 Leitungen, wird nach Einschwingen die Leitung DAV (*Data Valid*, Daten gültig) aktiviert. Daraufhin setzen alle Hörer (*Listener*) sowohl NRFD (*Not Ready For Data*, nicht übernahmebereit) als auch NDAC (*Not Data Accepted*, nicht Daten übernommen). Jeder Hörer gibt NDAC frei, wenn die Daten übernommen sind, und NRFD, wenn er bereit für weitere Daten ist. Aber erst, wenn alle bereit sind, wird durch Rücknahme von DAV der Bus freigegeben. Dieses Verfahren heißt Dreidraht-Handshake.

● **Programmierung am IEC-Bus**   Die dominierende Programmiersprache BASIC ist — ebenso wie die meisten Betriebssysteme (vgl. Teil 3) — vorwiegend für den Einsatz im kommerziellen Bereich geeignet. Über die Standard-Definitionen hinaus sind aber für die Laborautomatisierung und Prozeßdatenverarbeitung folgende Eigenschaften wünschenswert:

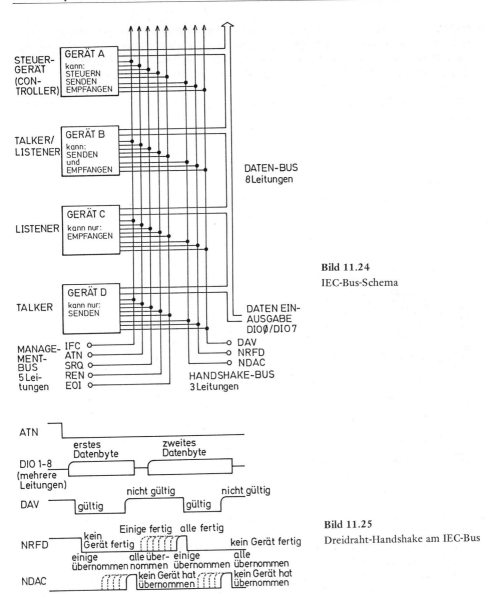

Bild 11.24
IEC-Bus-Schema

Bild 11.25
Dreidraht-Handshake am IEC-Bus

Lange Variablennamen (mindestens 6 oder 8 relevante Zeichen); echte Unterprogrammaufrufe (CALLs) und Sprunganweisungen mit symbolischen Namen; lokale Variablen; Schnittstellenunterstützung. Ist beispielsweise über eine Schnittstelle mit der „Adresse" 7 ein 16-Bit-Wort auszugeben, sollte das etwa folgendermaßen möglich sein:

```
10 CONTROL 7,1;C(1)
20 OUTPUT 7 USING "W";A
```

Durch Schreiben des Wertes C (1) — des Kontrollbytes — in ein Steuerregister Nr. 1 wird die Schnittstelle 7 geeignet eingestellt (z. B. Datenrate in bit/s oder Prüfparität). Dann wird mit Hilfe der USING-Anweisung ein 16-Bit-Wort ("W") aus der Variablen nach außen gesendet. Einige Arbeitsplatzcomputer bieten diesen „Komfort". In der Regel muß aber auf zugekaufte oder selbst entwickelte Maschinensoftware (Treibermodule) zurückgegriffen werden.

● *Laborautomatisierung* Nur wenige Arbeitsplatzcomputer haben die IEC-Bus-Schnittstelle eingebaut, bei anderen kann sie nachgerüstet werden. Meßgerätehersteller rüsten in zunehmendem Maße ihre Erzeugnisse damit aus, so daß der IEC-Bus für die Automatisierung von lokal begrenzten Labor- und Testeinrichtungen häufig das am besten geeignete Werkzeug ist. Restriktionen sind:

— Nur 15 Meßgeräte anschließbar;
— Entfernung zwischen den Geräten höchstens 2 bis 3 m;
— Übertragungsgeschwindigkeit manchmal weniger als 1000 byte/s, also etwa 100 Meßwerte/s, mit 16-Bit-Computern bis zu etwa 10.000 Meßwerten/s.

11.4.2 Serielle Schnittstellen

Die Normung für digitale Schnittstellen stützt sich häufig auf Entwicklungen der Postverwaltungen (CCITT: *Comité Consultatif International Télégraphique et Téléphonique*, V.- und X.-Serien), aber auch Entwicklungen aus der Computerindustrie haben sich durchgesetzt und sind als Normen verabschiedet von z. B. EIA (*Electronic Industries Association*, RS-Serie), IEEE (*Institute of Electrical and Electronic Engineers*), IEC (*International Electrotechnical Commission*), ISO (*International Organization for Standardization*), DIN (*Deutsches Institut für Normung*).

● *Schnittstellenstandards* Für Punkt-zu-Punkt-Verbindungen sind drei Standards relevant: 20-mA-Stromschleife, V.24-Spannungsschnittstelle und V.11-Doppelstromschnittstelle. Für Mehrpunktverbindungen (Bus) wird an Normen gearbeitet (DIN 66 259 Teil 4, RS-485, Ethernet). In **Tabelle 11.2** sind die wichtigsten seriellen Standards zusammengestellt.

Tabelle 11.2 Serielle Schnittstellen, PP: Punkt-zu-Punkt; MP: Mehrpunkt; Bd: bit/s

üblicher Name	Normen	typische Leitungslänge	typische Übertragungs-geschwindigkeit	
20 mA	DIN 66 258/1 66 348/1	300 m	110 oder 300 Bd	PP
V.24	DIN 66 020/1 66 259/1 RS-232-C	20 m	19,2 kBd	PP
V.11	DIN 66 258/2 66 259/3 RS-422	10 m : 1 km	10 MBd : 100 kBd	PP
serieller Bus	DIN 66 258/3 66 259/4 66 348/2 RS-485	bis 1 km	bis 1 MBd	MP
ISDN	für ISDN mit < 1 Volt			MP

• **20-mA-Stromschleife**   Die 20-mA-Stromschleife (*current loop* oder *TTY-Interface*) ist bei geringen Anforderungen häufig anzutreffen. Die Schnittstellen-Hardware ist einfach und störsicher. Jede Störung müßte nämlich das Umschalten des Stromes zwischen 0 und 20 mA bewirken. Galvanische Trennung mit Optokopplern ist leicht möglich (**Bild 11.26**). In DIN 66 258 Teil 1 und DIN 66 348 (Längenmeßtechnik) ist diese Schnittstelle teilweise festgelegt.

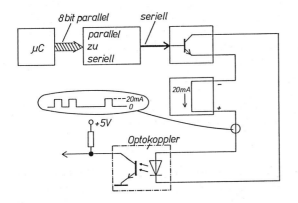

Bild 11.26 Prinzip der 20-mA-Stromschleife

• **V.24-Schnittstelle**   Die sogenannte V.24-Schnittstelle (DIN 66 020 Teil 1) ist die am meisten verwendete serielle Schnittstelle bei Leitungslängen bis etwa 20 m und 19200 bit/s Übertragungsgeschwindigkeit. Die elektrischen Eigenschaften sind in dem CCITT-Papier V.28 bzw. DIN 66 259 Teil 1 festgelegt. Das Papier V.24 listet nur die für serielle Datenübertragung möglichen bzw. notwendigen Signalnamen auf (über 50). Eine Auswahl aus V.24 zusammen mit elektrischen Eigenschaften und Steckerdefinitionen sind in der amerikanischen EIA-Norm RS-232-C zusammengefaßt. Nachteile dieser Schnittstelle sind:

— Die Postfestlegung V.24 definiert über 50 Leitungen, nur zwei davon sind Datenwege (Stifte 2 und 3), zwei sind Erdungen (Stifte 1 und 7). Hersteller wählen oft verschiedene Leitungsuntermengen aus, so daß dann V.24-Schnittstellen nicht zusammen arbeiten können. Selbst die „Minimalkonfiguration" mit den Stiften 2, 3 und 7 (**Bild 11.27**) muß nicht arbeitsfähig sein, weil manchmal die Datenleitungen direkt (Terminal-Modem-Verbindung), in anderen Fällen aber gekreuzt (sog. *Nullmodemschaltung*) geführt sind.

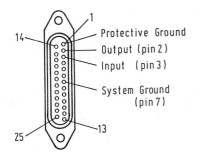

Bild 11.27 25poliger Trapezstecker für V.24 mit Minimalkonfiguration

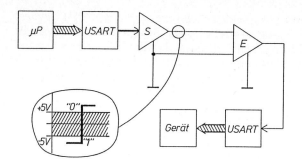

Bild 11.28

Prinzip der V.24/V.28-Übertragung

USART: *Universal Synchronous/*
Asynchronous
Receiver/Transmitter;

S: *Sender;* E: *Empfänger*

– Es wird erdsymmetrisch (*unbalanced*) mit einseitig geerdetem Rückleiter (*single-ended*) gearbeitet (**Bild 11.28**), was hohe Störanfälligkeit bedeutet. Galvanische Trennung ist wegen der Erdsymmetrie wirkungslos. Auch teure Koaxialkabel können nicht alle Störungen abschirmen.
– Die V.28-Elektrik ist nicht TTL-kompatibel, weil ±15 V bereitstehen müssen.

● *V.11-Schnittstelle* Eine erhebliche Verbesserung der Schnittstelleneigenschaften ergibt sich durch symmetrische Ankopplung (*balanced*) mit Differentialempfänger (*differential;* **Bild 11.29**), wie sie bei der Schnittstellenfestlegung nach V.11 bzw. RS-422 verwendet wird. Dieser neue Standard (DIN 66 259 Teil 3 und 66 258 Teil 2) gewährleistet hohe Störsicherheit, weil nur Spannungsdifferenzen ausgewertet werden und galvanische Trennung wieder einen Sinn machen. Weitere Vorteile:

– Versorgungsspannung nur 5 Volt (bei V.24 ±15 V);
– hohe Eingangsempfindlichkeit von ±300 mV;
– preiswerte verdrillte Leitungen (*twisted pairs*) bis etwa 1 km verwendbar;
– Übertragungsgeschwindigkeit bis etwa 10 Mbit/s möglich.

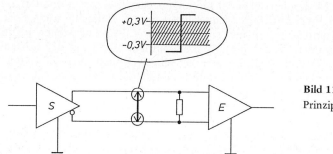

Bild 11.29

Prinzip der V.11-Übertragung

● *Serieller Bus* Die Spezifikationen von CCITT V.11 sind für Mehrpunkt-Verbindungen (Bus) durch ISO 8482 bzw. EIA RS-485 erweitert worden. Die diesen Normen entsprechenden Schnittstellen sind bei Punkt-zu-Punkt-Verbindungen kompatibel mit V.11. Mit den elektrischen Eigenschaften nach RS-485 ist es möglich, einen störunempfindlichen „Low-cost-Bus" für hohe Geschwindigkeiten (1 MBit/s) und

2-Draht-Übertragung

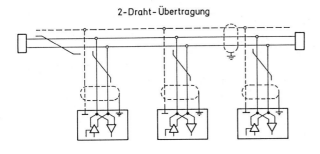

4-Draht-Übertragung

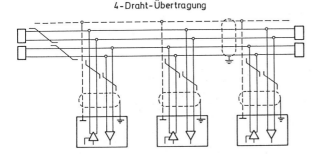

Bild 11.30
Schaltungsmöglichkeiten für
serielle Busse
(DIN 66 348 Teil 2)

gleichzeitig relativ große Entfernungen (500 m) aufzubauen. Es sind bis zu 32 Teilnehmer vorgesehen, die in Form einer Zweidraht- oder Vierdraht-Anordnung zusammenarbeiten können (**Bild 11.30**). Die jeweils nicht aktiven Sender sind hochohmig zu schalten. Es werden verdrillte Leitungen (*twisted pairs*) benutzt.

● *Übermittlungsprotokoll* Während die V.24- bzw. RS-232-Schnittstelle ein typisches Beispiel für Hardware-Steuerung mit Hilfe von Steuerleitungen darstellt, sind die Schnittstellen nach RS-422 und RS-485 Software-gesteuert. Das bedeutet, es werden unter Benutzung von ASCII-Codezeichen (Übertragungssteuerungszeichen) *Protokolle* definiert, die für die ordnungsgemäße Abwicklung der Kommunikation zu sorgen haben. Als Beispiel ist mit **Tabelle 11.3** ein Protokoll für die Meßwertübertragung wiedergegeben [40].

11.5 Netze

In ISO-Arbeitspapieren kann man lesen: „Ein lokales Rechnernetz (*Local Area Network*, LAN) ist ein Netzwerk für bitserielle Kommunikation von Informationen zwischen aneinander angeschlossenen, voneinander unabhängigen Geräten. Es unterliegt völlig der Benutzerverantwortung und ist in seiner Ausdehnung i. a. auf ein Grundstück begrenzt". **Bild 11.31** zeigt dazu ein paar Beispiele und Zahlen. LANs liegen danach etwa zwischen den im „Meterbereich" angesiedelten langsamen Nebenstellenanlagen (PABX, *Private Automatic Branch Exchange*) sowie den schnellen Multiprozessorkopplungen einerseits und den flächendeckenden Großnetzen (*Wide Area Networks*, WANs) andererseits.

Tabelle 11.3 Protokoll für Punkt-zu-Punkt-Verbindungen nach DIN 66 258 Teil 2 zur Verwendung im eichpflichtigen Verkehr

ENQ (*Enquiry*)	Stationsaufforderung. Dadurch wird die Empfangsstation aufgefordert, eine Rückmeldung zu senden. Adressierung ist möglich.
Ø, ENQ	Sendeaufruf
1, ENQ	Empfangsaufruf
EOT (*End of Transmission*)	Ende der Übertragung. Beendet die Übertragung; Sende- und Empfangsstation gehen in den Ruhezustand über
STX (*Start of Text*)	Anfang des Textes
ETB (*End of Transmission Block*)	Ende eines Datenübertragungsblocks
ETX (*End of Text*)	Beendigung der Zeichenfolge, die mit STX beginnt
NAK (*Negative Acknowledge*)	Negative Rückmeldung der Empfangsstation – wenn sie nach ENQ nicht empfangsbereit ist – wenn die Übertragung fehlerhaft war
DLE 3/Ø DLE 3/1	Numerierte positive Rückmeldung (*Acknowledge*), beginnend mit DLE 3/1 und alternierend mit DLE 3/Ø
DLE 3/12	Unterbrechungsanfrage (RVI, *Reverse Interrupt*). Anstelle von DLE 3/Ø bzw. 3/1 kann DLE 3/12 statt der positiven Rückmeldung als Abbruchaufforderung gesendet werden. Sender antwortet mit EOT
DLE 3/15	Verzögerung der positiven Rückmeldung (WAIT). Bedeutung: Vorübergehend (bis zum Ablauf der Überwachungszeit TØ) nicht empfangsbereit
TØ T1 T2	Empfangsüberwachung Antwortüberwachung (T1 > TØ) Betriebsüberwachung (T1 < T2)

Wiederholungen sind vereinbart in der

– Aufforderungsphase: ENQ wird von der Sendestation mehrmals gesendet; Abbruch mit EOT
– Datenübermittlungsphase: ENQ und Textwiederholungen werden mitgezählt; Abbruch mit EOT.

Für die Fehlerüberwachung sind festgelegt:

– Querprüfung auf gerade Parität gemäß DIN 66 022 Teil 1;
– Blockprüfzeichen BCC nach DIN 66 219 (gerade Parität)

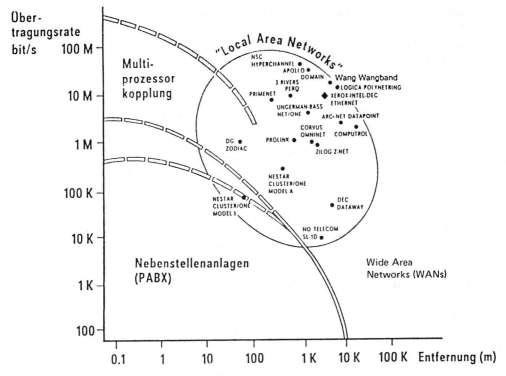

Bild 11.31 Verschiedene Netzsysteme

- **Schichtenmodelle** Bei der LAN-Entwicklung und -Normung besteht Einigkeit darüber, daß ein LAN ein offenes System sein sollte und, demzufolge, Definition und
Beschreibung dem 7-Schichten-Referenzmodell OSI (vgl. 11.2.3) zu folgen hat. Es
muß an dieser Stelle aber angemerkt werden, daß die beiden den weltweiten Com-
putermarkt beherrschenden Hersteller eigene Schichtenmodelle zur Schnittstellen-
bzw. Systembeschreibung haben: IBM nennt es SNA (*Systems Network Architecture*), Digital Equipment Corporation (DEC) benutzt DNA (*Digital Network Architecture*). Als jedoch die Fa. Xerox zusammen mit Intel und DEC (sog. DIX-Gruppe)
den an das ISO-OSI-Referenzmodell angelehnten Ethernet-Entwurf vorstellte, war so
viel „Schwung" in die Szene geraten, daß ernsthafte internationale LAN-Normungs-
bemühungen starten konnten. Die Hauptarbeit liegt beim IEEE und bei der ECMA
(*European Computer Manufacturers Association*).

- **Ethernet** Das von der DIX-Gruppe (s. oben) entwickelte *Ethernet* (Äthernetz)
stellt gewissermaßen das klassische und typische lokale Netz (LAN) dar. Wesentliche Eigenschaften sind:

Topologie:	Bus
Medium:	geschirmtes Koaxialkabel (50 Ohm)
Übertragung:	im Basisband
Datenrate:	10 Mbit/s

Stationen: maximal 1024
Entfernung: zwischen den Stationen max. 2,5 km
Zugriffsverfahren: CSMA/CD (*Carrier Sense Multiple Access/Collision Detection*).
Codierung: Manchester

Zugriffsverfahren und Codierung werden der OSI-Schicht 2 zugeordnet, die anderen Parameter der Schicht 1.

● *Zugriffsverfahren*   Das Ethernet-Zugriffsverfahren (*Access Method*) CSMA/CD zeichnet sich dadurch aus, daß alle Sender und Empfänger am Bus gleichberechtigt sind und der Zugriff auf das Übertragungsmedium zu jedem beliebigen Zeitpunkt versucht werden kann. Jeder zugriffswillige Sender wartet, bis auf der Leitung Ruhe herrscht (*Carrier Sense*) und setzt dann seine Daten ab. Danach zieht er sich aber nicht zurück, sondern überwacht die Leitung während der Laufzeit seines Datenpakets daraufhin, ob es mit dem eines anderen Senders kollidiert (*Collision Detection*). Im Kollisionsfall bricht der Sender ab und startet nach einer stastistich festgelegten Wartezeit einen erneuten Übertragungsversuch usw.

● *Token-Passing*   Als wesentliche Alternative zum CSMA-Verfahren ist das sogenannte „Token-Passing" anzusehen. Dabei wird jedem Datenpaket ein Kennungssignal (*Token*) mitgegeben. Kommt solch ein Paket (Nachrichtenrahmen, *Message Frame*) an einem Gerät, das Daten senden möchte, vorbei und wird seine Kennung als „frei" identifiziert (Kennbit auf log. 0), dann schaltet das Gerät diese Kennung auf 1 („besetzt"), fügt die Ziel- und Absenderadresse sowie die zu übertragenden Daten zu und schickt dieses fertig „assemblierte" Paket weiter. Jede Station prüft das Paket und gibt es anschließend weiter, wobei natürlich die adressierte Station erst die gesendeten Daten übernimmt. Das geht im „Token Ring" so lange, bis der ursprüngliche Absender das Paket zurückerhält, Erkannt wird dies an der eigenen Absenderadresse. Ist der zurückgelangte Rahmen nach Überprüfung als fehlerfrei erkannt, wird das Kennbit wieder auf log. 0 (Freikennung) gesetzt; der Rahmen läuft zur Weiterverwendung an den nächsten Teilnehmer usw.

● *Postnetze*   Sind die Daten über große Entfernungen zu übertragen, müssen in der Regel Postnetze in Anspruch genommen werden (vgl. WAN in Bild 11.31). Derzeit werden noch mehrere Netze nebeneinander betrieben. Es sind dies vor allem:

– das analoge Fernsprechnetz, für digitale Daten über Modems zugänglich,
– das digitale integrierte Text- und Datennetz der Bundespost (IDN) mit 64 kbit/s (fest geschaltet), aber auch im Wählverkehr Datex-L 64000,
– Schmalband-ISDN mit 64 kbit/s.

Das „Dienstintegrierte digitale Netz" (Schmalband-ISDN, *Integrated Services Digital Network*) wird längerfristig in das sog. Breitband-ISDN münden (**Bild 11.32**). Verwendete (bzw. geforderte) Schnittstellen und Verfahren sind in CCITT-Normen und Postvorschriften beschrieben. Die CCITT-V.-Serie deckt die Schnittstellen für den Zugang zum analogen Fernsprechnetz ab. Die X.-Serie ist den digitalen Netzen zugeordnet (z. B. Datex-P (Paketvermittlung) mit Schnittstelle X.25). Für Fax, Telefax usw. gilt Serie S.

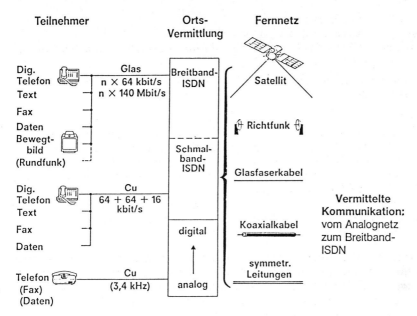

Bild 11.32 Teilnehmerklassen und Übertragungsmedien (Siemens-Bild)

Teil 3
Software

Ein EDV-System setzt sich notwendigerweise zusammen aus *Hardware* und *Software*. Erst wenn diese beiden Teile zusammenkommen, kann das System sinnvoll und selbsttätig Probleme lösen. Die Software — das sind alle Programme, die der Benutzer schreibt, und sämtliche System- und Organisationsprogramme, die der Hersteller mitliefert, das Betriebssystem. Das sind aber auch die organisatorischen Vorarbeiten wie *Problemanalyse* (Erkennen und systematisches Zerlegen des Problems), *Ist-Aufnahme* (Bestandsaufnahme), Ermittlung des *Datenflusses* und Erstellung eines *Programmablaufplans*. Schließlich gehören dazu die *Programmiersprachen*.

12 Problemanalyse und Programmbeschreibung

12.1 Problemanalyse

Ausgangspunkt der Datenverarbeitung ist die Problemanalyse. D. h., es ist das vorgegebene Problem zu erkennen, aufzugliedern und in logische Schritte zu zerlegen. Das Ergebnis wird eine Beschreibung der *Aufgabenstellung* sein, eine Beschreibung des *Soll-Zustands*. Dies geschieht bereits so, daß es den Erfordernissen der maschinellen Datenverarbeitung entspricht, nämlich in Stichworten und knappen Befehlssätzen.

- *Ist-Aufnahme* Als zweiter Schritt folgt die *Ist-Aufnahme*. Dabei sind Aufgaben zu lösen wie:

> Ermittlung der *Quelldaten*, d. h. feststellen, welche Daten in welcher Form vorliegen. Festlegen, welche Ergebnisse zu erzielen sind (Sekundär- und Primärinformationen). Klären, mit welcher Genauigkeit und in welcher Form diese Ergebnisse benötigt werden (auf z. B. Magnetband oder als Ausdruck). Herausfinden, welche organisatorischen Hilfsmittel zur Verfügung stehen. Feststellen, welche Möglichkeiten die zur Verfügung stehende EDV-Anlage besitzt (Kapazität, Verarbeitsgeschwindigkeit, Anzahl und Art der möglichen Operationen, Ein- und Ausgabemedien usw.).

- *Datenfluß* Ein weiterer Schritt, der noch zur Ist-Aufnahme zu rechnen ist, wird die *Ermittlung des Datenflusses* sein. Ausgehend von den Quelldaten ist erstens — und wie oben bereits erwähnt — festzustellen, welche Daten in welcher Form vorliegen.

Falls diese Daten in einem Betriebsablauf an verschiedenen Stellen anfallen oder gar selbst eine Funktion des Ablaufs sind — wie z. B. in einem Ersatzteillager, in Groß-märkten, Apotheken oder ganz allgemein bei einem Produktionsprozeß —, müssen der Datenfluß in Zusammenhang mit den einzelnen Arbeitsphasen und die *Daten-Frequenz* ermittelt werden, also die Häufigkeit der anfallenden Daten an den ver-schiedenen Stellen gemessen werden.

- *Off-line; On-line* Von erheblicher Bedeutung bezüglich der Möglichkeiten der zur Verfügung stehenden EDV-Anlage ist, ob die zu verrechnenden Daten am Entste-hungsort gesammelt und zeitlich sowie örtlich getrennt verarbeitet werden können (*Off-line*-Betrieb), oder ob an einer oder mehreren Stellen Daten direkt in den Rech-ner gegeben und sofort verarbeitet werden müssen, weil evtl. das Ergebnis den un-mittelbar folgenden Arbeitsprozeß steuern soll (*On-line*-Betrieb oder sogar Echtzeit-Verarbeitung, *Real-Time Processing*).

> Damit sind zwei prinzipiell unterschiedliche Arten der Datenverarbeitung an-gesprochen, die auch *indirekte* (off-line) bzw. *direkte* (on-line) Verarbeitung genannt werden.

- *Indirekte DV* Bei indirekter Datenverarbeitung (*off-line*) sind Datenerfassung und Verarbeitung getrennte Vorgänge. Die Quelldaten werden am Entstehungsort auf einem für die maschinelle Eingabe geeigneten Datenträger gesammelt — z. B. Magnet-band, Magnetband-Kassette, Magnetplatte. Nach dieser Datenerfassung gelangen sie manuell (Bote, Post etc.) oder über Kommunikationswege z. B. der Post drahtlos bzw. drahtgebunden zur EDV-Anlage, wo sie unabhängig vom Datenerfassungsprozeß verarbeitet werden. Dieser Off-line-Betrieb ist in der Regel einfach und ohne speziel-len technischen Aufwand auszuführen.

- *Direkte DV* Aufwendiger ist die direkte Datenverarbeitung (*on-line*), bei der die Trennung zwischen den Bereichen Datenerfassung und Datenverarbeitung entfällt. Es ist zwar eine räumliche Trennung erlaubt, aber sämtliche erfaßten Daten müssen sofort (direkt) in die EDV-Anlage gelangen, dort unmittelbar verarbeitet und um-gehend die Ergebnisse ausgegeben werden. Idealerweise sollte dieser Zyklus abge-schlossen sein, bevor der nächste Datensatz ansteht. Daher auch die Bezeichnung *Echtzeitverarbeitung (real-time-processing)*.

- *Wirtschaftlichkeit* Bei Berücksichtigung aller genannten (und weiterer) Aufgaben und Zusammenhänge im Rahmen der Problemanalyse muß immer neben der Grund-frage: „Was wird gewünscht?" die Überlegung stehen, was zu vertretbaren Kosten möglich ist. Diese Frage nach der Wirtschaftlichkeit hat in der Regel Vorrang; denn es ist nicht akzeptabel, automatische Datenverarbeitung einzuführen, die mehr Kosten verursacht als durch die Umstellung auf EDV eingespart wird.

12.2 Programmentwicklung

Nach Abschluß der Problemanalyse, die in knappen Sätzen und Stichworten eine Beschreibung des Soll-Zustands, der Ist-Aufnahme und des Datenflusses erbrachte, steht die Erarbeitung einer verbalen Programmbeschreibung. Ausgehend von den ermittelten Ein- und Ausgabedaten und dem vorhandenen *Dateiaufbau* (der Daten-struktur) werden ein *Datenflußplan* und ein *Programmablaufplan* erstellt. Aus diesen

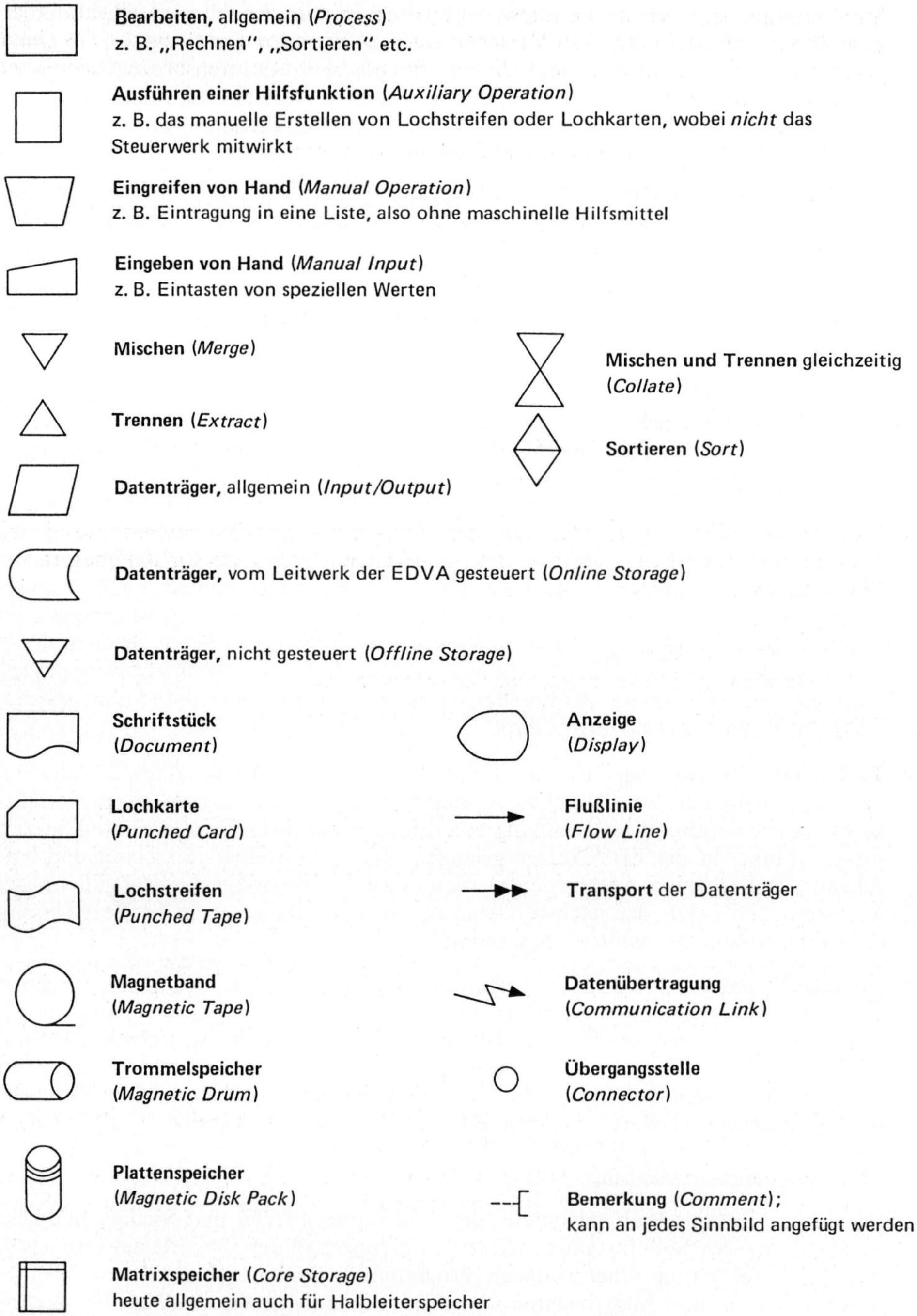

Bearbeiten, allgemein (*Process*)
z. B. „Rechnen", „Sortieren" etc.

Ausführen einer Hilfsfunktion (*Auxiliary Operation*)
z. B. das manuelle Erstellen von Lochstreifen oder Lochkarten, wobei *nicht* das
Steuerwerk mitwirkt

Eingreifen von Hand (*Manual Operation*)
z. B. Eintragung in eine Liste, also ohne maschinelle Hilfsmittel

Eingeben von Hand (*Manual Input*)
z. B. Eintasten von speziellen Werten

Mischen (*Merge*)

Trennen (*Extract*)

Datenträger, allgemein (*Input/Output*)

Mischen und Trennen gleichzeitig
(*Collate*)

Sortieren (*Sort*)

Datenträger, vom Leitwerk der EDVA gesteuert (*Online Storage*)

Datenträger, nicht gesteuert (*Offline Storage*)

Schriftstück
(*Document*)

Anzeige
(*Display*)

Lochkarte
(*Punched Card*)

Flußlinie
(*Flow Line*)

Lochstreifen
(*Punched Tape*)

Transport der Datenträger

Magnetband
(*Magnetic Tape*)

Datenübertragung
(*Communication Link*)

Trommelspeicher
(*Magnetic Drum*)

Übergangsstelle
(*Connector*)

Plattenspeicher
(*Magnetic Disk Pack*)

Bemerkung (*Comment*);
kann an jedes Sinnbild angefügt werden

Matrixspeicher (*Core Storage*)
heute allgemein auch für Halbleiterspeicher

Bild 12.1 Sinnbilder für Datenflußpläne mit Erläuterungen (nach DIN 66 001)

Blockdiagrammen, mit denen die verbalen Programmbeschreibungen graphisch dargestellt sind, entsteht der *Soll-Vorschlag* für das Programm und daraus das *Quellprogramm*. Diese Aufgaben und die Systematik dahinter werden *Software-Engineering* genannt [41].

12.2.1 Sinnbilder für Datenfluß- und Programmablaufpläne

Zur Gestaltung von Datenfluß- und Programmablaufplänen sind einheitliche Sinnbilder festgelegt und auf Zeichenschablonen dargestellt worden. In Deutschland findet man eine vollständige Liste in DIN 66 001.

● *Datenfluß* Datenflußpläne stellen den vollständigen Fluß aller Daten durch ein datenverarbeitendes System dar. Sie bestehen i. a. aus Sinnbildern für

> das Bearbeiten,
> die Datenträger,
> die Flußrichtungen,
> Übergangsstellen und Bemerkungen.

Bild 12.1 zeigt die Sinnbilder und erläutert sie.

● *Programmablauf* Programmablaufpläne beschreiben den Operationsablauf innerhalb des datenverarbeitenden Systems in Abhängigkeit von den vorhandenen Daten. Sie bestehen i. a. aus Sinnbildern für

> die Operationen,
> Eingabe und Ausgabe,
> Ablauflinien, Gliederungen und Bemerkungen.

Bild 12.2 zeigt diese Sinnbilder und Erklärungen.

12.2.2 Datenflußplan

Der Datenflußplan ist eine graphische Übersicht über die einzelnen Stationen aller Daten von ihrer Entstehung, Erfassung, Eingabe und Verarbeitung bis hin zur Ausgabe des gewünschten Ergebnisses. In diesem Plan wird noch nichts über die Art der Verarbeitung gesagt, sondern es werden die Wege der Daten beschrieben und Einsatzorte sowie Umfang von maschinellen und organisatorischen Hilfsmitteln angegeben.

● *Dateiaufbau*   In diesem Zusammenhang sollte der Aufbau üblicher *Datenstrukturen*, der *Dateiaufbau*, bekannt sein, wie er beispielhaft in **Bild 12.3** dargestellt ist.

Die kleinste binäre Informationseinheit ist das **Bit**. Alle weiteren Datenstrukturen bauen darauf auf.

Aus acht Bits zusammengesetzt ist das **Byte**. Die Byte-Struktur ist in den meisten EDV-Anlagen zu finden. In Form der *gepackten Darstellung* sind in jedem Byte zwei Tetraden zur numerischen Verarbeitung enthalten.

Ein **Wort** enthält mehr als acht Bits, wobei Vielfache des Byte vorherrschen. So sind Worte mit 2- oder auch 4-Byte-Struktur gebräuchlich, oft auch ein Doppelwort, bestehend aus 8 Bytes. Manchmal findet man auch Wortlängen, die nicht der Achterstruktur entsprechen — z. B. 10, 12, 18, 20 Bits. Dominierend sind heute jedoch 16- und 32-Bit-Worte.

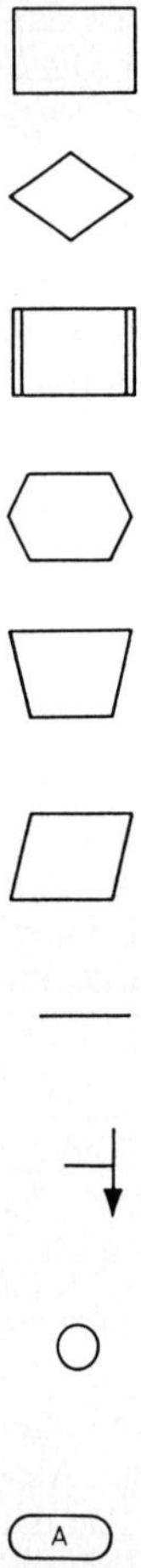

Operation, allgemein (*Process*)

Verzweigung (*Decision*)

Unterprogramm (*Predefined Process*)
hier können mehrere Ein- und Ausgänge vorhanden sein

Programmodifikation (*Preparation*)

Operation von Hand (*Manual Operation*)
z. B. Bandwechsel

Eingabe, Ausgabe (*Input/Output* = I/0)
ob manuell oder maschinell muß aus der Beschriftung hervorgehen

Ablauflinie (*Flow Line*)

Zusammenführung (*Junction*)
Ausgang mit Pfeil; zwei sich kreuzende Linien bedeuten *keine* Zusammenführung

Übergangsstelle (*Connector*)
Übergang kann von mehreren Stellen aus, aber nur zu einer hin erfolgen

Grenzstelle (*Terminal, Interrupt*)
für A z. B.: „Beginn", „Ende" etc.

Bild 12.2 Sinnbilder für Programmablaufpläne mit Erläuterungen (nach DIN 66 001)

Innerhalb der Datenstruktur werden Bytes oder/und Worte zu einem **Satz** zusammengestellt. Vorangestellt wird ein *Satzformat*, in dem Satzlängen und Reihenfolge der Satzbestandteile vereinbart werden können.

Mehrere Sätze werden zu einer **Datei** vereinigt. Die englische Bezeichnung dafür ist *File*. In einem *Dateietikett* (besonderer Satz) können vor und/oder nach der Datei Angaben über Inhalt und Organisation gemacht werden.

Eine Sammlung von Dateien wird **Bibliothek** genannt. In einer besonderen Datei — dem Katalog — kann ein Inhaltsverzeichnis abgelegt sein.

Etwas losgelöst von dieser Struktur und gewissermaßen übergeordnet kann eine **Datenbank** angesehen werden. Der Aufbau kann der einer Datei oder Bibliothek entsprechen, kann aber auch eine wesentlich komplexere Datenstruktur darstellen.

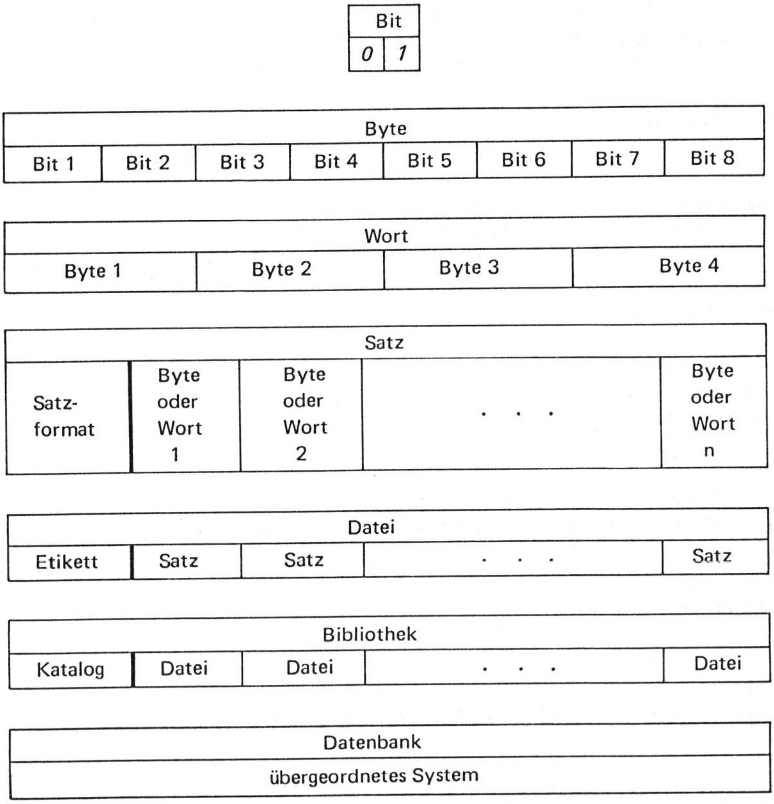

Bit
0	1

Byte							
Bit 1	Bit 2	Bit 3	Bit 4	Bit 5	Bit 6	Bit 7	Bit 8

Wort			
Byte 1	Byte 2	Byte 3	Byte 4

Satz				
Satz-format	Byte oder Wort 1	Byte oder Wort 2	. . .	Byte oder Wort n

Datei				
Etikett	Satz	Satz	. . .	Satz

Bibliothek				
Katalog	Datei	Datei	. . .	Datei

Datenbank
übergeordnetes System

Bild 12.3 Dateiaufbau

- **Datenstruktur**   Bei der Aufstellung eines Datenflußplans muß man klären, wie die vorliegende Datei oder Datenbank strukturiert und welcherart die Datenstruktur der EDV-Anlage ist. Idealerweise sollten beide Strukturen übereinstimmen.

- **Beispiel Ersatzteillager**   Als Beispiel ist mit **Bild 12.4** der Datenfluß innerhalb eines Ersatzteillagers für elektronische Bauteile analysiert. Natürlich läßt sich dieser Datenflußplan auch auf andere Branchen übertragen. Jeder kennt oder benutzt heute die diversen Großversandhäuser. Ebenso sind Einzelhändler und vor allem Apotheken an Zentralläger angeschlossen. In der Elektronik-Branche sind zahlreiche sogenannte *Distributoren* auf dem Markt, bei denen man aus einem großen Bau- und Ersatzteile-Sortiment schnell und sicher bestellen kann. Liegt eine Bestellung beim *Distributor* vor (oben links im Datenflußplan), wird zunächst anhand einer Kartei geprüft, ob es sich um einen neuen Teilnehmer handelt (Mischen und gleichzeitiges Trennen der Quelldaten). Die Bestellungen bekannter Kunden werden in Ersatzteilekarten gelocht. In einem Seitenzweig werden neue Teilnehmer geprüft und bei Unbedenklichkeit ebenfalls Ersatzteilekarten gelocht. Gleichzeitig werden Anschriftskarten des neuen Teilnehmers gelocht. Damit ist die Ebene 1 erledigt.

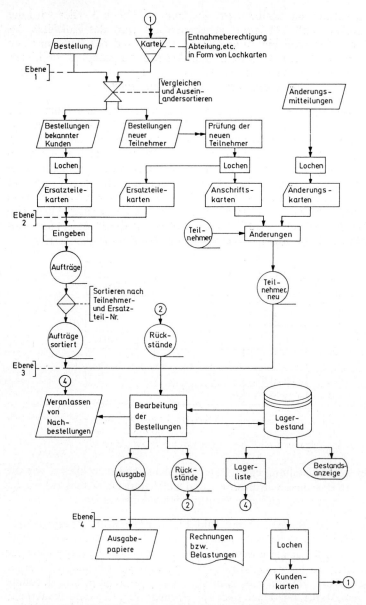

Bild 12.4 Datenflußplan für ein Elektronik-Ersatzteillager (älteres Beispiel)

In Ebene 2 stehen nun maschinell lesbare Angaben zur Verfügung. Zuerst werden auf einem Computerband sämtliche Bestellungen gesammelt, nach Teilnehmer und Ersatzteil sortiert und erneut auf Computerband gespeichert. Parallel dazu wird das Magnetband mit den noch nicht erledigten Bestellungen (Rückstände) aufgelegt. In einem dritten Zweig wird ein Magnetband mit den Teilnehmerangaben bereitgestellt.

Die eigentliche Bearbeitung der Bestellungen geschieht in Ebene 3. Hier wird der Lagerbestand kontrolliert und korrigiert; gegebenenfalls wird das Auffüllen des Lagers veranlaßt. Weiterhin wird ein Ausgabeband erstellt und das Band mit den Rückständen geändert. In Ebene 4 werden abschließend Ausgabepapiere (Lieferscheine) und Rechnungen geschrieben. Außerdem werden neue Kundenkarten gelocht, um die Kundenkartei auf einen aktuellen Stand zu bringen.

- **Maschinell lesbare Warenkarten** Ein interessanter Fall sei hier angeführt. Viele Apotheken arbeiten mit Warenkarten, wie eine in **Bild 12.5** im Maßstab 1 : 1 gezeigt ist. Diese Karten sind *visuell* und *maschinell* lesbar (in der unteren Hälfte gelocht); sie werden mit den zugehörigen Tabletten etc. dem Apothekenfach entnommen und entweder direkt in einen entsprechenden Kartenleser gesteckt oder zum Großlager geschickt. Dadurch wird automatisch die Nachbestellung und Anlieferung der ausgegebenen Medikamente veranlaßt. Interessant im Zusammenhang mit dem Datenflußplan des Bildes 12.4 ist, daß das Großlager erst in der zweiten Ebene einsetzen muß, weil bereits die maschinell lesbaren „Ersatzteilkarten" angeliefert werden. Moderne Nachfolger dieser Kleinlochkarten verwenden z. B. Magnetstreifen.

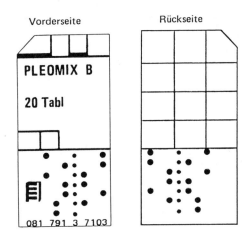

Vorderseite   Rückseite

PLEOMIX B

20 Tabl

081 791 3 7103

Bild 12.5
Visuell und maschinell lesbare Warenkarte im Maßstab 1 : 1, wie sie in Apotheken zur automatischen Nachbestellung ausgegebener Medikamente verwendet wird

12.2.3 Programmablaufplan

Nach Ermittlung des vollständigen Datenflusses folgt die Erstellung des Programmablaufplans. Dabei wird in der Regel mit verschiedenen Möglichkeiten experimentiert, um zu einer optimalen Lösung zu gelangen. Der endgültige Programmablaufplan dient als Grundlage für die Programmierung der EDV-Anlage. Daraus ergibt sich der *Soll-Vorschlag*, aus dem das *Quellprogramm* und schließlich das Benutzerprogramm übersetzt werden.

- **Unterprogramme** Der Programmablaufplan beschreibt den maschinellen Datenverarbeitungsvorgang. Jedes der verwendeten Symbole entspricht einem Programmbefehl, mitunter aber auch einer Befehlsfolge oder einem ganzen *Unterprogramm*. Darunter versteht man folgendes:

> Ein *Unterprogramm* ist ein vom Hauptprogramm abgetrennter Teil, der vom zugehörigen Hauptprogramm mit *einem* Befehl aufgerufen wird.

Gründe für die Bildung von Unterprogrammen sind:

1. Umfangreiche Programme können in einzelnen Teilen programmiert und getestet werden, wodurch ein Baukastensystem („modularer Programmaufbau") möglich wird, was sehr zeitsparend ist, weil Fehler in einem kurzen Programmteil leichter gefunden werden.
2. Mehrmals auftretende Programmteile müssen nur einmal programmiert werden und lassen sich immer wieder vom Hauptprogramm zur Verarbeitung heranziehen.
3. Wenn in verschiedenen Programmen gleiche Teilabschnitte auftreten, kann man diese Teile nur einmal programmieren und bei Bedarf aufrufen. Eine Bibliothek (*Library*) von häufiger gebrauchten Unterprogrammen kann angelegt werden.

● *Beispiel mit Unterprogrammen*   Tatsächlich lebt der Rechenbetrieb an großen EDV-Anlagen von vorhandenen Unterprogramm-Bibliotheken und von selbst entwickelten Unterprogrammen der einzelnen Benutzer. Ein Beispiel dafür, wie weit die Zerlegung in Unterprogramme (*Procedures* bzw. *Subroutines*) gehen kann, ist mit dem in **Bild 12.6** abgedruckten ALGOL-Programm angegeben. Aus der in **Bild 12.7** angegebenen Struktur dieses Programms erkennt man, daß das Hauptprogramm aus nur einem Befehl besteht, nämlich aus dem Aufrufen des Unterprogramms ZEROS. In diesem Unterprogramm 3 werden die beiden anderen Unterprogramme DET und ZERO aufgerufen.

● *Datenflußplan/Programmablaufplan*   Zum Abschluß dieses Abschnitts sei mit **Bild 12.8** ein Programmablaufplan angegeben, der die einzelnen Schritte innerhalb der dritten Ebene des Datenflußplans, Bild 12.4, beschreibt. Ausgangspunkt ist die Übergangsstelle 3. Die wesentlichen Elemente für solche Diagramme – und damit für das Programmieren – sind:

> 1. **Lineare Anweisungsfolgen.** Darunter versteht man Anweisungen (Programmbefehle), die in direkter Folge nacheinander auszuführen sind. Der Hauptzweig in Bild 12.8 ist bis zur Bestandsanzeige eine lineare Anweisungsfolge, auch *sequentieller Programmteil* genannt.
> 2. **Bedingte Anweisungen.** Aus der Frage, ob der gewünschte Artikel auf Lager ist, entsteht die Notwendigkeit zu einer *logischen Entscheidung*, und es ergibt sich eine *Programmverzweigung*.
> 3. **Schleifen** (Laufanweisungen), entstehen dann, wenn ein gleicher Programmablauf mehrmals zu wiederholen ist.

```
JOB DETAA  539002 , SCHUMNY              RUN BY GEORGE 2/MK8D ON 18/10/71
ALGOLRUN 8000, 0, CRO (PROGRAMM), 1800, 0  CRO(DATEN)
ALGOLCOMP 8000,0,CRO (PROGRAMM), , ,
****
0           'LIST'(LP)
0           'PMD' (ED.ICLF-DEFAULT)
0           'PROGRAM' (ISO)
0           'COMPACT DATA'
0           'INPUT' 10=CRO
0           'OUTPUT' 12=L.0
0           'SPACE' 500
0           'TRACE' 0
0
0
0
1           'BEGIN'
1           'REAL' MY1,MY2,LAM1,LAM2,RO1,RO2,VL1,VL2,VS1,VS2,KH,KHA,DKH,KHE,
      BLOCK     1
1           A,B,SW,F,V,   CC,BET2,BET22,BET4,BET42,
1           HA1,HA2,HA3,HA4,HA5,HA6,HA7,HA8, N1,
1           H1,H2,H3,H4,
1           ALPHA;
1
1           'REAL''PROCEDURE' DET(V,KH)'
      BLOCK     2
3           'REAL'V,KH;
4           'BEGIN'  'INTEGER' SIS,SIR;
4           'REAL' X,Y,Z,W,U,R1,S1,R2,S2,R11,S11,CP,SR,CS,SS,ZI1,ZI2,ET1,ET2;
5           U:=2-V/VS2; W:=2*(MY1/MY2-1); X:=MY1/MY2-V/VS1-W; Y:=V/VS2+W;
10          Z:=X-V/VS2;
11          R1:=V/VL2-1; R2:=SQRT(ABS(1-V/VL1));
13          S1:=V/VS2-1; S2:=SQRT(ABS(1-V/VS1));
15          'IF' V 'GREATER' VL2 'THEN'
15          'BEGIN' R11:=SQRT(R1); SIR:=1;  CP:=COS(R11*KH);  SR:=SIN(R11*KH)
19          'END' 'ELSE' 'BEGIN'
19          R11:=SQRT(-R1); SIR:=-1;
22          CR:=(EXP(R11*KH)+EXP(-R11*KH))/2;
23          SR:=(EXP(R11*KH)-EXP(-R11*KH))/2
23              'END';
24          'IF' V 'GREATER' VS2 'THEN'
24          'BEGIN' S11:=SQRT(S1); SIS:=1;  CS:=COS(S11*KH);  SS:=SIN(S11*KH)
28          'END' 'ELSE' 'BEGIN'
28          S11:=SQRT(-S1); SIS:=-1;
31          CS:=(EXP(S11*KH)+EXP(-S11*KH))/2;
32          SS:=(EXP(S11*KH)-EXP(-S11*KH))/2
32              'END';
33          ZI1:=U*(X*CR+R2/R11*Y*SR)+2*SIS*S11*R2*SS*W-2*Z*CS;
34          ZI2:=U*(CP*W*2+Z/R11*SR)+2*SIS*S11*SS*X-2*S2*Y*CS;
35          ET1:=U*(CS*W*2+Z/S11*SS)+2*SIR*R11*SR*X-2*R2*Y*CR;
36          ET2:=U*(X*CS+2/S11*Y*SS)+2*SIR*R11*S2*W*SR-2*Z*CR;
37          DET:=ZI1*ET2-ZI2*ET1
37          'END' DET;
37
37          'REAL'  'PROCEDURE' ZERO(X,A,B,FX,RE,AE);
      BLOCK     3
39          'VALUE' A,B,RE,AE;   'REAL' X,A,B,FX,RE,AE;
41          'BEGIN'  'REAL' C,FA,FB,FC;
41          'INTEGER' N;  N:=0;
44               X:=A; FA:=FX; X:=B; FB:=FX;
48               'GO TO' ENTRY;
49          ANFANG; 'IF' ABS(A-B) 'NOT GREATER' FA 'THEN' A:=B+SIGN(C-B)*FA;
50               'IF' SIGN(A-X) 'EQUAL' SIGN(B-A) 'THEN' X:=A;
```

Bild 12.6 ALGOL-Programm als Beispiel für die Bildung von Unterprogrammen (*Procedures*)

```
51              A:=B;    FA:=FB;    B:=Y;    FB:=FX;
55              'IF' SIGN(FC) 'EQUAL' SIGN(FB) 'THEN'
55      ENTRY:  'BEGIN' C:=A;  FC:=FA;    'END';
59              'IF' ABS(FB) 'GREATER' ABS(FC) 'THEN' 'BEGIN'
59              A:=B;    FA:=FB;    FB:=FC;  C:=A; FC:=FA 'END';
66          A:='IF' FA 'EQUAL' FB 'THEN' .5*(C+B) 'ELSE' (A*FB-B*FA)/(FB-FA);
67              Y:=(C+B)/2.0;   FA:=ABS(B-FB)*AE;
69              'IF' ABS(Y-B) 'GREATER' FA 'THEN' 'BEGIN'
69      N:=N+1;    'IF' N 'LESS' 30 'THEN' 'GOTO' ANFANG 'ELSE' 'BEGIN'
71      NEWLINE(1);    WRITETEXT('('KEINE LOESUNG Y=')');    PRINT(FX,0,5);
75      NEWLINE(1);    'END';    'END' ABFRAGE;
78      WRITETEXT('('Y=')');          PRINT(A,0,3);
80      WRITETEXT('('N=')');          PRINT(N+1,2,0);
82      WRITETEXT('('FX=')');         PRINT(FX,0,3);
84              ZERO:=X:=A;
85      'END' ZERO;
85
85      'PROCEDURE' ZEROS(X,A,B,SW,FX,E);
BLOCK   4
87      'VALUE' A,B,SW,E;     'REAL' X,A,B,SW,FX,E;
89      'BEGIN' 'REAL' F1,F2;      X:=A;    F1:=FX;
92              'FOR' A:=A+SW 'STEP' SW 'UNTIL' B 'DO'
93              'BEGIN'  X:=A;    F2:=FX;
96                      'IF' F1*SIGN(F2) 'LESS' 0.0 'THEN'
96                      'BEGIN' X:=ZERO(X,A-SW,A,FX,E,E);
98                      WRITETEXT('('V=')');    PRINT(SQRT(Y),0,3);
100     NEWLINE(1);
101                     'END';
102                     F1:=F2;
103             'END';
104     'END' ZEROS;
104
104
104     SELECTINPUT(10);
106     SELECTOUTPUT(12);
107
107
107     MY1:=READ;  LAM1:=READ;  RO1:=READ;  MY2:=READ;  LAM2:=READ;  RO2:=READ;
113     A:=READ;    B:=READ;    SW:=READ;    E:=READ;
117     KHA:=READ;  DKH:=READ;  KHE:=READ;
120
120     VL1:=(LAM1+2*MY1)/RO1;   VS1:=MY1/RO1;
122     VL2:=(LAM2+2*MY2)/RO2;   VS2:=MY2/RO2;
124     CC:=LAM2+2*MY2;
125
125     WRITETEXT('('VL1=')');        PRINT(VL1,0,3);
127     WRITETEXT('('VL2=')');        PRINT(VL2,0,3);
129     WRITETEXT('('VS1=')');        PRINT(VS1,0,3);
131     WRITETEXT('('VS2=')');        PRINT(VS2,0,3);
133     NEWLINE(2);
134
134     'FOR' KH:=KHA 'STEP' DKH 'UNTIL' KHE 'DO'
135     'BEGIN'
135        NEWLINE(1);
137     WRITETEXT('('KH')');          PRINT(KH,0,1);
139     NEWLINE(1);
140
140     ZEROS(V,A,B,SW,DET(V,KH),E);
141
141     'END' KH;
162     'END' PROGRAMM;
```

Bild 12.6 Fortsetzung

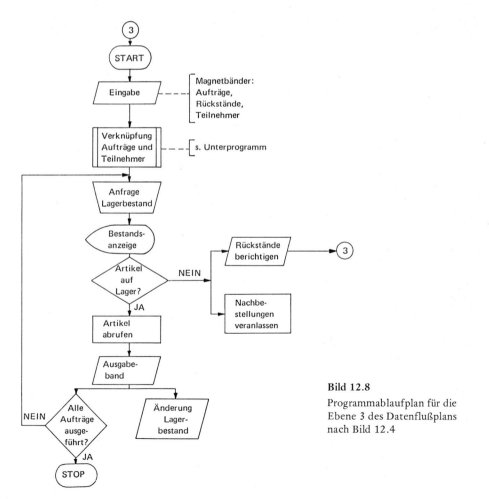

```
        'BEGIN'  (Rahmenprogramm)

Unter-      ┌ 'REAL' 'PROCEDURE' DET (V, KH);
programm    │      .
1           │      .
            └ 'END' DET;

Unter-      ┌ 'REAL' 'PROCEDURE' ZERO (X, A, B, FX, RE, AE);
programm    │      .
2           │      .
            └ 'END' ZERO;

Unter-      ┌ 'PROCEDURE' ZEROS (X, A, B, SW, FX, E);
programm    │      .
3           │      .
            └ 'END' ZEROS;

                ┌ 'BEGIN' (Hauptprogramm KH)
Hauptprogramm   │ ZEROS (V, A, B, SW, DET (V, KH), E);
                └ 'END' KH;

        'END' PROGRAMM;
```

Bild 12.7
Struktur des ALGOL-Programms
aus Bild 12.6

Bild 12.8
Programmablaufplan für die
Ebene 3 des Datenflußplans
nach Bild 12.4

12.3 Software-Engineering

Die Anwendung systematischer Methoden zur Software-Entwicklung (also Programmierung) nennt man *Software-Engineering*. Als wichtige Methoden sind in [41] genannt (und besprochen):

- HIPO (*Hierarchy plus Input Process Output*)
- Entscheidungstabellen nach DIN 66 241
- Programmablaufpläne nach DIN 66 001
- Struktogramme nach *Nassi/Shneiderman*
- Petri-Netze
- Datenflußpläne nach DIN 66 001
- Rechnerunterstützte Software-Herstellung (*Software-Tools*).

Programmablauf- und Datenflußpläne nach DIN 66 001 haben wir in 12.2 vorgestellt. Nachfolgend sollen die anderen Methoden angedeutet und Struktogramme mit Beispielen erklärt werden.

- *HIPO* Das Verfahren HIPO (*Hierarchy plus Input Process Output*) orientiert sich am allgemeinen Datenverarbeitungsschema, das im einfachsten Fall wie folgt beschrieben werden kann:

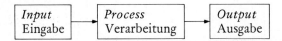

Nach den Anfangsbuchstaben nennt man dieses Schema IPO oder auch EVA. Wird bei der Problemanalyse und Programmbeschreibung eine hierarchische Strukturierung vom Allgemeinen zum Speziellen befolgt (man spricht dann auch von *Top-down-Methode*), ist HIPO vollständig. Der Entwurf mit HIPO beginnt bei der Aufstellung der hierarchisch gegliederten Inhaltsübersicht. Danach wird daraus ein IPO-Übersichtsdiagramm abgeleitet und bei Bedarf in Unterdiagrammen verfeinert. Darin wird schließlich der Daten- und Steuerfluß eingezeichnet. Das endgültige Programm entsteht sozusagen durch ,,Abschreiben''.

- *Entscheidungstabelle* Die Benutzung von Entscheidungstabellen nach DIN 66 241 geht davon aus, daß Problemlösungen als Reihen von Entscheidungen für bestimmte Aktionen aufgefaßt werden können. Es werden damit die Voraussetzungen (Bedingungen: ,,Wenn'') fixiert, unter denen bestimmte Maßnahmen (Aktionen: ,,Dann'') zu ergreifen sind. Entscheidungstabellen gliedern sich darum auch in diese beiden Teile (**Bild 12.9**).

- *Wenn/Dann* Bei der Aufstellung werden im ,,Wenn''-Teil alle Bedingungen aufgelistet, die Regeln werden in den Regelteil als Ja-/Nein-Entscheidungen eingetragen. Daraufhin sind die entsprechenden Aktionen im ,,Dann''-Teil anzukreuzen. **Bild 12.10** erläutert die Vorgehensweise und die Zuordnung am Beispiel einer alltäglichen Übung, nämlich der Überprüfung von Ausgabenplänen und dem Bankkonto. Die gewählten Regeln und Entscheidungen sind subjektiv und können auch ganz anders formuliert sein, zeigen aber gut die Vorgehensweise.

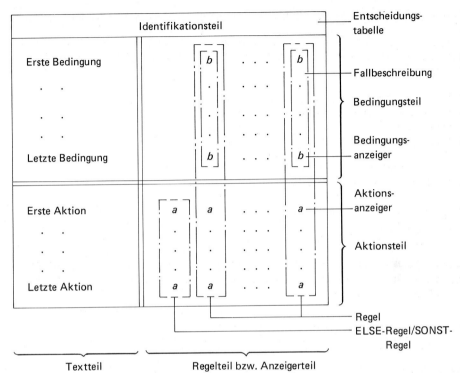

Bild 12.9 Schema einer Entscheidungstabelle nach DIN 66 241

ET Anschaffungen		R1	R2	R3	R4	R5	R6	ELSE
Wenn	B1: Ausgaben geplant	J	N	N	#	#	#	#
	B2: Geld genug	N	J	N	N	N	N	N
	B3: Geld knapp	J	N	J	J	#	#	#
	B4: Konto gefüllt	N	N	N	#	J	N	N
	B5: Konto leer	J	#	J	#	#	J	#
	B6: Konto überzogen	J	J	J	#	#	J	J
Dann	A1: Pläne prüfen	X	—	—	—	—	—	—
	A2: Konto prüfen	X	—	—	—	—	—	—
	A3: nicht abheben	—	X	X	—	—	—	—
	A4: Geld abheben	—	—	—	X	X	X	—
	A5: anderweitig beschaffen	—	—	—	—	—	X	X

Bild 12.10 Beispiel für eine Entscheidungstabelle

● **Entscheidungsregeln** Die in Bild 12.10 benannten Regeln sind nachfolgend angegeben.

Regel 1: Ausgabenplan   → prüfen
Regel 2: Geld genug   → alles klar
Regel 3: Geld knapp   → Plan kürzen oder
Regel 4: Geld knapp   → zur Bank gehen
Regel 5: Konto gefüllt   → Geld abheben
Regel 6: Konto leer   → überziehen
Regel 7: Konto überzogen   → anderweitig Geld beschaffen.

Nach DIN 66241 können im Bedingungteil außer den Ja-/Nein-Entscheidungen (J/N bzw. Y/N) noch verwendet werden:

das Zeichen # wenn die zugehörige Bedingung in dieser Regel nicht definiert ist;
das Zeichen − wenn die zugehörige Bedingung für das Zutreffen der Regel ohne Bedeutung ist.

● **Programmverzweigungen** Programmablauf- und Datenflußpläne (12.2) sind die klassischen graphischen Hilfsmittel zur Beschreibung von Problemen, Algorithmen und Strukturen. Den offensichtlichen Vorzügen der freien Gestaltungsmöglichkeiten und anschaulichen Darstellungen steht ein entscheidender Nachteil gegenüber: Die Freizügigkeit verführt Programmierer dazu, den Programm- bzw. Lösungsablauf an beliebigen Stellen zu verzweigen und an „geeigneten" Stellen wieder zusammenzuführen. Das ergibt in der Regel schnell unübersichtliche, manchmal auch nicht mehr beherrschbare oder fehleranfällige Programme. Man spricht auch von *Spaghetti-Stil*, dessen Ursache vor allem in der die Verzweigungen ermöglichenden GOTO-Anweisung zu sehen ist.

● **Strukturierte Programmierung** Weil als gesichert gilt, daß die Fehlerhäufigkeit eines Programms proportional mit der Anwendung der GOTO-Anweisung steigt, wurden graphische Beschreibungsmethoden und Programmiersprachen entwickelt, deren Ziel es ist, die Sprunganweisung GOTO möglichst zu vermeiden oder gar zu verhindern. Grundsätze für diese strukturierte Programmierung sind:

− *Hierarchische Gliederung* mit der Möglichkeit schrittweiser Verfeinerung;
− Beschränkung der logischen *Strukturelemente* auf sieben (**Bild 12.11**);
− Prinzip der *Zweipoligkeit* bei der Aneinanderreihung der Strukturelemente, d. h. nur je ein Eingang und ein Ausgang erlaubt.

● **Struktogramme** Das graphische Hilfsmittel zur Strukturierung von Problemen und Programmen beruht auf Symbolen von *Nassi* und *Shneiderman* (**Bild 12.12**). Eine mit diesen Symbolen konstruierte Programmbeschreibung nennt man Struktogramm oder *Nassi-Shneiderman-Diagramm*. Ein Beispiel dafür zeigt **Bild 12.13** (Ausschnitt aus einem Programm zur Berechnung von Bewegungsabläufen von Industrierobotern [42]). Eine Besonderheit ist die in Bild 12.13 verwendete Form der Unterprogramm-Darstellung mit dem Symbol ⊃ und dem Programmnamen bzw. der Startadresse. Dieses Symbol ist eigentlich nicht notwendig und auch nicht einheitlich definiert, hat sich aber bewährt und weitgehend durchgesetzt.

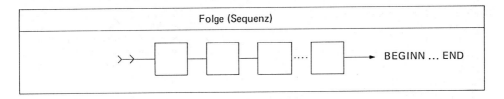

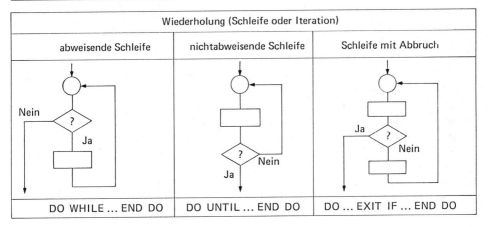

Bild 12.11 Die sieben Strukturelemente für strukturierte Programmierung

Sinnbild	Bedeutung	Erläuterung
Text	*Prozeß* (Aktivität, Operation)	Das Prozeßsinnbild dient zur Darstellung von Befehlen wie z.B.: • Wertzuweisungen • Ein- und Ausgabeanweisungen • Unterprogrammaufrufe Die Form ist rechteckig, die Größe frei wählbar.
Text F T	*Verzweigung* (Entscheidung, Selektion)	Das Verzweigungssinnbild dient zur Darstellung bedingter Verzweigungen mit zwei Alternativen (Ja/Nein-Entscheidung). Die Bedingung (Frage) ist entweder mit NEIN (F: FALSE) oder JA (T: TRUE) zu beantworten. Die Größe des Verzweigungssinnbildes ist von der jeweiligen Anwendung und dessen Erfordernissen abhängig.
Wiederholungsbed. Rumpf	*Wiederholung* (Schleife, Iteration)	Das Wiederholungssinnbild dient zur Darstellung von Schleifen. Eine Verschachtelung von Schleifen ist möglich (weitere Schleifen im Rumpf)
BEGIN Rumpf END	*Anfang und Ende*	Das Anfang- und Ende-Sinnbild dient zur Darstellung des Beginns oder des Endes von Programmen.
Text 1 2 3 4 ... n	*Mehrfachverzweigung* (Schalter)	Das Mehrfachverzweigungssinnbild dient zur Darstellung bedingter Verzweigungen mit mehr als zwei Alternativen. Das obere Dreieck des Sinnbildes enthält die Fallabfrage (Bedingung), d.h. hier wird angegeben, unter welcher Bedingung zu den einzelnen Fällen (1, 2, ..., n) verzweigt wird.
Wiederholungsbed. Rumpf Abbruchbed.	*Schleife mit Abbruchbedingung*	Dieses Sinnbild dient zur Darstellung von Schleifen, die unter bestimmten Bedingungen abzubrechen sind. Es gleicht dem normalen Wiederholungssinnbild mit dem Unterschied, daß im Rumpf die Abbruchbedingung aufgenommen ist.

Bild 12.12 Nassi-Shneiderman-Symbole zur strukturierten Programmierung (Darstellung nach [43])

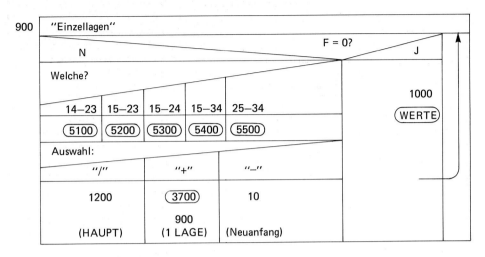

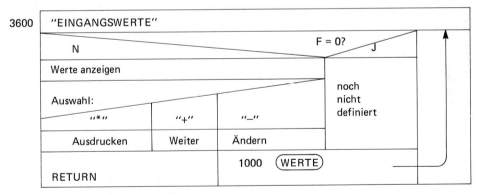

Bild 12.13 Beispiele für Struktogramme (Ausschnitte aus [42])

- *Programmiersprachen* Die Programme zur Berechnung von Bewegungsabläufen (Bild 12.13) sind in der verbreiteten Programmiersprache **BASIC** geschrieben, eine Sprache, die dem Gedanken der Strukturierung geradezu entgegensteht. Da wo möglich, wurden zur graphischen Darstellung trotzdem Struktogramme verwendet. Die ebenfalls gut verbreitete Programmiersprache **Pascal** dagegen unterstützt durch ihren Befehlsvorrat direkt die strukturierte Programmierung, obwohl Sprungbefehle noch

	Symbole	
	Stelle	
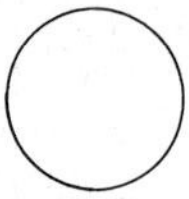 ○	Passives Element, das die Beschaffenheit, den Zustand eines Systems oder die augenblickliche Lage eines Prozesses beschreibt. Sie kann auch die Bedingung angeben, unter der ein Ereignis stattfindet.	
	Transition	
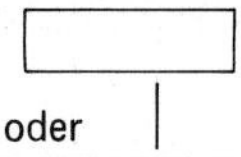 ▭ oder |	Aktives Element, das das Ereignis beschreibt, das den Übergang von einem zum nächsten Zustand bewirkt.	
	Pfeile	
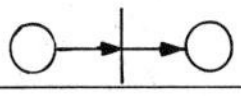 ○—▮—○	Verbinden Stellen mit Transitionen oder Transitionen mit Stellen.	a)

Knoten	statisch	dynamisch
Stelle ○	Bedingungsknoten passives Element Zustand	Bedingungen sind zweiwertig (erfüllt oder nicht erfüllt) Markierung ⊛ Zustände (Bedingungen) vorhanden ohne Anfang und Ende
Transition 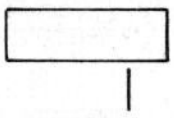 ▭|	Ereignisknoten aktives Element Ereignis	Änderungen von Markierungen Aktivierung (Schalten) findet statt Beginn oder Ende von Zuständen

b)

allg. Graph	 Gabel (*fork*)	 Zusammenführung (Gegengabel; *join*)
	Stelle	
	Verzweigung (*branch*)	Begegnung (Wettbew.) (*meet*)
Petri-	Beim Markenspiel kann nur *ein* Zweig durchlaufen werden	Nur über *einen* Zweig kann die Marke belegt werden
	Transition	
Netz	Aufspaltung (*split*)	Sammlung (*wait*)
	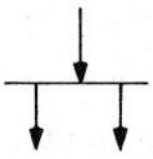 Die Wirkung wird gleichberechtigt verteilt, d. h. ein Pfeil löst mehrere nebenläufige Aktionen aus (beide auslaufenden Pfeile transportieren beim Schalten eine Marke)	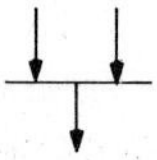 Es kann erst geschaltet werden, wenn alle einlaufenden Pfeile eingetroffen sind (aufeinander gewartet haben; logisch UND)

c)

Bild 12.14

a) Symbole für Petri-Netze;   b) Vergleich von statischen und dynamischen Bedeutungen; c) Darstellungsmöglichkeiten eines Knotens mit drei Pfeilen und deren Bedeutung (nach [41])

möglich sind. Moderne Sprachen neuerer Generationen verfolgen konsequent das Prinzip der Strukturierung und verfügen z. B. nicht über den GOTO-Befehl (beispielsweise die in der Datenbank-Software dBASE enthaltene Programmiersprache).

● *Petri-Netze* Es gibt häufig Probleme zu programmieren, denen parallel ablaufende Aktionen oder Prozesse zugrunde liegen. Die bislang besprochenen graphischen Methoden sind ungeeignet, gleichzeitige Ereignisse und Abläufe zu beschreiben — sie sind sequentiellen, also nacheinander organisierten Aktionen angemessen. Petri-Netze dagegen gestatten die graphische Darstellung parallel ablaufender Prozesse. Die dafür von *C. A. Petri* in seiner Arbeit ,,Kommunikation mit Automaten'' definierten Grundsymbole sind in **Bild 12.14** dargestellt.

Mit diesen Symbolen für Zustandsknoten (*Stelle*), Ereignisknoten (*Transition*) und den diese Knoten verbindenen Pfeilen lassen sich Prozeßzustände und dynamische Abläufe beschreiben. Das Symbol für eine Stelle kann durch Setzen eines Mittelpunkts (Markierung $\odot$) anzeigen, daß eine Bedingung erfüllt oder ein Zustand eingetreten ist. Diesen Vorgang nennt man ,,Feuern'', ,,Aktivieren'' oder ,,Schalten'' der Transition.

Zur Anwendung der Petri-Netz-Methode ist das Problem so in Stellen und Transitionen einzuteilen, daß ein ständiger Wechsel zwischen Zuständen und Ereignissen entsteht. Es dürfen nie Stellen oder Transitionen aufeinander folgen. Die einzelnen Stellen und Transitionen werden sinnvollerweise von Beginn an fortlaufend numeriert. Eine schrittweise Verfeinerung vom Allgemeinen zum Speziellen ist möglich und empfehlenswert.

● *Software-Tools* Als *Software-Tools* bezeichnet man Hilfsmittel (Werkzeuge, *Tools*) zur rechnerunterstützten Software-Herstellung. Prinzipiell können alle bislang besprochenen Methoden des *Software-Engineering* den ,,Tools'' zur automatisierten Problemlösung und Programmierung zugrunde liegen. Während früher solche ,,Tools'' nur auf Großrechnern lauffähig waren, sind sie nun auch mit Personalcomputern nutzbar. Dabei sind verschiedene Ebenen bzw. Methoden möglich. Beispielsweise existieren sogenannte ,,System Design''-Werkzeuge, mit deren Hilfe auch komplexe Systeme z. B. der Kommunikationstechnik, Prozeß- und Fertigungssteuerung entworfen, programmiert und analysiert werden können. Die Graphikmöglichkeiten der PCs werden dabei konsequent genutzt. Eine aktuelle Bezeichnung für diese moderne Methode ist *Computer-Aided Software Engineering* (CASE).

● *Struktogramm-Generator* Ein wichtiges CASE-Werkzeug ist der Struktogramm-Generator, der aus einer in einem Pseudocode abgefaßten Problembeschreibung Struktogramme auf dem Bildschirm und auf Papier erzeugt. Als *Pseudocode* bezeichnet man verbale Beschreibungen unabhängig von der später verwendeten Programmiersprache, aber in einer Form, die knapp und strukturiert ist wie eine Programmiersprache. In einem Beispiel stehen für die graphische Ausgabe die in **Bild 12.15** gezeigten Strukturelemente zur Verfügung. Das bedeutet, die in Pseudocode abgefaßten ,,zu programmierenden'' Abläufe werden automatisch in die entsprechend strukturierte Form gebracht. **Bild 12.16** gibt ein Beispiel an, in dem mit Hilfe von X-TOOLS der Erstentwurf für einen PID-Regler erzeugt wird. Die Werkzeuge dieser Firma entwickeln daraus noch ein lauffähiges Maschinenprogramm und detaillierte Struktogramme.

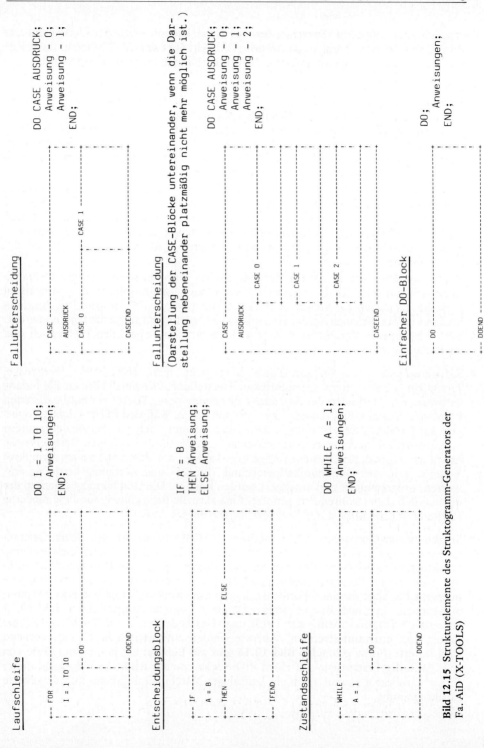

Bild 12.15 Strukturelemente des Struktogramm-Generators der Fa. AiD (X-TOOLS)

```
Regler$mod: do;

    Regler: prc;

      do  Regelstrecke  = 0  to  9;

          Analogwerte erfassen und ueberpruefen;

          Stellgroessen nach Regelalgorithmus berechnen;

          if Stellgroesse positiv  then do;

              Heizung einschalten;
              Achtung !!!!  Stromaufnahme ueberpruefen;

              if Stromaufnahme zu gross then do;
                  Alarm ausloesen;
              end;
          end;
          else do;
              Kuehlung einschalten ;
          end;
      end;
    end Regler;

  -AiDS :F1:REGENT.TXT PAGEWIDTH(78) FORMAT(6) DATE(26. Jan. 82) &
**TITLE('PID - Regler Erstentwurf')
```

A i D S - Struktogramm - Generator   V1.1   Page 02

:F1:REGEL.LST   26. Jan.82

PID - Regler Erstentwurf

```
+-----------------------------------------------------------------------+
!                                                                       !
= Regler:                                                              !
! prc;                                                                 !
!                                                                       !
+-- FOR -----------------------------------------------------------------+
!                                                                       !
! Regelstrecke  = 0  to  9;                                             !
!                                                                       !
!     +-- DO -----------------------------------------------------------+
!     !                                                                 !
!     ! Analogwerte erfassen und ueberpruefen;                         !
!     !                                                                 !
!     ! Stellgroessen nach Regelalgorithmus berechnen;                 !
!     !                                                                 !
!     +-- IF ---------------------------------------------------------+
!     !                                                               !
!     ! Stellgroesse positiv                                          !
!     !                                                               !
!     +-- THEN --------------------------+-- ELSE --------------------+
!     !                                  !                            !
!     ! Heizung einschalten;             ! Kuehlung einschalten;      !
!     ! Achtung !!!!  Stromaufnahme      !                            !
!     ! ueberpruefen;                    !                            !
!     !                                  !                            !
!     +-- IF -----------------------+    !                            !
!     !                             !    !                            !
!     ! Stromaufnahme zu gross      !    !                            !
!     !                             !    !                            !
!     +-- THEN -----------------+-- ELSE -+                           !
!     !                         !    !    !                           !
!     ! Alarm ausloesen;        !    !    !                           !
!     !                         !    !    !                           !
!     +-- IFEND ----------------+---------+                           !
!     !                             !                                 !
!     +-- IFEND ---------------------+------------------------------+
!     !                                                               !
+---------+-- DOEND -----------------------------------------------------+
!                                                                       !
! end Regler;                                                          !
!                                                                       !
+-----------------------------------------------------------------------+
```

Bild 12.16 Automatische Erzeugung eines Struktogramms für einen
PID-Regler aus Pseudocode (X-TOOLS von AiD)

13 Programmierung

Problemanalyse, Programmentwicklung, Programmbeschreibung und Software-Engineering sind Hauptbegriffe bzw. -methoden, mit denen Software-Fachleute konfrontiert werden. Die Programmierung ist ein wesentlicher Teil des *Software-Engineering* und bedeutet das Umsetzen von ,,irgendwie" verbal als Pseudocode oder graphisch beschriebenen Problemen in für Computer ,,lesbare" Formen — die Programmiersprachen.

● *Maschinencode* Maschinen können natürlich keine Sprache ,,verstehen" oder ,,lesen". Die Grundelemente (s. Abschn. 4.2) sind nur in der Lage, anliegende Logiksignale zu erkennen und entsprechend der zugeordneten Grundfunktion zu reagieren. Kombinationen von Logiksignalen, z.B. 8 bit oder 16 bit breit, repräsentieren bestimmte Bedeutungen — die Grundanweisungen an die Maschinen. DV-Maschinen ,,verstehen" also nur diesen Maschinencode, die Kombinationen von Null- und Einsbits, die direkten Schaltanweisungen.

● *Sprachenfamilien* Zur Vereinfachung der ,,Programmierung" wurden Regeln aufgestellt, die es gestatten, sich von den einzelnen Logiksignalen und Schaltelementen zu lösen. Je nach dem zur Umsetzung solcher Regeln getriebenen Aufwand entstehen Programmiersprachen auf verschiedenem Niveau. **Bild 13.1** gibt eine erste Klasseneinteilung in Sprachenfamilien, wie sie nachfolgend weiterverwendet wird.

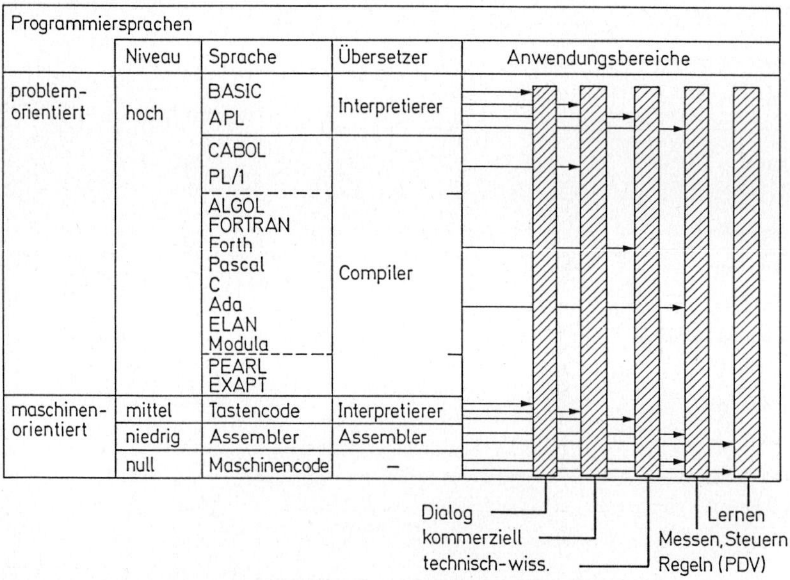

Bild 13.1 Sprachengruppen, Übersetzer und Anwendungsbereiche

13.1 Programmiersprachen

Die Einteilung in Sprachenfamilien entsprechend Bild 13.1 zeigt mehrere Gruppierungen:

- Maschinensprachen/Symbolische Sprachen
- Anlagenorientierung/Problemorientierung/Benutzerorientierung
- Assembler/Compiler/Interpretierer
- technisch-wissenschaftlich/kommerziell
- Niveau null/niedrig/mittel/hoch
- Generation 1/2/3/4

Einige dieser Stufen bzw. Gegensätze werden aus Bild 13.1 und dem genannten Text erklärt. **Bild 13.2** zeigt in einer üblichen Form einige Abhängigkeiten mit den wichtigsten Programmiersprachen. Grundlegende weitere Besonderheiten werden in diesem Abschnitt besprochen. Aus **Bild 13.3** ist in grober Abstufung die Entstehungsgeschichte wichtiger Sprachen ablesbar.

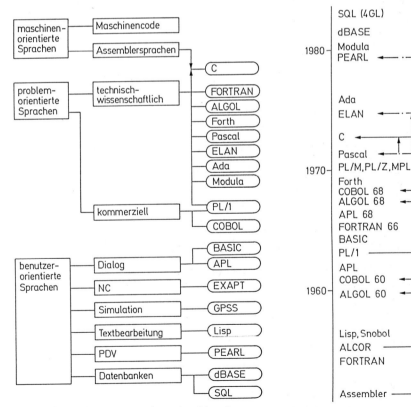

Bild 13.2 Anwendungsbereiche und Gebiete für Programmiersprachen

Bild 13.3 Historie von Programmiersprachen

13.1.1 Sprachenmerkmale

Sprachenmerkmale sind am Anfang von 13.1 aufgelistet. Zusammen mit den Bildern 13.1 bis 13.3 sollen diese Merkmale nun erläutert werden.

● *Sprachenniveau*   In Bild 13.1 ist den beispielhaft ausgewählten Programmiersprachen ein Niveau zwischen „null" und „hoch" zugeordnet. Damit wird in recht grober Weise festgelegt, wie „nah" einerseits bzw. „fern" auf der anderen Seite die „Sprache" zu den maschineninternen Schaltschritten stehen. Das *Niveau null* bedeutet, daß alle Schaltschritte direkt anzugeben sind (vgl. Maschinensprache). Je höher das angegebene Niveau, desto mehr ähnelt die Schreibweise der (in der Regel) englischen Fachsprache (vgl. smybolische Sprachen).

● *Maschinensprache*   Bei einer reinen Maschinensprache muß jeder Programmbefehl im entsprechenden *Maschinencode* eingegeben werden. Beispiele dazu werden in Abschn. 13.2 gegeben. Die EDV-Anlage enthält in diesem Fall keinerlei Übersetzungs- und Organisationshilfen. Soll z. B. zu irgendeinem bereits gespeicherten Zahlenwert der Wert 5 addiert werden, ist über eine Eingabetastatur oder Schalterreihe der zugeordnete Binär- oder Hexadezimalcode einzugeben, beispielsweise für das Addieren der Hexcode 69 (entsprechend 0110 1001) gefolgt vom Wert 5 (entsprechend 0000 0101), also

Maschinenbefehl	:	Addiere 5	
Kurzform	:	ADD # 05	
Hexcode	:	69 05	Eingabe über Tastatur als
			$\boxed{6}$ $\boxed{9}$ $\boxed{0}$ $\boxed{5}$ $\boxed{\text{RET}}$
Binär	:	0110 1001	0000 0101
Schalterreihe	:	0ⱤⱤ0 Ɒ00Ɒ	0000 0Ɽ0Ɒ $\boxed{\text{Übernahme}}$

● *Symbolische Sprachen*   Das Adressieren und Programmieren in Maschinencode ist mühsam, vor allem deshalb, weil das Erkennen eines Befehls aus einer Zahlenkombination sehr beschwerlich und die Fehlerrate beim Programmieren und Laden hoch ist. Darum werden in der Regel die Zahlenkombinationen durch leicht les- und merkbare Symbole ersetzt. Solche Symbole — wie die oben benutzte Kurzform ADD # 05 — werden *mnemotechnische Ausdrücke* genannt.

● *Assembler*   Die mnemotechnischen Ausdrücke werden üblicherweise von einfachen englischen Ausdrücken abgeleitet, also z. B. JMP von „Jump" für einen Sprung im Programmablauf. Natürlich könnte ebenso die Abkürzung des deutschen Wortes „Springe", z. B. SPR, benutzt werden. Bedingung ist nur, daß die EDV-Anlage die Abkürzung kennt und richtig interpretieren kann. Es muß also in der Zentraleinheit ein Programm vorhanden sein, das die vereinbarten mnemotechnischen Ausdrücke selbsttätig in den Maschinencode übersetzt. Solch ein Umwandlungsprogramm wird *Assembler* genannt. Die aus mnemotechnischen Ausdrücken aufgebaute Programmiersprache heißt *Assemblersprache* oder ebenfalls Assembler.

● *Compiler*   Während bei Verwendung von Assemblersprachen jedem Befehl im Maschinencode ein Assemblerbefehl zugeordnet ist, lassen sich mit „höheren" Programmiersprachen (vgl. 13.1.2) mehrere, oft viele Anweisungen zu einem Programmbefehl zusammenfassen. Die Symbole bei solchen Sprachen ähneln der mathematischen Formelsprache oder gar der menschlichen Umgangssprache, was das Arbeiten mit ihnen sehr bequem macht. Je komfortabler aber eine Programmiersprache ist, desto umfangreicher wird das Umwandlungsprogramm, das hier *Compiler* heißt. Typische Beispiele: ALGOL, FORTRAN, Pascal, C.

- **Übersetzungsverhältnis**   *Assemblersprachen sind maschinenorientiert*, d. h. sie sind nur für den Anlagentyp brauchbar, für den sie entwickelt wurden. Aus jedem Befehl im Assemblerprogramm entsteht genau ein Befehl im Maschinencode. Das beschreibt man mit:

> Übersetzungsverhältnis 1 : 1

Compilersprachen sind weitgehend anlagenunabhängig — sie sind *problemorientiert*. Das bedeutet, sie laufen im Prinzip auf völlig verschiedenartigen Maschinen — sie sind sozusagen universell brauchbar. Typisch ist, daß aus einem Befehl einer Compilersprache mehrere Befehle im Maschinencode entstehen, also:

> Übersetzungsverhältnis 1 : n

wobei n eine ganze Zahl größer als 1 ist.

- **Quellcode, Objektcode**   Eine weitere wesentliche Besonderheit: Assembler und Compiler übersetzen nur vollständige Programme (den *Quellcode*) in den Maschinencode. Erst dann sind die übersetzten Programme (der *Objektcode*) lauffähig. Das bedeutet aber auch, Programmfehler sind erst nach dem vollständigen Übersetzungslauf erkennbar. Nach der Fehlerkorrektur ist erneute Übersetzung notwendig, usw.

- **Interpretierer**   Aus den bisherigen Ausführungen wird zweierlei erkennbar: Erstens sind offenbar Programmiersprachen danach zu unterscheiden, ob man im jeweiligen Maschinencode schreiben muß, oder ob leicht lernbare Abkürzungen verwendet werden können. Zweitens liegt ein anderer Unterschied in der Art der Übertragung aus einer „höheren", symbolisch geschriebenen Sprache in den Maschinencode: ob nämlich immer vollständige Programme in einem „Übersetzungslauf" in die Maschinensprache umgesetzt werden (Assembler- und Compilersprachen), oder ob jeder einzelne Befehl direkt umgesetzt wird (Interpretierer bzw. *Interpreter*). All diesen verschiedenen Möglichkeiten kann man unterschiedliche Anwendungsfälle oder Problemgruppen zuordnen. Beispielsweise ist ein echter Dialog mit dem Computer nur möglich, wenn die verwendete Sprache Satz für Satz (d. h. Instruktion für Instruktion) nacheinander direkt interpretiert und ausgeführt wird. Darum wird oft die Bezeichnung *Dialogsprache* benutzt, mit der interaktives Arbeiten möglich ist. Mehr systematisch sind in Bild 13.1 die Unterschiede und Anwendungsbereiche zusammengestellt. Das typische Beispiel dafür ist die Sprache BASIC.

- **Speicherplatzbedarf**   Mit **Bild 13.4** ist anschaulich und qualitativ gezeigt, wie mit abnehmendem Programmieraufwand der Speicherplatzbedarf für das Übersetzungsprogramm ansteigt. Im reinen Maschinencode ist der Programmieraufwand maximal, ein Übersetzungsprogramm existiert aber nicht. Assemblersprachen benötigen einige Kbyte, der Programmieraufwand ist schon erheblich reduziert. Noch weniger Programmieraufwand erfordern die Interpreter- und Compilersprachen, der Speicherplatzbedarf für die Übersetzer ist aber teilweise sehr hoch.

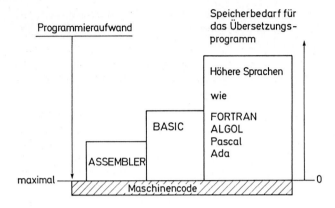

Bild 13.4

Qualitativer Zusammenhang zwischen dem Speicherbedarf von Übersetzungsprogrammen und dem Programmieraufwand

● *Programmieraufwand* Der wichtige Zusammenhang zwischen Programmieraufwand und Speicherbedarf (Bild 13.4) soll an einem konkreten Beispiel präzisiert werden. Zu programmieren sei die einfache *Schwellenwertaufgabe:*

wenn A + 5 < B, dann ist C = A;
wenn A + 5 ≥ B, dann ist C = B.

In **Bild 13.5** ist diese Aufgabe graphisch veranschaulicht. Im Kasten **Bild 13.6** sind Programmbefehle dafür in verschiedenen Sprachen aufgelistet. Als Beispiele für die Maschinenebene ist der Mikroprozessor 6502 angenommen. Während im kaum lesbaren Maschinencode neun Befehle nötig sind, kommen BASIC und FORTRAN mit zwei Befehlen, Pascal und ALGOL gar mit nur einem Befehl aus.

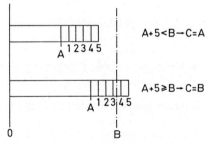

Bild 13.5 Graphische Darstellung einer einfachen Schwellenwertaufgabe

	Adresse	Maschinencode	Assemblersprache	
Maschinenebene	0000	18		CLC
(Mikroprozessor 6502)	0001	AD 0002		LDA A
	0004	69 05		ADC #05
	0006	CD 0102		CMP 8
	0009	30 09		BMI L1
	000B	AD 0102		LDA B
	000E	4C 1A00		JMP L2
	0011	AD 0002	L1	LDA A
	0014	8D 0202	L2	STA C
BASIC	10	C = A		
	20	IF A + 5 ≥ B THEN C = B		
FORTRAN		C = A		
		IF (A + 5.GT.B) C = B		
ALGOL		IF (A + 5) < B THEN C := A ELSE C := B;		
Pascal				

Bild 13.6 Programmieraufwand für die Schwellenwertaufgabe Bild 13.5 in verschiedenen Sprachen

13.1.2 Sprachenbeispiele

Nachfolgend werden die am meisten verwendeten höheren Programmiersprachen kurz charakterisiert. Wir beginnen dabei mit den beiden bekannten *Interpretersprachen* APL und BASIC, schließen dann die für kommerzielle Nutzung gedachten *Compilersprachen* COBOL, LPG sowie PL/1 an und stellen danach technisch-wissenschaftliche und andere Sprachen vor.

- *APL*   A *Programming Language* (APL) wurde 1962 als Beschreibungssprache für mathematische Operationen und Strukturen veröffentlicht. Diese dialogorientierte Interpretersprache verfügt über eine Vielzahl von mathematischen und logischen Operatoren und ist nicht leicht zu erlernen. Die sehr kompakte Darstellung macht auch das Lesen von Anweisungslisten recht mühsam. Strukturiertes Programmieren wird nicht unterstützt. Für Mikrocomputer gibt es die Version APL/Z-80.

- *BASIC*   BASIC (*Beginners All-purpose Symbolic Instruction Code*) ist die Dialogsprache mit der größten Verbreitung, bei Kleincomputern die dominierende Sprache überhaupt. Bereits 1963 bis 1965 entwickelt, gibt es heute Hochleistungsversionen mit Sprachelementen für Prozeß-Ein-/Ausgaben, Graphik usw. Als Nachteile werden genannt: Wegen der interpretierenden Übersetzung ist der Programmlauf oft zu langsam; die Grundstrukturen der Sprache verleiten geradezu zum sog. Spaghettistil. Damit meint man die excessive Nutzung der Verzweigungsbefehle, wodurch völlig unübersichtliche Programme entstehen. Dies ist gerade das Gegenteil von dem, was in 12.3 als Prinzip der Strukturierung vorgestellt wurde. Zu erwähnen ist noch, daß auch BASIC-Compiler existieren, die für erheblich schneller ablaufende Programme sorgen. Für Anwendungen in der Prozeßautomatisierung ist die Norm DIN IEC 775 verfügbar, worin ein „Realzeit-BASIC für CAMAC" festgelegt ist. (CAMAC: *Computer Aided Measurement And Control*).

- *COBOL*   Die *Common Business Oriented Language* COBOL wurde bereits 1959 für kommerzielle Anwendungen vorgestellt und ist auch für PCs verfübar, um wenig rechenintensive, aber ein-/ausgabenintensive Probleme zu lösen. Als ANS-COBOL-74 ist die vom *American National Standards Institute* (ANSI) genormte Version bekannt. In Deutschland ist COBOL mit DIN 66 028 definiert. Für PCs ist der Compiler COBOL-80 der Fa. *Microsoft* verfügbar.

- *LPG, RPG*   Eine einfachere Sprache für den kommerziellen Bereich heißt LPG (*Listenprogramm-Generator*) oder RPG (*Report Program Generator*). Hiermit werden nicht Programme Befehl für Befehl geschrieben, sondern das Programmieren besteht aus dem Ausfüllen vorgedruckter Formulare, den sogenannten Bestimmungsblättern. So gibt es z. B. Formblätter für „Eingabebestimmungen", „Ausgabebestimmungen", „Rechenbestimmungen". Programmieraufwand und Zeitaufwand zum Erlernen dieser Sprache sind gering, die erzeugten Programme sind aber sehr speicherplatzaufwendig.

- *PL/1*   Von der Firma IBM wurde Anfang der 60er Jahre die Sprache PL/1 (*Program Language 1*) entwickelt, die aus Elementen von COBOL, ALGOL und FORTRAN besteht. Sie eignet sich also gleichermaßen für kommerzielle und technisch-wissenschaftliche Probleme. Einerseits ist die Schreibweise von PL/1 gegenüber COBOL kürzer, das Erlernen dieser Sprache beansprucht aber wegen des großen Sprachumfangs relativ viel Zeit. In Deutschland ist PL/1 mit DIN 66 255 definiert.

Spezielle Adaptierungen von PL/1 sind:

— PL/M für 8080-Prozessoren (Intel usw.)
— PL/Z für Zilog-Prozessoren (Z-80 usw.)
— MPL für Motorola-Prozessoren (6800 und 68000).

● *ALGOL*   ALGOL (*Algorithmic Language*) ist die klassische höhere Sprache für den technisch-wissenschaftlichen Bereich und wurde bereits ab 1955 entwickelt, als ALGOL 60 und später als ALGOL 68 veröffentlicht. Die Namensgebung deutet darauf hin, daß besonders mathematische Problemlösungen unterstützt werden. Bei der Ein-/Ausgabe großer Datenmengen gibt es dagegen Schwierigkeiten. Die Bedeutung von ALGOL ist stark gesunken. Trotzdem ist auf der Basis von ALOGL 60 im September 1986 DIN 66 026 neu erschienen.

● *FORTRAN*   *Formula Translation* drückt aus, daß FORTRAN ebenso wie ALGOL für den technisch-wissenschaftlichen Bereich vorgesehen ist. Bereits 1954 von der Fa. IBM entwickelt und stark an die mathematische Formelsprache angelehnt, ist FORTRAN IV der auch heute noch gültige Standard. Für Mikrocomputer und PCs ist z. B. FORTRAN-80 im Einsatz. In Deutschland gilt DIN 66 027, worin ,,Full FORTRAN" und ,,Subset FORTRAN" definiert sind.

● *C*   Die Sprache C wurde ab 1973 als Werkzeug für Systemprogrammierer entwickelt und im Zusammenhang mit dem Betriebssystem Unix benutzt. Später wurde Unix selbst in C geschrieben. Dennoch ist C nicht an Unix gebunden, sondern universell verwendbar. Obwohl C viele Eigenschaften einer Assemblersprache aufweist, ist die Sprache Hardware-unabhängig, dabei äußerst schnell und relativ leicht erlernbar. Die Hardware- oder Rechner-Unabhängigkeit wird mit dem Fachbegriff *Portabilität* beschrieben. C-Compiler gibt es auch für Mikrocomputer und PCs.

● *Pascal*   Die Anfang der 70er Jahre vorgestellte Sprache Pascal ist neben BASIC die am häufigsten benutzte Programmiersprache im PC-Bereich. Auch in der Ausbildung wird Pascal oft vorgezogen, vor allem wegen folgender Vorteile: Pascal unterstützt direkt die strukturierte Programmierung (vgl. 12.3); es ist eine Vielzahl von Datentypen verfügbar; übersetzte Pascal-Programme laufen erheblich schneller ab als in anderen Hochsprachen geschriebene Programme. Hauptgründe: Pascal vermeidet langlaufende Programmschleifen; für die Abarbeitung werden Pascal-Programme zunächst in einen Zwischencode, den sog. *P-Code* übersetzt (kompiliert), der dann von einem Interpreter weiter bearbeitet wird. Bekannte Versionen sind: UCSD-Pascal (entwickelt an der *University of California at San Diego*, UCSD); Turbo-Pascal, eine sehr preiswerte und äußerst schnelle Implementierung für Personalcomputer.

● *Modula*   In der Version Modula 2 ist diese Sprache eine Weiterentwicklung von Pascal mit der Besonderheit, daß alle Programme aus Moduln aufgebaut sind, die getrennt voneinander übersetzt werden können. Modula 2 ist für die System- und Anwendungsprogrammierung in gleicher Weise geeignet.

● *Ada*   Zwei Hauptgründe führten Mitte der 70er Jahre zur Entwicklung der Sprache Ada: (1) Von den meisten bekannten Programmiersprachen gibt es mehrere verschiedene Versionen; die Übersetzer laufen in der Regel nur auf einem bestimmten Computertyp. (2) In vielen Großunternehmen werden verschiedene Computer nebeneinander verwendet; Programme sind dann kaum austauschbar. Dies hat offenbar besonders das US-Militär getroffen. Denn vom US-Verteidigungsministerium wurde die Ada-Entwicklung vor allem vorangetrieben, um zu einer zuverlässigen, leicht zu prüfenden und übertragbaren (portablen) Universalsprache zu kommen. In Ada geschriebene Software ist in hohem Maße maschinenunabhängig, weil auf die Einhaltung des Standards streng geachtet wird. Zumindest in den USA wird jeder Übersetzer geprüft und darf nur nach erfolgreichem Bestehen aller Tests den Namen Ada-Compiler tragen. Für PCs hat Ada (noch) keine Bedeutung.

- *Forth* Forth wurde Ende der 60er Jahre für Steuerungsaufgaben entwickelt. Diese Prozeßsprache unterstützt die modulare Programmierung und ist vom Anwender beliebig erweiterbar. Forth ist maschinennah und schnell (ca. 10mal schneller als interpretiertes BASIC) sowie interaktiv. Eine Besonderheit ist die Schreibweise in umgekehrter polnischer Notation (UPN) zusammen mit Stack-Operationen, gerade so, wie man es von den Taschenrechnern der Fa. Hewlett-Packard kennt. Forth ist für PCs verfügbar. Das bekannte Softwarepaket ASYST zur Datenerfassung und -darstellung ist quasi ein „Forth-Abkömmling".

- *ELAN* *Elementary Language* ist der Langname dieser zwischen 1974 und 1977 in Deutschland entwickelten Sprache. ELAN ist Mitglied der Algol-Sprachenfamilie und enthält einige Pascal-Elemente. Die leichte Erlernbarkeit und gute Lesbarkeit der strukturierten Anweisungslisten machen die Compilersprache besonders für die Ausbildung interessant.

- *PEARL* Ebenfalls eine deutsche Entwicklung ist die *Process and Experiment Automation Realtime Language* PEARL, deren Einheitlichkeit mit Hilfe folgender Normen gewährleistet ist: DIN 66 253 Teil 1 „Basic PEARL"; Teil 2 „Full PEARL"; Teil 3 „Mehrrechner-PEARL"; PEARL ist eine Prozeßrechnersprache mit Echtzeit-Eigenschaften, nun auch für PCs nutzbar. Zur weiteren Verbreitung dieser Sprache wurde vom VDI der PEARL-Verein gegründet.

- *Lisp* Lisp (*List processor*) wurde bereits 1956 für die Manipulation von Daten, speziell von Text entwickelt. Zwar diente Lisp später als Grundlage für andere Hochsprachen, heute findet man Lisp aber allenfalls bei Anwendungen im Bereich des CAD (*Computer Aided Design*, also Konstruktion mit Computerunterstützung), wo oft Listen bearbeitet und ausgegeben werden.

- *dBASE* Auf den ersten Blick ist dBASE keine Programmiersprache, sondern eine *Datenbank* für PCs. Enthalten sind allerdings sehr viele leistungsfähige Befehle, mit deren Hilfe Daten interaktiv wiedergefunden und dargestellt werden können. Das wesentliche: Das Eingeben, Wiederfinden (*retrieval*), Darstellen und Manipulieren von Daten kann unter Verwendung der Möglichkeit zur Bildung von Kommandosequenzen automatisiert werden. Diese sozusagen „eingebaute" Programmiersprache ist auf die Datenbanknutzung spezialisiert, dabei enorm leistungsfähig und streng strukturiert. Damit ist dBASE gewissermaßen ein typischer Vertreter der modernen objektorientierten Sprachen, in diesem Fall einer zum Wiedergewinnen von Information (*Query Language*, QL).

● **Datenbankbefehle** Am Beispiel der wichtigen PC-Datenbanksoftware dBASE sollen exemplarisch Datenbankbefehle genannt werden, weil sie, wie oben angedeutet, gewissermaßen typisch für die Datendefinition, -manipulation und -rückgewinnung sind. Gemäß der gewählten Gruppeneinteilung sind dies vor allem die folgenden.

Erzeugen von Dateien:
CREATE	erzeugt eine neue Datenbank
COPY	kopiert die aktuelle in eine neue Datenbank
MODIFY	erlaubt das Verändern
SORT	erzeugt eine sortierte Version
APPEND	Hinzufügen am Ende der Datenbank
INSERT	Einfügen innerhalb der Datenbank

Bearbeiten von Daten:
EDIT	Bearbeiten von Feldern in der Datenbank
CHANGE	Ändern von Feldern oder Sätzen
REPLACE	Ersetzen von Datenfeldern
UPDATE	umfassende Aktualisierung
DELETE	Löschen

Datenanzeige:
DISPLAY	Anzeige von Sätzen oder Feldern
LIST	Auflistung
BROWSE	Anzeige von allen Daten auf dem Bildschirm
FIND	Finden eines Datensatzes
LOCATE	Finden mit Bedingungen
CONTINUE	Weitersuchen nach LOCATE

Programmerstellung:
DO WHILE	erlaubt die Bildung
DO CASE	von strukturierten Schleifen
ENDDO	
IF ELSE ENDIF	Ausführung mit Bindung an Bedingungen
LOOP	Springen an Anfang einer DO-WHILE-Schleife
MODIFY COMMAND	Textprozessor zum Editieren
RETURN	Beendigung eines Programms

Ein komplettes dBASE-Programm ist mit **Bild 13.7** wiedergegeben (entnommen aus [62]).

● **Datenbanksprache** Klassische Programmiersprachen orientieren sich an Funktionen, Prozeduren usw. und sind durch einen sequentiellen Programmfluß bestimmt. Sprachen der sog. vierten Generation (*Fourth-Generation Languages*, 4GL) zielen auf die zu behandelnden Objekte; der Programmierer bzw. Benutzer kann sich damit auf die Daten selbst konzentrieren. Eine Version ist mit DIN ISO 9075 definiert, die Datenbanksprache SQL (*Structured Query Language*). Beschrieben sind in dieser Norm Syntax und Semantik der Datendefinitionssprache SQL-DDL und der Datenmanipulationssprache SQL-DML. Die DDL (*Data Definition Language*) dient der Definition der Struktur, der Integritätsregeln und der Zugriffsberechtigungen für eine SQL-Datenbasis.

Ergänzende Literatur zu den Programmiersprachen: [43–64].

```
STORE T TO menue
DO WHILE menue
    ERASE
    § 1,30 SAY 'Programm-Auswahl'
    § 5,15 SAY '(1)   Informationen über einzelne Kunden'
    § 7,15 SAY '(2)   Kundenadressen auflisten'
    § 9,15 SAY '(3)   neue Kunden aufnehmen'
    § 11,15 SAY '(4)   Rechnungs-Bearbeitung'
    § 13,15 SAY '(0)   ENDE'
    § 19,15 SAY 'Bitte wählen Sie eine Funktion'
    WAIT TO antwort
    DO CASE
        CASE antwort = '1'
            DO info2
        CASE antwort = '2'
            USE adressen INDEX alphabet
            ERASE
            § 1,1 SAY ' Kunde   Straße   Wohnort  Kunden-Nr.'
            DISPLAY OFF ALL $(vorname,1,1),name,strasse,ort,;
                                kunummer
            WAIT
        CASE antwort = '3'
            USE adressen INDEX alphabet
            APPEND
        CASE antwort = '4'
            ?
        CASE antwort = '0'
            RETURN
    ENDCASE
ENDDO
```

Bild 13.7 dBASE-Programm für ein Bildschirm-Menü (aus [62])

13.2 Maschinencode, Assembler

Am Anfang von Kap. 13 haben wir festgestellt, daß DV-Maschinen im Grunde nur die direkten Schaltanweisungen, die Kombination von Null- und Einsbits, den Maschinencode also verstehen. *Programmierung im Maschinencode* bedeutet, jeden Verarbeitungsschritt in z. B. hexadezimaler oder (seltener) oktaler Form dem Computer direkt einzugeben. Um beispielsweise Daten zur Weiterverwendung in den Akkumulator zu bringen (erster Schritt einer Vielzahl von Schritten bei vielen Berechnungen), ist dem 8-Bit-Prozessor 6502 folgendes einzugeben.

Ladebefehl	Hexadezimalcode
LDA #17	A9 17

In zwei aufeinanderfolgenden Bytes ist also A9 und 17 einzuschreiben. Es ist einleuchtend, daß die Eingabe langer Programme (mehrere hundert Bytes) in dieser Weise nicht nur zu mühsam, sondern auch in hohem Maße fehleranfällig ist. Andererseits erlaubt aber gerade diese Art der Programmierung, die Abläufe in Computern transparent und damit erlernbar zu machen. Aus Bild 13.4 wird noch ein anderer Gesichtspunkt deutlich: Für das Programmieren im Maschinencode ist kein zusätzlicher Speicher für ein Übersetzungsprogramm nötig. Der Programmieraufwand aber wird maximal.

- *Assemblersprache*   In der Regel werden Benutzer von Computern den Komfort einer Programmierung nutzen wollen, die anstelle der kaum lesbaren Hexadezimalcodes gut merkbare Spezialvokabeln oder Abkürzungen benutzt. Ein typisches Beispiel ist mit obigem Ladebefehl gegeben, bei dem zur Erklärung des Hexadezimalcodes A9 17 der „Text" LDA #17 angegeben wurde. Für den Code A9 ist also die symbolische Abkürzung LDA eingeführt, was im Klartext „Lade in den Akkumulator" heißt. Mit dem Symbol „#" wird gekennzeichnet, daß ein Zahlenwert folgt, der in den Akkumulator zu laden ist. In diesem Zusammenhang spricht man auch von *mnemonischen Ausdrücken* (symbolische Ausdrücke). Solche vom Hersteller des µP festgelegten mnemonischen Ausdrücke und einige Regeln zur Schreibweise und Kennzeichnung bilden die sogenannte *Assemblersprache*. Dieser Name ist direkt von dem durch Computer-Hersteller mitgelieferten *Übersetzungsprogramm* abgeleitet, das *Assembler* heißt. Dieses Programm übersetzt (assembliert) die mit mnemonischen Ausdrücken geschriebenen Programmbefehle in den Maschinencode.

- *Ein- und Mehradreßmaschinen*   In 7.2.2 ist mit Bild 7.7 das Prinzip einer Einadreßmaschine vorgestellt. Dabei ist in jedem Maschinenbefehl nur jeweils eine Operandenadresse angebbar, die entsprechend dem Zusammenhang Quellen- oder Zieladresse sein kann. Im obigen Beispiel LDA #17 ist die Zieladresse im Code A9 enthalten, der Akkumulator nämlich. Um ein paar Prinzipien des Programmierens im Maschinencode zu verdeutlichen, wird nachfolgend das Beispiel einer *Zweiadreßmaschine* gewählt. Die entsprechende Befehlsstruktur mit dem allgemeinen Befehlsablauf wird in 13.2.1 besprochen. Das Programmieren im Maschinencode wird am speziellen Beispiel eines Minicomputers PDP-11 in 13.2.2 behandelt. Ein Beispiel für ein vollständiges Programm ist abschließend in 13.2.3 gegeben.

Wichtige Anmerkung:

Beim Programmieren im Maschinencode in den nachfolgenden Abschnitten ist als Beispiel die „ältere" Maschine PDP-11 verwendet, die aber immer noch als „Urtyp" des klassischen Prozeßrechners anzusehen ist. Alle Prinzipien und Abläufe sind nach wie vor gültig. Allerdings ist bei neueren Maschinen das *Urlader-Programm* im Betriebssystem enthalten und wirkt beim Einschalten des Computers automatisch. Auch ist das Laden ganz allgemein kaum noch per Lochstreifen nötig — dazu gibt es Disketten oder Festplatten.

Wir sind aber der Meinung, daß zum Verstehen der Funktionsweise die Untersuchung der älteren Methoden mehr Erfolg verspricht, als die ausschließliche Beschäftigung mit den oberen Benutzerebenen.

Zur Programmierung moderner Prozessoren sei vor allem auf [23] verwiesen.

13.2.1 Befehlsstruktur von Zweiadreßmaschinen

Ganz allgemein gilt, daß Befehle aus *Operationsteil* und *Adreßteil* bestehen. In 7.3 ist diese Struktur und der entsprechende Befehl am Beispiel einer Einadreßmaschine besprochen worden. **Bild 13.8** gibt die allgemeine Befehlsstruktur einer Zweiadreßmaschine an, die aus einem Operationsteil OP und zwei Adreßteilen *A* und *B* besteht. Die Operanden-Adresse gibt diejenige Speicherstelle an, in die das Ergebnis der geforderten Operation abzulegen ist (*Destination*). Die Adresse *B* bezeichnet den Operanden, mit dem die Operation auszuführen ist (*Source*).

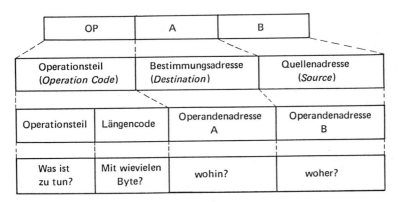

Bild 13.8 Allgemeine Befehlsstruktur einer Zweiadreßmaschine

- *Längencode* Der Operationsteil (*Operation Code*) kann — wie gezeigt — noch einen Längencode enthalten, mit dem angegeben wird, wieviele Bytes übertragen werden sollen. Diese Angabe ist nötig, wenn nicht mit fester Wortlänge gearbeitet wird.

- *Vorteil Zweiadreßbefehl* Am Beispiel der Einadreßmaschine (7.3) hatten wir gesehen, daß drei Einadreßbefehle nötig sind, um z. B. zwei Zahlen zu addieren und das Ergebnis (die Summe) in den Arbeitsspeicher zu schreiben, nämlich:

  1. Befehl zum Transferieren des ersten Operanden aus dem Arbeitsspeicher (Adresse *x*) in das Rechenwerk (TEP *x*).
  2. Befehl zum Transferieren des zweiten Operanden aus dem Arbeitsspeicher (Adresse *y*) in das Rechenwerk mit zusätzlicher Addition beider Operanden (ADD *y*).
  3. Befehl zum Rücktransfer des Ergebnisses aus dem Rechenwerk in die Adresse *z* des Arbeitsspeichers (TAS *z*).

Der Vorteil einer Zweiadreßmaschine ist, daß der eben geschilderte, aus drei Einadreßbefehlen bestehende Additionszyklus mit nur einem Zweiadreßbefehl ausgelöst wird, nämlich z. B.

ADD *yx*.

- **Befehlsablauf** Gemäß Bild 13.8 ist „ADD" der Operationsteil. „x" ist die Operanden-Adresse B, die Quellenadresse (*Source*) also, die angibt, in welcher Arbeitsspeicheradresse der Operand B steht (woher?). „y" ist die Operanden-Adresse A, die Bestimmungsadresse (*Destination*) also. Sie vermittelt zwei Informationen, nämlich wo der zweite Operand (A) steht und in welche Adresse — nämlich in dieselbe — das Ergebnis abgelegt werden soll (wohin?). Dabei nimmt man in Kauf, daß beim Einschreiben des Ergebnisses der Operand A gelöscht wird, also verlorengeht.

- **Additionszyklus** Bild 13.9 zeigt schematisch, wie ein Additionszyklus abläuft. Mit dem ersten Schritt wird der Operand B aus der Arbeitsspeicheradresse x in das Rechenwerk transferiert. Schritt 2 bringt den Operanden A aus der Adresse y in das RW und veranlaßt die Addition. Mit Schritt 3 schließlich wird das Ergebnis in Adresse y transferiert, wobei der Operand A gelöscht wird. Die Gegenüberstellung solch einer Addition in Einadreß- bzw. Zweiadreßmaschinen lautet:

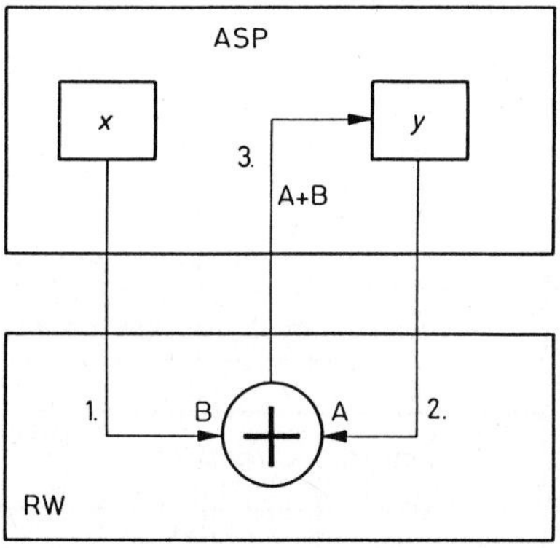

Einadreßmaschine

$$\left.\begin{array}{ll} \text{TEP} & y \\ \text{ADD} & x \\ \text{TAS} & y \end{array}\right\} \longleftrightarrow \begin{array}{c} \text{Zweiadreßmaschine} \\ \text{ADD } yx \end{array}$$

Bild 13.9 Additionszyklus in einer Zweiadreßmaschine (ADDyx) mit Verlust des Operanden A

- **Addition ohne Operandenverlust** Wird gefordert, daß der Operand A erhalten bleibt, muß durch einen zusätzlichen Zweiadreßbefehl die Adresse y gesichert werden, indem vor der Addition der Operand A in eine Hilfsadresse transferiert wird, in der später auch das Ergebnis stehen soll. Der entsprechende Befehl möge lauten:

    MVC zx,

was bedeuten soll: *Move Character*, d. h. „bewege Zeichen", transferiere also den Inhalt der Adresse x in Adresse z. Das Programm für eine Addition ohne Operandenverlust lautet somit:

    1. MVC zx
    2. ADD zy

Wie aus **Bild 13.10** zu ersehen, wird danach zuerst der Inhalt der Adresse x (Operand A) nach z transferiert. Im zweiten Programmschritt läuft der Additionszyklus ab, indem zuerst Operand B aus y, dann A aus z in das RW gelangen und schließlich $A + B$ in Adresse z gespeichert wird.

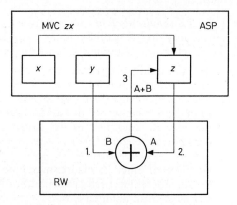

Bild 13.10 Additionszyklus in einer Zweiadreßmaschine ohne Operandenverlust

13.2.2 Programmieren im Maschinencode (PDP-11)

Der Minicomputer PDP-11 arbeitet mit 16-Bit-Worten. Die Adressierung kann wortweise oder byteweise erfolgen, so daß mit einem Wortbefehl alle 16 bit angesprochen werden, mit einem Bytebefehl nur 8 bit, also ein Halbwort. Man spricht darum von der Möglichkeit der *Ganzwort-* und *Byte-Adressierung*.

● *Oktale Adressierung* Eine Besonderheit des Rechners PDP-11 ist, daß die *Adressierung oktal* durchgeführt wird (vgl. 2.4). **Bild 13.11** zeigt, wie sich mit 16 bit (Bit-Nr. 0 ... 15) 65536 Adressen ergeben. Diese Adressen werden oktal gezählt, also von 0 bis 177777.

dezimal	oktal	16-Bit-Wort binär					
0	0	0	000	000	000	000	000
1	1	0	000	000	000	000	001
2	2	0	000	000	000	000	010
3	3	0	000	000	000	000	011
⋮	⋮	⋮	⋮	⋮	⋮	⋮	⋮
7	7	0	000	000	000	000	111
8	10	0	000	000	000	001	000
9	11	0	000	000	000	001	001
10	12	0	000	000	000	001	010
⋮	⋮	⋮	⋮	⋮	⋮	⋮	⋮
15	17	0	000	000	000	001	111
16	20	0	000	000	000	010	000
17	21	0	000	000	000	010	001
⋮	⋮	⋮	⋮	⋮	⋮	⋮	⋮
65 535	↑⌐→	1	111	111	111	111	111
		1	7	7	7	7	7

Bild 13.11 Oktale Adressierung des Arbeitsspeichers der PDP-11

● *Wort- und Byte-Adressierung* Die PDP-11 ist so organisiert, daß mit den 16-Bit-Worten 65536 Bytes oder 32768 Worte direkt adressiert werden können. Bei der Byte-Adressierung sind für die niederwertigen Bytes (bit 0 ... 7) geradzahlige Adressen reserviert, für die höherwertigen Bytes (bit 8 ... 15) ungeradzahlige. Ganzworte werden ausschließlich geradzahlig adressiert. Nach dem Beispiel aus **Bild 13.12** heißt das für Byte-Adressierung, daß die (oktale) Adresse 003202 die untere Hälfte und 003203 die obere Hälfte der 16 bit fassenden Speicherstelle meint. Ist Ganzwort-Adressierung vereinbart, gilt 003202 für das 16-Bit-Wort.

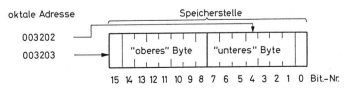

Bild 13.12 Beispiel für Byte-Adressierung

- **Zweiadreßbefehle** Der Programmierer hat die Möglichkeit, zwischen mehr als 400 Befehlen zu wählen. D. h. mehr als 400 Befehle sind in der Maschine gespeichert und können — entsprechend codiert — aufgerufen werden. Zunächst seien die *Zweiadreßbefehle* besprochen. Die entsprechende Befehlsstruktur ist in **Bild 13.13** angegeben. OP nimmt den Code für den Operationsteil auf, und zwar sind 4 bit reserviert für die oktalen Angaben $X1$, bis $X7$. X wird in Wortbefehlen 0, in Bytebefehlen 1. SS meint die Quelladresse (*Source*) in 6-Bit-Darstellung (bzw. 2 Oktalstellen), DD steht für die Zieladresse (*Destination*) mit ebenfalls zwei Oktalstellen. Die wichtigsten Zweiadreßbefehle und ihre Bedeutungen sind in der folgenden Tabelle aufgeführt.

Code	Bezeichnung		Operation
$X1SSDD$	MOV	(Transferiere)	$d \leftarrow s$
$X2SSDD$	CMP	(Vergleiche)	$d - s$
$06SSDD$	ADD	(Addiere)	$d \leftarrow s + d$
$16SSDD$	SUB	(Subtrahiere)	$d \leftarrow d - s$
$X3SSDD$	BIT	(Bit Test)	$s \wedge d$
$X4SSDD$	BIC	(Bit Clear)	$d \leftarrow s \wedge d$
$X5SSDD$	BIS	(Bit Set)	$d \leftarrow s \vee d$

d steht für den Inhalt der Zieladresse, s für den Inhalt der Quelladresse. Der Pfeil von rechts nach links wird gelesen als „ergibt sich aus". Damit bedeutet der Befehl MOV: „d ergibt sich aus s". Der Additionsbefehl entspricht genau dem in 13.2.1 besprochenen Ablauf, daß nämlich der Inhalt der Zieladresse (d) sich aus der Summe von s und d ergibt (vgl. Bild 13.9).

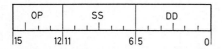

Bild 13.13

Befehlsstruktur von Zweiadreßbefehlen mit 16 bit (PDP-11, vgl. aber Bild 13.8)

- **Universalregister** Die Festlegung der Quellen (SS)- und Zieladressen (DD) geschieht mittels acht Universalregistern $R0$ bis $R7$, wobei $R7$ auch als Befehlszähler dient (vgl. 7.2.2). Die Zuordnung zu den Registern $n = 0$ bis $n = 6$ und 7 ist:

Code	Bezeichnung	Bedeutung
$0n$	Register	Register n enthält den Operanden
$1n$	Register, indirekt	Register n enthält die Operanden-Adresse
$2n$	Inkrement	Inhalt von Register n ist Adresse; sie wird *nach* Benutzung um einen Schritt erhöht
$3n$	Inkrement, indirekt	Rn ist Adresse der Adresse, die *nach* Benutzung erhöht werden soll
$4n$	Dekrement	Adresse in Rn wird *vor* Benutzung um einen Schritt erniedrigt
$5n$	Dekrement, indirekt	Rn ist Adresse der Adresse, die *vor* Benutzung erniedrigt werden soll
27	Unmittelbar	Operand folgt diesem Befehl
37	Absolut	Adresse folgt diesem Befehl

● **Programmbefehl** Mit diesen Codierungstabellen lassen sich nun vollständige Programmbefehle aufstellen. So bedeutet z. B. der Befehl 012700 folgendes:

Operationsteil: $X1 \rightarrow 01$;
es handelt sich also um einen Transferbefehl (MOV) bei Ganzwortadressierung;
Adreßteil A: $SS \rightarrow 27$;
der Operand A folgt unmittelbar diesem Befehl;
Adreßteil B: $DD \rightarrow 00$;
der Operand A soll demnach in das Universalregister $R0$ transferiert werden.

Sei der Operand A (SS) in oktaler Schreibweise 020000, dann lautet der Transferbefehl vollständig:

Code	Bezeichnung für den Programmierer
012700	MOV 020000; $R0$
020000	

● **Einadreßbefehle** Es gibt einen weiteren Befehlssatz innerhalb der PDP-11, in dem nur *Einadreßbefehle* vorkommen mit jeweils nur der Zieladresse (**Bild 13.14**). Die nachfolgende Tabelle zeigt ein paar dieser Befehle.

Code	Bezeichnung		Resultat
$X050DD$	CLR	(Lösche)	0
$X051DD$	COM	(Komplement)	$\overline{d}$
$X052DD$	INC	(Inkrement)	$d + 1$
$X053DD$	DEC	(Dekrement)	$d - 1$
$X054DD$	NEG	(Negation)	$- d$
$X057DD$	TST	(Test)	

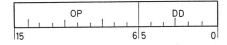

Bild 13.14
Befehlsstruktur von Einadreßbefehlen mit 16 bit (PDP-11)

Wieder wird X in Wortbefehlen 0, in Bytebefehlen 1. So lautet der Befehl zum Löschen des Universalregister $R0$ bei Ganzwortadressierung:

Code	Bezeichnung für den Programmierer
005000	CLR $R0$

Und beispielsweise muß, wenn die in $R3$ stehende Adresse um einen Oktalschritt erhöht werden soll, geschrieben werden:

Code	Bezeichnung
005213	INC $R3$

Als weiteres Beispiel sei angeführt, daß der Inhalt (Operand) der Adresse 017000 geprüft werden soll:

Code	Bezeichnung
005737	TST (017000)
017000	

Mit dem Code 37 für *DD* wird angegeben, daß die zu testende Adresse diesem Befehl folgt.

Zwei einfache Befehle lauten:

Code	Bezeichnung	Wirkung
000 000	HALT	Rechner hält
000 001	WAIT	Rechner hält und wartet auf Eingriff

● *Sprungbefehle* Eine wichtige Gruppe ist die der *Sprungbefehle*. Das zugehörige Befehlswort zeigt **Bild 13.15**. Die Sprungbefehle setzen sich also zusammen aus einem festliegenden Basiscode und einer frei wählbaren Schrittweite *XXX* für den Sprung:

Basis-Code	Bezeichnung		Bedingung
000 400	BR	(Springe ohne Bedingung)	immer
001 000	BNE	(Springe, wenn nicht Null)	$\neq 0$
001 400	BEQ	(Springe, wenn gleich Null)	$= 0$
100 000	BPL	(Springe, wenn positiv)	$+$
100 400	BMI	(Springe, wenn negativ)	$-$
002 000	BGE	(Springe, falls ≥ 0)	≥ 0
002 400	BLT	(Springe, falls < 0)	< 0
003 000	BGT	(Springe, wenn > 0)	> 0
003 400	BLE	(Springe, wenn ≤ 0)	≤ 0
101 000	BHI	(Springe, falls größer)	$>$
101 400	BLOS	(Springe, falls $\leq$)	$\leq$
103 000	BHIS	(Springe, falls $\geq$)	$\geq$
103 400	BLO	(Springe, falls kleiner)	$<$
000 1*DD*	JMP	(Springe zur angegebenen Adresse *DD*)	

Der letzte Sprungbefehl (JMP, von *Jump*) gibt also direkt die Zieladresse an, indem *DD* = 37 eingesetzt und danach die Zieladresse genannt wird, z. B.

Code	Bezeichnung
000 137	JMP 001 000
001 000	

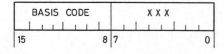

Bild 13.15
Befehlsstruktur für Sprungbefehle (PDP-11)

Bei allen anderen Sprungbefehlen (*Branch Instructions*) muß die Schrittweite für den Sprung oktal angegeben werden. Dafür stehen 7 bit zur Verfügung. Wenn z. B. ein Sprung mit der maximal möglichen Schrittweite auszuführen ist, falls das Ergebnis der letzten Operation positiv war, dann lautet der entsprechende Befehl:

Code	Bezeichnung
100 177	BPL 177

Dieser Ausschnitt aus dem umfangreichen Befehlssatz möge genügen. Einzelheiten können – wie in anderen Fällen auch – dem jeweiligen Programmier-Handbuch des Herstellers entnommen werden. Ein Beispiel für ein vollständiges Programm im besprochenen Maschinen-Code wird im nächsten Abschnitt vorgestellt.

13.2.3 Urlader-Programm (Bootstrap Loader)

Im vorigen Abschnitt sind Zahlencodes für eine Reihe von Befehlen aus dem Befehlssatz der PDP-11 angegeben worden. Hat man ein Programm in diesem Maschinen-Code entwickelt, müssen Programmbefehle und Daten in Form der Oktalzahlenkombinationen in der richtigen Reihenfolge eingegeben werden. Dazu besitzt der Rechner ein Tastenfeld, bestehend aus 16 Tasten und ebensovielen Leuchtanzeigen. Die 16 Tasten entsprechen den 16 bit des Befehlswortes und sind etwa gemäß Bild 13.13 in Oktalgruppen aufgeteilt. Durch Drücken der richtigen Tastenkombination werden die Befehle eingegeben. Zur Kontrolle leuchten die zugehörigen Anzeigen auf, wie z. B. in **Bild 13.16** für die Adresse 017744.

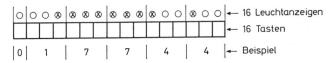

Bild 13.16 Tastenfeld mit Leuchtanzeigen an der PDP-11 zum Eingeben von Programm und Daten, sowie zur Speicher- und Register-Kontrolle

- *Eingabe mit Lochstreifen* Man kann natürlich auf diese Weise manuell Programm und Daten bei Bedarf immer wieder eingeben. Eleganter und sicherer aber ist es, dazu einen Lochstreifen*) zu verwenden. Dann braucht man das Programm nur einmal einzugeben und kann es anschließend aus dem Kernspeicher auf Lochstreifen stanzen lassen, womit es nun ständig maschinell lesbar zur Verfügung steht. Um aber diese Prozedur zu ermöglichen, d. h. um den Rechner dazu zu bringen, Daten von Lochstreifen zu übernehmen, muß zuallererst manuell ein Programm eingegeben (geladen) werden – der sogenannte *Urlader* (*Bootstrap Loader*). Dieses Programm und das Eingeben seien im folgenden erläutert.

- *Startadresse* Allgemein üblich ist es, solche Hilfsprogramme in den „oberen Teil" des Kernspeichers zu laden. So sei bei einem 4-Kbyte-Speicher die Startadresse 017744. Damit ergibt sich das in **Bild 13.17** gezeigte Programm mit Kommentaren.

---

*) Statt Lochstreifen wird heute eher eine Diskette verwendet

Adresse	Befehl	Marke	Bezeichnung	Kommentar
	017744		.=17744	;STARTADRESSE DES URLADERS
017744	016701	START:	MOV DEVICE,R1	;GERÄTEADRESSE NACH R1
	000026			
017750	012702	LOOP:	MOV # .-LOAD+2,R2	;DISTANZ FÜR SPEICHERADRESSE ;NACH R2
	000352			
017754	005211	ENABLE:	INC (R1)	;SETZE BIT 0 IM GERÄTESTATUS- ;WORT
017756	105711	WAIT:	TSTB (R1)	;GERÄT FERTIG ?
017760	100376		BPL WAIT	;NEIN, ZURÜCK NACH WAIT
017762	116162		MOVB 2(R1),LOAD(R2)	;JA, LADEN DES ZEICHENS IN ;KERNSPEICHER
	000002			
	017400			
017770	005267		INC LOOP+2	;ERHÖHE DISTANZ FÜR KERN- ;SPEICHERADRESSE
	177756			
017774	000765	BRANCH:	BR LOOP	;LESE NÄCHSTES ZEICHEN
017776	177560	DEVICE:	0	;STATUSREGISTER-ADRESSE VON ;EINGABEGERAT

Bild 13.17 Urlader-Programm für die PDP-11

● **Adressieren der TTY** Zuerst ist die genannte Startadresse 017744 einzutasten. In diese Startadresse wird der erste Befehl 016701 (START) geladen. Nach 13.2.2 handelt es sich hierbei um den Transferbefehl (MOV) 01$SSDD$ bei Ganzwortadressierung. Für die Quelle (SS) ist 67 eingesetzt. Dies ist eine neue Variante, die aussagt, daß die Quellenadresse $4 + X$ Oktalschritte hinter diesem Befehl angegeben ist. Die Schrittweite X muß unmittelbar nach dem Befehl 0167DD genannt werden – hier 000026. D.h. die Quellenadresse steht 32 Oktalschritte später im Programm. Addiert man nun 017744 und 000032 oktal, folgt 017776. Dort finden wir die Angabe 177560. Dies ist aber der (codierte) Name für den an den Rechner angeschlossenen Fernschreiber (TTY), der als Ein-Ausgabegerät für Lochstreifen dient. Der Befehl 0167DD mit der Adresse 017744 sagt also endgültig, daß der Fernschreiber als peripheres Gerät angesprochen und diese Information in das Mehrzweckregister $R1$ (DD = 01) geschrieben wird. Damit folgt 016701 mit der abgekürzten Bezeichnung MOV DEVICE, $R1$, was im Klartext heißt: Transferiere die Geräteadresse (hier 177560 für die TTY) nach $R1$.

● **Programmschleife** Der nächste Befehl mit der Adresse 017750 ist ebenfalls ein Transferbefehl (MOV). Im Abdruck ist zusätzlich als Kommentar die Bezeichnung LOOP angegeben. Das soll darauf hindeuten, daß hier eine Programmschleife beginnt. Deutlich wird dies am Ende des Programms. In diesem MOV-Befehl ist die Quellenadresse SS = 27. Das bedeutet, daß der zu transferierende Operand unmittelbar dem MOV-Befehl folgt, also 000352. Dieser Operand ist in das Mehrzweckregister $R2$ zu schreiben (DD = 02) und steht nun dort als Operand (vgl. 13.2.2). Danach ist also $R1$ mit der Geräteadresse 177560 geladen, $R2$ mit dem Operanden 352 (oktal!).

- **Inkrementieren** Der dritte Befehl mit der Adresse 017754 fordert das Inkrementieren des Inhalts der Zieladresse ($0052DD$ mit DD = 11), also das Erhöhen der in $R1$ stehenden Geräteadresse 177560 um eins (Inkrementieren: Erhöhen um einen Schritt). Damit wird laut Vereinbarung der Fernschreiber (TTY) befähigt, ein Zeichen in den Rechner einzulesen (ENABLE). Das Übertragen eines Zeichens vom Lochstreifen in den Rechner dauert länger als ein Maschinenzyklus. Darum ist an dieser Stelle im Programm ein Testbefehl mit einem darauffolgenden Sprungbefehl eingefügt.

- **Testbefehl** Der Testbefehl 105711 (TSTB) mit der Adresse 017756 veranlaßt in Register 1 (DD = 11) die Nachprüfung, ob das durch den Inkrementbefehl geforderte Bit gesetzt ist. Ist es innerhalb eines Maschinenzyklus noch nicht gesetzt, wird der folgende Sprungbefehl mit der Adresse 017760 ausgeführt. Dieser Befehl 100376 ist der bedingte Sprungbefehl BPL (**B**ranch if **P**lus), was auf deutsch heißt: springe, falls das Testergebnis positiv, wenn also die Inkrementierung noch nicht abgeschlossen ist. Denn wenn das durch den Inkrementbefehl geforderte Bit gesetzt ist, wird die Differenz zu dem nicht gesetzten Bit negativ, weil $0 - 1 = -1$. Der Basiscode für den Befehl BPL lautet 100000. Dazu muß die Sprungweite addiert werden. Es soll aber jeweils auf den Testbefehl zurückgesprungen werden, also um 2 Oktalschritte zurück.

- **Sprungbefehl** Zur Erläuterung der Zusammenhänge sei **Bild 13.18** herangezogen. Im Teilbild a ist zunächst der für den Sprungbefehl gültige Basiscode 100000 in das 16-Bit-Wort eingetragen. Für die Schrittweite ist nur das untere Byte benutzbar, wobei das Bit Nr. 7 das Vorzeichen angibt. Ist dieses Bit nicht gesetzt, geht der Sprung in positiver Richtung, bei gesetztem Bit geht es zurück. Zur Angabe der

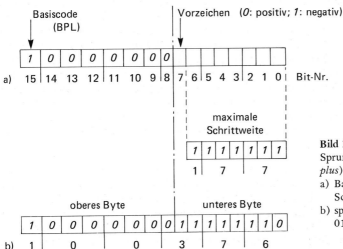

Bild 13.18 Erläuterung des Sprungbefehls BPL (*Branch if plus*)
a) Basiscode und maximale Schrittweite mit Vorzeichen
b) spezielles Beispiel (Adresse 017760 aus Bild 13.17)

Schrittweite bleiben somit noch 7 Bits, so daß von (oktal) − 177 bis + 177 gesprungen werden kann. Dabei handelt es sich um Ganzwortschritte, also um die doppelte Anzahl von Byteschritten. In unserem Beispiel soll gerade um einen Ganzwortschritt (zwei Oktalschritte) auf den Testbefehl zurückgeschaltet werden, also − von der maximalen Schrittweite ausgehend − um 177 − 1 = 176. So ergibt sich ein wenig umständlich der Teil b des Bildes 13.18 und damit der Sprungbefehl 100376. Die durch diesen Befehl entstehende Programmschleife wird so oft durchlaufen, bis die Inkrementierung ausgeführt ist. Dann ergibt sich aus dem Testbefehl ein negatives Ergebnis (− *1*), und der Befehlszähler schaltet weiter auf die Befehlsadresse 017762. Im Programmablaufplan nach **Bild 13.19** ist dies verdeutlicht.

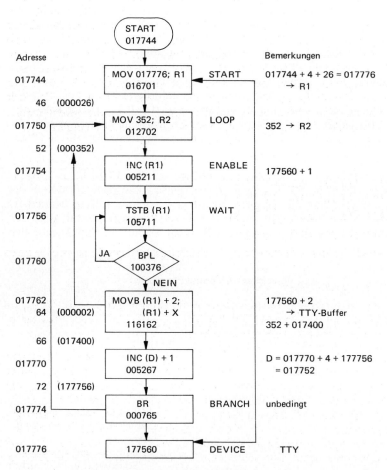

Bild 13.19 Urlader-Programmablaufplan mit Kommentaren

- **Adressieren des TTY-Puffers** Es folgt wieder ein MOV-Befehl, bei dem diesmal die erste Oktalziffer eine 1 ist: 116162. Damit ist festgelegt, daß der Befehl sich nicht auf das ganze 16-Bit-Wort bezieht, sondern nur auf ein Byte, und zwar — weil die zugehörige Adresse 017762 eine gerade Endziffer besitzt — auf das niederwertige Byte. Dies ist hier möglich, weil durch die Ausführung des geforderten Transferbefehls Veränderungen nur in diesem Byte entstehen. Die zu transferierende Quellenadresse ergibt sich aus 61, d. h. aus dem Inhalt des Registers $R1$ plus dem folgenden Wert 000002, ist also 177560 + 2 = 177562. Dies ist die Adresse des Pufferspeichers (*Buffer*, vgl. 9.1.3) des Fernschreibers. Diese Adresse soll an die Stelle geschrieben werden, die sich aus dem Inhalt von $R2$ plus dem folgenden Wert 017400 ergibt, also nach 000352 + 017400 = 017752.

- **Statusbefehl** Der Sinn der Sache ist, daß im nächsten Programmzyklus an dieser Adresse 017752 der sogenannte *Statusbefehl* 177562 des *TTY-Puffers* steht, wodurch dann ein vom Lochstreifen kommendes Zeichen in diese Kernspeicheradresse 017752 geschrieben werden kann. Das Weiterschalten der Adresse zum Abspeichern der weiteren Zeichen ergibt sich aus dem folgenden Inkrementbefehl mit der Adresse 017770, also aus 0052*DD* mit *DD* = 67. Dieser bislang noch nicht besprochene Modus 67 besagt, daß die Zieladresse aus dem Inhalt des Registers $R7$ plus 4 plus dem Wert, der dem Inkrementbefehl folgt, entsteht, also aus $(R7) + 4 + X$. Weil aber $R7$ als Befehlszähler fungiert, steht momentan in diesem Register die Befehlsadresse 017770; X ist nachfolgend angegeben zu 177756. Die oktale Addition ergibt

    $$017770 + 4 + 177756$$

oder

         0 001 111 111 111 100 = 017774
 + *1 111 111 111 101 110* = 177756
    11 111 111 111 111 111 = Übertrag

    10 001 111 111 101 010

Vereinbarungsgemäß ist der Übertrag mit der höchsten Wertigkeit zu streichen; es bleibt also

    0 001 111 111 101 010 = 017752.

Damit ist die Zieladresse ermittelt. Nach dem Inkrementbefehl soll der Inhalt dieser Zieladresse um 1 erhöht werden, so daß bei jedem Zyklus, bei jeder Programmschleife also, um eine Byte-Speicherstelle weitergeschaltet wird.

- **Unbedingter Sprung** Die Programmschleife wird erzeugt durch den unbedingten Sprungbefehl BR mit dem Oktalcode 000765. Der zugehörige Basiscode lautet 000400 (vgl. **Bild 13.20**). Weil der Sprung rückwärts erfolgen soll, ist wie in Bild 13.18 das Bit Nr. 7 gesetzt. Der Schleifenbeginn liegt bei der Adresse 017750. Somit ergeben sich aus der oktalen Differenz (017774 − 017750 = 24) zwölf Ganzwortschritte im Programm zurück. Bezogen auf die maximale Schrittweite 177 folgt aus 177 − 12 = 165 als Sprunganweisung. Wird dieser Wert gemäß Bild 13.20 in das 16-Bit-Wort eingetragen, ergibt sich schließlich 000765. Somit ist das Urlader-Programm vollständig.

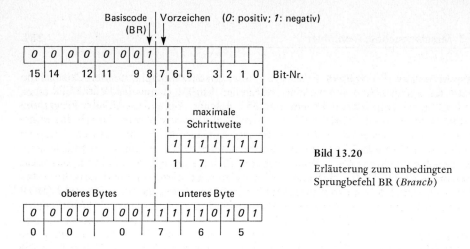

Bild 13.20
Erläuterung zum unbedingten
Sprungbefehl BR (*Branch*)

● **Laden und Testen**   Das *Laden* und *Testen* des Urlader-Programms ist im Programmablaufplan, **Bild 13.21** schematisch angegeben. Ganz allgemein wird so jedes Programm geladen und getestet.

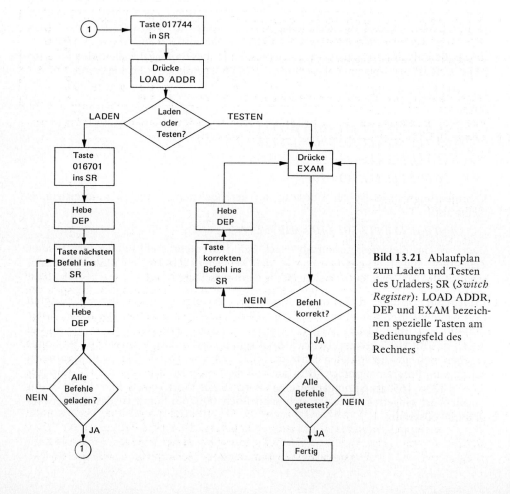

Bild 13.21 Ablaufplan
zum Laden und Testen
des Urladers; SR (*Switch
Register*): LOAD ADDR,
DEP und EXAM bezeich-
nen spezielle Tasten am
Bedienungsfeld des
Rechners

● **Abspeichern der Programmbefehle**   Die im Zusammenhang mit dem Urlader verwendeten Lochstreifen müssen einen speziellen Vorlauf haben. Wie **Bild 13.22** zeigt, sind zunächst mindestens 15 cm mit 351 gelocht. Bei jedem Urlader-Programmzyklus wird somit in Adresse 017752 der Wert 351 geschrieben. Durch das Inkrementieren (Befehlsadresse 017770) wird daraus 352, und für den nächsten Zyklus ist wieder die Adresse 017752 zum Abspeichern eines Zeichens vom Lochstreifen zugewiesen. Das geht 15 cm so. Dann folgt mit 077 das erste andere Zeichen, das in die Speicherstelle 017752 geschrieben wird. Das Inkrementieren macht daraus die Oktalzahl 100, die also beim folgenden Zyklus in 017752 und damit in $R2$ steht (MOV 100, $R2$). Unter der Befehlsadresse 017762 wird deshalb in diesem Zyklus als neuer Inhalt von $R2$ 100 + 017400 = 017500 ermittelt, womit die erste Adresse für Daten vom Lochstreifen festlegt. Inkrementiert wird daraufhin 100 zu 101, und im nächsten Zyklus ergibt sich 017501 als Datenadresse usw. So schaltet der Urlader nun die Adressen, in die Daten abgespeichert werden können, durch, beginnend bei 017500.

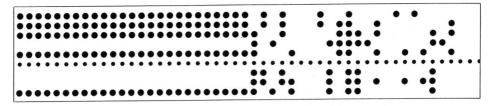

Bild 13.22 Lochstreifen mit Vorspann 351 zur Verwendung mit dem Urlader; Speicherbeginn bei Adresse 017500; Zeichendarstellung *nicht* im ASCII-Code, sondern *oktal*!

14 Betriebssysteme

14.1 Übersicht, Aufgaben

Die symbolischen Programmiersprachen, und dabei besonders die Compilersprachen, haben das Arbeiten auch mit größten und kompliziertesten EDV-Anlagen relativ einfach gemacht. Das liegt einmal daran, daß hochentwickelte Programmiersprachen von den Funktionsabläufen der elektronischen Maschine abstrahieren, also auf das jeweilige kommerzielle oder technisch-wissenschaftliche Problem ausgerichtet sind. Das ist aber auch deshalb so, weil die Hersteller von EDV-Anlagen bereits eine ganze Reihe von Hilfs- und Organisationsprogrammen zusammen mit der Maschine ausliefern. Damit wird einerseits das Programmieren weiter vereinfacht, andererseits wird so ermöglicht, den Computer optimal zu betreiben, ihn nach ingenieursgerechten und wirtschaftlichen Gesichtspunkten vollständig auszunutzen.

● **Begriffe**   Sämtliche Programmierhilfen und Organisationsprogramme werden unter der Bezeichnung *Betriebssystem* zusammengefaßt. Den allgemeinen Aufbau eines Betriebssystems zeigt **Bild 14.1**. Danach gibt es zwei Hauptbestandteile: die **System-programme** und die **Organisationsprogramme**, auch Steuerprogramme oder englisch

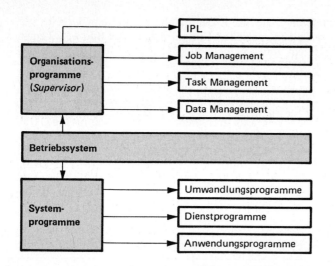

Bild 14.1

Allgemeiner Aufbau eines
Betriebssystems

Supervisor genannt. Die Organisationsprogramme bilden den wichtigsten Bestandteil des Betriebssystems. Sie steuern den Verarbeitungsablauf und ermöglichen optimale Nutzung der EDV-Anlage. Sie befinden sich ständig im Hauptspeicher, d. h. sie sind „speicherresident". Systemprogramme dienen — pauschal ausgedrückt — der Vereinfachung beim Programmieren und Benutzen der Maschine. Sie stehen in der Regel als sogenannte „Betriebssystem-Residenz" auf einem externen Speicher und werden bei Bedarf in den Arbeitsspeicher geladen. Je nach dem auf welchem Typ von Speicher sie stehen, spricht man von OS (*Operating System*), BOS, TOS, DOS etc. (B: *Basic*, T: *Tape*, D: *Disk*).

- **Systemprogramme** Zu den *Systemprogrammen* gehören die Assembler und Compiler, also alle **Umwandlungsprogramme** für symbolische Programmiersprachen. Ebenso rechnet man oft dazu alle **Anwendungsprogramme,** die vom Benutzer erstellt oder auch bereits vom Hersteller für häufig wiederkehrende Probleme mitgeliefert wurden.

Für Prozeduren, die praktisch von jedem Benutzerprogramm ausgelöst werden, gleich um welches spezielle Problem es sich handelt, enthält das Paket der Systemprogramme die Gruppe der **Dienstprogramme.** Welche Programme im wesentlichen zu dieser Gruppe gehören, zeigt **Bild 14.2.**

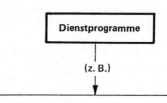

1. Verwaltung der Programmbibliothek (*Librarian*)
2. Sortier- und Mischprogramme
3. Konvertierungsprogramme
4. Verknüpfung zwischen getrennt umgewandelten Programmteilen (*Linkage Editor*)
5. Umsetzprogramme zum Übertragen von Daten zwischen verschiedenen Datenträgern (*Hilfsprogramme*)
6. Test- und Fehlersuchprogramme

Bild 14.2 Wichtige Dienstprogramme

● *Dienstprogramme*

1. **Verwaltung der Programmbibliothek** (engl. *Libarian*). Die Programmbibliothek enthält sämtliche vom Hersteller oder von Benutzern erstellte Programme, Programmteile (Moduln), Prozeduren etc. die häufig gebraucht werden. Sie werden auf externen Speichern aufbewahrt und können bei Bedarf von einem Benutzerprogramm aufgerufen werden. Die Katalogisierung und Verwaltung der Programmbibliothek übernimmt ein spezielles Programm. Zum Verwalten gehören das Neueinfügen, Löschen, Ändern etc.

2. **Sortier- und Mischprogramme.** Programme zum Sortieren von Daten haben in der kommerziellen Datenverarbeitung eine große Bedeutung. Man spricht von *Vollsortierung*, wenn auf Magnetband und/oder Magnetplatte der Datensatz vollständig nach seiner chronologischen Verwendung durchsortiert wird. Beim Sortieren auf Magnetplatten unterscheidet man zusätzlich *Auswahlsortierung* und *Adreßlistensortierung.*

3. **Konvertierungsprogramme.** Mit ihnen wird das Umcodieren z. B. zwischen 6-Kanal- und 8-Kanal-Lochstreifen möglich, oder zwischen COBOL und ANSI-COBOL usw.

4. **Linkage Editor.** Dieses Programm ermöglicht die Verknüpfung zwischen getrennt umgewandelten Programmen und Programmteilen (*to link:* sich verbinden). Der „Linkage Editor" schafft Anwendungsprogramme und Teile aus der Programmbibliothek auf die Systemplatte (beim Plattenbetriebssystem DOS) oder ein Arbeitsband (beim Bandbetriebssystem TOS) und stellt sie dort zusammen.

5. **Hilfsprogramme.** Darunter versteht man vor allem Programme, die das Übertragen von Daten von einem peripheren Gerät auf ein anderes (bzw. von einem Datenträger auf einen anderen) steuern.

6. **Testhilfen.** Test- und Fehlersuchprogramme sind ein vorzügliches Hilfsmittel bei der Entwicklung von Programmen. Mit ihrer Hilfe können verschiedenartigste Fehler, die beim Programmieren auftreten, von der EDV-Anlage ausgedruckt werden, und es wird sogar kommentiert, was nicht in Ordnung ist.

● *Organisationsprogramme* Während Systemprogramme mehr dem Benutzerkomfort dienen, gehören *Organisationsprogramme* zum notwendigen Bestand für einen sinnvollen Ablauf jedes Verarbeitungsprozesses. **Bild 14.3** zeigt eine häufig verwendete Gliederung, in der die Bezeichnung „Supervisor" nur für die Teile „Task Management" und „Data Management" gebraucht wird. Im logischen Ablauf vorangestellt ist bei jeder Benutzung des EDV-Systems ein *einleitender Programmlader* (engl. *Initial Program Loader*, IPL). Dieses Programm leitet jeweils den Betrieb des Systems ein, indem es „Job Management" und „Supervisor" aus der „Betriebssystem-Residenz" (Band oder Platte) in den Arbeitsspeicher lädt. Insofern ist die früher ge-

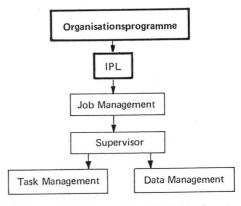

Bild 14.3 Häufig verwendete Gliederung der Organisationsprogramme (Steuerprogramme) eines Betriebssystems

machte Aussage, daß Organisationsprogramme stets „speicherresident" seien (also ständig im Arbeitsspeicher zu stehen hätten), einzuschränken. Organisationsprogramme müssen während der Verarbeitungszeit im Hauptspeicher stehen! Das Laden des IPL geschieht manuell durch Drücken einer entsprechenden Ladetaste an der Bedienungskonsole.

- **Job Management** Die **Auftragsverwaltung** (*Job Management*) dient zum Vorbereiten eines Auftrags (*Job*) und regelt die Ausführungsfolge mehrerer wartender Jobs. Mit dem Begriff „Job" bezeichnet man in der Regel eine Folge von Programmen, die zur Lösung eines Problems erforderlich sind. Im Grenzfall kann es sich um nur ein Programm handeln. Weiterhin kann sich ein Job in Auftragsschritte (*Job Steps*) gliedern, die nacheinander oder parallel auszuführen sind. Überhaupt sind bei der Job-Bearbeitung zwei Regelungen möglich:

> 1. *sequentielle Regelung*, bei der Jobs in der Reihenfolge ihrer Ankunft abgearbeitet werden;
> 2. die *Regelung nach Prioritäten* (*Job Priority*), bei der Aufträge vom Benutzer als mehr oder weniger dringend deklariert werden können.

Die Programme des Job Management werden nur zum Vorbereiten eines Job oder Job Step gebraucht. Sie sind daher nur zwischen zwei Jobs oder Job Steps speicherresident (im Hauptspeicher also).

- **Task Management** Alle **Supervisor-Programme** jedoch werden ständig im Arbeitsspeicher benötigt. Sie sind also dauernd speicherresident, weil sie sämtliche Steuerungsaufgaben übernehmen müssen. Ein Teil dieser Steuerprogramme dient der **Prozeßverwaltung** (*Task Management*). Mit „Prozeß" (*Task*) bezeichnet man eine ablauffähige Routine (Prozedur, Programmteil, Programm, Job Step etc.), der als selbständiger Einheit vom Betriebssystem Ein- und Ausgabegeräte zugewiesen sind − oder (was gleichbedeutend ist) für die alle notwendigen „Betriebsmittel" fest zugeordnet sind. Sämtliche Aufträge (Jobs) werden nach Möglichkeit in Prozesse (Tasks) zerlegt. Der „Task Supervisor" überwacht das Aufrufen der Programme, die Verwaltung des Speicherinhalts und veranlaßt notwendige Unterbrechungen (*Interrupts*). Jeder Prozeß kann einen von drei Zuständen annehmen:

1. in der Zentraleinheit ablaufend,
2. ablauffähig, aber auf Zuweisung durch den Supervisor wartend,
3. nicht ablauffähig, weil z. B. auf Beendigung einer Ein-/Ausgabeoperation gewartet werden muß.

- **Warteschlange** Für den letzten Zustand sind sogenannte „Warteschlangen" eingerichtet. Das Aufrufen erfolgt nach „Prozeßprioritäten", die entweder fest vom Benutzer vorgegeben oder durch das EDV-System zugeteilt werden. Die Prioritätenvergabe durch das System erfolgt so, daß die Anlage möglichst optimal genutzt wird.

- **Data Management** Eine zweite Gruppe innerhalb der Supervisor-Programme dient der **Datenverwaltung** (*Data Management*). Durch diese Programme wird der Programmierer frei von technischen Funktionsabläufen und Geräteeigenschaften. So werden damit Speicherplätze zugewiesen, Daten gesucht und vor allem auch der Datenbestand gesichert (*Dateischutz*). Zusammengefaßt kann gesagt werden:

> 1. Die gesamte Steuerung der Ein- und Ausgabe wird durch die Programme des Data Management bewirkt. Eingabe-Ausgabegeräte, Datenkanäle und Steuereinheiten werden dadurch den Prozessen (Tasks) richtig zugeordnet.
> 2. Die Datenverwaltung ist verantwortlich für die Sicherung der Datei gegen unbeabsichtigtes Zerstören und gegen Zugriff durch nichtberechtigte Benutzer.

14.2 Konzepte

Die in 14.1 aufgeführten grundsätzlichen und allgemeinen Funktionen eines Betriebssystems (BS, engl. OS: *Operating System*) werden auf verschiedene Weise implementiert. Die unterschiedlichen Konzepte dafür gehen vor allem darauf zurück, welche Teile des BS fest eingespeichert sind und welche beim Systemstart von einem externen Datenträger geladen oder beim Betrieb bei Bedarf nachgeladen werden.

● *Firmware* Neben den fest eingeführten Begriffen *Hardware* und *Software* hat sich *Firmware* (s. auch Abschn. 11.1) durchgesetzt für spezielle Programme (Software), die der Computer-Hersteller bereits fest in das Gerät oder die Anlage einbaut, in Form von ROM, PROM oder EPROM (vgl. 9.2.3). Es sind dies mindestens die Teile des Betriebssystems, die das Interpretieren und Ausführen der einzelnen Maschineninstruktionen bewirken, die sog. *Mikroprogramme* (vgl. 7.2.3).

● *Hierarchische Struktur* Bild 14.4 zeigt in vereinfachter Darstellung, wie ein EDV-System von der Rechner-Hardware (HW) bis zur Benutzung hierarchisch gegliedert werden kann. „Über" der reinen Hardware ist die Firmware angeordnet, die man manchmal auch „Software in Silizium" (*Software in Silicon*) nennt. Darüber folgt der Betriebssystem-Kern, dann ein Kommandointerpreter, schließlich die Anwender-Software selbst.

● *Kommandointerpreter* Nach dem Start eines solchen Systems meldet sich das Betriebssystem mit einem Bereitschafts- oder *Promptzeichen* auf dem Bildschirm. Dann können Anwenderprogramme gestartet oder Kommandos an das System abgegeben werden. Diese werden aber erst vom Kommandointerpreter untersucht, zur Ausführung aufbereitet oder mit einer Fehlermeldung quittiert. Die Anzahl der möglichen Kommandos sowie Art und Umfang der Fehlermeldungen sind bei den verschiedenen Betriebssystemen unterschiedlich.

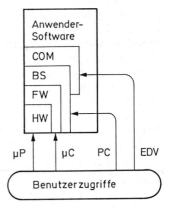

Bild 14.4 Hierarchische Gliederung eines Computersystems in vereinfachter Darstellung.

HW: Hardware
FW: Firmware
BS: Betriebssystem
COM: Kommandointerpreter

Beispiel:			
Prompt	Kommando	Abschlußzeichen	Antwort des Computers
↓	↓	↓	↓
A>	DIR	←	*Inhaltsverzeichnis des Daten-*
			trägers A
A>	DIT	←	*"Bad command or file name"*
	↑		
	Schreibfehler		*(Falscher Befehl oder Datei-*
			name)

● **Intern/extern**   Je nach Anlage und Betriebssystemkonzept sind die Strukturteile Betriebssystem-Kern (*Kernel*), Kommandointerpreter und Anwendersoftware in „Silizium" enthalten oder werden von einem externen Datenträger bei Bedarf geladen:

– Programme in „Silizium" (*internal commands*) sind direkt verfügbar, belegen aber einen entsprechenden Teil des adressierbaren Speicherbereichs;
– Programme auf externen Datenträgern (*external commands*) müssen nur bei Bedarf geladen werden, das Laden kostet aber einige Zeit.

● **Benutzerzugriff**   Nicht das Systemkonzept, sondern eher die Größe oder der Anwendungsbereich des Computers bestimmen die Zugriffsmöglichkeiten des Benutzers auf die Funktionen der Rechner-Hardware. Bei großen EDV-Anlagen wird der Benutzer in der Regel mit Hilfe seines in einer höheren Sprache geschriebenen Programms die Rechnerleistungen „abrufen" und dabei gegebenenfalls den Kommandointerpretierer verwenden (Bild 14.4). Bei kleineren Anlagen, bis „herunter" zum PC, ist auch der Zugriff direkt auf den Betriebssystem-Kern, teilweise auch auf die Firmware möglich. Bei Mikrocomputern ist oft keine Wahl, weil manchmal nur eine Minimal-Firmware mitgeliefert wird.

● **Mikrocomputer**   Mikrocomputer werden häufig in der Ausbildung verwendet, ihre Domäne haben sie jedoch in Wissenschaft und Technik (z. B. industrielle Steuerungen). Die Bauformen reichen dabei vom Einchip-μC über Einplatinencomputer (SBC, *Single Board Computer*) bis hin zum modular aufgebauten μC-System. Die Betriebssystem-Mindestausstattung und für die Programmentwicklung notwendige bzw. nützliche Erweiterungen sind nachfolgend aufgezählt.

Monitor. Das sind Programme, die die Ein- und Ausgabe von Anwender-Programmen und Daten überwachen, den Programmablauf steuern und die zeitliche und räumliche Koordinierung übernehmen. Diese Programme müssen unbedingt vorhanden sein. Von der Qualität und dem Umfang des Monitor-Programmpakets hängt es ab, wie komfortabel und wirtschaftlich ein Mikrocomputer zu handhaben ist.

Editor. Damit wird ein Systemprogramm bezeichnet, das das Schreiben, Ändern, Speichern und Ausgeben von Programmen erleichtert. Es ist immer dann nützlich, wenn in einer höheren Sprache programmiert wird. Wird im *Maschinencode* programmiert, genügt allein der *Monitor*.

Übersetzer. Wird in einer höheren Sprache programmiert, muß das Betriebssystem ein passendes *Übersetzungsprogramm* enthalten, mit dessen Hilfe die „Vokabeln" der höheren Sprache in den Maschinencode übersetzt werden. Man unterscheidet bei Übersetzern (vgl. 13.1.1):

Assembler	— Übersetzer für Programme, die in *Assemblersprache* geschrieben sind.
Compiler	— Übersetzer für Programme, die in einer höheren Sprache wie z. B. FORTRAN geschrieben sind.
Interpretierer	— Umsetzer für Programme, die in einer *Dialogsprache* wie BASIC geschrieben sind.

Compiler übersetzen jeweils vollständige Programme, *Interpretierer* bearbeiten sofort jede einzelne Programmzeile. Erst dadurch wird ein *Dialog zwischen Mensch und Maschine* möglich.

Verbinder. (*Linking Loader*, Binde-Lader). Ein Programm, das es erlaubt, getrennt geschriebene und übersetzte Programmteile in der richtigen Reihenfolge zusammenzubinden und geschlossen abzuspeichern.

Fehlersuchprogramm (*Debug Program* oder *Debugger*). Programm, das die Lokalisierung und Korrektur von Programmierungsfehlern erlaubt.

● *Urladerprogramm* Eingangs wurde darauf hingewiesen, daß meistens nur Teile des Betriebssystems fest eingespeichert sind, die Reste beim Systemstart oder bei Bedarf nachgeladen werden, meistens von Magnetplatten. Mit **Bild 14.5** sind einige grundsätzliche Möglichkeiten der Aufteilung illustriert. Um einen Computer überhaupt starten zu können, muß die Hardware mit einer *Minimal-Firmware* umgeben sein (Teilbild a). Das ist der in 14.1 vorgestellte *Initial Program Loader* (IPL), auch *Urladerprogramm* oder *Bootstrap-Programm*. Es enthält alle Befehle an die Hardware z. B. zum Überprüfen der Speicher und Einrichten des Systems. Das eigentliche Betriebssystem wird daraufhin automatisch von der Magnetplatte geholt.

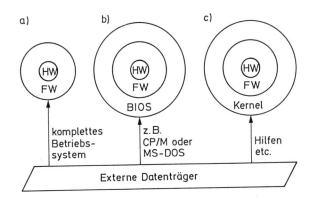

Bild 14.5
Verschiedene Möglichkeiten der Betriebssystem-Implementierung mit Teilen fest eingespeichert (Schalen) und nachladbaren Teilen. Abkürzungen wie Bild 14.4.

BIOS: *BASIC Input/Output System*

● **BIOS**   In einer anderen Version (**Bild 14.5b**) ist zusätzlich zur Firmware ein System-
teil fest eingespeichert, der sozusagen eine Schnittstelle (engl. *interface*) herstellt
zwischen dem Hardware-abhängigen Teil, der Firmware, und dem Hardware-unabhän-
gigen Teil, der im gezeigten Beispiel BIOS (*Basic Input/Output System*) heißt (vgl.
14.3).

> BIOS ist eine Software-Schicht zwischen dem eigentlichen Betriebssystem und
> der Computer-Hardware/Firmware. BIOS ermöglicht also die Anpassung unter-
> schiedlicher Hardware an eine einheitliche *Benutzeroberfläche*.

● **Dedizierte Systeme**   Wird gemäß **Bild 14.5c** anstelle des BIOS der Betriebssystem-
Kern (*Kernel*) in „Silizium" gespeichert, ist die Entkopplung von Hardware und
Software kaum noch möglich. Auf diese Art werden sog. *dedizierte Systeme* kon-
struiert, die als geschlossene Einheit für bestimmte Aufgaben vorgesehen sind.

● **Shell**   Ein aus Bild 14.4 abgeleitetes vollständiges Schema ist mit **Bild 14.6** wiedergegeben. Die in Bild 14.4 abgegrenzten Systemteile *Betriebssystem* und *Kommandointerpreter* sind hier aufgegliedert in BIOS, *Kernel* und *Shell*:

> – *BIOS* dient der Entkopplung zwischen der Hardware-abhängigen Firmware
>   (FW) und der Benutzungsschicht, ist also, wie oben erwähnt, die anpassende
>   Schnittstelle zwischen der FW und dem eigentlichen Betriebssystem-Kern
>   (*Kernel*).
> – *Kernel* ist eine häufig verwendete Bezeichnung für die notwendigen Grund-
>   bestandteile des Betriebssystems, die nach dem Einschalten des Rechners
>   automatisch in den Arbeitsspeicher geladen werden.
> – *Shell* (Schale) ist eine vor allem bei Kleinrechnern benutzte Bezeichnung für
>   den Kommandointerpreter, der in manchen Fällen vom Benutzer frei ge-
>   wechselt werden kann, so daß unterschiedliche Benutzeroberflächen gebildet
>   werden können (z. B. MS-DOS oder UNIX, vgl. 14.3).
> – *Benutzeroberfläche* nennt man die Art und Weise, wie der Rechner dem
>   Benutzer verfügbar gemacht wird (vgl. 10.3).

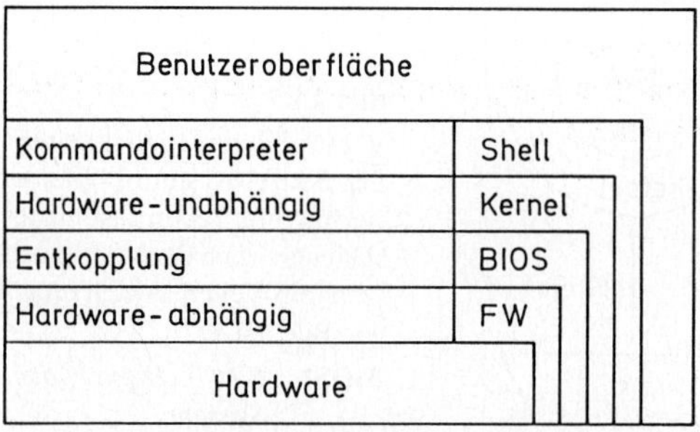

Benutzeroberfläche	
Kommandointerpreter	Shell
Hardware-unabhängig	Kernel
Entkopplung	BIOS
Hardware-abhängig	FW
Hardware	

Bild 14.6
Schichtförmiger Aufbau des Betriebssystems über der Hardware.

14.3 PC-Betriebssysteme

Personalcomputer (PCs) in der heute bekannten Form und Standardisierung (vgl. [74]) gibt es seit 1981. Danach setzte sich für PCs vor allem das Betriebssystem MS-DOS durch (MS: *Microsoft*, die dahinterstehende Software-Firma; DOS: *Disk Operating System*). Mikroprozessoren und damit konstruierte Mikrocomputer gibt es seit etwa Mitte der 70er Jahre (**Bild 14.7**).

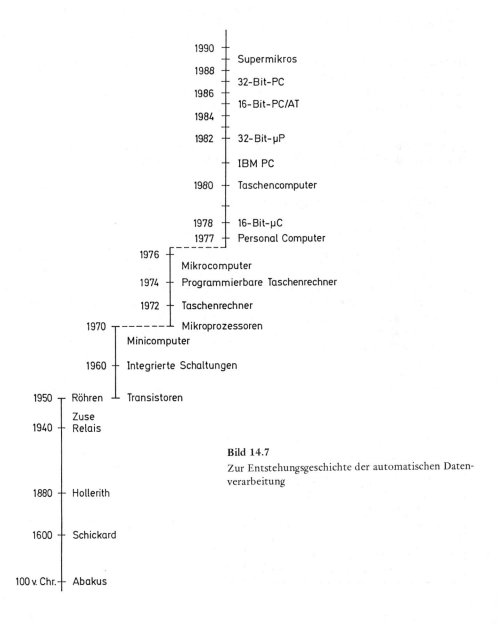

Bild 14.7

Zur Entstehungsgeschichte der automatischen Datenverarbeitung

- **CP/M**   Bei den ersten Mikrocomputern gab es nur dedizierte Betriebssysteme in Minimalausführung. Die häufig gekauften Tischrechner von *Apple, Atari* und *Commodore* benutzten alle den 8-Bit-Mikroprozessor 6502, die nur die Sprache BASIC unterstützenden Systeme waren aber alle unterschiedlich (s. **Tabelle 14.1**). Das erste einheitliche Betriebssystem kam erst mit dem 8-Bit-Prozessor Z80 auf: CP/M (*Control Program for Microprocessors*) wurde 1974/75 vorgestellt und hatte schnell den Markt erobert. Es wird teilweise noch heute verwendet, obwohl nur jeweils ein Benutzer (*user*) ein Programm laufen lassen kann (*single user, singletasking*). Bis nach 1981 waren fast alle neuen PCs mit CP/M ausgerüstet. Die weitaus meiste Software war dafür verfügbar.

Tabelle 14.1 Wichtige Prozessoren und Betriebssysteme für PCs (ab 1988/89 auch MS-DOS 4)

Prozessor	Wortbreite (bit)	häufiges Betriebssystem	Eigenschaften
6502	8	dediziert	nur spezielle BASIC-Versionen nutzbar
Z80	8	CP/M	nur geringe Möglichkeiten
8088 8086	8/16 16	MS-DOS 1.0/PC-DOS 1.1 MS-DOS 1.25/PC-DOS 1.1	erste Version für PC (1981) Unterstützung doppelseitiger Disketten
		MS-DOS 2.01/PC-DOS 2.0 MS-DOS 2.11	UNIX-ähnliche hierarchische Dateistruktur und Festplattenunterstützung (1983)
80286	16	MS-DOS 3.0	1984 mit PC/AT eingeführt; 1,2 Mbyte Disketten und größere Festplatten
		MS-DOS 3.1 MS-DOS 3.2 MS-DOS 3.21	Netzwerkunterstützung 3,5-Zoll-Disketten (1986) verbesserte Tastaturen
80386	32	MS-DOS 3.3	für neue 32-Bit-PCs und IBM-Rechner PS/2
		MS-DOS 5	entspricht OS/2
68000 68020 68030	16 32	UNIX	Multiusing, Multitasking

- **MS-DOS**   Die Situation änderte sich sehr schnell, als 1981 die Fa. *IBM* den „Ur-PC" mit dem Mikroprozessor 8088 und dem Betriebssystem PC-DOS auf den Markt brachte. Nahezu alle bekannten und viele neue PC-Hersteller griffen unmittelbar die IBM-Entwicklung des offenen, modularen Tischcomputers auf und lieferten zunehmend verbesserte und billigere kompatible PCs, also Geräte mit dem Prozessor 8088 und mit MS-DOS, die in Hardware und Software mit dem IBM-PC verträglich waren. In Tabelle 14.1 ist auch die Entwicklungsgeschichte von MS-DOS enthalten (vgl. hierzu auch [69, 74, 75]).

- **Using/Tasking** *Using* kommt von „benutzen" (*to use*), *tasking* ist abgeleitet von „Aufgabe" (*task*). Zusammen mit den Wörtern *single* (einzeln) und *multi* (von *multiple*: vielfach, mehrere, viele) ergeben sich wichtige Fachbegriffe, die wesentliches über Nutzungsmöglichkeiten und Leistungsfähigkeit eines Betriebssystems (und damit eines Computers) aussagen:
  - *Singleusing* bedeutet, daß nur ein Benutzer zu einer Zeit am Computer arbeiten kann, der dann auch *Singleuser* (Einzelbenutzer) genannt wird.
  - *Multiusing* bedeutet, daß mehrere Benutzer gleichzeitig denselben Computer nutzen können. Das ist bei großen EDV-Anlagen selbstverständlich, bei PCs eher die Ausnahme.
  - *Singletasking* bedeutet, daß zu einer Zeit nur jeweils eine Aufgabe (Programm, Prozeß, s. unten) im Computer gelöst werden kann. Erst nach Beendigung des gerade laufenden Programms kann ein anderes gestartet werden.
  - *Multitasking* bedeutet, daß zu einer Zeit mehrere Aufgaben „gleichzeitig" gelöst werden können.

- **Prozeß/Task** Der Prozeß-Begriff der Informatik ist verschieden von dem der Technik, mit dem ein bestimmter Wirkungsablauf in Forschung, Entwicklung oder Fertigung gemeint ist (Experiment, Fertigungsablauf usw.). In der Informatik ist der *Prozeß* einer *Task* (Aufgabe) gleichzusetzen. **Bild 14.8** zeigt, daß ein Programm aus mehreren *Tasks* bestehen kann, die parallel verarbeitet werden [72]. Jede *Task* kann zusammengesetzt sein aus

  - *Moduln,* zusammenhängend übersetzbare Programmteile;
  - *Proceduren,* gleiche Programmteile, die an mehreren Stellen des Programms benötigt werden (auch: Unterprogramme bzw. *Subroutines*).

Programm

Task A   Task B   . . .

| Modul 1 | Modul 3 | . . . |
| Modul 2 | Modul 4 | . . . |

Bild 14.8 Ein Programm kann aus Tasks und Moduln bestehen (nach [72])

- **Single-/Multiprozessor** In 11.1 (Architekturen) haben wir festgestellt, daß die klassische „Neumann-Maschine" mit nur einer CPU arbeitet (*Singleprozessor-Architektur*). Solche Computer, die heute noch dominieren, sind von der Hardware prinzipiell nicht in der Lage, mehr als eine Aufgabe zu einer Zeit zu erfüllen. Nur Anlagen mit mehreren Zentralprozessoren (*Multiprozessor-Architektur*) können parallel, also gleichzeitig an einem Programm arbeiten. In diesem Zusammenhang sei erwähnt, daß ein Haupttrend bei der Konstruktion neuer Arbeitsplatzcomputer (*Workstations*) die Berücksichtigung geeigneter Multiprozessor-Architekturen ist. Es wird dabei nicht nur der eine Zentralprozessor durch spezielle Koprozessoren für z. B. Mathematik, Speicherverwaltung oder Ein-/Ausgabe ergänzt, vielmehr sind mehrere CPUs parallel oder matrixförmig zusammengeschaltet (vgl. 11.1).

● **Singleusing/Singletasking**   Die in Tabelle 14.1 zusammengestellten Betriebssysteme CP/M und MS-DOS in den Versionen 1.0 bis 3.3 sind Systeme für Rechner mit nur einem Zentralprozessor und erlauben nur *Singleusing* und *Singletasking*: Nur ein Benutzer kann zu einer Zeit eine Task ausführen. In diesem Fall ist also die eine Task deckungsgleich mit dem einen Programm (Bild 14.8), was vermutlich die Ursache für häufige Verwechslungen zwischen Prozeß, Task und Programm ist.

● **Multitasking**   Ab MS-DOS 5 (entsprechend OS/2 der IBM-Computer PS/2) kann *ein* Benutzer (*Singleuser*) mehrere Tasks bzw. Programme starten und, zumindest aus Benutzersicht, gleichzeitig abarbeiten lassen. Dieses *Multitasking* kann aber nicht in „Hardware realisiert" sein, weil die MS-DOS- bzw. PS/2-Rechner nur mit einer CPU arbeiten. Vielmehr wird eine Pseudo-Parallelität dadurch erzielt, daß unter Verwendung bestimmter Mechanismen in einer Weise zwischen den lauffähigen Tasks umgeschaltet wird, die dem Benutzer als Gleichzeitigkeit erscheint. Die Grundmechanismen heißen (vgl. [72]):

— **Prioritätssteuerung**; dabei werden beim Umschalten wichtige Tasks (mit höherer Priorität, z. B. vom Benutzer festgelegt) bevorzugt bedient.
— **FIFO-Prinzip** (*First-In, First-Out*); damit wird der zuerst meldende Prozeß auch zuerst aktiviert; er behält den Prozessor so lange, bis er sich selbst in den Ruhestand zurückversetzt.
— **Round-Robin-Prinzip**; es wird immer ein einziges Element einer Task abgearbeitet und danach auf die nächste Task gleicher Priorität umgeschaltet.
— **Timesharing** (*Zeitscheibenverfahren*); den ablaufenden Tasks gleicher Priorität wird eine feste Zeitscheibe zugeteilt, während der sie den Zentralprozessor nutzen können.

● **UNIX**   Das Betriebssystem UNIX wurde bereits 1969 entwickelt und zuerst für die Prozeßrechner (Minicomputer) PDP-11 implementiert. Aber erst in jüngster Zeit setzt sich UNIX breit durch, vor allem bei Rechnern (*Workstations*) mit den 32-Bit-Prozessoren 68020/68030 (Tabelle 14.1). UNIX ist fast vollständig in C programmiert und weitgehend Hardware-unabhängig. Darum ist die *Portierung* (Übertragung) auf einen anderen Rechner einfach. UNIX ist ein *Multiuser-Timesharing-System*. Das bedeutet, mehrere Benutzer können jeweils mehrere *Tasks* „gleichzeitig" bearbeiten, wobei UNIX das Zeitscheibenverfahren anwendet. Dies ist auch der Grund dafür, daß UNIX nicht für Echtzeitaufgaben in Technik und Wissenschaft geeignet ist, weil die feste Zeitscheibe und die Umschaltzeiten relativ große Reaktionszeiten vorgeben. UNIX ist also *kein* Echtzeit-Betriebssystem (*Realtime Operating System*, RTOS).

> Programmieren mit UNIX bedeutet die Anwendung des UNIX-Kommando-interpreters, auch: *UNIX-Shell*, also die *Verwendung der Shell als Programmiersprache* (s. hierzu [71]).

Literaturverzeichnis

[1] Das moderne Lexikon. Lexikon-Institut Bertelsmann 1971.

[2] Das Fischer Lexikon, Technik IV (Elektrische Nachrichtentechnik). Frankfurt: Fischer Bücherei 1963.

[3] *Bauknecht, K., Zehnder, C. A.:* Grundzüge der Datenverarbeitung. Stuttgart: Teubner 1980.

[4] *Kästner, H.:* Architektur und Organisation digitaler Rechenanlagen. Stuttgart: Teubner 1978.

[5] *Hultzsch, H.:* Prozeßdatenverarbeitung. Stuttgart: Teubner 1981.

[6] *Schumny, H.:* Prozeßdatenverarbeitung. In: Kohlrausch, Praktische Physik, 2, 23. Auflage. Stuttgart: Teubner 1985.

[7] *Dokter, F., Steinhauer, H.:* Digitale Elektronik in der Meßtechnik und Datenverarbeitung, Band I, Theoretische Grundlagen und Schaltungstechnik. Hamburg: Philips Fachbücher.

[8] *Harbeck, G., Jäschke, K.-H., Küster, J., Reimers, B., Starke, G.:* Boolesche Algebra und Computer. Braunschweig: Vieweg 1974.

[9] *Whitesitt, J. E., Stumpf, B.:* Einführung in die Boolesche Algebra. Braunschweig: Vieweg 1973.

[10] *Gschwendtner, H.:* Schaltalgebra. Braunschweig: Vieweg 1977.

[11] *Morris, N. M.:* Einführung in die Digitaltechnik. Braunschweig: Vieweg 1977.

[12] *Neusüß, W.:* Elektronische Schaltungen. Braunschweig: Vieweg 1975.

[13] *Waldschmit, D.:* Schaltungen der Datenverarbeitung. Stuttgart: Teubner 1980.

[14] *Durcansky, G.:* Digitaltechnik. Weinheim: Physik-Verlag 1983.

[15] *Tietze, U., Schenk, Ch.:* Halbleiter-Schaltungstechnik. Berlin: Springer 1980.

[16] *Dokter, F., Steinhauer, J.:* Digitale Elektronik in der Meßtechnik und Datenverarbeitung, Band II, Anwendung der digitalen Grundschaltungen und Gerätetechnik. Hamburg: Philips Fachbücher.

[17] *Tafel, H. J.:* Einführung in die digitale Datenverarbeitung. München: Carl Hanser.

[18] *Giloi, W. K.:* Rechnerarchitektur. Berlin: Springer 1981.

[19] *Raubold, U.:* Prozeß- und Mikrorechner-Systeme. München: Oldenbourg 1979.

[20] *Peterson, W. W.:* Prüfbare und korrigierbare Codes. München: R. Oldenbourg 1967.

[21] *Schmidt, V.:* Digitalschaltungen mit Mikroprozessoren. Stuttgart: Teubner 1978.

[22] *Schumny, H.* (Hrsg.): Mikrocomputer-Jahrbuch (seit 1980, 6. Ausgabe 1985). Braunschweig: Vieweg.

[23] *Schumny, H.:* Mikroprozessoren. Braunschweig: Vieweg 1983.

[24] *Zschocke, J.:* Mikrocomputer, Aufbau und Anwendungen. Braunschweig: Vieweg 1982.

[25] *Kassing, R.:* Mikrocomputer, Struktur und Arbeitsweise. Braunschweig: Vieweg 1984.

[26] *Zschocke, J.:* Der Mikroprozessor 6809. Braunschweig: Vieweg 1986.

[27] *Schumny, H.:* Berechnung eines akustoelektrischen Oberflächenwellen-Verstärkers für den Gigahertz-Bereich. Dissertation, Braunschweig 1973.

[28] *Millmann, J.:* Microelectronics. New York, Düsseldorf: McGraw-Hill 1979.

[29] *Neufang, O.* (Hrsg.): Lexikon der Elektronik. Braunschweig: Vieweg 1983.

[30] *Rolle, G.:* Mikrowissen. Braunschweig: Vieweg 1985.

[31] *Doster, W, Oed, R.:* Textbearbeitung auf Personal-Computern mit handschriftlicher Direkt-
      eingabe. In: PC-Praxis, hrsg. von *H. Schumny.* Braunschweig: Vieweg 1984.

[32] *Fellbaum, K.:* Sprachverarbeitung und Sprachübertragung. Berlin: Springer 1984.

[33] *Schumny, H.:* Signalübertragung. Braunschweig: Vieweg 1987.

[34] *Schnell, G., Hoyer, K.:* Mikrocomputer-Interfacefibel. Braunschweig: Vieweg 1984.

[35] *Schumny, H.:* Schnittstellenprobleme und Prozeßdatenverarbeitung mit Arbeitsplatz-
      computern. In: Einsatz von Arbeitsplatzcomputern in der Technik, hrsg. von *E. Handschin.*
      Berlin: VDE-Verlag 1984.

[36] *Tillmann, K.-D.:* Interfacing im Apple-Pascal-System. Braunschweig: Vieweg 1986.

[37] *Welzel, P.:* Datenfernübertragung. Braunschweig: Vieweg 1986.

[38] *Borrill, P. L.:* Microprocessor Bus Structures and Standards. Euromicro Symposium Lon-
      don. Amsterdam: North-Holland 1980.

[39] *Lesea, A., Zaks, R.:* Mikroprozessor-Interface-Techniken. Düsseldorf: Sybex 1983.

[40] *Schumny, H.:* Zur Problematik der digitalen Schnittstellen bei der Bauartzulassung eich-
      pflichtiger Meßgeräte. PTB-Mitt. **93**, 3/83.

[41] *Hering, E.:* Software-Engineering. Braunschweig: Vieweg 1984.

[42] *Hain, K., Schumny, H.:* Gelenkgetriebe-Konstruktion. Braunschweig: Vieweg 1984.

[43] *Schneider, W.:* Pascal, Einführung für Techniker. Braunschweig: Vieweg 1981.

[44] *Schneider, W.:* Einführung in BASIC. Braunschweig: Vieweg 1980.

[45] *Kähler, W.-M.:* Mikrocomputer-COBOL. Braunschweig: Vieweg 1987.

[46] *Kamp, H., Pudlatz, H.:* Einführung in die Programmiersprache PL/1. Braunschweig: Vieweg
      1973.

[47] *Feldmann, H.:* Einführung in ALGOL 60. Braunschweig: Vieweg 1972.

[48] *Feldmann, H.:* Einführung in ALGOL 68. Braunschweig: Vieweg 1978.

[49] *Schneider, W.:* FORTRAN. Braunschweig: Vieweg 1977.

[50] *Lamprecht, G.:* Einführung in die Programmiersprache FORTRAN IV. Braunschweig:
      Vieweg 1973.

[51] *Lamprecht, G., Lührs, S., Müller, W.:* Programmieren mit FORTRAN IV. Braunschweig:
      Vieweg 1972.

[52] *Kohler, H.:* FORTRAN-Trainer. Braunschweig: Vieweg 1983.

[53] *Schustack, S.:* Variationen in C. Braunschweig: Vieweg 1987.

[54] *Becker, K.-H., Lamprecht, G.:* Einführung in die Programmiersprache PASCAL. Braun-
      schweig: Vieweg 1984.

[55] *Kaier, E., Rudolfs, E.:* Turbo-Pascal-Wegweiser für Mikrocomputer. Braunschweig: Vieweg
      1986.

[56] *Markus, W.:* Turbo Pascal Tools. Braunschweig: Vieweg 1987.

[57] *Nagl, M.:* Einführung in die Programmiersprache Ada. Braunschweig: Vieweg 1982.

[58] *Brodie, L.:* Starting FORTH. London: Prentice-Hall 1981.

[59] *Hogan, T.:* FORTH — ganz einfach. Braunschweig: Vieweg 1985.

[60] *Werun, W., Windauer, H.:* PEARL. Braunschweig: Vieweg 1978.

[61] *Handke, J.:* Sprachverarbeitung mit LISP und Prolog auf dem PC. Braunschweig: Vieweg
      1987.

[62] *Albrecht, P.:* Das Datenbanksystem dBASE II. München: Markt & Technik 1983.

[63] *Baumeister, R. B.* (Hrsg.): dBASE III Software Training. Braunschweig: Vieweg 1987.

[64] *Byers, R. A.:* dBASE III Plus — Schritt für Schritt. Braunschweig: Vieweg 1987.

[65] *Donovan, J. J.:* System-Programmierung. Braunschweig: Vieweg 1976.

[66] *Bauknecht, K., Zehnder, C. A.:* Grundzüge der Datenverarbeitung. Stuttgart: Teubner 1980.

[67] *Schneider, W.:* Einführung in die Anwendung des Betriebssystems CP/M. Braunschweig: Vieweg 1983.

[68] *Schneider, W.:* Einführung in die Anwendung des Betriebssystems MS-DOS. Braunschweig: Vieweg 1985.

[69] *Wolverton, Van:* MS-DOS. Braunschweig: Vieweg 1987.

[70] *Woodcock, J., Halverson, M.* (Hrsg.): Xenix im Einsatz. Braunschweig: Vieweg 1988.

[71] *Martin, G., Trostmann, M.:* Programmieren mit UNIX. Braunschweig: Vieweg 1987.

[72] *Burger, Susanne:* Betriebssysteme für Personalcomputer. In [73].

[73] *Schumny, H.* (Hrsg.): Personalcomputer in Labor, Versuchs- und Prüffeld. Berlin: Springer 1988.

[74] *Schumny, H.:* PC und Standardisierung. In [73].

[75] *Duncan, R.:* MS-DOS für Fortgeschrittene. Braunschweig: Vieweg 1987.

[76] *Tillmann, K.-D.:* Datenkommunikation mit dem PC. Braunschweig: Vieweg 1987.

[77] *Tiberghien, J.* (Hrsg.): New Computer Architectures. London: Academic Press 1984.

[78] *Tabak, D.:* RISC Architecture. Letchworth: Research Studies Press 1987.

Sachwortverzeichnis